AF329903

Cours pratique
D'ARITHMÉTIQUE
DE SYSTÈME MÉTRIQUE ET DE GÉOMÉTRIE
Cours Supérieur

PAR

A. MINET
INSPECTEUR DE L'ENSEIGNEMENT PRIMAIRE
A LILLE

L. PATIN
DIRECTEUR D'ÉCOLE PUBLIQUE
A LILLE

O. DELANNOY
PROFESSEUR D'ÉCOLE PRIMAIRE SUPÉRIEURE

Quinzième édition complètement corrigée et mise en rapport
avec les programmes de 1924 et les prix actuels

PARIS
LIBRAIRIE CLASSIQUE FERNAND NATHAN
16, RUE DES FOSSÉS-SAINT-JACQUES, 16
(Place du Panthéon, V^e)

1925

PRÉFACE

Le **Cours supérieur d'Arithmétique** que nous offrons aux maîtres et aux élèves a été conçu dans le même esprit que ses devanciers, nos cours préparatoire, élémentaire et moyen.

Nous nous sommes efforcés de lui donner la forme **simple, claire et précise** qui a fait le très grand succès de nos précédentes publications.

L'écolier qui a obtenu le certificat d'études primaires a besoin de se perfectionner encore dans le calcul, notamment dans le **calcul rapide** : nous lui donnons dans ce but de nombreux exercices.

Il doit de plus **comprendre** et savoir **démontrer** certains principes : nous lui facilitons ce travail par une **vérification** préalable des dits principes. Cette vérification ne supprime pas la **démonstration**, elle la précède; elle aide ainsi très avantageusement à faire saisir le sens d'un énoncé qui, sans elle, reste trop souvent obscur dans l'esprit de l'élève.

Celui-ci doit enfin **appliquer** ces principes à des exercices théoriques et à des problèmes.

Nous lui offrons à la suite de chaque chapitre non pas de ces questions banales qui, trop souvent, suivent le texte pas à pas et dont la réponse ne nécessite qu'un très médiocre effort, mais des **exercices gradués** par lesquels il prendra peu à peu l'habitude de raisonner convenablement.

Nous avons étudié de nombreux **problèmes-types** en utilisant, le plus souvent possible, la **représentation graphique**.

Les problèmes d'application sont rangés par groupes comme dans nos précédents cours, mais d'une façon moins rigoureuse. Nous avons pensé qu'il est bon, qu'il est nécessaire de **laisser un peu de place à l'imprévu**, afin d'habituer l'élève à aborder une question quelconque sans se laisser décourager par une première difficulté. C'est pour la même raison que nous avons fait une large place aux **problèmes récapitulatifs**.

Dans cette nouvelle édition, nous avons non seulement mis **les prix en harmonie avec le coût de la vie**, mais nous avons aussi tenu rigoureusement compte des **nouveaux programmes** et des instructions ministérielles qui les accompagnent. C'est ainsi que, désireux de rester pratiques, nous avons supprimé toute la théorie des nombres premiers et des caractères de divisibilité. Il nous a paru indispensable, en raison de leurs importantes applications, de parler du P. G. C. D. et du P. P. C. M., mais nous en avons exposé la recherche sans faire intervenir la décomposition des nombres en leurs facteurs premiers.

Enfin, nous avons nettement **séparé le système métrique de la géométrie** que nous avons fait suivre de quelques **notions de dessin géométrique pratique** et nous avons terminé par un **petit cours élémentaire d'algèbre** qu'on doit aborder au Cours supérieur de l'École primaire et nous y avons introduit un grand nombre d'exercices.

En résumé, nous avons voulu écrire un **Cours supérieur** essentiellement **méthodique** permettant à l'élève de faire à chaque pas un effort proportionné à son âge et à son savoir.

Nous le présentons avec confiance aux Instituteurs et Institutrices qui ont fait un si chaleureux accueil à nos cours préparatoire, élémentaire et moyen.

ARITHMÉTIQUE PRATIQUE

COURS SUPÉRIEUR

PREMIÈRE PARTIE

Les nombres entiers et les nombres décimaux

LEÇON PRÉLIMINAIRE

Signes employés en arithmétique

Signes d'opérations

$+$ signe de l'addition s'énonce **plus**

$$4 + 7 = 11$$

$-$ signe de la soustraction s'énonce **moins**

$$8 - 5 = 3$$

$\times$ signe de la multiplication s'énonce **multiplié par**

$$8 \times 3 = 24$$

$:$ ou $\div$ signe de la division s'énonce **divisé par**

$$15 : 5 = \frac{15}{5} = 3$$

$\sqrt{\ }$ signe de l'extraction d'une racine carrée s'énonce **racine carrée de**

$$\sqrt{64} = 8$$

Signes d'égalité

=   signe de l'égalité s'énonce **égale**

$$3 + 5 = 4 \times 2$$

Une égalité comprend **deux membres** : le premier à gauche du signe = et le deuxième à droite de ce signe

$$1^{er} \text{ membre} : 3 + 5$$
$$2^e \text{ membre} : 4 \times 2$$

Il est évident :

1° Que les 2 membres doivent avoir la même valeur ;

2° Qu'on ne peut changer l'un sans changer l'autre afin de maintenir l'égalité.

Lorsqu'on est amené à écrire **plusieurs signes d'égalité** sur une même ligne, les quantités écrites doivent être toutes égales.

Il est exact d'écrire :

$$4 \times 10 = 40 = 36 + 4.$$

Il n'est pas exact d'écrire :

$$4 \times 10 = 40 + 8 = 48.$$

On doit dans ce dernier cas écrire **sur deux lignes :**

$$4 \times 10 = 40$$
$$40 + 8 = 48$$

et les deux égalités prises séparément sont vraies.

Signes d'inégalité

<   signe d'inégalité s'énonce **plus petit que**

$$40 + 15 < 7 \times 11$$

>   signe d'inégalité s'énonce **plus grand que**

$$3 \times 7 > 15 + 4$$

Nota. — Afin de ne jamais confondre ces deux signes, souvenez-vous que la quantité **la plus petite** est celle qui est **proche de la pointe** du signe.

Toute inégalité comprend **deux membres**. Dans l'inégalité

$$40 + 15 < 7 \times 11$$

$40 + 15$ constitue le premier membre ;
7×11 constitue le deuxième membre.

Parenthèses. — Les opérations indiquées sur des nombres placés entre parenthèses doivent être effectuées d'abord, et c'est le résultat obtenu qui est soumis aux opérations indiquées hors des parenthèses.

Ainsi

$$(10 + 4) \times 5 = 14 \times 5 = 70$$

Pour se rendre compte de l'effet des parenthèses, il suffit de voir ce que deviendrait l'expression ci-dessus sans parenthèses :

$$10 + 4 \times 5 = 10 + 20 = 30$$

On voit que dans ce cas le chiffre **4** seul doit être multiplié par **5** ; tandis que dans le premier cas c'était la somme effectuée $(10 + 4)$ qui devait être multipliée par **5**.

1re LEÇON

Grandeurs et nombres

On appelle **grandeur** ou **quantité** tout ce qui peut être augmenté ou diminué. *Exemples :* la longueur d'une étoffe, un troupeau de moutons, etc...

Un troupeau est une grandeur ; on peut **compter** (ou **dénombrer**) les animaux qui le composent.

L'unité, base du comptage, est forcément un des animaux.

Le résultat du comptage est un **nombre**. *Exemple :* quarante moutons.

Une longueur est une grandeur; on peut la **mesurer** en la comparant à une unité arbitrairement choisie, le mètre, par exemple. Le résultat du mesurage est un **nombre**.

Deux cas peuvent ici se présenter :

1° La grandeur contient exactement un certain nombre de fois l'unité et le nombre obtenu est alors un **nombre entier**. *Exemple* : cinq mètres.

2° La grandeur contient l'unité un certain nombre de fois plus une partie de l'unité (à évaluer) et le nombre obtenu est un **nombre fractionnaire**. *Exemple* : cinq mètres et demi.

Un nombre est dit **concret** lorsqu'il est joint au nom de l'unité qui a servi à le former. *Exemples* : cinq mètres, cinq francs.

Un nombre est dit **abstrait** lorsqu'il est considéré indépendamment de toute unité. *Exemple* : cinq.

Exercices pratiques

1. Mesurer à l'aide d'une unité convenablement choisie (mètre, décimètre...) la longueur et la largeur de votre livre — de votre table d'étude — de votre salle de classe.

2. Mesurer la capacité de votre plumier (le remplir de sable fin et verser celui-ci dans un décimètre cube).

3. Évaluer le poids de votre livre d'arithmétique.

4. Exprimer les nombres qui sont le résultat de vos mesures :
1° sous forme concrète ;
2° sous forme abstraite.

5. Citer cinq grandeurs que l'on peut compter.

6. Citer cinq grandeurs que l'on peut mesurer.

2e LEÇON

Numération des nombres entiers

La **numération** apprend à former, à nommer et à écrire les nombres.

On forme les nombres en ajoutant l'unité à elle-même, l'unité au nombre obtenu et ainsi de suite indéfiniment.

La suite des nombres entiers est illimitée.

En effet, si grand que soit un nombre entier, on peut toujours en obtenir un plus grand en lui ajoutant une unité.

NUMÉRATION ORALE DES NOMBRES ENTIERS

On ne peut songer à donner un nom particulier à chacun des nombres.

La numération orale apprend à nommer les nombres usuels avec un **petit nombre de mots.**

Elle donne d'abord des noms distincts aux dix premiers nombres :

un, deux, trois, quatre, cinq, six, sept, huit, neuf, dix.

La collection de dix unités est appelée **dizaine** et l'on compte par dizaines comme a on compté par unités ; toutefois, on ne dit pas deux dix, trois dix, etc., mais **vingt, trente, quarante, cinquante, soixante.**

Septante ou **soixante-dix.**

Octante ou **quatre-vingts.**

Nonante ou **quatre-vingt-dix.**

Cent.

Entre deux dizaines consécutives, on intercale les neuf premiers nombres :

Trente et un, trente-deux, trente-trois....., trente-neuf.

La collection de dix dizaines s'appelle **centaine** et l'on compte par centaines comme on a compté par unités :

Un cent, deux cents,..., neuf cents, mille.

Entre deux centaines consécutives on intercale les cent premiers nombres : trois cent un, trois cent deux,..., trois cent quatre-vingt-dix-neuf.

On a ainsi formé trois ordres :

Les **unités simples** (1er ordre),
les **dizaines** (2e ordre),
les **centaines** (3e ordre),

dont la réunion forme la première **classe** ou **classe des unités.**

La collection de dix centaines forme un mille et on compte par **mille** comme on a compté par unités, c'est-à-dire :

Depuis un mille
jusqu'à mille mille ou **un million.**

On est amené à former ainsi trois ordres nouveaux :

Les **unités de mille** (4e ordre),
les **dizaines de mille** (5e ordre),
les **centaines de mille** (6e ordre),

dont la réunion forme la deuxième classe ou **classe des mille.**

La collection de mille mille forme **un million** et on compte par **millions** comme on a compté par unités ou par mille.

On forme ainsi :

Les **unités de millions** (7e ordre),
les **dizaines de millions** (8e ordre),
les **centaines de millions** (9e ordre).

Ces trois ordres forment la **classe des millions** ou troisième classe.

On compte par **billions** ou **milliards** (4e classe) comme on a compté par millions, mille ou unités.

Les ordres et les classes peuvent se ranger dans le tableau suivant :

4ᵉ Classe Billions ou milliards			3ᵉ Classe Millions			2ᵉ Classe Mille			1ʳᵉ Classe Unités simples		
12ᵉ ORDRE	11ᵉ ORDRE	10ᵉ ORDRE	9ᵉ ORDRE	8ᵉ ORDRE	7ᵉ ORDRE	6ᵉ ORDRE	5ᵉ ORDRE	4ᵉ ORDRE	3ᵉ ORDRE	2ᵉ ORDRE	1ᵉʳ ORDRE
Centaines de billions	Dizaines de billions	Billions (unités de)	Centaines de millions	Dizaines de millions	Millions (unités de)	Centaines de mille	Dizaines de mille	Mille (unités de)	Centaines (d'unités)	Dizaines (d'unités)	Unités simples

La numération orale repose donc sur la convention suivante :

Dix unités d'un ordre en valent une de l'ordre immédiatement supérieur.

Conséquence. — Mille unités d'une classe en valent une de la classe immédiatement supérieure.

Exercices oraux

7. Nommer les ordres d'unités : 1° en partant des unités simples ; 2° en partant des centaines de millions.

8. Nommer les différentes classes.

9. Combien l'unité d'une classe vaut-elle : 1° de centaines ; 2° de dizaines ; 3° d'unités de la classe inférieure.

10. Dites le nom des unités du 4ᵉ ordre — du 8ᵉ ordre — du 2ᵉ ordre ?

11. A quel ordre appartiennent les dizaines de mille — les millions — les centaines ?

12. Former la classe des trillions, celle des quatrillions, d'après les conventions de la numération orale.

13. Combien de noms différents a-t-il fallu pour compter les nombres jusqu'à un milliard ?

14. Combien y a-t-il de dizaines de mille dans une dizaine de millions ? — de centaines de mille dans une centaine de millions ? — Pouvez-vous tirer de votre réponse une règle générale ?

3e LEÇON

Numération écrite des nombres entiers

La numération **écrite** apprend à représenter les nombres au moyen de caractères particuliers appelés **chiffres**.

Il n'y a que neuf chiffres, savoir :

1, 2, 3, 4, 5, 6, 7, 8, 9.

La numération écrite repose sur le principe suivant :

Tout chiffre placé à la gauche d'un autre représente des unités dix fois plus grandes que cet autre.

Ainsi un chiffre représentant des unités, il suffit d'en placer un à sa gauche pour que, **par sa place** seule, ce second chiffre représente les dizaines ; un autre chiffre placé à gauche de celui-ci représente des centaines ; etc....

Le tableau ci-dessus (*voir* 2e *leçon*) peut donc servir à écrire un nombre quelconque moindre que mille billions ; il suffit de placer dans une colonne quelconque le nombre d'unités de l'ordre désigné ; nous savons que ce nombre sera l'un des 9 chiffres.

Si l'on veut écrire un nombre sans faire usage du tableau, il faut convenir :

1° que le premier chiffre à droite de tout nombre entier représentera des unités ;

2° que les ordres manquants seront représentés par un signe sans valeur, le **zéro** (0).

Règle pour écrire en chiffres un nombre donné. — *Pour écrire un nombre, on écrit successivement de gauche à droite les centaines, dizaines et unités de chaque classe, en remplaçant par des zéros les ordres qui ne sont pas représentés.*

Exemple : trente mille cinq cent quatre s'écrit **30.504.** Il est bon de séparer les classes par un point ; cette pratique est toujours utile, notamment pour les nombres élevés.

Règle pour lire un nombre écrit en chiffres. — *Pour lire un nombre, on le partage en tranches de trois chiffres à partir de la droite ; on lit chaque tranche en commençant par la gauche et en donnant à chaque chiffre le nom de l'ordre qu'il représente. On abrège cette lecture en ne prononçant que le nom de chaque classe.*

Exemple : **35.407** peut se lire : trois dizaines de mille, cinq mille, quatre centaines, sept unités.

Il se lit pratiquement :

trente cinq mille quatre cent sept unités.

Exercices oraux

15. Dans le nombre 7.807.541, nommer les ordres que représentent les différents chiffres et dire combien d'unités de chaque ordre contient le nombre.

16. Dans le nombre 4.802, quel est l'effet de la suppression du 0 qui tient la place des dizaines absentes ?

17. A quel rang se placent : 1° les dizaines de mille ? 2° les centaines ?

18. Quel est le plus petit et le plus grand nombre de 2 chiffres ? — de 3 chiffres ?

Exercices écrits

19. Combien y a-t-il de nombres entiers de 1 chiffre ?

20. Combien y a-t-il de nombres entiers de 2 chiffres ?

21. Combien y a-t-il de nombres entiers de 3 chiffres ?

22. Combien un imprimeur prendrait-il de caractères pour imprimer les 14 premiers nombres ?

23. Combien prendrait-il de caractères pour composer les 99 premiers nombres ?

24. Combien prendrait-il de caractères pour composer les 143 premiers nombres ?

25. Combien lui faudrait-il de caractères pour imprimer les nombres depuis 53 (inclus) jusqu'à 234 ?

26. Combien y a-t-il de pages dans un livre dont la pagination a nécessité l'emploi de 348 caractères ?

Exercice de transcription de nombres

27. *Écrire les nombres en chiffres* : Les Iles Britanniques couvrent une superficie de trois cent quatorze mille six cent vingt-huit kilomètres carrés ; elles sont peuplées de quarante-cinq millions quatre cent mille habitants. L'empire colonial des Anglais s'étend sur trente millions de kilomètres carrés et il est peuplé de trois cent quatre-vingt-neuf millions d'individus.

La France qui a une superficie de cinq cent cinquante mille kilomètres carrés est peuplée de trente-huit millions neuf cent quarante mille habitants. Son domaine colonial, avec une superficie de onze millions cinq cent mille kilomètres carrés, est peuplé de quarante-neuf millions d'habitants. Elle est la seconde puissance coloniale du monde.

4e LEÇON

Remarques sur la numération des nombres entiers

I. — VALEUR ABSOLUE ET VALEUR RELATIVE

Considéré seul, un chiffre a une valeur propre ou **valeur absolue** qu'il tient de sa forme particulière.

Un même chiffre peut avoir des **valeurs relatives** différentes suivant le rang qu'il occupe dans un nombre.

Exemple : Dans **67.475**, les 2 chiffres **7** ont la même valeur absolue ; leurs valeurs relatives sont : **7** dizaines et **7** mille.

II. — RÈGLE POUR RENDRE UN NOMBRE ENTIER 10, 100 FOIS PLUS GRAND

Pour rendre un nombre entier 10, 100, 1.000... fois plus grand, il suffit d'écrire à sa droite 1, 2, 3... zéros.

Exemple : **3.700** est **100** fois plus grand que **37** parce que chacun des chiffres de **37** a acquis une valeur relative **100** fois plus grande. Le **7** qui représentait des unités représente maintenant des centaines et le **3** qui représentait des dizaines occupe maintenant le rang des mille.

Inversement, *un nombre entier terminé par des zéros devient 10, 100, 1.000... fois plus petit quand on supprime 1, 2, 3... zéros à sa droite.*

Exemple : **37** est **100** fois plus petit que **3.700** parce que, en supprimant deux zéros à la droite de **3.700**, la valeur relative de chacun des chiffres **3** et **7** a été rendue **100** fois plus petite.

Numération romaine

La numération romaine, encore employée pour quelques usages particuliers, écrivait les nombres au moyen des lettres :

I	**V**	**X**	**L**	**C**	**D**	**M**

dont la valeur était : **1** **5** **10** **50** **100** **500** **1.000**

et des deux **conventions** suivantes :

1º Tout chiffre placé à la **droite** d'un autre plus fort que lui s'y ajoute ;

2º Tout chiffre placé à la **gauche** d'un autre plus fort que lui s'en retranche.

Soit à écrire en chiffres romains 1.909. Nous écrirons
d'abord :   mille **M**
puis   neuf cents **CM** (1000 — 100)
et enfin   neuf **IX** (10 — 1).
Nous aurons donc   **M CM IX.**
Soit encore à lire le nombre :

$$\textbf{MD CCC XC VIII.}$$

Nous voyons d'abord : M = 1.000
                        D = 500 } 800
                      CCC = 300 }
                       XC = 90 (100 — 10)
                     VIII = 8
au total   1.898.

Exercices oraux

28. Quelles sont les valeurs relatives du chiffre 4 dans le nombre
3.474.304 ?

29. Quel est le décuple — le centuple du nombre 5.476 ?

30. Rendre 1.000 fois plus petit le nombre 5.130.000.

31. Rendre 10.000 fois plus petit le même nombre.

32. Si l'on écrit un ou plusieurs zéros à la gauche d'un nombre
entier en quoi modifie-t-on la valeur de ce nombre ? Pourquoi ?

Exercices écrits

33. Quel est le plus grand des nombres que l'on peut composer avec les 2 chiffres 8 et 5 ?

34. Quel est le plus grand des nombres que l'on peut composer avec les 3 chiffres, 6, 3 et 7 ?

35. Traduire en chiffres les nombres suivants écrits en chiffres
romains :

XIV   XL   MVI   MDCCLXXXIX

36. Écrire en chiffres romains les nombres suivants :
          57   98   109   1.453   1.815

Exercices de transcription de nombres

37. *Écrire en chiffres romains les nombres contenus dans les
phrases suivantes :* Ce fut le 5 mai 1789 que s'ouvrirent les États

généraux convoqués par Louis seize, et qui devinrent par la suite l'Assemblée constituante. En 1804 se fonda l'Empire qui dura jusqu'en 1815. Après la défaite de Waterloo, une restauration ramena sur le trône Louis dix-huit, frère de Louis seize.

38. *Traduire en chiffres ordinaires les chiffres romains contenus dans les phrases suivantes* : Après Charles X la révolution de MDCCCXXX amena Louis-Philippe au pouvoir. Louis-Philippe fut renversé par la révolution de MDCCCXLVIII ; celle-ci établit la IIe République. Puis vint Napoléon III, dont le règne se termina au lendemain de la capitulation de Sedan, le IV septembre MDCCCLXX.

En MCMXXIV, la IIIe République, établie au lendemain de nos désastres de MDCCCLXX, compte LIV ans d'existence.

5e LEÇON

Numération des nombres décimaux

Il peut arriver qu'une grandeur ne contienne pas un nombre exact de fois l'unité choisie. Par exemple, en mesurant la longueur de la classe avec un mètre, on trouve sept mètres et un reste.

Pour évaluer commodément ce reste, on a créé des unités plus petites que le mètre, et cela en divisant ce dernier en parties égales.

Nota. — On voit que le mot **unité** n'est pas réservé à **une seule grandeur** choisie pour mesurer les autres ; mais qu'il s'applique à d'autres grandeurs plus grandes ou plus petites que celle-là. Ainsi le mètre n'est pas la seule unité de longueur : le décamètre, l'hectomètre... le décimètre, le centimètre sont aussi des unités. On choisit dans chaque cas particulier la plus commode de ces unités. Ainsi on prendra le kilomètre pour mesurer une route ; le mètre pour mesurer la longueur d'une salle ; le centimètre pour mesurer la largeur d'un livre.

On a divisé : le mètre en **10 parties égales** qu'on appelle des **décimètres** (ou dixièmes de mètre) ;

Chaque dixième en dix parties égales qu'on appelle des **centimètres** (ou centièmes de mètre) ;

Chaque centième en dix parties égales qu'on appelle des **millimètres** (ou millièmes de mètre), etc....

On forme ainsi des ordres d'**unités décimales** de 10 en 10 fois plus petites ; il est facile de voir que ces ordres continuent la série des ordres entiers :

Unités entières		Unités décimales					
2ᵉ ORDRE	1ᵉʳ ORDRE	1ᵉʳ ORDRE	2ᵉ ORDRE	3ᵉ ORDRE	4ᵉ ORDRE	5ᵉ ORDRE	6ᵉ ORDRE
Dizaines (d'unités)	Unités simples	Dixièmes	Centièmes	Millièmes	Dix-millièmes	Cent-millièmes	Millionièmes

Une ou plusieurs unités décimales forment une **fraction décimale**. *Ex* : cinq centièmes, formée par la réunion de cinq unités décimales du deuxième ordre.

On appelle **nombre décimal**, l'ensemble formé par un nombre entier et une fraction décimale. *Exemple :* deux unités trois centièmes : 2,03.

REMARQUE IMPORTANTE. — Les unités décimales étant de dix en dix fois plus petites comme les unités entières les conventions que nous avons posées pour la numération orale et la numération écrite (2ᵉ et 3ᵉ leçons) leur sont applicables.

Il suffit d'indiquer par un **signe conventionnel** la place des unités simples ; ce signe est une virgule écrite entre les unités et les **dixièmes**.

Règle pour écrire en chiffres un nombre décimal.
— On écrit d'abord la partie entière, on met une virgule, et enfin on écrit la partie décimale en ayant soin de remplacer les unités décimales absentes par des zéros.

Exemple : vingt-trois unités cinq cent deux dix-millièmes s'écrira :

$$23,0502.$$

Règle pour lire un nombre décimal écrit en chiffres. — On lit d'abord la partie entière, puis on lit la partie décimale comme on lirait un nombre entier, en y ajoutant le nom de la dernière unité décimale écrite.

Exemple : 4,05706

se lira : quatre unités cinq mille sept cent six cent-millièmes.

Exercices oraux

39. Combien l'unité vaut-elle : 1° de dixièmes ? 2° de centièmes ? 3° de millièmes ?

40. Combien un dixième vaut-il : 1° de centièmes ? 2° de millièmes ?

41. Combien une dizaine vaut-elle : 1° de dixièmes ? 2° de centièmes ?

42. Combien une centaine vaut-elle de centièmes ?

43. Combien faut-il de millièmes pour former : 1° un dixième ? 2° une dizaine ?

44. Quel ordre représente un chiffre placé au 4e rang à droite de la virgule ?

45. Quel rang occupent les cent-millièmes à droite de la virgule ?

Exercices écrits

46. Écrire en chiffres les nombres suivants : quatre unités cinquante-huit millièmes ; trois cent quarante-cinq dix-millièmes ; trente unités quatre mille trois cent quatre millionièmes.

47. Écrire en toutes lettres les nombres décimaux suivants :

4,07   18,5307   912,05248

6e LEÇON

Déplacement de la virgule
dans un nombre décimal

On a vu que l'on doit, dans la mesure d'une grandeur, se servir d'une unité convenable. Ainsi le kilomètre sert d'unité pour la mesure d'une route ; le mètre sert d'unité pour la mesure d'une pièce de toile ; etc...

Le nombre qui mesure la grandeur varie avec l'unité choisie. La longueur d'un champ, par exemple, sera mesurée par le nombre **50** ou par le nombre **5** suivant que l'unité choisie est le mètre ou le décamètre.

Or, dans un nombre décimal, c'est la **virgule** qui indique la place de l'unité choisie ; le déplacement de la virgule amène donc un **changement d'unité** et par suite un changement dans la valeur du nombre.

Règle pour rendre un nombre décimal 10, 100, 1.000 fois... plus petit. — *Pour rendre un nombre décimal 10, 100, 1.000... fois plus petit il suffit de déplacer la virgule de 1, 2, 3... rangs vers la gauche.*

Ainsi le nombre **476,5** est **10** fois plus grand que le nombre **47,65**.

Par le déplacement de la virgule chaque chiffre acquiert en effet une valeur relative **10** fois plus faible que sa valeur primitive. Ainsi le **4** qui représentait des centaines représente maintenant des dizaines, le **7** qui représentait des dizaines représente des unités, etc....

Le nombre tout entier a donc été rendu **10** fois plus petit.

Remarques. — Pour rendre le nombre **45,8 mille fois**

plus petit, on reculera la virgule de **3** rangs vers la gauche et l'on obtiendra **0,0458**.

Le nombre **0,75** est **100** fois plus petit que le nombre **75**.

Règle pour rendre un nombre décimal 10, 100, 1.000... fois plus grand. — *Pour rendre un nombre décimal 10, 100, 1.000... fois plus grand, il suffit de déplacer la virgule de 1, 2, 3... rangs vers la droite.*

Ainsi, en déplaçant la virgule de **2** rangs vers la droite dans le nombre **3,725**, on obtient le nombre **372,5** cent fois plus grand ; chaque chiffre acquiert en effet par le déplacement de la virgule une valeur relative **100** fois plus grande : par exemple le **5** qui représentait des millièmes représente maintenant des dixièmes, etc....

Remarque. — Si on a le nombre **45,7** à rendre **1.000** fois plus grand, on reculera la virgule de trois rangs vers la droite et on obtiendra **45.700**.

Exercices oraux

48. Une salle de classe mesure 7 mètres de long. Quel serait le nombre exprimant sa mesure si l'on prenait comme unité le décimètre ?

49. Rendre 1.000 fois plus grands les nombres :

$$5,412 \qquad 14,3 \qquad 0,05172$$

50. Rendre 100 fois plus petits les nombres :

$$154,37 \qquad 2,45 \qquad 0,514$$

Exercices écrits

51. Écrire un zéro à la droite du nombre décimal 4,75. Comparer la valeur du second nombre à celle du premier et justifier votre manière de voir.

52. Même question, en plaçant le zéro à gauche du nombre décimal 4,75.

LECTURE

Deux systèmes de numération

Lorsque vous avez commencé à compter, on vous a mis dans les mains des bûchettes, des haricots, des boules..., des objets qui peuvent aisément se compter.

Lorsque vous aviez dix bûchettes vous en faisiez une petite botte : c'était la **dizaine**.

Vous formiez ensuite la **centaine** avec dix dizaines, etc.

Recommencez aujourd'hui ce jeu. Mais au lieu de prendre dix bûchettes pour former une collection, prenez une botte de douze bûchettes : leur réunion formera une **douzaine**.

Douze douzaines formeront une **grosse**.

Les **unités**, les **douzaines** et les **grosses** formeront la classe des unités.

Douze grosses formeront une **masse** et vous formerez facilement des douzaines de masses, des grosses de masses, faisant partie de la 2ᵉ classe ou classe des masses.

Vous pourrez même aller plus loin en inventant le mot **massion** pour désigner la 3ᵉ classe.

Vous aurez ainsi établi un système de numération calqué sur le système décimal que vous connaissez ; mais ce système sera basé sur le nombre **douze**, comme le nôtre est basé sur le nombre **dix**. Le système de base 12 serait dit **système duodécimal**.

7ᵉ LEÇON

Addition des nombres entiers et décimaux

L'**addition** a pour but de **réunir** plusieurs nombres en un seul.

Le résultat de l'addition se nomme **somme ou total**.

Les nombres donnés sont les **parties de la somme**.

Exemple : 5 + 9 + 3 = 17; 9, 5, 3 sont les parties de la somme 17.

ADDITION DES NOMBRES ENTIERS

Règle. — *Pour additionner plusieurs nombres entiers, on fait séparément la somme des unités de chaque ordre en commençant par la droite. Si un résultat ne dépasse pas 9, on l'écrit tel qu'on le trouve ; s'il dépasse 9, on n'écrit que les unités de l'ordre et on reporte les dizaines de cet ordre à la colonne suivante.*

```
   348
+   27
+  159
  ────
   534
```

ADDITION DES NOMBRES DÉCIMAUX

Règle. — *Pour additionner des nombres décimaux, on opère comme si les nombres étaient entiers ; après avoir posé au total les chiffres des dixièmes, on écrit la virgule pour les séparer des chiffres des unités.*

```
  54,843
  12,47
 263,035
 ───────
 330,348
```

REMARQUE. — Il n'est pas nécessaire lorsqu'on a peu de nombres à additionner de les écrire les uns au-dessous des autres. On peut écrire directement :

$$156 + 1.432 + 58 = 1.646$$

PREUVE DE L'ADDITION

La **preuve** d'une addition se fait en recommençant l'opération de bas en haut au lieu de haut en bas.

On peut aussi vérifier le résultat d'une longue addition en la coupant en plusieurs additions partielles dont on réunit ensuite les totaux.

CALCUL MENTAL

Pour additionner **de tête** plusieurs nombres, on commence par les plus hautes unités. Soit 532 et 385 à ajouter. Nous disons 5 centaines et 3 centaines 8 centaines ou 800 ; 3 dizaines et 8 dizaines 11 dizaines ou **110** ; 800 et **110**... 910 ; 910 et 2... 912 ; 912 et 5... 917.

Exercices oraux

53. Faire mentalement les additions suivantes :

50 + 48	20 + 40 + 70
139 + 20	23 + 50 + 60
53 + 40	43 + 13 + 50
145 + 83	13 + 47 + 38

54. Faire mentalement les additions suivantes :

3.840 + 72	142 + 150 + 30
250 + 430	62 + 220 + 48
321 + 411	112 + 39 + 52
428 + 285	2.860 + 20 + 43

55. Effectuer les 2 additions suivantes :
1° En les commençant par la droite;
2° En les commençant par la gauche;

415	314
+ 232	+ 58
+ 51	+ 725

En déduire la raison pour laquelle on conseille de commencer l'addition par la droite.

56. Compter : 1° de 2 en 2; — 2° de 3 en 3; etc...; — 3° de 9 en 9; à partir de 1, puis de 2, puis de 3, etc..., jusqu'à 500 environ.

57. Compter (sans rien écrire) de 12 en 12; — de 13 en 13; — de 14 en 14; — de 15 en 15, à partir de 1, puis de 2, puis de 3, jusqu'à 500 environ.

Exercices de calcul écrit

58. Effectuer les additions suivantes ; faire la preuve de chacune d'elles en la recommençant de bas en haut.

543,7	0,485	2.147,85
28,25	0,047	4.183,72
1.243,75	5,4	487,95
38,80	21,3	83,47
978,75	8,45	1.273,89
67,80	9,049	769,54
2.149,95	18,5	32,85

59. Effectuer les additions suivantes sans écrire les nombres les uns au-dessous des autres :

$$679,4 + 483,25 + 79,57$$
$$28,52 + 4.075 + 38,47 + 59,52.$$

60. Écrire une série de trente nombres, les 2 premiers étant 1 et 2 et chaque nombre suivant étant la somme des deux qui précèdent.

61. Écrire une série de trente nombres commençant par 1 et tels que chacun d'eux soit égal au précédent augmenté de 24.

62. Compléter le tableau suivant des importations et des exportations (en francs) de la France durant les années 1913 et 1923.

	IMPORTATIONS		EXPORTATIONS	
	1913	1923	1913	1923
Objets d'alimentation.........	1.817.579.000	7.472.369.000	838.898.000	3.189.258.000
Matières nécessaires à l'industrie...........	4.945.732.000	20.781.890.000	1.858.091.000	9.348.856.000
Objets fabriqués.	1.618.072.000	4.292.229.000	3.617.046.000	16.232.406.000
Colis postaux....	39.949.000	61.524.000	566.182.000	1.660.990.000
Totaux.......				

63. Faire les totaux du tableau suivant (à double entrée) qui donne les recettes d'une maison de commerce durant tout un mois. Y a-t-il une vérification ?

JOURS	1re SEMAINE	2e SEMAINE	3e SEMAINE	4e SEMAINE	5e SEMAINE	TOTAUX
Lundi.....	»	158,45	210,95	242,65	222,45	
Mardi.....	»	276,35	287,85	279, »	254,25	
Mercredi.	287,50	318, »	419,15	368,05	400,45	
Jeudi.....	348, »	297,25	217,05	309,95	285,05	
Vendredi.	195,75	216,45	206,55	173,45	»	
Samedi..	379,85	341,35	358,35	346,65	»	
Totaux..						

PROBLÈMES. — 64. D'après un bordereau d'encaissement[1] un caissier a reçu 14.850ᶠ en billets, 8.970ᶠ en or, 347ᶠ,20 en argent et 38ᶠ,95 en billon. Quel est le total du bordereau ?

65. J'ai acheté une maison 15.840ᶠ. J'ai dû acquitter les frais de vente se montant à 1.758ᶠ,75 ; j'ai fait diverses réparations d'un total de 2.397ᶠ,45 et je l'ai revendue avec un bénéfice de 1.914ᶠ,80. Quel est le prix de vente ?

66. Un marchand a acheté successivement 85ᵐ,5 d'étoffe pour 428ᶠ,40 ; 48ᵐ,75 pour 259ᶠ,80 ; 53ᵐ,90 pour 272ᶠ,50 ; 158ᵐ,90 pour 798ᶠ,20 ; 7 m. pour 60ᶠ ; enfin 357ᵐ,20 pour 1.415ᶠ,30. Combien de mètres a-t-il achetés et quelle somme a-t-il déboursée ?

67. Dans un partage, la première personne a reçu 153ᶠ,75 ; la 2ᵉ a reçu 13ᶠ,45 de plus ; la 3ᵉ a reçu autant que les 2 premières plus 2ᶠ,50 ; la 4ᵉ a reçu autant que la 2ᵉ et la 3ᵉ réunies. Quelle était la somme à partager ?

8ᵉ LEÇON

Soustraction des nombres entiers et décimaux

Définition. — La **soustraction** est une opération qui a pour but de **retrancher** un nombre d'un autre plus grand.

Le résultat se nomme **reste**; il représente la **différence** des deux nombres ou l'**excès** du grand nombre sur le petit.

Les nombres donnés sont les **termes** de la différence.

Exemple : Dans **9 — 5 = 4**, 9 et 5 sont les termes de la différence **4**.

Principe. — *Une différence ne change pas lorsqu'on ajoute un même nombre à ses deux termes.*

1° VÉRIFICATION NUMÉRIQUE.

Soit la différence : 28   Ajoutons 7, aux 2 termes $28+7=35$
$$\begin{array}{r} 28 \\ -\ 5 \\ \hline 23 \end{array} \qquad \begin{array}{r} 28+7=35 \\ 5+7=12 \\ \hline 23 \end{array}$$

---

[1]. Pièce qui accompagne un versement en espèces et qui énumère les diverses monnaies composant le versement.

Nous constatons que la différence n'a pas changé.

2° VÉRIFICATION GRAPHIQUE.

La différence des deux droites AB et CD est la droite EB.

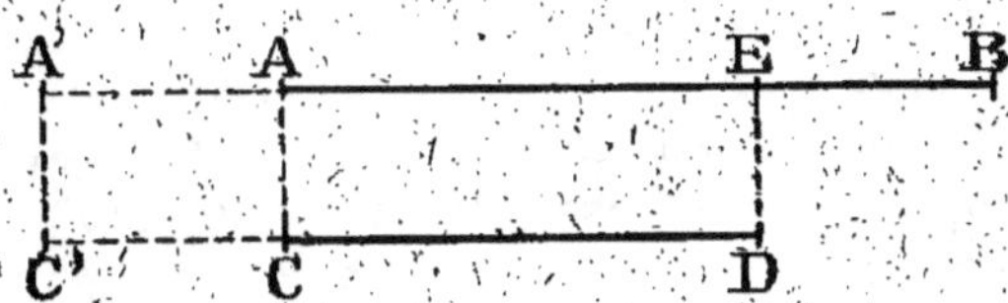

Cette différence ne change pas si on ajoute à la première une droite AA' et à la deuxième une droite égale CC'.

SOUSTRACTION DES NOMBRES ENTIERS

Règle. — *Pour faire la soustraction de deux nombres entiers on fait la différence des unités de chaque ordre en commençant par la droite. Si l'une de ces soustractions partielles est impossible, on ajoute dix unités de cet ordre au chiffre supérieur, et, pour compensation, on augmente d'une unité le chiffre inférieur de l'ordre suivant.*

$$\begin{array}{r} 5.647 \\ -\ \ 395 \\ \hline 5.252 \end{array}$$

Ainsi, dans l'exemple donné, on dira :

(unités) 5 ôté de 7 reste **2**,

(dizaines) 9 ôté de 4 cela ne se peut. On ajoute dix dizaines au chiffre supérieur 4 et on dit : 9 ôté de 14 reste 5 (poser),

(centaines) pour compensation **on reporte** une centaine au chiffre inférieur 3 de l'ordre des centaines : 4 ôté de 6 reste 2.

Dans le principe précédent, la différence des 2 nombres donnés est bien **5.252** ; on ne l'a pas changée en ajoutant dix dizaines au nombre supérieur et une centaine (qui vaut dix dizaines) au nombre inférieur.

SOUSTRACTION DES NOMBRES DÉCIMAUX

Règle. — *Pour soustraire un nombre décimal d'un autre, on opère comme si les nombres étaient entiers, en ayant soin, dans le résultat, de placer la virgule entre le chiffre des dixièmes et celui des unités.*

```
548,35
 —4,756
———————
543,594
```

Ainsi on soustrait successivement les millièmes, les centièmes, etc.., en appliquant le principe de compensation posé plus haut et en disant :

(millièmes) 6 ôte de 10 reste 4.... (et je reporte 1)

(centièmes) 6 ôté de 15 reste 9, etc...

REMARQUE. — Il n'est pas nécessaire de placer les nombres les uns au-dessous des autres et l'on peut écrire de suite :

$$5.347 - 395 = 4.952$$

PREUVE DE LA SOUSTRACTION

La **preuve** d'une soustraction se fait en additionnant le plus petit nombre et le reste ; on doit ainsi retrouver le plus grand nombre.

Exemple : Dans la soustraction ci-dessous, on fera la preuve en ajoutant **395** au reste de l'opération.

```
  5.347
—   395
———————
  4.952
———————
  5.347
```

On doit évidemment retrouver le nombre **5.347** si l'opération est bonne.

CALCUL MENTAL

Pour soustraire de tête un nombre d'un autre, il est avantageux de choisir un ou plusieurs nombres intermé-

diaires et d'additionner les différents écarts qui séparent ces nombres.

Exemple : On retranchera 57 de 228 en additionnant 3, 40, 100 et 28, c'est-à-dire ce qui manque à 57 pour valoir 60, à 60 pour valoir 100, à 100 pour atteindre 200, à 200 pour obtenir 228.

$$228 - 57 = 3 + 40 + 100 + 28 = 171$$

C'est par un procédé analogue qu'on rend avec facilité la monnaie d'une pièce.

Soit à rendre sur une pièce de 5^f la monnaie d'un achat de 2^f,20.

On rendra successivement : 0^f,30 (pour faire 2^f,50) puis 0^f,50 (pour faire 3^f) et enfin 2^f (pour faire 5^f). On rendra donc en tout :

$$0^f,30 + 0^f,50 + 2^f = 2^f,80.$$

En un mot on part du plus petit nombre pour se rapprocher du grand en passant par le moins d'intermédiaires possible.

Exercices oraux

68. Donner de tête le résultat des soustractions suivantes, en employant toujours le procédé le plus rapide.

90 — 30	98 — 30	98 — 35
150 — 70	152 — 71	158 — 79
243 — 61	241 — 69	240 — 68
2.100 — 450	3.140 — 420	4.105 — 540
3^f — 0^f,45	10^f — 4^f,25	15^f — 11^f,40
113 — 44 ,5	714 — 64 ,75	100 — 63 ,90

69. Effectuer les 2 soustractions suivantes : 1º en les commençant par la droite ; 2º en les commençant par la gauche.

$$
\begin{array}{r}
4.269^f \\
- 1.054^f \\
\hline
\end{array}
\qquad
\begin{array}{r}
8.259^f \\
- 3.872 \\
\hline
\end{array}
$$

En déduire la raison pour laquelle on conseille de commencer toujours la soustraction par la droite.

70. Compter, en descendant : 1° de 2 en 2 ; — 2° de 3 en 3, etc... ; — 8° de 9 en 9 ; — à partir de 100, 99, 98, etc...

71. Compter, en descendant (sans rien écrire), de 12 en 12 ; — de 13 en 13 ; — de 14 en 14 ; — de 15 en 15, à partir de 600, de 599, etc... jusque 200 environ.

72. Sans effectuer la soustraction 437 — 289, dire ce que devient le reste :

1° Si on augmente le plus grand nombre seul de 4 unités ;

2° Si on augmente le plus petit nombre seul de 4 unités.

Vérifier les conclusions et les justifier.

73. Sans effectuer la soustraction 843 — 587, dire ce que devient le reste :

1° Si on diminue le grand nombre seul de 9 unités ;

2° Si on diminue le petit nombre seul de 9 unités.

Vérifier et justifier les conclusions.

74. Que devient le reste de la soustraction 1.057 — 848 :

1° Lorsqu'on augmente le grand nombre de 4 unités et qu'on diminue en même temps le petit de 9 unités ;

2° Lorsqu'on diminue le grand de 4 unités et qu'on augmente le petit de 9 unités.

Vérifier et justifier les conclusions.

75. Quelle est la date de la naissance de Cuvier mort en 1.832 à l'âge de 63 ans (calculer de tête).

Exercices de calcul écrit

76. Effectuer les soustractions suivantes en prononçant le moins de mots possible ; faire la preuve de chacune d'elles.

4.398	3.251	30.000
— 547	— 496	— 4.967

515,5	— 741,55	— 6,4
— 98	— 79,49	— 0,9541

77. Effectuer les soustractions suivantes en laissant les nombres sur une même ligne horizontale :

347 — 29	1.458 — 378	6.427 — 988
123,55 — 42	28,75 — 8,9	4,9 — 0,854

78. Écrire une suite de trente nombres commençant à 1.000 et tels que chacun d'eux soit égal au précédent diminué de 27.

PROBLÈMES. — **79.** L'actif d'un commerçant (ce qu'il possède) s'élève à 53.427ᶠ,15 ; son passif (ce qu'il doit) s'élève à 39.839ᶠ,95. Quel est son avoir net ?

80. L'actif d'une faillite est de 128.428ᶠ,40 ; le passif de 197,514ᶠ. Quelle perte les créanciers subiront-ils ?

81. La population de la France était en 1905 de 38.641.373 habitants ; celle du Royaume-Uni de Grande-Bretagne et d'Irlande était au même moment de 41.605.220 habitants. De combien cette dernière surpassait-elle la première ?

82. La France a importé en un an pour 3.585.201.000ᶠ de marchandises et elle en a exporté pour 3.362,152,000ᶠ. Quel est l'excédent des importations sur les exportations ?

83. Les deux termes et le résultat d'une soustraction additionnés donnent au total 172. Quel est le plus grand des deux termes ? Dites ensuite, d'une manière générale, ce qu'on obtient en additionnant le grand nombre, le petit nombre et le reste d'une soustraction.

Problèmes sur l'addition et la soustraction

84. Un commerçant avait en caisse le matin 2.857ᶠ. Il a effectué dans sa journée 4.943ᶠ de recettes et a payé 3.549ᶠ. Combien doit-il avoir en caisse à la fin de la journée ?

85. Pour comparer les recettes et les dépenses de deux semaines un commerçant a établi le tableau ci-dessous. Compléter ce tableau et indiquer les vérifications qu'il comporte.

JOURS	RECETTES		DIFFÉRENCES		DÉPENSES		DIFFÉRENCES	
			EN PLUS	EN MOINS			EN PLUS	EN MOINS
Lundi...	395,45	378,50			238,10	352, »		
Mardi...	397,15	579,25			341,20	278,45		
Mercredi	421, »	421, »			247,05	318, »		
Jeudi...	375,80	367,95			270, »	270, »		
Vendredi	339,10	486,40			287, »	275,15		
Samedi..	500, »	971, »			278,95	300,40		
TOTAUX								

86. Une locomotive pèse 14.640 kg.; le tender vide pèse 6.900 kg. Après avoir fait du charbon, le poids total se trouve être de 24.320 kg. Combien de charbon a-t-on placé dans le tender ?

87. Dans un partage, la 1re personne a eu 24.517ᶠ; la 2e, 12.398ᶠ de moins ; la 3e, autant que les 2 premières moins 7.542ᶠ; la 4e autant que la 2e et la 3e réunies moins 4.587ᶠ. Calculer la part de chaque personne et la somme à partager.

88. La somme de 3 nombres est de 528.415; la somme des 2 premiers est 398.586 et le premier est 129.697. Calculer le 2e et le 3e ?

89. Un train rapide part de Paris pour Lille avec 431 voyageurs. A Amiens, il en descend 89 et il en monte 45. A Arras, il en descend 104 et en monte 58. A Douai il en descend 75 et il en monte 28. Avec combien de voyageurs arrive-t-il à Lille ?

90. On achète une propriété 57.421ᶠ. On paie 6.438ᶠ,50 de frais de vente ; on y dépense pour améliorations et clôtures 2.488ᶠ. On la revend enfin en 5 lots dont les prix respectifs sont 14.285ᶠ, 15.398ᶠ, 14.000ᶠ, 13.697ᶠ et 13.182ᶠ. Combien a-t-on gagné ?

9e LEÇON

Principes relatifs à l'addition et à la soustraction

1er principe. — *Pour ajouter à un nombre la somme de plusieurs autres, on peut ajouter successivement chaque partie de la somme à ce nombre.*

$$25 + (8 + 5 + 2) = 25 + 8 + 5 + 2$$
$$33 + 5$$
$$38 + 2$$
$$40$$

Vérification. $25 + 15 = 40$

Justification. — Il est évident que l'on doit obtenir le même résultat en ajoutant d'un seul coup **15** unités à **25,** ou bien en les ajoutant en trois fois (**8, 5** et **2**).

2ᵉ principe. — *Pour ajouter à un nombre la différence de 2 autres, on peut ajouter le plus grand et retrancher le plus petit.*

$$27 + (8 - 5) = 27 + 8 - 5$$

Vérification. $27 + 3 = 30.$

Justification. — On doit ajouter à **27** la différence **8 — 5**. On ajoute d'abord **8**, c'est-à-dire un nombre trop grand de **5** unités ; le résultat est donc trop grand de **5** unités et il faut le diminuer en retranchant **5**.

3ᵉ principe. — *Pour retrancher d'un nombre la somme de plusieurs autres, on peut retrancher successivement de ce nombre les parties de la somme.*

$$30 - (8 + 5 + 4) = 30 - 8 - 5 - 4$$

Vérification. $30 - 17 = 13$

Justification. — Il est évident que le résultat est le même si l'on retranche de **30**, **17** unités en une seule fois ou en 3 fois, d'abord **8**, puis **5** et enfin **4**.

4ᵉ principe. — *Pour retrancher d'un nombre la différence de deux autres, on peut retrancher le plus grand et ajouter le plus petit.*

$$38 - (12 - 5) = 38 - 12 + 5$$

Vérification. $38 + 7 = 31$

Justification. — On doit retrancher du nombre **38** la différence **12 — 5**. En retranchant d'abord **12**, on retranche un nombre trop grand de **5** unités et le résultat est par suite trop petit de cette quantité. On le rectifie en lui ajoutant **5**.

Remarques. — 1. On peut commencer par ajouter le plus petit nombre et ne retrancher le plus grand nombre qu'ensuite.

Exemple : $40 - (50 - 20) = 40 + 20 - 50 = 10.$

2. Les quatre principes ci-dessus permettent de faire disparaître, de **chasser une parenthèse** devant laquelle est le signe de l'addition ou de la soustraction.

3. On peut, en représentant les nombres par des lettres, écrire par application des principes ci-dessus :

$$a + (b + c + d) = a + b + c + d$$
$$a + (b - c) \quad = a + b - c$$
$$a - (b + c + d) = a - b - c - d$$
$$a - (b - c) \quad = a - b + c$$

Nota. — On trouvera, dans les notions d'algèbre qui terminent ce volume, des applications intéressantes de ces principes.

Exercices écrits

91. Faire disparaître les parenthèses dans les expressions suivantes :

$$40 - (15 - 4) \qquad 72 - (5 + 4 + 15)$$
$$80 - (100 - 50) \qquad 79 + (7 + 3)$$
$$53 + (43 - 10)$$

92. Faire disparaître les parenthèses dans les expressions suivantes ; les lettres m, n et p remplacent des nombres donnés :

$$m + (n - p) \qquad m + (n + p)$$
$$m - (n - p) \qquad m - (n + p)$$

93. Chasser les parenthèses dans les expressions suivantes :

$$(40 + 20) + (40 - 20) \qquad (40 + 20) - (40 - 20)$$

et vérifier les résultats obtenus.

94. Chasser les parenthèses dans les expressions suivantes ; a et b sont des nombres donnés :

$$(a + b) + (a - b) \qquad (a + b) - (a - b)$$

Énoncer les résultats obtenus :

1° Quand on ajoute ; 2° quand on retranche la différence de deux nombres à leur somme.

10e LEÇON

Partage en parties inégales

1er Problème-type

95. Je veux partager 19 billes entre Jean et Louis, en en donnant 5 de plus au premier qu'au second. Combien chacun d'eux en aura-t-il ?

Solution

La 1re solution graphique nous montre que :

Si à la somme des parts 19^b nous ajoutons la différence 5^b nous aurons deux fois la part de Jean.

ou
$$19^b + 5^b = 24^b.$$

Donc la part de Jean vaut :
$$24^b : 2 = 12^b.$$

et celle de Louis :
$$12^b - 5^b = 7^b.$$

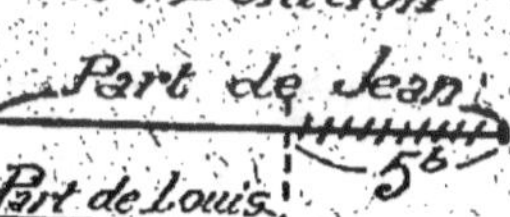

La 2e solution graphique nous aurait donné la part de Louis comme suit :

Si de la somme 19^b nous retranchons la différence 5^b nous aurons deux fois la part de Louis :

ou
$$19^b - 5^b = 14^b.$$

Donc la part de Louis vaut :
$$14^b : 2 = 7^b.$$

Généralisons le problème :

Connaissant la somme S et la différence d de deux nombres N et n, nous pouvons dire :

Somme + différence = 2 fois le grand nombre.

Somme — différence = 2 fois le plus petit.

ou
$$S + d = 2N$$
$$S - d = 2n$$

Puisque
$$2N = S + d$$
$$N = \frac{S + d}{2}$$

De même :
$$2n = S - d$$

Donc :
$$n = \frac{S - d}{2}$$

REMARQUE. — Aux nombres du problème, nous avons substitué des lettres, ce qui nous a permis de généraliser le problème et d'en donner la solution algébrique.

Exercices écrits

96. Formuler la règle permettant de trouver deux nombres en fonction de (c'est-à-dire connaissant) leur somme et leur différence.

97. Comment peut-on rendre égaux 2 nombres différents sans changer leur somme ? Prendre comme exemples 57 et 83.

Problèmes

98. Pour 2.400ᶠ j'ai acheté un buffet et une table. Sachant que le buffet coûte 800ᶠ de plus que la table, trouvez le prix de chacun des deux meubles.

99. Une propriété composée d'une maison et d'un jardin a été vendue 61.500ᶠ. Quel est : 1° le prix de la maison ; 2° celui du jardin, sachant que la maison vaut 18.500ᶠ de plus que le jardin ?

100. Un fleuriste a vendu 225 bouquets de 2 catégories, la 1ʳᵉ à 1ᶠ,25 ; la 2ᵉ à 0ᶠ,75. Sachant qu'il en avait 39 de plus dans la 1ʳᵉ catégorie que dans la seconde, dites quelle somme il a retirée de la vente de ses bouquets ?

101. On a payé 168ᶠ pour 2 pièces de toile de la même qualité à 4ᶠ,80 le mètre. Sachant que la première pièce a 12ᵐ,50 de plus que la 2ᵉ, trouvez la longueur de chacune.

102. Deux champs ont ensemble une superficie de 2 hectares, et l'un a 60ᵃ de plus que l'autre. Quel est le prix de chacun d'eux à raison de 20ᶠ l'are ?

103. Un cultivateur a acheté deux pièces de terre à 60ᶠ l'are ; leur superficie totale est de 62 ares et la plus étendue mesure 6 ares de plus que l'autre. Quelle est la superficie des 2 terrains ; quel est le prix de chacun d'eux ?

104. On a payé 499ᶠ,80 pour 34 m. de calicot et 68 m. de toile. Quel est le prix du mètre de chaque étoffe sachant que le mètre de toile coûte 2ᶠ,40 de plus que le mètre de calicot ?

105. Deux couturières ont acheté en commun 81 m. de soie pour 1.032ᶠ,75 ; au partage l'une a payé 408ᶠ de plus que l'autre. Combien chacune a-t-elle de mètres ?

106. Deux champs rectangulaires ont une largeur uniforme de 12ᵐ,50 et une surface totale de 1.750 m². On sait que la longueur du plus grand surpasse celle du plus petit de 24 m. Quelle est la longueur de chacun d'eux?

11ᵉ LEÇON

2ᵉ Problème-type

107. Partager 15.300ᶠ entre 3 personnes de manière que la 1ʳᵉ ait 1.200ᶠ de plus que la 2ᵉ et 2.100ᶠ de plus que la 3ᵉ.

Interprétation de la 1ʳᵉ solution graphique :

La 1ʳᵉ solution graphique nous montre que :

Si à la somme des trois parts 15.300ᶠ nous ajoutons les différences 1.200ᶠ et 2.100ᶠ nous obtenons trois grandes parts ou :

$$15.300^f + 1.200^f + 2.100^f = 18.600^f$$

Donc la grande part ou la 1re vaut :

$$18.600^f : 3 = 6.200^f$$

Nous en déduisons :

2e part : $6.200^f - 1.200^f = 5.000^f$
3e part : $6.200^f - 2.100^f = 4.100^f$

Interprétation de la 2e solution graphique :

Trois parts moyennes valent :

$$15.300^f - 1.200^f + (2.100^f - 1.200^f) = 15.000^f$$

Donc la 2e part vaut :

$$15.000^f : 3 = 5.000^f$$

D'où :

1re part : $5.000^f + 1.200^f = 6.200^f$
3e part : $5.000^f - (2.100^f - 1.200^f) = 4.100^f.$

Interprétation de la 3e solution graphique :

Trois petites parts valent :

$$15.300^f - (2.100^f + 2.100^f - 1.200^f) = 12.300^f$$

Donc la 3e part vaut :

$$12.300^f : 3 = 4.100^f$$

D'où :

1re part : $4.100^f + 2.100^f = 6.200^f$
2e part : $4.100^f + (2.100^f - 1.200^f) = 5.000^f$

Problèmes

108. 3 tonneaux contiennent ensemble 640 litres. Le 1er renferme 18 l. de plus que le 2e et 26 l. de plus que le 3e. Quelle est la contenance de chacun d'eux?

109. Partager 381f entre 3 personnes de manière que la 1re ait 28f,50 de plus que la 2e et la 2e 7f,5 de plus que la 3e.

110. 3 pièces de toile de la même qualité valent ensemble 1.250f; la 1re mesure 8 m. de plus que la 2e et la 2e 4 m. de plus que la 3e. Quelle est la longueur de chaque pièce sachant que le mètre de l'étoffe vaut 12f,50?

111. Partager 5.000f entre 3 personnes de manière que la 2e ait 500f de plus que la première et la 3e 200f de moins que la deuxième.

112. On achète 3 pièces d'étoffe de la même qualité. La 1re a 12 m. de plus que la 2e et la 2e 47m,75 de plus que la 3e. La 1re coûte 3.670f et la 3e 2.475f. Quelle est la longueur de chaque pièce?

113. On a 3 pièces de toile de longueur inégale. Si on ôtait à la 1re 15 m. pour les ajouter à la 2e et 22 m. pour les ajouter à la 3e, chaque pièce aurait alors 35 m. Dites la longueur de chacune?

114. Partager 16.490f entre 4 personnes de manière que la 1re ait 1.000f de plus que la 2e, 2.150f de plus que la 3e et 1.340f de plus que la 4e.

115. On veut partager 6.490f entre 4 personnes de manière que la 1re ait 160f de plus que la 2e, celle-ci 240f de plus que la 3e et que la 3e ait 350f de plus que la 4e. Quelle est la part de chaque personne?

116. Quels sont les 2 nombres dont la somme est 468, sachant que leur différence égale 4 fois le plus petit? (Représentation graphique.)

117. Trouver 2 nombres dont la différence est 508 sachant que l'un est 5 fois plus petit que l'autre. (Représentation graphique.)

118. La somme de 4 nombres consécutifs est 25.018. Quels sont ces nombres?

———

LECTURE

Les carrés magiques

Construisez un carré divisé en 9 cases ; mettez 1 case sup-

4	9	2	15
3	5	7	15
8	1	6	15
15	15	15	15

plémentaire aux extrémités des deux axes. Écrivez ensuite les 9 premiers nombres en 3 lignes diagonales.

Videz enfin chaque case supplémentaire au profit de la case du carré central qui en est le plus éloigné sur la même ligne et vous aurez construit un carré magique. En quelque sens qu'on additionne 3 nombres de ce carré, on obtient la somme magique 15.

Ci-dessus un carré magique construit en employant les 24 premiers nombres ; la somme magique est 60.

8	1	24	17	10	60
2	21	23	5	9	60
16	22	6	4	12	60
15	13	7	14	11	60
19	3	0	20	18	60
60	60	60	60	60	

Ce carré n'est pas le seul dont les sommes donnent 60 comme total pour chaque ligne : un carré de 25 cases dont les nombres sont ainsi disposés :

0	19	8	22	11
23	12	1	15	9
16	5	24	13	2
14	3	17	6	20
7	21	10	4	18

donne également 60 pour somme dans chaque ligne.

12e LEÇON

Multiplication des nombres entiers

Définition. — *La multiplication est une opération qui a pour but de répéter un nombre appelé* **multiplicande** *autant de fois qu'il y a d'unités dans un autre nombre appelé* **multiplicateur.**

Le résultat se nomme **produit.**

Les nombres donnés sont les **facteurs** du produit.

Exemple : Soit à chercher le prix de **5** m. d'étoffe à **7ᶠ** ; ce prix sera égal à **7ᶠ** répétés **5** fois ou d'après la définition ci-dessus à : 7ᶠ × **5.**

Remarques. — Le multiplicateur indiquant le nombre de fois que l'on doit répéter le multiplicande est toujours un **nombre abstrait.**

Le produit est un **nombre concret** de même nature que le multiplicande. Le prix de **5** m. d'étoffe à **7ᶠ** est **7ᶠ × 5 = 35ᶠ.**

La multiplication est une **addition abrégée** puisqu'on obtient le même résultat en additionnant **5** nombres égaux à **7ᶠ.**

1ᵉʳ Cas. — *Les 2 facteurs n'ont qu'un chiffre.*

Il faut connaître par cœur les produits des **9** premiers nombres entre eux ; il est bon aussi de connaître les produits de ces **9** premiers nombres par **12.**

Tous ces produits sont inscrits dans la table de Pythagore :

Pour construire une table de Pythagore, on inscrit les **9** premiers nombres sur une ligne horizontale ; on ajoute chacun de ces nombres à lui-même pour former une 2ᵉ ligne ; on ajoute les nombres de la 1ʳᵉ ligne et ceux de la 2ᵉ pour former la 3ᵉ ; puis les nombres de la 1ʳᵉ et de la 3ᵉ pour former la 4ᵉ, etc., ainsi de suite.

1	2	3	4	5	6	7	8	9	12
2	4	6	8	10	12	14	16	18	24
3	6	9	12	15	18	21	24	27	36
4	8	12	16	20	24	28	32	36	48
5	10	15	20	25	30	35	40	45	60
6	12	18	24	30	36	42	48	54	72
7	14	21	28	35	42	49	56	63	84
8	16	24	32	40	48	56	64	72	96
9	18	27	36	45	54	63	72	81	108
12	24	36	48	60	72	84	96	108	144

On trouve dans cette table le produit de 2 facteurs 6 et 4 par exemple en prenant l'un d'eux 6 dans la première ligne ; l'autre 4 dans la première colonne ; la rencontre de la colonne 6 avec la ligne 4 donne le produit cherché 24.

En effet, d'après le mode de construction de la table, la ligne 4 renferme les nombres de la première ligne répétés 4 fois ; en particulier le nombre 24 de cette ligne contient le nombre 6 répété 4 fois, c'est-à-dire le produit 6 × 4.

2e **Cas.** — *Le multiplicande a plusieurs chiffres, le*

multiplicateur n'a qu'un chiffre ou n'a qu'un chiffre suivi de zéros.

1º Soit à effectuer le produit de 786ᶠ par 4. Cela revient à faire l'addition de 4 nombres égaux à 786ᶠ. On voit facilement que le produit contient 4 fois 6 unités, 4 fois 8 dizaines et 4 fois 7 centaines ; il s'effectuera donc au moyen de 3 multiplications du 1er cas.

$$786^f$$
$$786^f$$
$$786^f \qquad\qquad 786^f$$
$$786^f \qquad\qquad \times\ \ 4$$
$$\overline{3.144^f} \qquad\qquad \overline{3.144^f}$$

2º Soit encore à effectuer 786ᶠ × 400. C'est l'addition de 400 nombres égaux à 786ᶠ. Cette addition peut se décomposer en 100 additions partielles de 4 nombres, dont chacune donnera le total 3.144ᶠ. L'addition des 400 nombres nous donnera un total 100 fois plus fort, c'est-à-dire 314.400ᶠ.

REMARQUES. — 1º Il est inutile de poser les multiplications du second cas ; on écrit directement sur une seule ligne :

$$786^f \times 4 = 3.144^f$$
ou
$$786^f \times 400 = 314.400^f$$

2º Lorsque le multiplicateur est 12, 120, 1.200, etc... le produit s'obtient de la même manière que si le multiplicateur n'avait qu'un chiffre ; la table de Pythagore ci-dessus donnant les produits des 9 premiers nombres par 12, qui doivent être sus par cœur.

$$1.243 \text{ m.} \times 12 = 14.916 \text{ m.}$$
$$697 \text{ l.} \times 120 = 83.640 \text{ l.}$$

Exercices de calcul mental

119. Donner oralement les produits des 12 premiers nombres :

1º par 2, par 20, 200...	8º par 9, par 90, etc.
2º par 3, par 30, etc.	9º par 12, par 120, etc.

120. Donner de vive voix le produit de chacun des 12 premiers nombres par lui-même.

121. Réciter les produits :

1° de 2, 20, 200, etc.   8° de 9, 90, etc.
2° de 3, 30, 300, etc.   9° de 12, 120, etc.

par les 12 premiers nombres.

Exercices de calcul écrit

122. Écrire directement le deuxième membre des égalités suivantes :

$9 \times 5 =$	$4 \times 8 + 3 =$
$415 \times 3 =$	$819 \times 4 + 10 =$
$6.789 \times 8 =$	$1.738 \times 7 + 5 =$
$245.789 \times 9 =$	$2.421 \times 12 + 19 =$
$4.378 \times 600 =$	$3.528 \times 120 =$
$1.547 \times 2.000 =$	$1.742 \times 12.000 =$

123. Prolonger la table de Pythagore jusqu'à 15 fois 15 et en faire usage pour effectuer les produits suivants :

2.437×13	5.427×130
3.478×14	16.238×1.400
16.475×15	7.897×150

13ᵉ LEÇON

Multiplication des nombres entiers
(suite)

3° Cas. — *Les deux facteurs ont plusieurs chiffres.*

Soit à multiplier **756ᶠ** par **234**.

On doit abréger l'addition de **234** nombres égaux à **756ᶠ**.

Pour cela on décomposera cette longue addition en trois : la première de   4 nombres égaux à 756ᶠ.

la deuxième de   30

la troisième de 200

Ces trois additions partielles se feront chacune par

une multiplication du 2ᵉ cas ; on fera ensuite la somme des trois résultats.

		756ᶠ
		× 234
1ᵉʳ *produit partiel*	756ᶠ × 4	3 024
2ᵉ —	756ᶠ × 30	22 680
3ᵉ —	756ᶠ × 200	151 200
Produit de 756ᶠ × 234		176.904ᶠ
(somme des produits partiels.)		

REMARQUE. — Dans la pratique, on se dispense d'écrire les zéros à la droite des produits partiels ; on remarque simplement que le premier chiffre à droite de chaque produit partiel vient se placer en dessous du chiffre du multiplicateur qui a servi à le former.

Règle. — *On multiplie le multiplicande par chaque chiffre du multiplicateur ; on écrit les produits partiels les uns au-dessous des autres, de manière que le premier chiffre de chaque produit partiel soit placé au-dessous du chiffre du multiplicateur qui a servi à le former. On fait enfin la somme des produits partiels.*

REMARQUE. — Lorsque les deux facteurs sont terminés par des zéros, on fait le produit comme si les zéros étaient supprimés ; puis on écrit à la droite de ce produit autant de zéros qu'il y en a à la droite des deux facteurs.

Soit en effet **75.600** à multiplier par **2.340**.

Le produit est égal au produit de **756** centaines par **2.340** ; il sera un nombre de centaines.

Mais le produit de **756** centaines par **2.340** s'obtiendra (voir raisonnement du 2ᵉ cas) en multipliant **756** par **234** et en ajoutant un zéro à la droite.

On est donc conduit à effectuer le produit

756 par 234

et à ajouter ensuite trois zéros $(2 + 1)$ à sa droite. On aura ainsi

$$
\begin{array}{r}
75.600 \\
\times\ 3.340 \\
\hline
3\ 024 \\
22\ 68 \\
151\ 2 \\
\hline
176.904.000
\end{array}
$$

Exercices de calcul écrit

124. Effectuer les produits suivants :

5.482 × 234	27.489 × 5.061
1.789 × 567	7.549 × 7.890
6.428 × 890	48.470 × 38

$$52.400 \times 7.860$$

125. Effectuer le produit 4.786 × 912 en n'écrivant que 2 produits partiels : (1° 4.786 × 12 ; 2° 4.786 × 900).

126. Effectuer le produit 48.751 × 126 en n'écrivant que 2 produits partiels (1° 48.751 × 6 ; 2° 48.751 × 120).

Exercices écrits

127. Effectuer le produit 756 × 234 en prenant les chiffres du multiplicateur de gauche à droite. Énoncer une règle.

128. Quel est le nombre des produits partiels dans une multiplication ? Justifier la réponse et la vérifier sur les exemples suivants :

$$5.437 \times 341 \qquad 8.410 \times 340 \qquad 5.470 \times 3.040$$

129. En effectuant le produit 458 × 243 on recule par mégarde le 2ᵉ produit partiel d'un rang de trop vers la gauche. Quelle erreur commet-on ? Vérifier et justifier la réponse.

130. En effectuant le produit 458 × 243 on omet de reculer d'un rang vers la gauche le 2ᵉ produit partiel ; quelle erreur commet-on ? Vérifier et justifier.

131. Qu'arrive-t-il si dans le produit 48 × 7 on augmente le multiplicateur : 1° de 1 ; 2° de 2 ?

132. Qu'arrive-t-il si dans le produit 48 × 7 on augmente le multiplicande : 1° de 1 ; 2° de 2 ?

133. Le produit de 2 nombres est 136. On augmente le multiplicande de 4 unités et le nouveau produit devient 168. Quels sont les 2 nombres?

134. Un élève qui avait à multiplier 3.475 par 95 a écrit 85 au multiplicateur. Sans effectuer les multiplications, dites quelle erreur il a faite?

135. Dans la multiplication 2.547 × 72 un élève a mis un 6 à la place du 4. Dites comment il peut obtenir le résultat demandé sans recommencer l'opération.

14e LEÇON

Multiplication des nombres entiers

(suite)

Principe. — *Si l'on intervertit l'ordre des deux facteurs d'un produit, ce produit ne change pas de valeur.*

Vérification :
$$3 \times 5 = 15$$
$$5 \times 3 = 15$$

Démonstration. — Le produit 3×5 renfermant 5 fois 3 unités, contient les unités du tableau ci-contre : en effet, chaque ligne de ce tableau renferme 3 unités et il y a 5 lignes ; il renferme donc 5 fois 3 unités ou 3×5.

```
1  1  1  ⎫
1  1  1  ⎪  3 répété 5 fois
1  1  1  ⎬  ou 3 × 5
1  1  1  ⎪
1  1  1  ⎭
```
5 répété 3 fois
ou 5 × 3

Comptons les unités de ce tableau par **colonnes verticales.** Il y a 3 colonnes dont chacune renferme 5 unités. Le produit peut donc s'écrire aussi 5×3 et l'on a $3 \times 5 = 5 \times 3$.

Application. — Lorsque, dans un problème, on doit effectuer un produit de 2 facteurs, on fait la multiplication de la manière la plus commode. Pour chercher le prix de 536 objets à 8ᶠ (8ᶠ × 536), on multipliera 536 par 8; on exprimera bien entendu le produit en francs.

$$\begin{array}{r} 536 \\ \times\ 8 \\ \hline 4.288^f \end{array}$$

PREUVE DE LA MULTIPLICATION

Le principe énoncé ci-dessus nous permet de faire la **preuve** de la multiplication : il suffit de recommencer l'opération en mettant le multiplicande à la place du multiplicateur et réciproquement. On doit trouver le même produit.

MULTIPLICATION	PREUVE
756	234
× 234	× 756
3 024	1 404
22 68	11 70
151 2	163 8
176 904	176 904

(Voir plus loin la **preuve** par 9 de la multiplication.)

CALCUL MENTAL

Pour faire de tête une multiplication par un seul chiffre, il est commode de commencer par les plus hautes unités.

Exemple : 732 × 3. Je dis 3 fois 7 centaines 21 centaines ou 2,100 ; 3 fois 3 dizaines 9 dizaines ou 90; 3 fois 2, 6 ; 2.100, 90 et 6 font 2.196.

Multiplication d'un nombre par 11. — Pour multiplier un nombre par 11, il est inutile d'écrire les produits partiels qui sont égaux tous deux au multiplicande. On écrit tel quel le chiffre des unités du nombre, puis, allant vers la gauche, on additionne chaque chiffre avec le suivant en avançant d'un chiffre après chaque opération, jusqu'à ce que l'on arrive au dernier chiffre à gauche.

$$1^{er}\ exemple \qquad 2^e\ exemple \qquad 3^e\ exemple$$
$$36 \times 11 \qquad 78 \times 11 \qquad 5.842 \times 11$$
$$396 \qquad\qquad 858 \qquad\qquad 64.262$$

On a dit, dans le 3e exemple : 2 (posé) — 2 et 4, 6 ; 4 et 8, 12 (2 posé, je retiens 1) ; 8 et 1 de retenue et 5, 14 (4 posé, je retiens 1) ; 5 et 1, 6 (posé).

Cette opération revient à faire la multiplication de 5.842 par 11 sans poser les deux produits partiels.

Multiplication par 5, 50, 500. — Pour multiplier un nombre par 5, 50, 500... on peut le diviser par 2 et multiplier le résultat par 10, 100, 1.000...

$$Ex.\ 432 \times 50 = \frac{432}{2} \times 100 = 216 \times 100 = 21.600$$

Multiplication par 25. — Pour multiplier un nombre par 25, 250, 2.500... il suffit d'en prendre le 1/4 et de multiplier le résultat par 100, 1.000...

$$432 \times 250 = \frac{432}{4} \times 1.000 = 108 \times 1.000 = 108.000$$

Multiplication par 9 ; 19. — Lorsque le multiplicateur est voisin d'un nombre rond, on a quelquefois avantage à lui substituer ce nombre et à faire ensuite la correction nécessaire.

Exemple : Pour effectuer le produit 78f par 19 on pourra le remplacer par 78f × 20 (20 fois 78f au lieu de 19 fois 78f) et retrancher 78f du résultat :

$$78^f \times 20 = 1.560^f$$
$$1.560^f - 78^f = 1.482^f$$

Exercices de calcul mental

136. Effectuer de tête les produits suivants :

56 × 3	420 × 6	714 × 8
79 × 7	230 × 9	825 × 5
37 × 8	415 × 7	543 × 2
53 × 60	310 × 40	315 × 300

137. Sans poser aucune opération, indiquer les résultats des multiplications suivantes :

428 × 500	4.160 × 50	17.860 × 250
2.132 × 5	2.340 × 25	750 × 2.500

138. Sans poser aucune opération, écrire les résultats de la multiplication par 11 des nombres suivants :

43; — 50; — 78; — 521; — 801; — 849; — 5.124; — 5.409; 8.492; — 50.341; — 54.793.

139. Effectuer de tête les produits suivants :

52 × 9	43 × 99	32 × 101	48 × 1.001
150 × 29	28 × 39	48 × 31	150 × 41

Exercices de calcul écrit

140. Compléter les égalités suivantes, en calculant par les procédés les plus rapides et en prononçant peu de mots.

548 × 215 =	4.847 × 89 =
49 × 34 + 5 =	488 × 47 + 40 =
53 + 14 × 32 =	485 + 42 × 19 =
54 × 38 — 14 =	68 × 54 — 240 =
1.400 — 24 × 45 =	2.500 — 43 × 54 =

141. Écrire 10 nombres, le premier étant égal à 1 et chacun des autres étant égal au précédent multiplié par 12.

142. Écrire 10 nombres, le premier étant égal à 5 et chacun des autres étant égal au précédent multiplié par 8.

143. Écrire une suite de 18 nombres commençant par 2 et par 3 et tels que chaque nombre soit égal au produit des deux qui le précèdent.

15e LEÇON

Principes sur la multiplication des nombres entiers

Définitions. — 1° On appelle **produit de plusieurs facteurs** le nombre que l'on obtient en multipliant le premier par le 2e, le résultat obtenu par le 3e et ainsi de suite jusqu'au dernier :

Ex.
$$5 \times 3 \times 7 \times 4 = 420$$

2° On appelle **puissance** d'un nombre le produit de plusieurs facteurs égaux à ce nombre. La puissance se marque par un petit chiffre placé en haut et à droite du nombre et qu'on appelle **exposant**.

La 4e puissance de 3 est

$$3 \times 3 \times 3 \times 3 = 81$$

Elle s'écrit 3^4 (3 affecté de l'exposant 4)

$$3^4 = 81$$

La 2e puissance d'un nombre s'appelle son **carré**

$$8^2 = 64$$

La 3e puissance s'appelle **cube** : $8^3 = 512$.

1er Principe (*ou* **principe de l'interversion**). — *Dans un produit de plusieurs facteurs, on peut intervertir l'ordre des facteurs sans changer la valeur du produit.*

Ex. Je dis que $5 \times 3 \times 7 \times 4 = 4 \times 7 \times 5 \times 3$

Vérification $5 \times 3 \times 7 \times 4 = 420$

$$4 \times 7 \times 5 \times 3 = 420$$

Démonstration. — La démonstration de ce principe comprend plusieurs parties.

1º On considère d'abord un produit de **trois** facteurs. Je dis qu'il ne changera pas si l'on intervertit l'ordre des deux derniers

$$6 \times 3 \times 7 = 6 \times 7 \times 3.$$

Le premier de ces deux produits se forme en répétant **3** fois le nombre **6**, puis en répétant **7** fois le produit. Il contient donc toutes les unités du tableau ci-contre formé de **7 lignes** contenant chacune **3** fois le nombre **6**.

Je compte les unités de ce produit par **colonnes**. Chaque colonne renferme **7** fois le nombre **6** et il y en a **3**. Le produit peut donc s'écrire $6 \times 7 \times 3$ et l'on a :

$$6 \times 3 \times 7 = 6 \times 7 \times 3.$$

2º On **étend** la propriété ci-dessus au produit de plus de **3** facteurs.

Ainsi je dis que $8 \times 4 \times 6 \times 3 \times 7 = 8 \times 4 \times 6 \times 7 \times 3$.

En effet, d'après la définition du produit de plusieurs facteurs, on peut commencer à effectuer le premier de ces produits qui devient $192 \times 3 \times 7$.

Sous cette forme on peut écrire (d'après le 1º)

$$192 \times 3 \times 7 = 192 \times 7 \times 3$$

et enfin, en remplaçant **192** par le produit $8 \times 4 \times 6$ qui lui est égal

$$8 \times 4 \times 6 \times 3 \times 7 = 8 \times 4 \times 6 \times 7 \times 3$$

3º On démontre ensuite qu'un produit de plusieurs facteurs ne change pas si on intervertit l'ordre de deux facteurs consécutifs.

Ainsi $5 \times 4 \times 3 \times 7 \times 11 = 5 \times 4 \times 7 \times 3 \times 11$

On a en effet d'après le 2º

$$5 \times 4 \times 3 \times 7 = 5 \times 4 \times 7 \times 3$$

et on peut sans détruire l'égalité en multiplier les **2** membres par **11**

$$5 \times 4 \times 3 \times 7 \times 11 = 5 \times 4 \times 7 \times 3 \times 11$$

4° Puisqu'on peut intervertir l'ordre de 2 facteurs consécutifs, on peut, par une série convenable de changements, placer les facteurs dans un ordre quelconque

$$5 \times 3 \times 7 \times 4 = 4 \times 7 \times 5 \times 3.$$

En effet : $5 \times 3 \times 7 \times 4 = 5 \times 3 \times 4 \times 7$
$$= 5 \times 4 \times 3 \times 7$$
$$= 4 \times 5 \times 3 \times 7$$
$$= 4 \times 5 \times 7 \times 3$$
$$= 4 \times 7 \times 5 \times 3$$

Le principe est donc démontré.

2e Principe (*ou* **principe du groupement**). — *Si, dans un produit de plusieurs facteurs, on remplace deux ou plusieurs facteurs par leur produit effectué, la valeur du produit n'est pas changée.*

Ainsi $\qquad 5 \times 3 \times 7 \times 4 = 5 \times 21 \times 4.$

Vérification $\quad 5 \times 3 \times 7 \times 4 = 420.$
$$5 \times 21 \times 4 = 420.$$

Démonstration. — 1° Si les facteurs sont les premiers du produit, le principe est évident. Il résulte en effet de la façon même d'effectuer le produit que

$$6 \times 3 \times 4 \times 5 = 18 \times 4 \times 5.$$

2° Si les facteurs ne sont pas les premiers, le théorème de l'interversion permet de les amener à cette place. Le même théorème permet ensuite de rétablir les facteurs dans leur ordre primitif.

Interversion : $5 \times 3 \times 7 \times 4 = 3 \times 7 \times 5 \times 4$
Groupement : $3 \times 7 \times 5 \times 4 = 21 \times 5 \times 4$
Interversion : $21 \times 5 \times 4 = 5 \times 21 \times 4$

Donc $\qquad 5 \times 3 \times 7 \times 4 = 5 \times 21 \times 4,$ ce qu'il fallait démontrer.

Remarque. — Inversement, on peut toujours dans un produit remplacer l'un des facteurs par un produit équivalent.

$$12 \text{ étant égal à } 3 \times 4$$

on a $\qquad 5 \times 12 \times 7 = 5 \times 3 \times 4 \times 7$

3ᵉ Principe. — *Pour multiplier un produit de plusieurs facteurs par un nombre, il suffit de multiplier l'un des facteurs du produit par ce nombre.*

$$(5 \times 3 \times 7 \times 4) \times 2 = 5 \times 6 \times 7 \times 4$$

Les facteurs 5, 7, 4 du produit qui devait être multiplié par 2 n'ont pas été changés ; le facteur 3 **seul** a été multiplié par 2.

Vérification : $(5 \times 3 \times 7 \times 4) \times 2 = 420 \times 2 \times 840$
$$5 \times 6 \times 7 \times 4 = 840$$

Démonstration. — D'après la remarque ci-dessus :

$$(5 \times 3 \times 7 \times 4) \times 2 \text{ ou } 420 \times 2$$

peut s'écrire $\qquad 5 \times 3 \times 7 \times 4 \times 2$

Le théorème de l'interversion nous permet de dire alors :

$$5 \times 3 \times 7 \times 4 \times 2 = 5 \times 3 \times 2 \times 7 \times 4$$

et le théorème du groupement nous permet de transformer ce dernier produit

$$5 \times 3 \times 2 \times 7 \times 4 = 5 \times 6 \times 7 \times 4$$

Par suite : $(5 \times 3 \times 7 \times 4) \times 2 = 5 \times 6 \times 7 \times 4$
et le théorème est démontré.

4ᵉ Principe. — *Pour multiplier un nombre ou un produit par un produit de plusieurs facteurs, il suffit de faire le produit de tous les facteurs dans un ordre quelconque.*

Ainsi : $(5 \times 7) \times (4 \times 8 \times 2) = 5 \times 7 \times 8 \times 4 \times 2$.
Vérification : $(5 \times 7) \times (4 \times 8 \times 2) = 35 \times 64 = 2.240$,
$$5 \times 7 \times 8 \times 4 \times 2 = 2.240$$

Démonstration. — La remarque ci-dessus et le théorème de l'interversion nous permettent d'écrire successivement :

$$(5 \times 7) \times (4 \times 8 \times 2)$$
$$= 5 \times 7 \times 4 \times 8 \times 2$$
$$= 5 \times 7 \times 8 \times 4 \times 2$$

Application. — Pour effectuer un produit de plusieurs facteurs, on déplace ou on groupe les facteurs de la façon la plus commode et la plus rapide pour le calcul.

$$8 \times 4 \times 3 \times 5 \times 25 = 8 \times 5 \times 4 \times 25 \times 3$$
$$= 40 \times 100 \times 3 = 12.000$$

REMARQUE. — Les principes de cette leçon s'appliquent naturellement encore lorsqu'on représente les nombres par des lettres. On aura donc :

1° *Principe de l'interversion.*

$$a \times b \times c \times d = d \times c \times a \times b$$

2° *Principe du groupement.*

$$a \times b \times c \times d = a \times (b \times c) \times d$$

ou inversement :

$$a \times (b \times c) \times d = a \times b \times c \times d$$

3° *Produit d'un produit par un nombre n.*

$$(a \times b \times c \times d) \times n = a \times (b \times n) \times c \times d$$

4° *Produit d'un nombre par un produit.*

$$n \times (a \times b \times c \times d) = n \times a \times b \times c \times d$$

Cette notation algébrique des théorèmes arithmétiques a, entre autres avantages, celui d'aider à retenir les énoncés de ces théorèmes.

Exercices de calcul mental

144. Effectuer rapidement de vive voix les produits suivants :

$5 \times 7 \times 3 \times 2$	$8 \times 1 \times 125 \times 2$
$5 \times 4 \times 3 \times 25$	$5 \times 9 \times 5 \times 2$

145. Combien y a-t-il : 1° de minutes ; 2° de secondes dans un jour?

146. Combien y a-t-il : 1° d'heures ; 2° de minutes dans un mois de 30 jours ?

Exercices écrits

147. Que devient un produit de 2 facteurs lorsqu'on double l'un des facteurs? Vérifier et justifier la réponse.

148. Que devient un produit de 3 facteurs lorsqu'on triple, quadruple, etc... l'un des facteurs? Vérifier et justifier la réponse.

149. Que devient un produit de 2 facteurs lorsqu'on double les deux facteurs? — lorsqu'on les triple? — lorsqu'on les quadruple? etc... Vérifier et justifier la réponse.

150. Que devient un produit de 2 facteurs lorsqu'on double l'un des facteurs et qu'on triple l'autre? Vérifier et justifier.

16e LEÇON

Principes sur la multiplication des nombres entiers (*suite*)

Principe. — *Pour multiplier une somme par un nombre, on peut multiplier chaque partie de la somme par ce nombre et additionner les résultats obtenus.*

$$(5 + 8 + 3) \times 4 = 5 \times 4 + 8 \times 4 + 3 \times 4$$

Vérification : $16 \times 4 = 20 + 32 + 12$

Justification. — Il est évident que pour répéter 4 fois la somme $5 + 8 + 3$, on peut répéter 4 fois séparément **5**, puis **8**, puis **3** et faire la somme des résultats.

Remarque. — **a, b, c** et **n** étant des nombres donnés, on peut donc écrire :

$$(a + b + c) \times n = a \times n + b \times n + c \times n$$

Principe. — *Pour multiplier une différence par un nombre, on peut multiplier chacun des termes de la diffé-*

rence par ce nombre et retrancher le plus petit résultat du plus grand.

$$(15 - 8) \times 4 = 15 \times 4 - 8 \times 4$$

Vérification : $7 \times 4 = 60 - 32$

Justification. — Répéter 4 fois $15 - 8$, ou faire l'addition de 4 nombres égaux à $15 - 8$ revient évidemment à additionner 4 nombres égaux à 15 et à retrancher 4 nombres égaux à 8 (voir le tableau ci-contre).

$$\begin{array}{r} 15 - 8 \\ 15 - 8 \\ 15 - 8 \\ 15 - 8 \\ \hline 15 \times 4 - 8 \times 4 \end{array}$$

REMARQUE. — **a, b, n** étant des nombres donnés, on peut donc écrire :

$$(a - b) \times n = a \times n - b \times n$$

MULTIPLICATION : 1° D'UNE SOMME PAR UNE SOMME; 2° D'UNE SOMME PAR UNE DIFFÉRENCE; 3° D'UNE DIFFÉRENCE PAR UNE DIFFÉRENCE

1er Cas. — *Multiplication d'une somme par une somme.*

Soit à multiplier la somme $(40 + 8)$ par la somme $(58 + 4)$.

1° Supposons la même somme $(40 + 8)$ effectuée. On pourra d'après les théorèmes précédents multiplier la somme $(40 + 8)$ par la somme $(58 + 4)$.

$$(40 + 8) \times (58 + 4) = (40 + 8) \times 58 + (40 + 8) \times 4$$

2° Effectuons maintenant le produit de la somme $(40 + 8)$ successivement par 58 et par 4.

$$(40 + 8) \times 58 + (40 + 8) \times 4 = $$
$$40 \times 58 + 8 \times 58 + 40 \times 4 + 8 \times 4$$

D'où la règle suivante :

Pour **multiplier une somme par une somme** *on peut multiplier chaque partie de la première par chacune des* *parties de la deuxième et additionner les produits ainsi obtenus.*

2ᵉ Cas. — *Multiplication d'une somme par une différence.*

Soit à multiplier la somme $(5 + 9)$ par la différence $(15 - 6)$.

1º. Supposons la somme $(5 + 9)$ effectuée ; on aura :

$$(5 + 9) \times (15 - 6) = (5 + 9) \times 15 - (5 + 9) \times 6$$

2º. Effectuons maintenant les produits de chaque partie de la somme $(5 + 9)$ d'abord par le nombre 15 on aura $(5 \times 15) + (9 \times 15)$, somme de laquelle on retranchera chacun des produits de $(5 + 9)$ par le nombre 6, ce qui donne :

$$(5 \times 15) + (9 \times 15) - (5 \times 6) - (15 \times 6)$$

D'où la règle :

Pour **multiplier une somme par une différence** *on multiplie chaque partie de la somme par chaque partie de la différence, on additionne les deux premiers produits et on retranche de cette somme les deux derniers.*

3ᵉ Cas. — *Multiplication d'une différence par une différence.*

On aurait de même :

$$(56 - 15) \times (32 - 20) =$$
$$(56 - 15) \times 32 - (56 - 15) \times 20$$

Mais $\quad (56 - 15) \times 32 = 56 \times 32 - 15 \times 32$

et $\quad (56 - 15) \times 20 = 56 \times 20 - 15 \times 20$

Cette seconde différence doit être **retranchée** de la première (voir 4ᵉ *principe* sur l'addition et la soustraction). On aura donc :

$$(56 - 15) \times (32 - 20)$$
$$= 56 \times 32 - 15 \times 32 - 56 \times 20 + 15 \times 20$$

Pour multiplier une différence par une différence on multiplie chaque partie de la première par chaque partie de la seconde, on ajoute le dernier produit au premier et on retranche les deux autres de cette somme.

REMARQUE. — En représentant les nombres par des lettres, on aurait :

$$(a + b) \times (c + d) = a \times c + b \times c + a \times d + b \times d$$
$$(a + b) \times (c - d) = a \times c + b \times c - a \times d - b \times d$$
$$(a - b) \times (c - d) = a \times c - b \times c - a \times d + b \times d$$

17e LEÇON

Trois produits intéressants

1° CARRÉ D'UNE SOMME

Soit à multiplier $a + b$ par $a + b$.

Il est bien évident que cette multiplication n'est qu'un cas particulier de la multiplication d'une somme par une somme.

En appliquant la règle on a :

$$(a + b) \times (a + b) = a \times a + a \times b + a \times b + b \times b.$$

On constate que le produit $a \times b$ est répété 2 fois.

En rapprochant le dernier produit du premier on aura :

$$(a + b) \times (a + b) = a \times a + b \times b + 2 \text{ fois } a \times b,$$

ce qui peut s'écrire plus simplement ainsi :

$$(a + b)^2 = a^2 + b^2 + 2 \text{ fois } a \times b.$$

Le carré de la somme de deux nombres est égal à la somme de leurs carrés plus deux fois le produit de l'un par l'autre.

2° CARRÉ D'UNE DIFFÉRENCE

Soit à multiplier $a - b$ par $a - b$.

Appliquons la règle :

$$(a - b) \times (a - b) = a \times a + b \times b - a \times b - a \times b$$

ou plus simplement :

$$(a - b)^2 = a^2 + b^2 - 2 \text{ fois } a \times b$$

Le carré de la différence de deux nombres est égal à la somme de leurs carrés moins deux fois le produit de l'un par l'autre.

3° PRODUIT DE LA SOMME DE DEUX NOMBRES PAR LEUR DIFFÉRENCE

Soit à multiplier $a + b$ par $a - b$. On a :

$$(a + b) \times (a - b) = a \times a - b \times b + a \times b - a \times b$$

Le produit $a \times b$ étant ajouté, puis retranché, disparaît de ce fait. On a donc :

$$(a + b) \times (a - b) = a^2 - b^2$$

Le produit de la somme de deux nombres par leur différence est égal à la différence de leurs carrés.

Ce qui peut s'énoncer aussi :

La différence des carrés de deux nombres est égale au produit de la somme de ces deux nombres par leur différence.

Exercices écrits

151. Montrez comment on peut, mentalement, faire le carré d'un nombre de 2 chiffres terminé par 1. Prendre 51 comme exemple.

152. Expliquez comment on peut faire, mentalement, le carré de 59 en remarquant que $59 = 60 - 1$.

153. Dites comment vous effectuez de tête le produit 28×32. Remarquez que l'un de ces nombres égale $30 - 2$ et l'autre $30 + 2$.

154. A quoi est égal le produit de 2 nombres consécutifs?

155.   CALCUL MENTAL

(1)	$31^2 =$		(5)	$39^2 =$
(2)	$29^2 =$		(6)	$61^2 =$
(3)	$37 \times 43 =$		(7)	$58 \times 62 =$
(4)	$51 \times 49 =$		(8)	$63 \times 57 =$

PUISSANCES

Principe. — *Pour multiplier l'une par l'autre deux puissances d'un même nombre, on additionne les exposants.*

Ainsi : $3^2 \times 3^4 = 3^{2+4}$ ou 3^6

Vérification : $9 \times 81 = 729.$

Justification. — On sait que 3^2 est le produit de 2 facteurs égaux à 3 ; que 3^4 est égal à $3 \times 3 \times 3 \times 3$,

Donc : $3^2 \times 3^4 = (3 \times 3) \times (3 \times 3 \times 3 \times 3)$
$$= 3 \times 3 \times 3 \times 3 \times 3 \times 3 = 3^6 \text{ ou } 3^{2+4}.$$

Remarque — **a** étant un nombre donné, on peut écrire :

$$a^3 \times a^2 = a^5.$$

Exercices oraux

156. Considérant que $108 = 100 + 8$, que $73 = 70 + 3$, etc... effectuer les multiplications suivantes :

108×9	412×3
73×5	63×12
49×2	78×12
209×8, etc.	41×15, etc.

157. Considérant que $96 = 100 - 4$, que $69 = 70 - 1$, etc., effectuer les multiplications suivantes :

96×9	57×3
69×5	95×12
48×7	149×2
198×6, etc.	48×15, etc.

Exercices de calcul mental

158. Calculer de tête les 12 premières puissances de 2,
Calculer de tête les 5 premières puissances de 3.
Calculer de tête les 5 premières puissances de 5.
159. Quelle différence y a-t-il entre 8×4 et 8^4 ?

Exercices écrits

160. Dans la somme $53 + 46$, on rend le 1er nombre 10 fois plus grand. Que devient la somme ? Vérifier.

161. Si on rend le 2ᵉ nombre seul 10 fois plus grand que devient la somme ? Vérifier.

162. Que devient la somme de 2 nombres lorsqu'on multiplie chacun des 2 nombres par 4 ?

163. Dans la différence 48 — 9, on multiplie le grand nombre seul par 8. Que devient la différence ? Vérifier.

164. Dans la même différence on multiplie le petit nombre par 2. Que devient la différence ? Vérifier.

165. Qu'arrive-t-il quand on multiplie les 2 termes d'une différence par un nombre ?

166. Vérifier que $7^3 \times 7^2 = 7^5$; que $(2^3)^2$ (ou $2^3 \times 2^3$) $= 2^6$. Justifier ces égalités.

167. Multiplier $(13 + 15)$ par $(17 + 12)$: 1º effectuant les deux sommes ; 2º par la méthode indiquée dans la leçon. Vérifier que les résultats sont égaux.

Même travail pour le produit $(14 - 10) \times (18 + 13)$.

Même travail pour le produit $(25 + 12) \times (9 + 8)$.

Même travail pour le produit $(15 - 8) \times (19 - 3)$.

168. Vérifier que $(21 - 7)^2 = 21^2 - 21 \times 7 \times 2 + 7^2$. Énoncer ce résultat.

169. Vérifier que $(53 + 4) \times (53 - 4) = 53^2 - 4^2$. Traduire le résultat en un énoncé.

18ᵉ LEÇON

Multiplication des nombres décimaux

Nous allons examiner 3 cas et essayer de dégager une règle unique.

1ᵉʳ Cas. — *Multiplication d'un nombre décimal par un nombre entier.*

Soit à chercher le prix de **23** objets à **0ᶠ,45** l'un ; il sera égal à **23** fois **0ᶠ,45**, c'est-à-dire d'après la définition de la multiplication (voir **12ᵉ leçon**) à

$$0^f,45 \times 23.$$

Il est d'ailleurs permis de prendre pour unité de valeur

le centime et la multiplication devient alors une multiplication de nombres entiers.

$$45 \text{ centimes} \times 23 = 1.035 \text{ centimes.}$$

Le résultat est **1.035** centimes ou **10^f,35**, et on peut écrire :

$$0^f,45 \times 23 = 10^f,35.$$

On remarquera que le produit contient **2** chiffres décimaux comme le multiplicande. Par suite, dans la pratique, on effectuera le produit **45** $\times$ **23** en séparant à droite de ce produit **autant de chiffres décimaux qu'il y en a dans le multiplicande.**

2e Cas. — *Multiplication d'un nombre entier par un nombre décimal.*

Lorsqu'on cherche le prix de **4** m. d'étoffe à **3^f** le mètre, on multiplie **3^f** par **4**.

Si on se propose de chercher le prix de **4^m,65** d'étoffe à **3^f** le mètre, on est conduit par analogie à multiplier **3^f** par **4,65**.

Mais cette opération n'a aucun sens pour nous puisque la définition (12e leçon) suppose le multiplicateur entier.

On doit donc rendre le nombre **4,65** entier avant de pouvoir effectuer la multiplication, c'est-à-dire qu'au lieu de chercher le prix de **4^m,65** on doit chercher le prix de **465** cm.

D'ailleurs, le mètre coûtant **3^f**, le centimètre coûtera **0^f,03** et on aura

$$3^f \times 4,65 = 0^f,03 \times 465 = 13^f,95$$

On remarquera que le produit renferme **autant de chiffres décimaux que le multiplicateur primitif 4,65.** Dans la pratique, il suffira donc d'effectuer le produit **3** $\times$ **465** et de séparer à la droite de ce produit **autant de chiffres décimaux qu'il y en a dans le multiplicateur.**

3ᵉ Cas. — *Multiplication de 2 nombres décimaux l'un par l'autre.*

Soit à trouver le prix de $4^m,65$ de ruban à $0^f,45$ le mètre.

On est conduit par analogie à multiplier $0^f,45$ par $4,65$, opération qu'on ne sait pas faire.

Mais on peut (voir 1ᵉʳ **cas**) écrire le produit sous la forme

$$45 \text{ centimes} \times 4,65$$

et l'effectuer comme une multiplication du 2ᵉ cas, c'est-à-dire en calculant d'abord

$$45 \times 465 = 20.925$$

et en séparant 2 chiffres décimaux à droite du produit, ce qui donne $\qquad 209^{centimes}25$
ou enfin $\qquad 2^f,0925.$
Donc $\qquad 0^f,45 \times 4,65 = 2^f,0925.$

On remarquera que le produit contient **4** chiffres décimaux, c'est-à-dire **autant de chiffres décimaux qu'il y en a dans le multiplicande et le multiplicateur.**

Règle. — *Pour multiplier l'un par l'autre deux nombres décimaux, on opère sans tenir compte des virgules du multiplicande et du multiplicateur, c'est-à-dire comme si ces nombres étaient entiers. Lorsque le produit est effectué, on sépare à sa droite par une virgule, autant de chiffres décimaux qu'il y en a dans les 2 facteurs.*

REMARQUE. — Il est aisé de voir que cette règle convient aux 3 cas examinés plus haut.

CALCUL MENTAL

Pour multiplier un nombre par **0,5**, il suffit d'en prendre **la moitié.**

En effet d'après la règle ci-dessus on doit multiplier

le nombre par 5 et séparer un chiffre décimal à sa droite, c'est-à-dire diviser le produit par **10**. Cela revient évidemment à diviser le nombre par 2

$$58 \times 0,5 = \frac{58 \times 5}{10} = \frac{58}{2} = 29$$

$$4,7 \times 0,5 = \frac{4,7 \times 5}{10} = \frac{4,7}{2} = 2,35$$

Pour multiplier un nombre par **0,25** on en prend **le quart**.

$$52 \times 0,25 = \frac{52 \times 25}{100} = \frac{52}{4} = 13$$

$$47 \times 0,25 = \frac{47}{4} = 11,75$$

$$3,2 \times 0,25 = \frac{3,2}{4} = 0,8.$$

Exercices de calcul mental

170. Multiplier les nombres :

                7.840   210   43,7   2,3

1° Par 0,5 — 0,05 — 0,005 ; 2° par 2,5 — 0,25 — 0,025...
(Écrire les résultats sans poser d'opérations.)

171. Effectuer de tête les opérations suivantes :

48 × 0,5	59 × 0,5
46 × 0,05	147 × 0,05
720 × 0,25	721 × 0,25
9 × 2,5, etc.	33 × 0,025, etc.

Exercices de calcul écrit

172. Effectuer les multiplications suivantes :

534,75 × 49	1.243,6 × 168
8.471 × 0,35	2.749 × 0,238
43,75 × 6,34	7,43 × 17,295, etc.

173. Écrire une suite de 10 nombres commençant par 120.000 et tels que chacun d'eux soit égal au précédent multiplié par 0,8.

174. Effectuer en raisonnant l'opération le problème suivant : quel est le poids de 47 objets pesant chacun 3kg,125.

175. Même question pour le problème suivant : quel est le prix de 5ᵏᵍ,2 de beurre à 3ᶠ le kilogramme?

176. Même question pour le problème suivant : quel est le prix de 5ˡ,6 d'eau-de-vie à 13ˡ,7 le litre?

Problèmes sur l'addition, la soustraction et la multiplication

177. Un dictionnaire se compose de 3 tomes qui ont respectivement 480, 549, 641 pages. Chaque page comprend quatre colonnes de 97 lignes et chaque ligne comprend en moyenne 28 lettres. Quel est le nombre de lettres que contient le dictionnaire?

178. Une main de papier a 25 feuilles et 20 mains forment une rame. Combien y a-t-il de feuilles : 1° dans une rame ; 2° dans une douzaine de rames ; 3° dans une grosse de rames?

179. Un marchand achète 458 hl de vin à 144ᶠ l'hl, 314 hl à 156ᶠ l'hl, et 249 hl à 177ᶠ l'hl. Il mélange ces 3 vins et revend le tout à 170ᶠ,25 l'hl. Quel sera son bénéfice?

180. Un cultivateur loue 3 hectares de terre à 85ᶠ l'ha, les laboure, les fume et y sème 7ʰˡ,50 de blé coûtant 67ᶠ,20 l'hl. Les frais de main-d'œuvre et de fumure s'élèvent à 238ᶠ,60 par ha. Il récolte par ha 17 hl de blé estimés 73ᶠ,50 l'hectolitre et 4.000 kg de paille valant 8ᶠ,10 les 100 kilogrammes. On demande : 1° le prix de revient de la récolte entière ; 2° son prix de vente ; 3° le bénéfice du cultivateur.

181. On fait transporter 85 sacs de blé pesant chacun 64 kilogrammes à une distance de 215 km. Combien paiera-t-on pour ce transport à raison de 0ᶠ,07 par tonne et par kilomètre?

182. Un troupeau compte 950 moutons achetés 144ᶠ l'un. On en vend 460 pour 73.840ᶠ et les autres 180ᶠ chacun. Les frais de garde se sont élevés à 5.480ᶠ. Quel est le bénéfice?

183. La guerre sud-africaine a augmenté la dette de l'Angleterre de 133.337.082 livres sterling. Quelle a été en francs l'augmentation de la dette, sachant que la livre vaut 85ᶠ,22 ?

LECTURE

Produits curieux

Si vous multipliez le nombre 12.345.679 par 9 ou par les multiples de 9, les produits se composeront toujours du même chiffre répété.

$$12.345.679 \times 9 = 111.111.111.$$
$$12.345.679 \times 18 = 222.222.222, \text{ etc.}$$

Les produits du nombre 142.857 (obtenu en divisant 999.999 par 7) par 2, 3, 4, 5, 6, se composent toujours des mêmes chiffres dans un ordre différent :

$$142.857 \times 2 = 285.714. \qquad 142.857 \times 4 = 571.428.$$
$$142.857 \times 3 = 428.571. \qquad 142.857 \times 5 = 714.285.$$
$$142.857 \times 6 = 857.142.$$

Il est à remarquer que si l'on coupe chacun de ces produits en 2 parties, la somme des 2 nombres formés est toujours **999**.

19e LEÇON

Division des nombres entiers

La division servant à résoudre plusieurs séries de problèmes, il est nécessaire d'en donner plusieurs définitions.

1re Définition. — *La division a pour but de chercher* **combien de fois** *un nombre appelé* **dividende** *en contient un autre appelé* **diviseur**. *Le résultat s'appelle* **quotient**.

Ainsi pour savoir combien on aura de mètres à 3^f avec une somme de 45^f, je cherche combien de fois 45^f contient 3^f : je trouve **15** fois. On aura donc 15 fois 1 m. ou **15 m.**

On remarque que : $\dfrac{45^f}{3^f} = 15$; le dividende et le diviseur sont de **même nature** et que le quotient est un nombre **abstrait**.

2e Définition. — *La division a pour but de* **partager** *un nombre appelé* **dividende** *en autant de parties égales qu'il y a d'unités dans un autre nombre appelé* **diviseur**.

Le résultat devrait s'appeler **part** ; on l'appelle ordinairement **quotient** comme dans le premier cas.

Ainsi si l'on veut partager 45^f entre **3** personnes, on divisera 45^f par **3**. Chaque personne aura 15^f.

$$\frac{45^f}{3} = 15^f$$

Le dividende et le quotient sont ici de la **même nature** et le diviseur est un nombre **abstrait**.

3ᵉ Définition. — *La division a pour but, étant donnés un produit de 2 facteurs et l'un de ces facteurs, de trouver l'autre.*

Cette définition donne le caractère commun des deux cas qu'on vient d'examiner. En effet, dans le 1ᵉʳ cas (combien de fois...), on a évidemment

$$45^f = 3^f \times 15$$

dans le 2ᵉ (partage) on a aussi

$$45^f = 15^f \times 3$$

Donc dans les 2 cas le dividende 45^f peut être considéré comme le produit de 2 facteurs ; le diviseur est le facteur donné ; le **quotient** est le facteur inconnu.

On peut écrire d'une manière générale :

$$\mathbf{D = d \times q}$$

Souvent même on n'écrit pas le signe $\times$ et on a :

$$\mathbf{D = dq}$$

Nota. — Le signe $\times$ est évidemment le seul qui puisse être ainsi sous-entendu et *seulement* quand il s'agit d'une notation littérale (en lettres).

Reste d'une division. — 1° Il peut arriver que le dividende ne contienne pas un nombre exact de fois le diviseur. Dans ce cas il y a un **reste**.

Ainsi soit à chercher combien 47^f contiennent de fois 15^f. On trouvera 3 fois (quotient 3) et il restera 2^f.

2° De même un partage peut aussi se faire en laissant un reste. Si dans le cas précédent nous avions eu 47^f

à partager entre **15** personnes, chacune d'elles aurait eu 3ᶠ et il serait resté 2ᶠ.

3° Il n'y a pas en effet de nombre entier dont le produit par **15** égale **47**, et l'on doit écrire :

$$47 = 15 \times 3 + 2$$

On doit donc se borner à chercher le plus grand nombre entier dont le produit par **15** soit contenu dans **45**, d'où :

Définition générale de la division. — *La division des nombres entiers a pour but de chercher le* **plus grand nombre entier** *dont le produit par le diviseur soit contenu dans le dividende.*

Le résultat s'appelle encore **quotient** ou mieux **quotient entier** du dividende par le diviseur [1].

Le reste est inférieur au diviseur. On comprend en effet que dans le partage d'une somme entre **3** personnes, que nous avons effectué ci-dessus, il ne peut rester qu'un nombre inférieur à 3ᶠ. S'il en était autrement la part devrait s'augmenter de 1ᶠ.

RELATIONS FONDAMENTALES ENTRE LE DIVIDENDE, LE DIVISEUR, LE QUOTIENT ET LE RESTE

De la définition générale, il résulte :

1° Que le produit du diviseur par le quotient plus le reste égale le dividende ;

2° Que le reste est inférieur au diviseur.

Ces deux relations s'écrivent :

1° $\mathbf{D = d \times q + r}$ ou $\mathbf{D = dq + r}$

2° $\mathbf{r < d}$

(**D** dividende, **d** diviseur, **q** quotient, **r** reste.)

La première relation est d'une importance très grande,

---

1. On verra plus loin qu'on peut l'appeler aussi *quotient à une unité près par défaut* (pages 75 et 76).

parce qu'elle **traduit** en une égalité la division effectuée ; l'inégalité qui suit ($r < d$) indique une condition **indispensable** pour que la division soit bonne.

Inversement, si l'on a quatre nombres entre lesquels existent ces relations, on peut les placer dans une division. Ainsi, ayant constaté que

$$68 = 9 \times 7 + 5$$

et que

$$5 < 9$$

on conclura que **68** est le dividende, **9** le diviseur, **7** le quotient et **5** le reste, et l'on pourra poser

$$\begin{array}{c|c} D = 68 & 9 = d \\ \hline r = 5 & 7 = q \end{array}$$

Exercices oraux

184. La division, dit-on quelquefois, peut se remplacer par une suite de soustractions. Montrer que cela est vrai dans les problèmes suivants :

1º Combien de coupons de 5 mètres de ruban pourra-t-on couper dans une longueur de 38 mètres ?

2º Partager 41 francs entre 7 personnes.

185. On sait que pour obtenir la surface d'un rectangle on multiplie la base par la hauteur. Quelle opération faudra-t-il faire pour trouver la hauteur connaissant la surface et la base ? Justifier la réponse.

186. Des égalités suivantes peut-on tirer une division ? Si on peut le faire, en indiquer le dividende, le diviseur, le quotient et le reste :

$$\begin{array}{l|l|l} 88 = 11 \times 8 & 47 = 15 \times 3 + 2 & 144 = 13 \times 10 + 14. \\ 105 = 12 \times 8 & 81 = 9 \times 8 + 9 & \end{array}$$

20e LEÇON

Recherche du quotient entier de deux nombres entiers

1er Cas. — *Le diviseur est inférieur à 10 et le dividende est inférieur à dix fois le diviseur.*

Le diviseur et le quotient n'auront donc qu'un chiffre, et leur produit sera contenu dans la table de multiplication (voir 12e leçon) ; on trouvera donc le quotient de mémoire.

Soit à diviser 47 par 5. On dira : en 47 combien de fois 5 (1re *définition*) 9 fois et il reste 2. Ou encore : le cinquième de 47 (2e *définition*) est 9 et il reste 2.

2e Cas. — *Le diviseur est supérieur à 10 et le dividende est inférieur à dix fois le diviseur.*

Soit à chercher combien une somme de 6.457ᶠ contient de fois une somme de 965ᶠ. On peut assurer qu'elle ne la contient pas 10 fois, puisque 10 fois 965ᶠ ou 9.650ᶠ est supérieur à 6.457ᶠ.

On ne saurait toutefois dire à première vue ce nombre de fois, parce que les nombres à examiner sont trop grands.

On cherchera donc combien 64 centaines de francs renferment de fois 9 centaines ; le premier cas permet de répondre : 7 fois.

Mais ce chiffre 7 peut être trop fort, car le dividende pourrait contenir 9 centaines ou 900, plus de fois qu'il ne contient 965ᶠ.

De là, la nécessité d'essayer si le chiffre 7 n'est pas trop fort : pour cela il suffit de voir si le produit du diviseur par 7 est contenu dans le dividende.

$$965^f \times 7 = 6.755^f \text{ et } 6.755^f > 6.457^f.$$

Le chiffre 7 est donc trop fort ; on essaiera 6

$$965^f \times 6 = 5.790 \text{ et } 5.790^f < 6.457^f.$$

Donc le chiffre 6 est le chiffre cherché ; c'est le quotient entier de 6.457ᶠ par 965ᶠ. Le reste est 667ᶠ.

DISPOSITION PRATIQUE

$$
\begin{array}{l|l}
D = 6.457^f & 965^f \\
 5\ 790 & 6 \\
\hline
r = 667 &
\end{array}
$$

Règle. — *Lorsque le dividende est inférieur à **10** fois le diviseur, on trouve le chiffre unique du quotient entier en cherchant combien de fois le chiffre des plus hautes unités du diviseur est contenu dans les unités correspondantes du dividende.*

Le chiffre ainsi obtenu peut être trop fort et doit être essayé. Pour cela on multiplie le diviseur par ce chiffre ; si le produit peut se retrancher du dividende, le chiffre essayé est bon. Si cette soustraction ne peut se faire, on diminue le chiffre essayé de 1 unité, puis d'une autre, jusqu'au moment où elle devient possible.

Le reste de cette soustraction sera le reste de la division posée.

REMARQUE. — Dans la pratique, on fait du même coup le produit du diviseur par le chiffre du quotient et la soustraction.

$$\begin{array}{r|l} 6.457 & 965 \\ \hline 667 & 6 \end{array}$$
On dit : 6 fois 5, 30... et 7 (posé) 37...
6 fois 6, 36, et 3, 39, et 6 (posé) 45, etc.

3e Cas. — *Le diviseur est supérieur à 10 et le dividende supérieur à dix fois le diviseur.*

Soit à partager 64.578ᶠ entre 954 personnes. On peut assurer que chaque personne aura plus de 10ᶠ, car une distribution de 10ᶠ à chacune n'absorberait que 9.540ᶠ et
$$9.540^f < 64.578^f.$$

On voit également que chaque copartageant n'aura pas 100ᶠ parce que la répartition de 100ᶠ à chacune absorberait 95.400ᶠ et
$$95.400^f > 64.578^f.$$

Le quotient (ou part) n'aura donc que deux chiffres.

On partagera d'abord 6.457 pièces de 10ᶠ. Chaque personne en ayant moins de 10, c'est une division du 2e cas à effectuer :

$$\begin{array}{r|l} 6.457 & 954 \\ \hline 733 & 6 \end{array}$$

On donnera donc 6 pièces de '10ᶠ ou 60ᶠ à chaque copartageant et il nous en reste 733 ou 7.330ᶠ.

On joindra à cette somme les 8ᶠ qu'on avait mis à part et on partagera 7.338 pièces de 1ᶠ entre les 954 personnes. C'est évidemment une division du 2ᵉ cas.

$$\begin{array}{c|c} 7.338 & 954 \\ \hline 660 & 7 \end{array}$$

La part de chacune sera donc de 67ᶠ; il restera 660 pièces de 1ᶠ qui n'ont pu être partagées.

DISPOSITION PRATIQUE

$$\begin{array}{c|c} 64.578 & 954 \\ 7.338 & 67 \\ 660 & \end{array}$$

Règle. — *Pour faire une division, on sépare sur la gauche du dividende un nombre qui contienne le diviseur et le contienne moins de 10 fois; on effectue la division de ce premier **dividende partiel** par le diviseur, pour obtenir le premier chiffre du quotient. On multiplie le diviseur par ce chiffre et on le retranche du premier dividende partiel.*

*A droite du reste obtenu, on abaisse le chiffre suivant du dividende; on obtient ainsi le **deuxième dividende partiel** que l'on divise par le diviseur pour obtenir le deuxième chiffre du quotient.*

On continue ainsi jusqu'à ce que tous les chiffres du dividende soient abaissés.

Remarque. — Il faut s'exercer à prononcer le moins de mots possible.

PREUVE DE LA DIVISION

Il faut d'abord s'assurer si le reste est inférieur au diviseur (précaution indispensable). Puis on fait le produit du diviseur par le quotient; on y ajoute le reste : la somme obtenue doit être égale au dividende.

Dans la division du 3e cas ci-dessus :
1° $660 < 954$
2° $954 \times 67 + 660 = 64.578.$

Exercices de calcul écrit

187. Chercher le quotient entier des nombres :
$$123.456.789 \qquad 43.752 \qquad 7.300.820$$
successivement par 2, 3, 4,.... 9, 11, 12, *sans poser l'opération*
(on prend directement la moitié, le tiers.... le douzième et on
n'écrit que le quotient sans écrire le reste).

188. Chercher le quotient entier des divisions suivantes :

5.427 : 187	64.875 : 782
64.725 : 398	5.447 : 39
48.745 : 281	80.401 : 498
487.510 : 6.241	60.000 : 29

Exercices écrits

189. Par quel nombre faut-il diviser 115 pour avoir 16 au quotient. Quel sera le reste?

190. Quel est le nombre qui divisé par 145 donne 138 au quotient et 114 pour reste?

191. La division de 7.381 par 410 donne 17 au quotient et 411 au reste. Le quotient entier est-il bien 17? Pourquoi?

192. La division de 514 par 50 étant effectuée, dire combien d'unités on peut ajouter au dividende sans changer le quotient entier?

193. Que devient le quotient entier lorsqu'au dividende on ajoute 5 fois le diviseur ?

194. Même question quand au dividende on retranch 1 fois le diviseur.

195. Dans une division, on a D = 742, q = 12 et r = 46. Trouver d et dire de combien d'unités on peut augmenter D sans que le quotient change.

196. Les données du problème précédent restant les mêmes de combien d'unités peut-on diminuer D sans changer q?

197. On a effectué la division de 44.305 par 768. Quel est le plus grand nombre qu'on peut ajouter à d pour que D restant le même, q ne change pas ?

198. La division de D par d donne q = 30 et r = 64. Trouver D et d sachant qu'en ajoutant 179 à D sans changer d on aurait eu q = 31, et r = 0.

199. Dans une division on a $D + d = 69.232$ et $q = 15$. Trouver le dividende et le diviseur.

200. Quels sont le dividende et le diviseur d'une division sachant qu'on a trouvé 12 au quotient, 34 pour reste et que $D + d + q + r = 626$?

201. En effectuant une division un élève a interverti le dividende et le diviseur et a trouvé au quotient 0,625. Qu'aurait-il dû trouver s'il n'avait pas changé de place les deux nombres ?

202. On a trois nombres : G, le grand ; M, le moyen et P le petit. Quels sont ces 3 nombres sachant que $G \times M \times P = 25.440$, que $G + P = 68$ et que $G - P = 38$?

203. On doit diviser un nombre par 42. Sauriez-vous effectuer mentalement la division en substituant à la division unique des divisions successives par des nombres d'un seul chiffre ?

204. Comme suite au problème précédent, dites comment on peut diviser mentalement un nombre par 12 par 15, par 18. Appliquez les règles au nombre 1.080.

21e LEÇON

Quotient approché de deux nombres entiers

Dans le partage de 64.578ᶠ entre 954 personnes nous avons donné à chacune 67ᶠ et il nous restait 660ᶠ.

Le partage n'est pas terminé, car on peut distribuer ces 660ᶠ sous forme de décimes (gros sous) et de centimes.

Mais chaque personne sait déjà que si elle doit avoir en fin de compte plus de 67ᶠ, elle **n'atteindra pas 68ᶠ**. La différence entre sa part définitive et ce qu'elle a actuellement est inférieure à un franc.

On dit que 67ᶠ est sa part à 1ᶠ près ou plus généralement que 67 est le **quotient à une unité près** de 64.578 par 954.

On appelle **quotient à une unité près** de deux nombres le plus grand nombre d'unités dont le produit par le diviseur soit contenu dans le dividende.

Continuons l'opération. On a **660ᶠ** ou **6.600** décimes (un zéro abaissé) à distribuer : c'est une division du 2ᵉ cas.

$$\begin{array}{r|l} 6.600 & 954 \\ 876 & 6 \end{array}$$

Ayant donné **6** décimes à chacun, la part est actuellement **676** décimes ou **67ᶠ,6** ; et l'on peut dire qu'elle n'atteindra pas **67ᶠ,7** ; la différence entre la part exacte et la part approchée actuelle est donc inférieure à un décime.

67ᶠ,6 est le **quotient approché** à un décime (ou un dixième) près de **64.578ᶠ** par **954**.

On appelle **quotient à un dixième près** le plus grand nombre de dixièmes dont le produit par le diviseur est contenu dans le dividende.

En continuant l'opération, on obtiendra le quotient approché à **0,01** près

$$\begin{array}{r|l} 64.578^{f} & 954 \\ 7\,338 & 67^{f},69 \\ 6600 & \\ 8760 & \\ 174 & \end{array}$$

En **pratique** l'approximation ne pourrait être poussée plus loin, puisque la pièce la plus petite est celle de **1** centime ; il restera **174** centimes ou **1ᶠ,74** non distribués.

En **théorie**, on pourrait continuer l'opération et obtenir des valeurs du quotient approchées à **0,001**, à **0,0001**, etc.....

Remarque. — Le nombre **68** est également une valeur approchée du quotient à moins d'une unité ; mais il est **supérieur** au quotient exact. Ce dernier est compris entre **67** et **68**.

On dit que **67** est le quotient approché à une unité

près **par défaut**[1] et que **68** est le quotient à une unité près **par excès**.

De même **67,6** étant le quotient à un dixième près par défaut, **67,7** est le quotient à un dixième près par excès...

On sait calculer le quotient approché par défaut.

Pour en déduire le quotient approché par excès il suffit de **forcer** le dernier chiffre calculé.

Lorsqu'on n'indique pas expressément si le quotient est calculé par défaut ou par excès c'est qu'on l'a calculé par défaut. C'est pourquoi on a pu dire que **67,69** était le **quotient approché à 0,01 près** des nombres donnés plus haut.

Exercices oraux

205. Les nombres suivants représentant des quotients approchés par défaut à moins d'une unité de leur dernier ordre décimal, dire quels sont les quotients approchés par excès :

$$4,5 \qquad 8 \qquad 9,27 \qquad 0,025 \qquad 4,6 \qquad 5,2$$

206. Les nombres suivants représentant des quotients approchés par excès à une unité près de leur dernier ordre décimal, dire quels sont les quotients approchés par défaut :

$$5,8 \qquad 9 \qquad 4,29 \qquad 8,5 \qquad 0,47 \qquad 0,054$$

207. Calculer sans poser la division (on prend le tiers, le septième, le douzième sans écrire les restes) les quotients suivants avec l'approximation indiquée :

481 : 3 à 0,01 près ;	847 : 9 à 0,001 près ;
7.845 : 7 à 0,000001 près ;	15.493 : 12 à 0,01 près, etc.

Exercices de calcul écrit

208. Calculer les quotients suivants avec l'approximation indiquée :

48 : 19 à 0,1 près ;	58.472 : 328 à 1 près ;
542 : 37 à 1 près ;	5.554 : 19 à 0,001 près.
8.427 : 584 à 0,01 près ;	2.000.000 : 541 à 1 près, etc.

---

1. Par défaut. Il faut prendre ici le mot *défaut* dans le sens de manque, pénurie (contraire de *excès*) comme dans la phrase « Le défaut d'exercice est nuisible. »

22e LEÇON

Principes sur la division

1er Principe. — *Pour diviser une somme par un nombre, on peut, si cela est possible, diviser chaque partie de la somme par ce nombre :*

$$\frac{58 + 42 + 20}{2} = \frac{58}{2} + \frac{42}{2} + \frac{20}{2}.$$

Vérification. $\frac{120}{2}$ ou $60 = 29 + 21 + 10.$

Justification : $29 + 21 + 10$ est bien le quotient de la somme $58 + 42 + 20$ par 2. En effet le produit de $29 + 21 + 10$ par 2 reproduit le dividende

$$(29 + 21 + 10) \times 2 = 58 + 42 + 20.$$

2e Principe. — *Pour diviser une différence par un nombre on peut, si c'est possible, diviser chaque terme de la différence par ce nombre.*

$$\frac{100 - 42}{2} = \frac{100}{2} - \frac{42}{2}.$$

Vérification. $\frac{58}{2}$ ou $29 = 50 - 21.$

Justification. — $50 - 21$ est bien le quotient de $100 - 42$ par 2, parce que $50 - 21$ multiplié par le diviseur 2 reproduit le dividende

$$(50 - 21) \times 2 = 100 - 42.$$

3e Principe. — *Pour diviser un produit de plusieurs facteurs par un nombre, il suffit de diviser un seul des facteurs par ce nombre.*

Ex. : $\dfrac{3 \times 18 \times 70}{2} = 3 \times \dfrac{18}{2} \times 70.$

Les facteurs 3 et 70 ne sont pas changés ; seul 18 est divisé par 2.

Vérification. — $\dfrac{3780}{2}$ ou $1890 = 3 \times 9 \times 70$.

Justification. — $3 \times \dfrac{18}{2} \times 70$ est bien le quotient cherché de $3 \times 18 \times 70$ par 2. Formons en effet le produit :

$$\left(3 \times \dfrac{18}{2} \times 70\right) \times 2.$$

On sait que pour multiplier un produit par un nombre, il suffit de multiplier un seul des facteurs par ce nombre. Donc :

$$\left(3 \times \dfrac{18}{2} \times 70\right) \times 2 = 3 \times 18 \times 70,$$

qui est le dividende proposé.

4e Principe. — *Pour diviser un nombre par un produit de plusieurs facteurs, on peut le diviser par le premier facteur, le quotient obtenu par le deuxième, ainsi de suite juqu'au dernier facteur.*

Vérification. — Pour effectuer $\dfrac{360}{2 \times 5 \times 3} = \dfrac{360}{30} = 12$, on peut effectuer successivement les divisions suivantes :

$$\dfrac{360}{2} = 180 \qquad \dfrac{180}{5} = 36 \qquad \dfrac{36}{3} = 12,$$

Justification. — 12 est bien le quotient cherché parce que dans la série des divisions faites on peut écrire successivement :

$$360 = 180 \times 2 \ = 36 \times 5 \times 2 \ = 12 \times 3 \times 5 \times 2$$

d'où $\qquad 360 = (3 \times 5 \times 2) \times 12$

12 est donc le nombre par lequel il faut multiplier $2 \times 3 \times 5$ pour former 360 ; c'est le quotient cherché.

5e Principe. — *Pour diviser l'une par l'autre deux puissances d'un même nombre, on retranche les exposants.*

$$\frac{7^5}{7^2} = 7^{5-2} \text{ ou } 7^3.$$

Vérification. $\quad \dfrac{7^5 \text{ ou } 16.807}{7^2 \text{ ou } 49} = 343 \text{ ou } 7^3.$

Justification. — 7^3 est bien le quotient de 7^5 par 7^2 parce que

$$7^3 \times 7^2 = 7^5$$

d'après un théorème relatif à la multiplication.

6e Principe. — *Si on multiplie ou si l'on divise le dividende et le diviseur par un même nombre, le quotient ne change pas mais le reste est multiplié par ce nombre.*

Vérification.

$$\begin{array}{c|c} D = 157 & 34 = d \\ r = 21 & 4 = q \end{array} \qquad \begin{array}{c|c} D \times 10 = 1.570 & 340 = d \times 10 \\ r \times 10 = 210 & 4 = q \end{array}$$

Démonstration. — La première division nous donne les relations

$$157 = 34 \times 4 + 21, \qquad 21 < 34.$$

En multipliant les deux nombres de l'égalité par 10 on a :

$$157 \times 10 = (34 \times 4) \times 10 + 21 \times 10$$

le deuxième membre étant une somme de 2 parties, dont il faut multiplier chaque partie par 10.

Mais on sait que pour multiplier le produit 34×4 par 10 il suffit de multiplier l'un des facteurs par 10. On a donc :

$$157 \times 10 = (34 \times 10) \times 4 + 21 \times 10$$

D'ailleurs on aura évidemment $21 \times 10 < 34 \times 10$ et ces deux relations montrent que si on divise 157×10 par 34×10, le quotient sera 4 et le reste 21×10.

Inversement étant donnée la division de **1.370** par **340**, on peut en diviser les **2** termes par **10**; le quotient restera **4** et le reste sera $\dfrac{210}{10}$ ou **21**.

REMARQUE. — Les mêmes raisonnements peuvent se faire sur des lettres qui représentent les nombres : **D**, le dividende, **d**, le diviseur, **q**, le quotient et **r**, le reste.

De
$$\mathbf{D} = \mathbf{d} \times \mathbf{q} + \mathbf{r}$$

on déduit
$$\mathbf{D} \times \mathbf{n} = (\mathbf{d} \times \mathbf{n}) \times \mathbf{q} + \mathbf{r} \times \mathbf{n}.$$

Comme on ne suppose pas que **D**, **d** et **r** soient des nombres entiers, le théorème est vrai pour les nombres décimaux.

Exercices oraux

209. Effectuer de 2 façons différentes les opérations indiquées ci-dessous :

$$\frac{18 + 9 + 27}{3} \qquad \frac{45 + 80}{5} \qquad \frac{4^5}{4^2}$$

$$\frac{78 - 18}{6} \qquad \frac{84 - 48}{2} \qquad \frac{12^4}{12}$$

$$\frac{5 \times 12 \times 7}{3} \qquad \frac{40 \times 9 \times 6}{5} \qquad \frac{9^3}{9^2}$$

210. Dans la division de 600 par 12 qu'arrive-t-il si on double le dividende seulement ? Justifier la réponse.

211. Même question si on double le diviseur seul ?

212. Comment peut-on diviser un nombre par 21 en faisant deux divisions successives ? Appliquer au nombre 6.300.

Exercices de calcul écrit

213. Simplifier les expressions suivantes et vérifier le résultat :

$$\frac{480 + 600 + 840}{120} \qquad \frac{860 + 1.290 - 172}{43} \qquad \frac{5 \times 40 \times 9 \times 28}{14 \times 2 \times 3}$$

214. Écrire une suite de 10 nombres commençant à 4.096 et tels que chacun d'eux soit la moitié du précédent.

Exercices écrits

215. Le produit d'un nombre par 11 le surpasse de 1.810 ; quel est ce nombre ?

216. La somme de 2 nombres est de 1.440 ; leur quotient est 8 ; quels sont ces nombres ?

217. La différence de 2 nombres est 1.474 et leur quotient est 12 ; quels sont ces nombres ?

23e LEÇON

Division des nombres décimaux ; Division mentale

On distinguera 2 cas :

1er Cas. — *Le diviseur est entier.*

Soit à diviser 548^f,25 par 28. Il s'agit de partager 54.825 centimes en 28 parts ; on fera donc la division de 54.825 par 28 et on exprimera le résultat en centimes.

54.825 c.	28
26 8	1.956 c.
1 62	ou 19^f,58
225	
1	

Règle. — *On fait la division sans tenir compte de la virgule du dividende et on sépare ensuite sur la droite du quotient autant de chiffres décimaux qu'il y en a dans le dividende.*

Dans la pratique, il est plus commode de mettre une

virgule au quotient au moment où l'on abaisse le chiffre des dixièmes du dividende; le résultat est le même.

$$\begin{array}{r|l} 548,25 & 28 \\ 268 & 19,58 \\ 16\,2 & \\ 2\,25 & \\ 1 & \end{array}$$

2ᵉ Cas. — *Le diviseur est décimal.*

Soit à effectuer la division de **427,15** par **2,3**. Pour cela on rend le diviseur entier; on le multiplie ainsi par **10**. Pour que le quotient ne change pas, on doit aussi multiplier le dividende par **10**, en avançant la virgule d'un rang vers la droite. On aura alors à effectuer la division de **4.271,5** par **23** qu'on sait faire d'après le premier cas.

$$\begin{array}{r|l} 4.27{,}1{,}5 & 2{,}3 \\ 1\,97 & 1\,85{,}7 \\ 13\,1 & \\ 1\,6\,5 & \\ 4 & \end{array}$$

Le **quotient** cherché est **185,7**.

Le **reste** de la division est **0,4**. Mais c'est le reste véritable multiplié par **10** (22ᵉ leçon, 6ᵉ **principe**). Donc le reste réel est **0,04**.

Règle. — *Lorsque le diviseur est un nombre décimal on le rend d'abord entier. On avance ensuite la virgule du dividende d'autant de rangs vers la droite qu'il y avait de chiffres décimaux au diviseur : on a ainsi multiplié le dividende et le diviseur par un même nombre. On opère alors d'après la règle du 1ᵉʳ cas.*

Remarque. — La règle ci-dessus s'applique aisément au cas où le dividende est entier; on ajoute alors à la droite du dividende des zéros en nombre suffisant pour pouvoir déplacer la virgule du nombre de rangs nécessaire.

Pour diviser 18 par 1,414, on aura

$$
\begin{array}{c|c}
18.000 & 1,414 \\
3\ 860 & 1\ 2 \\
1\ 042 &
\end{array}
$$

QUOTIENT APPROCHÉ DE DEUX NOMBRES DÉCIMAUX

Les observations qu'on a faites (**21ᵉ leçon**) sur le quotient approché de deux nombres entiers s'appliquent au **quotient approché** de deux nombres décimaux.

On a obtenu ci-dessus le quotient approché à **0,1** près de **427,15** par **2,3**; en continuant l'opération on aurait pu avoir le même quotient à **0,01**, **0,001** près (par défaut).

Calcul mental

Pour diviser un nombre par **5**, on le divise par **10** et on multiplie le résultat par **2**.

Ainsi pour avoir le nombre de « sous » (1 sou = 5 centimes) contenus dans une somme exprimée en centimes, on est conduit à multiplier le nombre de décimes par **2**. Dans 1ᶠ,70, ou **170** centimes il y a $\dfrac{170}{10} \times 2$ ou $17 \times 2 = 34$ sous.

Pour diviser un nombre par **0,5** on le multiplie par **2**; pour le diviser par **0,05** on le multiplie par **20**, etc.....

$$
\frac{18}{0,5} = \frac{18 \times 2}{0,5 \times 2} = 18 \times 2
$$

$$
\frac{28}{0,05} = \frac{28 \times 20}{0,05 \times 20} = 28 \times 20, \text{ etc.}
$$

Pour diviser un nombre par **25** on le multiplie par **4** et on divise le produit par **100**.

$$
\frac{54}{25} = \frac{54 \times 4}{25 \times 4} = \frac{54 \times 4}{100}.
$$

De même pour diviser un nombre
par **2,5** on le multiple par **4**, et on divise le produit par **10** ;
par **0,25**   —   par **4** ;
par **0,025**   —   par **40**, etc....
Pour diviser un nombre par **0,2** on le multiplie par **5**
— par **0,02** on le multiplie par **50**, etc....

$$\frac{118}{0,2} = \frac{118 \times 5}{0,2 \times 5} = 118 \times 5,$$

$$\frac{118}{0,02} = \frac{118 \times 50}{0,02 \times 50} = 118 \times 50, \text{ etc.}$$

Exercices de calcul mental

218. Effectuer les divisions suivantes de tête en employant
toujours le procédé le plus rapide :

5.640 : 12	43,5 : 0,5
7.851 : 1,2	584 : 0,05
45.850 : 8	4.875 : 0,2
7.854,4 : 9	8.480 : 16, etc.

219. Chercher un procédé de division rapide par 125 ; 12,5 ;
0,125.... (On sait que 0,125 × 8 = 1).
L'appliquer aux opérations suivantes :

$$\frac{5.375}{12,5} \qquad \frac{23.500}{125} \qquad \frac{75}{0,125} \qquad \frac{60}{1,25}$$

Exercices de calcul écrit

220. Effectuer les divisions suivantes :

89 : 1,4	4.175 : 3,005	279,25 : 0,95
158 : 2,31	78,2 : 3,9	6.147,32 : 3,875.

221. Effectuer les divisions suivantes avec l'approximation
indiquée :

2 : 1,523 à 0,01 près ; — 81,5 : 2,35 à 0,001 près ;
6.475,85 : 3,4 à 0,001 près, — etc...

24e LEÇON

Divisibilité et nombres premiers

> **NOTE IMPORTANTE.** — Les instructions ministérielles relatives à l'application des nouveaux programmes disent explicitement : « *Il sera permis de faire en classe des problèmes, des exercices de calcul où les mots* nombres premiers, diviseurs communs, caractères de divisibilité, *pourront être employés. Ce qui est supprimé, c'est le cours, l'étude théorique de cette arithmologie.* »
>
> Il nous a donc paru intéressant de donner aux élèves quelques indispensables précisions à cet égard tout en élaguant de ce chapitre au livre de l'élève, les considérations théoriques qui figuraient ici dans les éditions précédentes.

Caractères de divisibilité

Définitions I. — Un nombre est **divisible** par un autre lorsque la division du premier par le second se fait sans reste. Ainsi **48** est divisible par **12**. — **48** est un **multiple** de **12**.

Inversement,

12 est un **diviseur**
— un **sous-multiple**
— un **facteur**   de **48**.
— une **partie aliquote**

II. — On appelle **caractères de divisibilité** des règles simples permettant de reconnaître à première vue, sans effectuer la division, qu'un nombre est divisible par un autre.

Divisibilité par 2. — *Un nombre est divisible par 2 lorsque son dernier chiffre à droite est un 0 ou un chiffre pair.*

Ainsi 3.240 — 976 — 15.648 sont divisibles par 2.

Divisibilité par 5. — *Un nombre est divisible par 5 lorsqu'il est terminé par 0 ou par un 5.*

4.350 — 8.730 — 7.535 — 18.475 sont divisibles par 5.

Divisibilité par 4 et 25. — *Un nombre est divisible par 4 ou par 25 lorsque les deux derniers chiffres à droite sont deux zéros ou forment un nombre divisible par 4 ou par 25.*

7.600 est à la fois divisible par 4 et par 25.
8.148 est divisible par 4 mais il ne l'est pas par 25.
5.275 est divisible par 25 mais il ne l'est pas par 4.

Divisibilité par 8 ou par 125. — *Un nombre est divisible par 8 ou par 125 lorsque les trois derniers chiffres à droite sont trois zéros, ou bien forment un nombre divisible par 8 ou par 125.*

2.048 — 15.864 — 32.000 sont divisibles par 8.
6.250 — 31.625 — 4.500 sont divisibles par 125.

Un nombre exact de mille : 32.000 par exemple, est à la fois divisible par 8 et par 125.

Divisibilité par 3. — *Un nombre est divisible par 3 lorsque la somme des valeurs absolues de ces chiffres est divisible par 3.*

Ainsi 561 est divisible par 3 parce que la somme des valeurs absolues de ses chiffres, 12, est divisible par 3.

Divisibilité par 9. — *Un nombre est divisible par 9 lorsque la somme des valeurs absolues de ses chiffres est divisible par 9.*

Ainsi 684 = m. 9 + 18 ; ce nombre est divisible par 9 parce que 18 est divisible par 9.

Reste de la division d'un nombre par 9. — Le reste de la division par 9 d'un nombre est égal au reste qu'on obtient en divisant la somme de ses chiffres par 9.

Ainsi le reste de la division de 527 par 9 est 5. La somme des chiffres de 527 égale 5 + 2 + 7, soit 14 ; la division de 14 par 9 donne le même reste 5.

Moyen de calculer rapidement le reste de la division par 9 d'un nombre. — Soit le nombre 67.785. On dit : 6 + 7 + 7 + 8 + 5 = 33 ; 33 divisé par 9, il reste 6, nombre égal à la somme des 2 chiffres 3 + 3.

25ᵉ LEÇON

Preuve par 9 de la multiplication

On cherche les restes par 9 des 2 facteurs ; on les multiplie entre eux et on fait le reste par 9 de ce produit.

Ce reste, si l'opération a été bien faite, doit être égal au reste par 9 du produit de l'opération.

```
M.     7.356
m.    ×  47
      ───────
       51 492
      294 24
      ───────
p.    345.732
```

M. : 7 + 3 + 5 + 6 = 21 ; reste 3
m. : 4 + 7 = 11 ; reste 2
Produit des 2 restes : 3 × 2 = 6
p. : 3 + 4 + 5 + 7 + 3 + 2 = 24 ; reste 6.

DISPOSITION PRATIQUE

M. × m.

M. 3 ✗ 2 m.
(6 / 6)

p.

PREUVE PAR 9 DE LA DIVISION

On cherche le reste de la division par **9** du **diviseur**, puis celui de la division par 9 du **quotient**.

On effectue le produit de ces deux restes ; on y ajoute le reste de la division par 9 du reste de l'opération. Si celle-ci est exacte, la somme ainsi obtenue doit donner le même reste que celui de la division par **9** du dividende.

D. 345.784 | 7.356   **d. :** $7 + 3 + 5 + 6 = 21$; reste : 3.
    51.544 | 47   **d. q. :** $4 + 7 = 11$;   reste : 2.
      52   **q.** Produit des 2 restes $3 \times 2 = 6$.
      r.   **r. :** $5 + 2 = 7$; $7 + 6 = 13$; reste 4.
           D. : $3 + 4 + 5 + 7 + 8 + 4 = 31$; reste 4.

DISPOSITION PRATIQUE

$$dq + r$$
$$\mathbf{d.}\ 3 \diagcross 2\ q$$
$$\mathbf{D.}$$

Exercices oraux (1ʳᵉ Série)

222. Dire si les nombres suivants sont divisibles : 1° par 2 ; 2° par 5 ; s'ils ne sont pas divisibles, indiquer, sans effectuer la division, le reste de l'opération :

432	5.471	6.435
14.730	27.425	27.151
7.352	4.253	214.754

223. Dire si les nombres suivants sont divisibles : 1° par 4 ; 2° par 8 et indiquer, s'il y a lieu, le reste de la division.

5.840	37.148	21.469
8.375	14.250	12.484

224. Dire si les nombres suivants sont divisibles : 1° par 9 ; 2° par 3. S'ils ne sont pas divisibles, indiquer, sans effectuer l'opération, le reste de la division.

432	54.780	30.789	6.315
6.413	5.346	79.872	40.039
21.582	574	7.203	65.984

225. Un nombre divisible par 9 l'est-il nécessairement par 3 ? Justifier la réponse.

226. Un nombre divisible par 3 l'est-il nécessairement par 9 ? Justifier, et donner des exemples.

Exercices de calcul écrit

227. Former les 20 premiers multiples : 1° de 7 ; — 2° de 9 ; 3° de 12.

228. Chercher, par des essais, les diviseurs : 1° de 10 ; — 2° de 12 ; — 3° de 26.

Exercices écrits

229. La somme de 2 nombres pairs ou de 2 nombres impairs est toujours paire. Vérifier et justifier.

230. La différence de 2 nombres pairs ou de 2 nombres impairs est toujours paire. Vérifier et justifier.

231. La somme ou la différence d'un nombre pair et d'un nombre impair est toujours impaire. Vérifier et justifier.

232. Quelle condition doit remplir un nombre pour être *à la fois* divisible par 2 et par 5 ?

233. Quels sont les nombres que peut donner pour reste la division d'un nombre : 1° par 4 ; 2° par 5 ?

233 *bis.* Écrire un nombre de 6 chiffres divisible à la fois par 2, 4, 5, et 25.

234. Écrire un nombre de 5 chiffres différents et divisible par 9. Justifier la réponse.

235. Écrire un nombre de 6 chiffres différents et divisible par 3. Justifier la réponse.

236. Le nombre 71.856 est divisible par 9 ; montrer que le nombre 65.817 obtenu en retournant le premier est encore divisible par 9.

237. Le nombre 8.157 n'est pas divisible par 9 ; montrer que le nombre 7.518, obtenu en retournant le premier, donne divisé par 9, le même reste que celui-ci.

238. Prendre un nombre quelconque 857 ; le retourner : 758 et montrer que la différence 857 — 758 est toujours divisible par 9 ?

26e LEÇON

Nombres Premiers

NOTIONS ÉLÉMENTAIRES SUR LES NOMBRES PREMIERS

12 est divisible par   1, 2, 3, 4, 6 et 12.
15 est divisible par   1, 3, 5 et 15.
49 est divisible par   1, 7 et 49.
7 n'est divisible que par 1 et par 7.
19 n'est divisible que par 1 et par 19.
On dit que **7** et **19** sont des **nombres premiers.**

Définition. — *Un* **nombre** **premier** *est un nombre qui n'est divisible que par lui-même et par l'unité.*

Voici les nombres premiers inférieurs à **50.** Il est bon de les connaître par cœur :

1. 2. 3. 5. | 7. 11. 13. 17. | 19. 23. 29. | 31. 37. 41. 43. 47.

Exercice. — *Reconnaître si un nombre donné est premier.*

Pour savoir si un nombre est premier, il suffit de le diviser par les nombres premiers qui lui sont inférieurs.

Si aucune division ne donne **0** pour reste, on en conclut que le nombre est premier.

Exemple : **221** est-il un nombre premier?

De prime abord, on constate qu'il n'est pas divisible par **2** — **3** et **5.**

On essaie ensuite la division par **7 :** elle donne **4** pour reste ; par **11 :** on obtient **1** pour reste ; par **13 :** on a cette fois **0** pour reste.

Conclusion : **221** étant divisible par **13** n'est pas un nombre premier.

Remarque. — *Il est inutile de poursuivre les divisions dès qu'on obtient* **un quotient plus petit que le diviseur.**

Exemple : **229** est-il un nombre premier ?

On constate qu'il n'est pas divisible par **2, 3, 5.** On poursuit les divisions.

$$\begin{array}{r|l} 229 & 7 \\ 19 & \overline{32} \\ 5 & \end{array} \qquad \begin{array}{r|l} 229 & 11 \\ 9 & \overline{20} \end{array} \qquad \begin{array}{r|l} 229 & 13 \\ 99 & \overline{17} \\ 8 & \end{array} \qquad \begin{array}{r|l} 229 & 17 \\ 59 & \overline{13} \\ 8 & \end{array}$$

La dernière division donne **13 < 17.**

Or, **13** a déjà été essayé comme diviseur. Si l'on divisait **229** par **19, 23, 29,** etc., on trouverait, au quotient, des nombres inférieurs à **13** et susceptibles d'avoir été employés précédemment comme diviseurs sans aboutir à une division donnant **0** pour reste : il est donc parfaitement inutile de poursuivre les divisions.

Conclusion. — **229** est un **nombre premier :** il n'est visible que par lui-même et par l'unité.

Remarque. — *Tout nombre qui n'est pas premier est un produit de nombres premiers.*

Exemples :

$$\begin{aligned} 42 &= 6 \text{ fois } 7 \\ \text{mais} \quad 6 &= 2 \times 3 \\ \text{donc} \quad 42 &= 2 \times 3 \times 7. \end{aligned}$$

$$100 = 4 \text{ fois } 25$$
$$\text{mais} \left\{ \begin{aligned} 4 &= 2 \times 2 \\ 25 &= 5 \times 5 \end{aligned} \right.$$
$$\text{donc} \quad 100 = 2 \times 2 \times 5 \times 5 \text{ ou } 2^2 \times 5^2$$

Exercices de calcul mental

239. Réciter de tête les nombres premiers plus petits que 50.

240. Décomposer de tête les nombres non premiers plus petits que 50.

241. De quels nombres premiers les nombres suivants sont-ils le produit : 120 — 144 — 180 — 210 — 350 ?

242. Les nombres 103 et 119 sont-ils premiers ?

Exercices écrits

243. Y a-t-il des nombres qui n'admettent aucun diviseur ?

244. Un nombre pair peut-il être premier ? Pourquoi ?

245. Un nombre terminé par 5 peut-il être premier ? Pourquoi ?

246. Reconnaître si les nombres suivants sont premiers ou non :

323 — 359 — 457 — 653 — 859 — 1.073 — 1.019
2.311 — 3.337 — 5.317.

27e LEÇON

Plus grand commun diviseur de plusieurs nombres

24 est divisible par 1. 2, 3. 4. 6. 8.   12.   24.
36 est divisible par 1. 2. 3, 4. 6.   9. 12. 18.   36.

On constate que, dans ce tableau, les nombres 1. 2. 3. 4. 6 et 12 sont à la fois diviseurs de **24** et de **36** : ce sont des diviseurs communs à **24** et à **36**.

Le plus grand de ces diviseurs communs est **12** on dit donc que **12** est le **plus grand commun diviseur** de 24 et de 36.

Définition. — *Le* **P. G. C. D.** *de plusieurs nombres est le plus grand nombre qui divise à la fois les nombres donnés.*

RECHERCHE DU PLUS GRAND COMMUN DIVISEUR

On peut donc trouver le **P. G. C. D.** de plusieurs nombres en faisant séparément des tableaux de leurs diviseurs ; puis en choisissant le plus grand des diviseurs communs à tous les tableaux. Mais c'est là un procédé qui demande beaucoup de temps.

On peut opérer d'une façon plus rapide :

Règle. — *Pour trouver le plus grand commun diviseur de deux nombres, on divise le plus grand par le plus petit ; puis le plus petit par le reste de l'opération et ainsi de suite jusqu'à ce que l'on arrive à une division qui se fasse exactement : le dernier diviseur employé est le plus grand commun diviseur cherché.*

DISPOSITION PRATIQUE. — On dispose d'ordinaire l'opération de la manière suivante qui évite de répéter plusieurs fois certains nombres.

Soit à déterminer le P. G. C. D. des nombres 4.100 et 350.

	11	1	2	2
4.100	350	250	100	50
600				
250	100	50	0	

50 est le P. G. C. D. cherché.

REMARQUE — Si le dernier diviseur employé est **1**, les nombres sont **premiers entre eux**.

Exemple : Chercher le P. G. C. D. de 35 et de 16.

	2	5	
35	16	3	1
3			
1			

35 et **16**, ayant pour P. C. G. D. (ou pour unique commun diviseur) l'unité, sont premiers entre eux.

Nota. — I. *Pour chercher le P. G. C. D. de 3 nombres, on cherche d'abord le P. G. C. D. de deux d'entre eux puis le P. G. C. D. du 3° nombre et du résultat précédemment trouvé comme P. G. C. D. des deux premiers.*

Exemple. — Trouver le P. G. C. D de **1.050**, **840** et **720**.

		1	4			3	2	1
1.050	840	210			720	210	90	30
210					90			
		0				80	0	

Réponse : Le P. G. C. D. est **30**.

Exercices de calcul écrit

247. Chercher le plus grand commun diviseur des nombres suivants :

(1)	540 et 90	(9) 440 et 330
(2)	46 et 15	(10) 360 et 145
(3)	88 et 22	(11) 110 et 111
(4)	37 et 8	(12) 846 et 342
(5)	52 et 28	(13) 3.745 et 429
(6)	450 et 150	(14) 2.680 et 1.538
(7)	128 et 28	(15) 5.472 et 3.404
(8)	327 et 126	(16) 15.390 et 9.450

28e LEÇON

Plus petit commun multiple
de plusieurs nombres

Soient les nombres **9** et **12** par exemple, multiplions successivement chacun d'eux par la suite naturelle des nombres :

1	2	3	4	5	6	7	8	9,etc.
9	18	27	36	45	54	63	72	81...
12	24	36	48	60	72	84	96	108...

Les nombres ainsi obtenus sont respectivement des multiples de **9** et de **12.**

Or, on constate que, dans le tableau qu'on a dressé,

les multiples **36** et **72** sont **communs** aux deux nombres. Si on avait continué plus loin le tableau, on aurait trouvé **108, 144, 180, 216, 252,** etc...

Mais de tous ces multiples communs à **9** et à **12**, le plus petit est **36**. On dit que **36** est **le plus petit commun multiple** de **9** et **12**.

Définition. — *Le plus petit commun multiple (en abrégé P. P. C. M.) de plusieurs nombres est le plus petit nombre qui soit multiple de chacun d'eux séparément, c'est-à-dire le plus petit nombre qui soit divisible à la fois par chacun des nombres donnés.*

RECHERCHE DU PLUS PETIT COMMUN MULTIPLE

Dressons, comme nous venons de le faire pour **9** et pour **12**, le tableau de quelques multiples de **24** et de **36** :

$$24 - 48 - 72 - 96 - 120 - 144...$$
$$36 - 72 - 108 - 144 - 180 - 216...$$

Le P. P. C. M. de **24** et de **36** est **72**.

Or, nous avons vu (27ᵉ leçon) que le P. G. C. D. de ces deux nombres est **12**.

Faisons le produit des deux nombres :

$$24 \times 36 = 864.$$

Faisons le produit de leur P. P. C. M., **72**, par leur P. G. C. D. **12** :

$$72 \times 12 = 864.$$
$$\text{p. p. c. m.} \times \text{p. g. c. d.}$$

Nous constatons que les **deux produits sont égaux**.

Il en serait de même pour tous les exemples qu'on pourrait prendre. On peut donc poser le principe suivant :

Principe. — *Le produit de 2 nombres est égal au produit de leur plus grand commun diviseur par leur plus petit multiple commun.*

On tire de ce principe une application intéressante dans la recherche du P. P. C. M. de deux nombres.

Règle. — *Le plus petit commun multiple de deux nombres s'obtient en divisant le produit de ces deux nombres par leur plus grand commun diviseur.*

Exemple. — **Quel est le P. P. C. M. de 24 et de 36 sachant que leur P. G. C. D. est 12 ?**

Le produit des deux nombres est :

$$24 \times 36 = 864.$$

Le P. P. C. M. est donc égal à :

$$\frac{864}{12} = 72.$$

REMARQUES. — I. Dans la pratique, il est préférable de ne pas effectuer le produit, car on peut opérer des simplifications qui conduisent rapidement au résultat :

$$\frac{24 \times 36}{12} = 2 \times 36 = 72.$$

II. — *Pour chercher le P.P.C.M. de 3 nombres, on cherche d'abord le P. P. C. M. de deux d'entre eux, puis le P. P. C. M. du 3° nombre et du résultat précédemment trouvé comme P. P. C. M. des deux premiers.*

Exemple : Trouver le P. P. C. M. de **1.050, 840** et **720.**
Le P. G. C. D. de **1.050** et de **840** est **210**
Le P. P. C. M. de **1.050** et de **840** égale :

$$\frac{1.050 \times 840}{210} = 4.200$$

Le P. G. C. D. de **4.200** et **720** est de **120.**
Le P. P. C. M. de **4.200** et **720** égale :

$$\frac{4.200 \times 720}{120} = 25.200.$$

Réponse : Le P. P. C. M. des 3 nombres est 2

MINET ET PATIN. — *C. S., Élève.*

Exercices oraux et calcul mental

248. Dresser la liste des 5 premiers multiples de 45 et celle des 5 premiers multiples de 60. Trouver parmi eux le p. p. c. m. de ces 2 nombres.

249. Trouver le p. p. c. m. des nombres suivants :

8 et 20 ; — 6 et 26 ; — 9 et 15 — ; 36 et 48 ; — 12, 30 et 64 ; — 32, 40 et 70 ; — 50, 65 et 75.

250. Pourquoi peut-on dire de suite que 18 est le plus petit commun multiple de 6 et de 18 ?

251. Trouver directement le **p. p. c. m.** :

1º de 120 et 40 | 2º de 15, 30 et 60 |3º de 75, 150 et 300.

252. Dire 3 nombres dont le plus grand soit le plus petit commun multiple.

Exercice de calcul écrit

253. Trouver le p. p. c. m. des nombres suivants :

560 et 630 | 1.248 et 564 | 378 et 651

254. Trouver le p. p. c. m. des nombres suivants :

198, 216 et 1.188 | 450, 1.440 et 4.312

Exercices écrits

255. Quelle est la plus petite somme qui peut être partagée exactement entre 5, 8 et 15 personnes ?

256. Quel est le plus petit nombre qu'on puisse diviser sans reste par chacun des chiffres significatifs ?

257. Trouver un nombre de 2 chiffres qui divisé par 8 et par 12 donne pour reste 5.

258. Lorsque deux nombres sont divisibles l'un par l'autre, c'est le plus grand qui est le plus petit commun multiple. Justifier cette proposition en prenant pour exemples les nombres 520 et 130.

259. Chercher le P. P. C. M. des nombres suivants :

(1)	540 et 90	(7)	128 et 28
(2)	46 et 15	(8)	327 et 126
(3)	88 et 22	(9)	440 et 330
(4)	37 et 8	(10)	360 et 145
(5)	52 et 28	(11)	110 et 111
(6)	450 et 150	(12)	846 et 342

260. Deux paquebots partent d'un port l'un tous les 12 jours, l'autre tous les 15 jours. S'ils partent un jour ensemble, au bout de combien de temps partiront-ils de nouveau ensemble ?

261. Trouver le plus petit nombre qui soit à la fois divisible par 25 et par 35 ?

262. On commande à un ferblantier un broc aussi grand que possible avec lequel on puisse remplir exactement 2 fûts de 168 l. et 228 l. On demande la contenance du broc et le nombre de fois qu'il faudra en verser le contenu dans chacun des fûts pour les remplir.

263. On veut fabriquer une cuve telle qu'elle puisse contenir exactement des fûts de 150 l. et de 210 l. Quelle doit être la plus petite contenance de cette cuve ? Donner la réponse en hecto-litres.

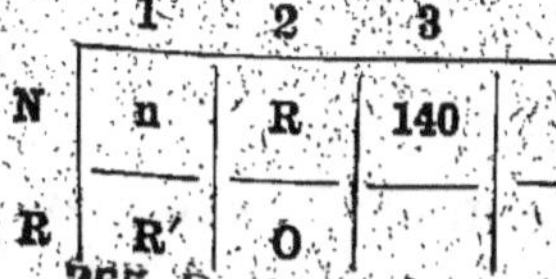

264. En cherchant le P. G. C. D. de 2 nombres on a trouvé successive-ment 1, 3, 2, comme quotients et 140 comme P. G. C. D. Quels sont ces deux nombres ?

265. Deux nombres ont pour P. P. C. M. 5.040 et pour P. G. C. D. 120. L'un de ces nombres est 840, quel est l'autre ?

266. Les nombres 840 et 1.050 ont pour P. P. C. M. 4.200. Sauriez-vous trouver directement leur P. G. C. D. sans employer la méthode des divisions successives ? Vérifier ensuite l'exacti-tude du résultat obtenu en employant cette méthode.

29ᵉ LEÇON

Arithmétique appliquée

ACHAT, PRIX DE REVIENT, VENTE, BÉNÉFICE ET PERTE

Représentation graphique générale

Les représentations graphiques suivantes nous per-mettent de traiter les problèmes relatifs : à l'achat **A**; à la vente **V**; au bénéfice **B**; à la perte **P**; au prix de revient **R**.

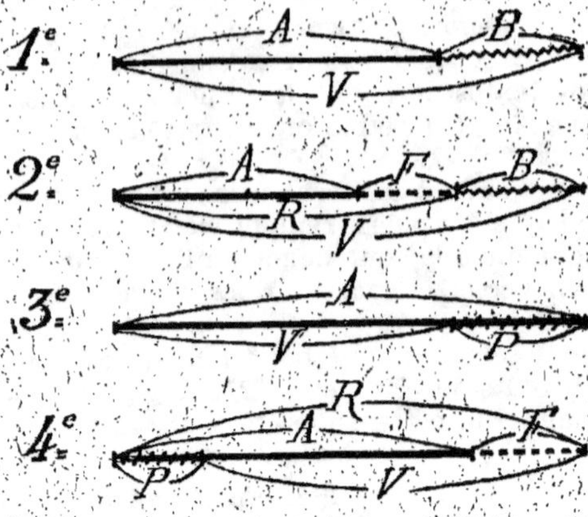

EXEMPLES :

1re *Solution.* — Quel est le prix de vente V^f d'une marchandise achetée A^f sachant qu'on a réalisé B^f de bénéfice ?

La solution nous montre que :

$$V = A + B.$$

2e *Solution.* — Quelle est la valeur F^f des frais de fabrication d'un objet vendu V^f avec B^f de bénéfice et obtenu avec A^f de matières premières ?

Nous avons : $R = V - B$
                  $F = R - A.$

3e *Solution.* — Un objet avarié a été vendu V^f avec une perte P^f. Quel avait été son prix d'achat ?

La solution graphique nous donne :

$$A = V + P.$$

4e *Solution.* — Elle permet les problèmes suivants :

$$A = V + P - F \text{ ou } A = R - F$$
$$V = A + F - P \text{ ou } V = R - P$$
$$P = A + F - V \text{ ou } P = R - V$$
$$F = V + P - A \text{ ou } F = R - A$$

Recherche du prix de revient.

267. On achète 375 l. de vin pour 412^f,50 ; on le met dans des futailles vides qui pèsent ensemble 45 kg. et on l'envoie à une distance de 625 km. On paie pour le transport 0^f,30 par tonne et par kilomètre, et on sait que 1 litre de vin pèse 1 kg. Les droits d'octroi et de régie s'élèvent à 15^f par hectolitre ; on débourse en outre 27^f pour frais divers. A combien reviendra le litre de vin rendu à destination ?

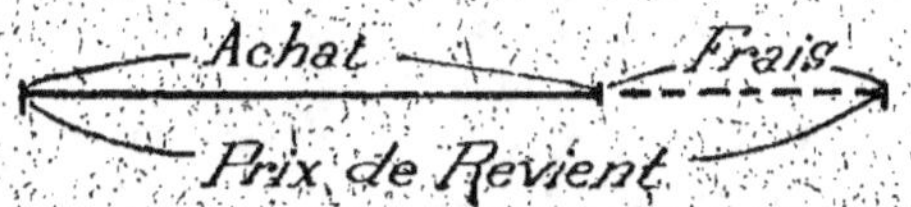

SOLUTION

Analyse. — Le prix de revient du litre rendu à destination est égal au quotient du prix total de revient par le nombre de litres.

Le prix total de revient est égal à la somme du prix d'achat du vin et des frais se décomposant comme suit :

Transport : 0^f,30 × (0,045 × 0,375) × 625 = 7^f,875
Régie   : 15^f × 3 ,75   = 56^f,25
Frais divers   = 27
Total des frais   = 91^f,125

Le prix total de revient s'élève à :

$$412^f,50 + 91^f,125 = 503^f,625.$$

Le litre de vin rendu à destination revient donc à :

$$503^f,625 : 375 = 1^f,343.$$

Réponse : Le litre revient à 1^f,35 par excès.

268. Un fût de vin blanc de 113 l. coûte 174^f. Les droits d'octroi et les frais de transport s'élèvent à 25^f,40 ; la mise en bouteilles revient à 3^f de main-d'œuvre ; les bouteilles qui contiennent 75 cl. coûtent 33^f le cent et les bouchons 35^f le mille. Trouver d'après cela à combien revient une bouteille de ce vin.

269. Un épicier a acheté un baril d'huile pesant brut 152^{kg},5. Le baril vide pèse 18^{kg},5 ; le prix d'achat et les frais se montent à 703^f,50. Le litre de cette huile pesant 915 grammes, on demande le prix de revient : 1° du litre ; 2° du kilogramme de cette huile.

270. Pour faire une couverture au crochet composée de 20 carrés, une jeune fille achète du coton écru à 14^f,10 le kilogramme. Il faut pour chaque carré 125 gr. de coton et 6 heures de travail. Quel sera le prix de revient de la couverture, si on estime l'heure de travail à 0^f,80.

271. Un mètre cube de pavés coûte 12^f,75 en carrière ; le transport et l'ébauchage en reviennent à 16^f et on peut paver avec ce mètre cube une surface de 6 m². Il faut employer, en outre, par mètre carré 120 dm³ de sable à 15^f le mètre cube et la main-d'œuvre se paie 1^f,80 le mètre carré. On demande ce que coûterait le pavage d'une écurie de 5^m,75 de long et de 4^m de large.

272. Un cultivateur achète des os bruts à 13^f,80 le mètre cube. Il les fait broyer pour le prix de 6^f,60 le mètre cube d'os ; le broyage augmente d'ailleurs le volume de 20 pour 100. Quel est le prix de revient de la fumure d'un hectare de terre sur lequel on répand 36 hl. d'os broyés ?

273. On a acheté une pièce de toile écrue à 5^f,10 le mètre. On l'a fait blanchir ; la toile écrue perd au blanchissage 15 pour 100 de sa longueur. Après le blanchissage, on a obtenu 68 m. de toile blanchie. Quel est le prix de revient de la toile blanchie ?

Calcul d'un bénéfice

1er Problème-type

274. Un négociant achète 30 barils d'huile contenant chacun 120 litres à raison de 650^f les 100 kg. Combien gagne-t-il sur son achat en revendant cette huile 8^f,40 le kilogramme sachant que l'hectolitre d'huile pèse 91^{kg},5 ?

SOLUTION

Analyse. — Le bénéfice sur 1 kg est égal à la différence entre le prix de vente d'un kg d'huile et le prix d'achat de la même quantité. En répétant ce bénéfice autant de fois qu'il y a de kg. dans les 30 barils, nous aurons le bénéfice total.

Le bénéfice sur 1 kg est :

$$8^f,40 - 6^f,50 = 1^f,90$$

Les 30 barils pèsent :

$$\frac{91^{kg},5 \times 120 \times 30}{100} = 3.294^{kg}.$$

Le bénéfice total est donc :

$$1^f,90 \times 3.294 = 6.258^f,60.$$

Réponse : Le bénéfice total est de 6.258ᶠ,60.

275. Une femme achète 3ᵏᵍ,750 de laine à 14ᶠ,40 le kilogramme ; elle paie 2ᶠ,40 par kilogramme pour la faire filer ; elle emploie 17 journées pour en faire des bas qu'elle vend 5ᶠ,50 la paire. Il faut 750 grammes de laine pour faire 6 paires de bas. Quel est son gain journalier ?

276. Un cultivateur a ensemencé en colza une pièce de terre de 3ʰᵃ,60 a. Les frais de culture se sont élevés à 475ᶠ,50 par hectare. Ce terrain est loué 64ᶠ les 30 ares. La récolte a été de 18ʰˡ,50 par hectare et a été vendue 62ᶠ,50 l'hl. Quel bénéfice ce cultivateur a-t-il réalisé sur sa pièce de terre ?

2ᵉ Problème-type

277. Un fermier achète 125 moutons à raison de 96ᶠ la pièce. Il en perd 17 dans une épidémie et revend les autres 247ᶠ,50 la paire. On demande son bénéfice sachant qu'il a eu 859ᶠ de frais de garde.

SOLUTION

Analyse. — Le bénéfice total est égal à la différence entre le prix total de vente et le prix total de revient.

Si au prix total d'achat :

$$96^f \times 125 = 12.000^f$$

nous ajoutons les frais 859ᶠ nous obtiendrons le prix total de revient ou :

$$12.000^f + 859^f = 12.859^f$$

Il n'a été vendu que :

$$125^m - 17^m = 108 \text{ moutons}$$

pour une somme de :

$$\frac{247^t,50 \times 108}{2} = 13.365^t.$$

Le bénéfice total sera donc de :

$$13.365^t - 12.859^t = 506^t.$$

Réponse : Le bénéfice total est de **506ᵗ**.

278. Un cultivateur loue un hectare de terre 190ᵗ, le laboure, le fume et y sème 2ʰˡ,50 de blé à 78ᵗ,40 l'hl. Les frais de main-d'œuvre et de fumure s'élèvent à 238ᵗ,60. Il récolte 19 hl. de blé à 76ᵗ,50 l'hl. et 1.100 kg. de paille valant 48ᵗ le quintal. Quel est le bénéfice net du cultivateur ?

279. L'hectolitre de blé pesant 75 kg. se vend 73ᵗ,50. Après mouture, 100 kg. de blé donnent 15 kg. de son, 82 kg. de farine et il y a 3 kg. de perte. Le son est vendu à 42ᵗ le quintal. La farine est transformée en pain et 100 kg. de farine donnent 135 kg. de pain, qui est vendu à 1ᵗ,20 le kilogramme. Calculez, défalcation faite du prix d'achat de l'hectolitre, ce qui reste au boulanger pour payer les frais de fabrication et constituer son bénéfice.

280. Un marchand achète 15 pièces de vin de 220 l. chacune pour 4.840ᵗ. Chaque pièce laissant 5ˡ,50 de lie, combien gagne-t-il sur le tout en revendant le vin 1ᵗ,60 le litre ?

281. Un épicier achète en gros 8 quintaux de café vert à 850ᵗ le quintal ; il revend ce café torréfié à 7 le 1/2 kg. Combien gagne-t-il, sachant que le café vert perd le cinquième de son poids à la torréfaction ?

282. Un négociant achète 50 barils d'huile contenant chacun 120 l. à raison de 630ᵗ les 100 kg. Combien gagne-t-il sur son achat en revendant cette huile 8ᵗ,40 le kilogramme sachant qu'il y a 6 l. de perte par baril, et que l'hectolitre d'huile pèse 91ᵏᵍ,5 ?

283. Un marchand a acheté 15 pièces de vin pour 3.600ᵗ. Il a payé 92ᵗ,50 de droits et 23ᵗ,40 de transport. Chaque pièce contient 220 l. et il s'en est perdu 5 % par évaporation. Combien gagnera-t-il en le revendant 1ᵗ,50 le litre ?

284. Un cultivateur a récolté les betteraves d'un champ de 1ʰᵃ,70 et il les a vendues 38ᵗ les 1.000 kg. La moyenne de la récolte est de 63.470 kg. par hectare. L'acheteur lui décompte 12 % sur le poids de ces betteraves.

Le cultivateur a dépensé par hectare : 350ᵗ pour le fermage, 375ᵗ pour frais de culture et de transport ; 697ᵗ,50 pour engrais. Trouver le bénéfice ou la perte.

285. Un commerçant achète 221 sacs de farine pour 45.314ᶠ,20 et il les revend à 135ᶠ,60 le quintal. Que gagne-t-il en tout, si le droit qu'il alloue au commissionnaire en marchandises est de 1ᶠ,60 par sac, chaque sac pesant 157 kg. ?

286. Un libraire achète à un éditeur 156 volumes marqués au prix fort de 7ᶠ,50. L'éditeur lui accorde sur ce prix fort une remise de 30 % et ne lui fait payer que 12 volumes sur 13. Le libraire revend ces livres avec une remise de 10 % sur le prix fort. Sachant qu'il a payé les frais de port s'élevant à 24ᶠ on demande quel a été son bénéfice ?

Calcul du prix de vente

287. Un limonadier achète 2 fûts de liqueur, l'un de 212 l., l'autre de 204 l. Cette liqueur lui revient à 12ᶠ,80 le litre. Bien qu'il en ait perdu 24 l. il dit qu'il a encore eu 2.515ᶠ,20 de bénéfice brut en la revendant. Combien a-t-il vendu le litre de liqueur ?

288. Un hectolitre d'huile pèse 91ᵏᵍ,5 et coûte 355ᶠ,5 pris au pays de production. Le transport jusqu'à Paris revient à 197ᶠ,25 les 1.000 kg. Combien doit-on revendre le demi-kilogramme de cette huile pour gagner 18 % sur la somme déboursée ?

289. Lorsque la farine coûte 154ᶠ les 150 kg. on demande combien on doit vendre le kilogramme de pain si on admet que 50 kg. de farine donnent 60 kg. de pain et que le boulanger doit prendre 18ᶠ par 100 kg. de farine pour ses frais de fabrication et son bénéfice ?

290. Un épicier achète au prix de 414ᶠ une balle de café vert de 50 kg. La torréfaction de ce café lui coûte 22 centimes et demi par kilogramme et en diminue le poids d'un cinquième. Combien doit-il vendre le kilogramme de café torréfié pour réaliser un bénéfice de 8 pour 100 sur le prix de revient ?

291. Un marchand achète 35 m. de toile à 4ᶠ,35 le mètre. Il la revend en 3 coupons : le 1ᵉʳ, de 10 m. à 8ᶠ,85 le mètre ; le 2ᵉ de 12 m. à 7ᶠ,35 le mètre. On demande le prix qu'il doit vendre le mètre du dernier coupon pour gagner 123ᶠ,90 sur son marché ?

292. Un marchand achète 3 pièces de drap : la 1ʳᵉ de 24ᵐ,65 à 22ᶠ,40 le mètre ; la 2ᵉ de 17ᵐ,80 à 24ᶠ,90 le mètre ; la 3ᵉ de 20ᵐ,50 à 27ᶠ,50. Il a revendu la 1ʳᵉ à 24ᶠ le mètre ; la 2ᵉ à 27ᶠ,30 et la 3ᵉ à un prix tel qu'il a gagné 207ᶠ,30 sur son marché. Quel est le prix de vente du mètre de la 3ᵉ pièce ?

293. La luzerne perd par la fenaison 64 % de son poids ; elle perd 9 % du poids restant dans son séjour au grenier. Trouver, d'après ces données, l'argent qu'on retirera de la vente de la luzerne récoltée dans un champ de 1ʰᵃ,05 dont l'are a produit

250 kg. de fourrage vert. On sait que la botte de fourrage sec, pesant 5 kg., est vendue 1ᶠ,40.

Calcul du prix d'achat

294. Une lingère voudrait confectionner 12 chemises de calicot à revendre 13ᶠ,50 la pièce en gagnant 16ᶠ,20 sur son marché. Chaque chemise exige 3ᵐ,10 de calicot et coûte 3ᶠ,75 de façon. A quel prix doit-elle acheter le mètre d'étoffe ?

295. En revendant le mètre d'une étoffe 16ᶠ,35, un négociant fait un bénéfice de 9 % sur son prix d'achat. Trouver ce qu'il a déboursé pour acheter 5 pièces de 12ᵐ,40 chacune.

296. Un commerçant achète 9 pièces de drap de chacune 45 m. Il en vend une pièce à 21ᶠ le m., 220 m. à 24ᶠ et le reste à 22ᶠ,50. Il a ainsi réalisé un bénéfice de 1.335ᶠ. Calculez le prix d'achat : 1° d'une pièce; 2° d'un mètre de drap.

297. Un propriétaire vend un terrain 28.400ᶠ en gagnant 6,5 % sur le prix d'achat. A quel prix avait-il acheté ce terrain ?

298. Un marchand a vendu pour 1.438ᶠ,20 chacun deux coupons l'un de velours et l'autre de soie, et a ainsi réalisé un bénéfice total de 320ᶠ,40. Quel est le prix d'achat de chaque coupon, sachant qu'il a gagné 24ᶠ de plus sur le velours que sur la soie ?

299. Pierre vend à Paul une marchandise avec un bénéfice de 10 % sur son prix d'achat ; Paul la revend à Jean au prix de 653ᶠ,40 avec un bénéfice de 10 % sur son prix d'achat. Quel était le prix d'achat primitif payé par Pierre ?

Prix de revient et prix de vente

300. Une marchande fait confectionner 3 douzaines et demie de chemises avec de la toile valant 7ᶠ,80 le m. ; il faut 8ᵐ,60 de toile pour 3 chemises et l'on donne à l'ouvrière chargée de la confection 45ᶠ de façon par douzaine. Combien coûtent les 3 douzaines et demi de chemises et combien la marchande doit-elle les revendre pour gagner 77ᶠ,10 sur le tout ?

301. Un tisserand a employé 9 jours pour fabriquer une pièce de toile de 60ᵐ,75 de long. Pour faire 4ᵐ,50 de toile, il emploie 1.125 g. de fil valant 9ᶠ le kg. Enfin le tisserand est payé 75ᶠ,60 par semaine de 6 jours. A combien la toile revient-elle au fabricant et combien doit-il vendre le mètre s'il veut réaliser 20 % de bénéfice sur le prix de revient ?

302. Un confiseur a employé pour faire des confitures : 49ᵏᵍ,5 de groseilles qu'il a payées 1ᶠ,80 le kg. ; 43ᵏᵍ,5 de sucre à 3ᶠ,75 le kilo. Il compte 8ᶠ pour les dépenses accessoires. Il a obtenu

59ᵏᵍ,250 de confitures. A combien lui revient le kg. et combien doit-il vendre le pot contenant 250 g. de confitures pour gagner 0ᶠ,25 sur chacun ? Les pots lui coûtent 46ᶠ le cent.

303. Le blé perd 28 % de son poids par la mouture ; d'autre part 3 kg. de farine donnent 4 kg. de pain. Calculer le prix de revient du kg. de pain fabriqué avec un sac de blé de 150 kg. acheté à raison de 72ᶠ le quintal. Les frais de fabrication sont estimés à 28ᶠ,80 par sac. Combien le boulanger devra-t-il vendre le kg. de pain pour gagner 43ᶠ,20 par sac ?

Calcul d'une quantité achetée

304. Une marchande a revendu au prix de 8ᶠ,25 le m. une pièce de ruban qu'elle avait achetée à 6ᶠ,30 le m. et elle a ainsi gagné 58ᶠ,50. Trouver combien la pièce avait de mètres.

305. On a acheté une pièce d'étoffe au prix de 25ᶠ,65 pour 4ᵐ,75 et on la revend à 52ᶠ,50 les 7 mètres. Trouver la longueur de la pièce, sachant qu'on a gagné en tout 67ᶠ,20.

306. Une marchande a acheté des oranges à 3ᶠ,60 la douzaine. Elle commence par les vendre 4 pour 1ᶠ,40 ; quand elle en a vendu la moitié, elle se trouve obligée de vendre le reste à 3 pour 1ᶠ. Elle gagne en tout 8ᶠ. Combien avait-elle acheté d'oranges ?

307. On offre à un cultivateur d'acheter son blé à 71ᶠ,25 l'hl. Il préfère le vendre à une autre personne qui lui en offre 96ᶠ le quintal, parce qu'il a ainsi un avantage de 37ᶠ,50. L'hl. de ce blé pesant 75 kg. on demande le nombre d'hl. vendus par le cultivateur. Quel aurait dû être le prix du quintal pour que le cultivateur n'ait eu aucun avantage au second marché ?

308. Un marchand a acheté une pièce de drap à 22ᶠ,50 le m. Il en a revendu le tiers à 27ᶠ et le reste à 26ᶠ,25. Sachant que son bénéfice total a été de 240ᶠ, trouver la longueur de la pièce de drap.

309. En revendant un terrain on a fait un bénéfice de 2.625ᶠ et ce bénéfice représente 8 % du prix d'achat. Quelle est la surface de ce terrain sachant qu'il a été acheté 225ᶠ l'are ?

Échange de marchandises

310. On a acheté 10 m. de drap ; combien pour la même somme aurait-on eu de mètres d'un drap de prix double ?

311. Pierre donne à Paul pour échange 15 hl. de blé valant 64ᶠ5 l'hl. contre 15 hl. de seigle ; on estime l'hectolitre de seigle 12ᶠ de moins que l'hectolitre de blé. Quelle somme Paul redevra-t-il à Pierre ?

312. 10 m. de drap et 8 m. de doublure ont coûté ensemble 252ᶠ. Quel est le prix du mètre de drap et celui du mètre de doublure, sachant que le premier coûte le double du second?

313. 10 m. de drap et 8 m. de doublure ont coûté ensemble 154ᶠ,80. Quel est le prix du mètre de chaque étoffe sachant que le mètre de drap coûte 9ᶠ de plus que le mètre de doublure?

314. 8 mètres de drap valent 5 m. de mérinos ; 25 m. de mérinos valent 88 m. de toile ; 11 m. de toile valent 21 m. de doublure. Combien faut-il de mètres de doublures pour valoir le même prix que 50 m. de drap?

30ᵉ LEÇON

Problème du thermomètre

315. Dire en degrés, la différence qui existe entre :

et + 4°　　　　et — 8°　　　　et — 7°
　+ 9°　　　　　　— 2°　　　　　　+ 3°

REPRÉSENTATION GRAPHIQUE

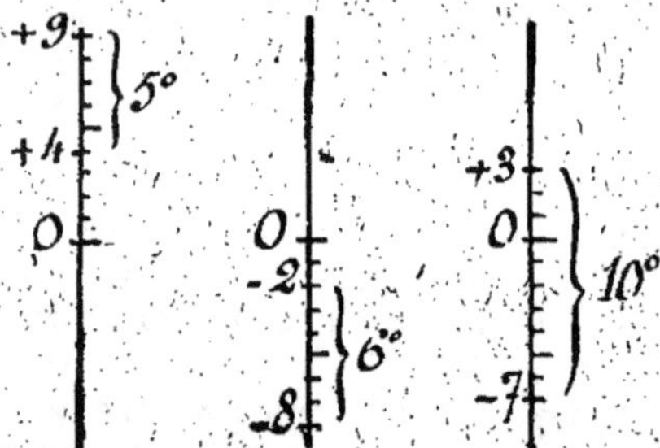

APPLICATIONS

316. En revendant son vin 1ᶠ le litre un marchand perdrait 200ᶠ sur son achat. En revendant le litre 1ᶠ,50 il gagnerait 300ᶠ. Combien a-t-il de litres de vin et quelle est la valeur de ce vin?

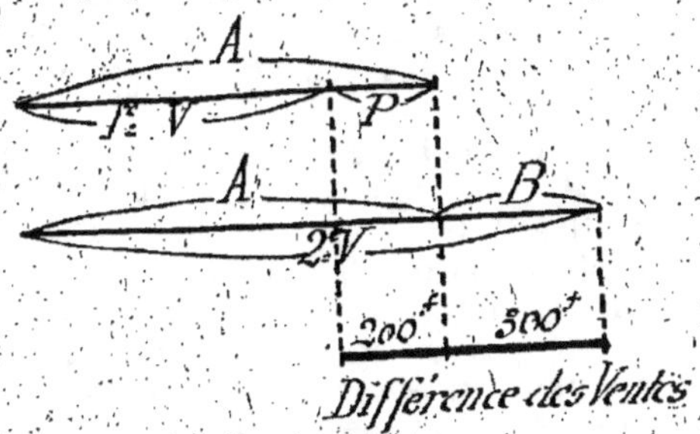

SOLUTION

La représentation graphique de l'énoncé nous montre que la différence des ventes est de :

$$300^f + 200^f = 500^f$$

Or la différence par litre s'élève à :

$$1^f,50 - 1^f = 0^f,50$$

Autant de fois la différence par litre sera contenue dans la différence totale autant il y aura de litres de vin à vendre ou :

$$500^f : 0^f,50 = 1.000 \text{ litres.}$$

Le prix d'achat total est égal à la somme de la vente, à raison de 1^f le litre, plus la perte 200^f.

$$(1^f \times 1.000) + 200^f = 1.200^f$$

ou bien à la différence entre la vente, à raison de $1^f,50$ le litre, et le bénéfice 300^f.

$$(1^f,50 \times 1.000) - 300^f = 1.200^f$$

Nota. — Cette détermination du prix d'achat, par deux procédés différents donnant des résultats identiques, constitue la vérification de la réponse précédente.

Réponses : 1° Le marchand a 1.000^l de vin ;
          2° Le vin lui coûtait 1.200^f.

317. En vendant ses oranges 2ᶠ,30 la douzaine une marchande perdrait 4ᶠ,50 ; mais en les vendant 0ᶠ,25 pièce elle gagnerait 27ᶠ. Combien a-t-elle d'oranges à vendre et combien a-t-elle acheté le cent ?

318. Un négociant calcule qu'en vendant son drap 25ᶠ le mètre il gagnerait 2.730ᶠ, mais qu'en le vendant 26ᶠ,50 le mètre son bénéfice s'élèverait à 3.900ᶠ. Combien a-t-il de mètres de drap à vendre et quel est le prix d'achat total du drap ?

319. Deux ouvriers reçoivent le même salaire quotidien. Tous deux ont été employés à faire un ouvrage. On demande combien il leur a fallu de jours pour l'exécuter sachant que pendant ce temps, le 1ᵉʳ a dépensé 30ᶠ par jour mais s'est endetté de 45ᶠ. Le 2ᵉ n'a dépensé que 19ᶠ,75 par jour et a pu réaliser 139ᶠ,50 d'économies et quel est le salaire quotidien de chacun d'eux ?

320. Quelle est, en kilomètres, la distance qui sépare deux villes situées sur le même méridien l'une à 28° au nord de l'équateur, l'autre à 15° au sud ?

31ᵉ LEÇON

Problèmes de fausse supposition.

1ᵉʳ Problème-type

321. On a payé 540ᶠ, avec 120 pièces, les unes de 5ᶠ, les autres de 2ᶠ. Combien y avait-il de pièces de chaque sorte ?

SOLUTION

Si toutes les pièces valaient 5ᶠ, la somme totale, au lieu d'être 540ᶠ, s'élèverait à :

$$5^f \times 120 = 600^f.$$

La différence entre cette somme supposée et la somme réelle est de :

$$600^f - 540^f = 60^f$$

Elle provient de ce qu'il y a des pièces de 2ᶠ.

Chaque fois qu'on enlève une pièce de 5^f et qu'on la remplace par une pièce de 2^f la différence est de :

$$5^f - 2^f = 3^f.$$

Autant de fois la différence par pièce : 3^f sera contenue dans la différence totale : 60^f, autant il y aura de pièces de 2^f, ou :

$$60 : 3 = 20 \text{ pièces de } 2^f.$$

Le nombre de pièces de 5^f sera de :

$$120^p - 20^p = 100 \text{ pièces de } 5^f$$

Réponse : La somme comprenait :

100 pièces de 5^f et 20 pièces de 2^f

REMARQUE. — On aurait pu supposer au contraire que les 120 pièces étaient toutes de 2^f. Dans ce cas, la somme s'élèverait à :

$$2^f \times 120 = 240^f.$$

Elle serait donc inférieure à la somme réelle de :

$$540^f - 240^f = 300^f.$$

Pour récupérer ces 300^f il faut remplacer un certain nombre de pièces de 2^f par des pièces de 5^f.

Chaque fois qu'on substitue une pièce de 5^f à une pièce de 2^f, la somme augmente de $5^f - 2^f = 3^f$.

Autant de fois cette somme de 3^f, différence par pièce, est contenue dans la différence totale 300^f, autant il faudra mettre de pièces de 5^f ou :

$$300 : 3 = 100 \text{ pièces de } 5^f.$$

2ᵉ Problème-type

322. Un receveur d'autobus parisien a fait une recette de $272^f,50$ après avoir délivré 700 tickets : les uns à $0^f,30$, les autres à $0^f,55$. Combien a-t-il délivré de tickets de chaque sorte ?

SOLUTION

Si tous les tickets délivrés étaient de **0ᶠ,30**, la recette serait de :

$$0^f,30 \times 700 = 210^f,$$

Elle serait inférieure à la recette exacte de :

$$272^f,50 - 210^f = 62^f,50$$

Or, la différence par ticket est de :

$$0^f,55 - 0^f,30 = 0^f,25.$$

Le nombre de tickets à **0ᶠ,55** est donc de :

$$62^f,50 : 0^f,25 = 250 \text{ tickets}$$

Le nombre de tickets à **0ᶠ,30** est de :

$$700^t - 250^t = 450 \text{ tickets};$$

Réponse : Le conducteur a délivré :

250 tickets à 0ᶠ,55 et 450 tickets à 0ᶠ,30

322 *bis.* Résoudre le problème précédent en adoptant l'autre supposition : tous les tickets délivrés étaient de 0ᶠ,55.

323. Dans une usine on coule 480 pièces de fonte ; les unes pèsent 12 kg. ; les autres 20 kg. Le poids total des 480 pièces est 7.520 kg. On demande le nombre de pièces de chaque espèce ?

324. On peut charger sur un chariot 50 pièces, et l'on veut que la charge totale soit 2.000 kg. Combien faudra-t-il mettre de pièces pesant 50 kg. et de pièces pesant 37ᵏᵍ,5?

325. Dans une institution il y a 52 élèves en 2 divisions. Les élèves de la 1ʳᵉ division paient 24ᶠ par mois ; ceux de la 2ᵉ 15ᶠ. Sachant que la recette pendant les 10 mois de l'année scolaire s'élève à 10.860ᶠ, on demande combien il y a d'élèves de chaque catégorie ?

326. Un éditeur envoie à un libraire 75 livres, les uns cartonnés à 10ᶠ,50, les autres brochés à 8ᶠ,25. Sachant que la facture s'élève à 697ᶠ,50, on demande combien il y aura de livres de chaque sorte ?

327. On a acheté 12 l. de lait. Pour savoir si ce lait est pur, on pèse le liquide et on trouve 12ᵏᵍ,300. Le lait est-il pur? Sinon, trouver la quantité d'eau que le marchand y a mis. Le poids du litre de lait pur est de 1ᵏᵍ,030.

328. Quelqu'un loue un domestique pour 90 jours. Il convient de lui donner 10ᶠ,50 par jour lorsqu'il ne le nourrira pas et 6ᶠ lorsqu'il le nourrira. A l'époque du paiement, le domestique reçoit 810ᶠ. Pendant combien de jours a-t-il été nourri?

329. Un épicier a acheté 395 l. d'huile et de pétrole. L'hectolitre d'huile vaut 380ᶠ et l'hectolitre de pétrole 120ᶠ; mais bénéficiant d'une remise de 10 % le marchand ne paie que 847ᶠ,80. On demande combien il a acheté d'hectolitres d'huile et combien d'hectolitres de pétrole.

Nota. — On trouvera pages 321 et 329 des applications du problème de fausse supposition concernant les questions de **mélange** et **d'alliage**.

———

32e LEÇON

Problème du remplacement

Problème-type

330. — On a payé 777ᶠ,30 pour 65 m. de toile et 34 m. de calicot. La toile coûte par mètre 4ᶠ,80 de plus que le calicot. On demande le prix du mètre de chaque étoffe.

SOLUTION

Si on remplaçait les 34 m. de calicot par de la toile, le vendeur réclamerait en plus :

$$4^f,80 \times 34 = 163^f,20$$

On aurait ainsi :

$$65 \text{ m.} + 34 \text{ m.} = 99 \text{ m. de toile}$$

pour une somme de :

$$777^f,30 + 163^f,20 = 940^f,50$$

Le mètre de toile coûte donc :

$$940^f,50 : 99 = 9^f,50$$

Le prix du mètre de calicot est de :

$$9^f,50 - 4^f,80 = 4^f,70$$

Réponse : La toile vaut 9ᶠ,50 le m. et le calicot 4ᶠ,70.

REMARQUE. — On aurait pu remplacer les **65** m. de toile par du calicot valant par mètre 4^f,80 de moins que la toile. Dans ce cas, le vendeur aurait remboursé :

$$4^f,80 \times 65 = 312^f.$$

La dépense pour **99** m. de calicot n'aurait plus été que de :

$$777^f,30 - 312^f = 465^f,30$$

Le mètre de calicot vaut donc :

$$465^f,30 : 99 = 4^f,70.$$

Problèmes

331. Pour 14 m. de drap et 17 m. de soie, une couturière a payé 873^f. Que vaut le mètre de chaque étoffe si le mètre de drap vaut 7^f de plus que le mètre de soie?

332. Un ouvrier a travaillé 26 jours dans un mois, le manœuvre qui l'accompagne n'a travaillé que 24 jours. A la fin du mois, ils ont touché ensemble 1.134^f. Combien chacun gagne-t-il par jour si l'ouvrier touche 9^f de plus que le manœuvre?

333. Le prix d'un kilo de café est le double du prix d'un kilo de sucre. Pour 12 kg. de sucre et 34 kg. de café, on a payé 300^f. Que vaut le kg. de chaque denrée?

334. Dans un troupeau on compte 48 têtes de bétail, moutons et agneaux. Un mouton vaut 71^f de plus qu'un agneau. Quel est le prix de chaque animal si le troupeau entier, composé d'autant d'agneaux que de moutons, est estimé 6.648^f.

335. Pour 6.300^f, un horloger a reçu 12 montres et 5 pendules dont chacune vaut 6 fois le prix d'une montre. Dites le prix d'une montre et celui d'une pendule.

33e LEÇON

Double achat ou double vente

1er Problème-type

336. On achète une première fois 3 serviettes et 4 mouchoirs pour 22^f,20. Une seconde fois on acquiert 9 de ces mouchoirs et

3 serviettes pour 31^f,20. Quel est le prix d'une serviette et celui d'un mouchoir.

SOLUTION GRAPHIQUE

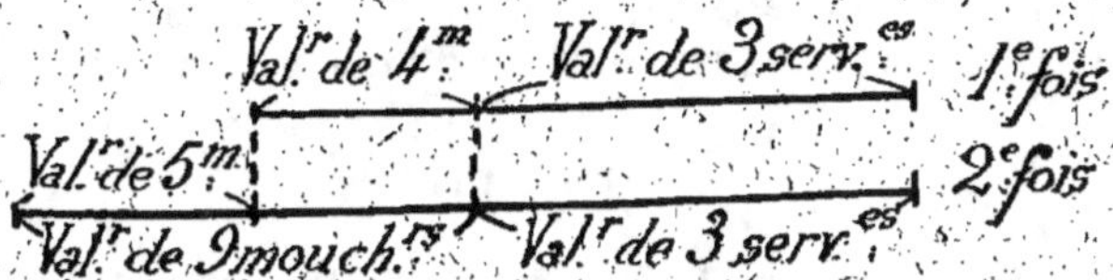

SOLUTION RAISONNÉE

Résumons l'énoncé en deux égalités :

3 s. + 4 m. valent 22^f,20
3 s. + 9 m. valent 31^f,20

Dans les deux achats, le nombre des serviettes est le même.

La différence de prix 31^f,20 — 22^f,20 soit 9^f résulte de la valeur de 9^m — 4^m = 5 mouchoirs.

Un mouchoir vaut donc :

$$9^f : 5 = 1^f,80$$

Si de 22^f,20 nous retirons le prix de 4 mouchoirs 1^f,80 × 4 = 7^f,20, nous aurons la valeur de 3 serviettes ou :

$$22^f,20 — 7^f,20 = 15^f.$$

Une serviette a donc coûté :

$$15^f : 3 = 5^f$$

Réponse : Le prix d'une serviette est 5^f et celui d'un mouchoir 1^f,80.

Remarque. — Nous aurions pu chercher la valeur des 3 serviettes en retirant de 31^f,20 le prix de 9 mouchoirs : 1^f,80 × 9 = 16^f,20 ou :

$$31^f,20 — 16^f,20 = 15^f.$$

2ᵉ Problème-type

337. On sait que 3 l. d'huile d'olive et 7 l. de vin pèsent 9ᵏᵍ,69 mais, que 15 l. de cette huile et 10 l. de ce même vin pèsent 23ᵏᵍ,70. Quel est le poids d'un litre d'huile et celui d'un litre de vin?

SOLUTION

Pour que la différence des poids ne porte que sur le vin il nous faut, dans les deux cas, des quantités égales d'huile.

Il nous est possible d'obtenir ces conditions, car 3 litres sont contenus exactement 5 fois dans 15 litres.

Multiplions donc toutes les données du 1ᵉʳ cas par 5 :

15 litres d'huile + 35 litres de vin pèsent :
$$9^{kg},69 \times 5 = 48^{kg},45.$$

Nous avons maintenant :

1ᵉʳ cas :   15ˡ d'huile + 35ˡ de vin pèsent 48ᵏᵍ,45
2ᵉ cas :   15ˡ d'huile + 10ˡ de vin pèsent 23ᵏᵍ,70.

et nous nous retrouvons dans les conditions du premier problème-type.

Nota. — Il appartient à l'élève d'achever le problème.

3ᵉ Problème-type

338. Un commerçant vend 3 kg. de sucre et 5 kg. de café pour 79ᶠ,40, mais il demande 89ᶠ,20 pour 2 kg. de sucre et 6 kg. de café. Quel est le prix du kilogramme de chaque denrée?

La différence des ventes ne doit porter que sur une seule denrée, aussi devons-nous prendre 2 fois plus de chaque denrée dans la 1ʳᵉ vente et 3 fois plus dans la seconde : ce qui nous donne des poids égaux de sucre ou :

2ᵉ Vente : 6ᵏᵍ de sucre + 18ᵏᵍ de café valent 89ᶠ,20 × 3
= 269ᶠ,40.

1re Vente : 6^{kg} de sucre + 10^{kg} de café valent 79^f,40 × 2 = 158^f,80.

Nous nous retrouvons dans les conditions du 1er problème-type (Achever le problème).

Problèmes d'application

339. Avec 120 billets de banque de même valeur et 360 pièces identiques on a payé une somme de 690^f. Une autre somme de 160^f a été formée avec 400 de ces pièces et 12 de ces mêmes billets. Quelle est la valeur d'un billet et quelles pièces a-t-on employées?

340. Une cuve de 28^{hl},20 est remplie avec le contenu de 8 grands fûts et 12 petits fûts. Pour remplir une autre cuve de 20^{hl},85, il faut y verser le contenu de 7 grands fûts et de 6 petits. Quelle est la contenance d'un fût de chaque sorte?

341. 8 vaches et 30 moutons ont été achetés 19.200^f. On a vendu 3 de ces vaches et tous les moutons pour 14.040^f avec un bénéfice de 20 % sur le prix d'achat. Combien avait-on acheté chaque animal?

342. Un crémier a acheté pour 431^f,10 une motte de beurre de 25 kg. et 13 douzaines d'œufs. Il a acquis une autre fois 47 demi-kg. de beurre et 156 œufs pour 410^f,85. Quel est le prix d'un demi-kg. de beurre et celui de la douzaine d'œufs?

343. Une maison rectangulaire a 42^m,40 de tour. Elle se trouve dans un jardin rectangulaire dont la longueur vaut 5 fois celle de la maison et la largeur 3 fois celle de la maison. Le mur de clôture qui entoure le jardin a 177^m,20. Quelles sont les dimensions de la maison et celles du jardin?

344. Une nappe étalée sur une table rectangulaire ayant 6 m. de tour la recouvre entièrement. Pliée en 4 dans le sens de la longueur et en 3 dans le sens de la largeur, la nappe tient exactement dans une boîte rectangulaire dont le fond a 1^m,70 de tour à l'intérieur. Quelles sont les dimensions de la nappe?

345. Un conducteur d'auto-car a reçu 134^f,50 pour 7 places de première et 15 places de seconde. Il aurait reçu 162^f,50 pour 15 places de première et 7 places de seconde. Quel est le prix d'une place en première et celui d'une place en seconde?

PROBLÈMES DE RÉCAPITULATION

DE LA 1ʳᵒ PARTIE

346. Un père en mourant laisse 5.200ᶠ à chacun de ses enfants ; l'un d'eux vient à mourir et sa part est divisée entre chacun des survivants. Sachant que chacun de ces derniers possède alors 6.500ᶠ, trouver le bien du père et le nombre des enfants.

347. On revend 26 hl. 1/2 de blé pesant chacun 75 kg. à raison de 94ᶠ,08 le quintal métrique. On gagne ainsi 12 % sur le prix d'achat. Combien avait-on acheté l'hectolitre de blé?

348. Un négociant déclaré en faillite ne peut payer que 34 % à ses créanciers. Avec 5.000ᶠ de plus il pourrait leur rembourser la moitié de leurs créances. Quel est son actif, et quel est son passif?

349. 3 pièces de terre contiennent ensemble 23.475 m². La plus grande contient 760 m² de moins que les deux autres réunies et la plus petite 5.975 m² de moins que la plus grande. Quelle est la superficie de chacune?

350. On achète, pour faire du cidre, des pommes à 10ᶠ,50 les 100 kg. Sachant qu'il faut 112ᵏᵍ,5 de pommes pour faire 75 l. de cidre, et que les frais de fabrication s'élèvent à 2ᶠ,10 par hectolitre de cidre, dites à combien reviendra le litre de cette boisson.

351. Un ouvrier s'est engagé pour 80 journées, à condition qu'on lui donnerait 21ᶠ,25 par jour de travail et qu'il paierait 6ᶠ par jour de repos. Au bout du temps fixé il reçoit 1.291ᶠ,25. Combien de jours a-t-il travaillé?

352. Un voyageur reçoit 1.200ᶠ d'appointements fixes par an, 10ᶠ par jour pour ses frais lorsqu'il voyage, et 2 % sur les affaires. Il est resté 90 jours en route et il a fait 148.500ᶠ d'affaires. Combien lui est-il dû au bout de l'année?

353. Une personne veut mettre sa montre en loterie. A 2ᶠ le billet, elle gagnerait 20ᶠ ; à 1ᶠ,50 le billet elle perdrait 5ᶠ. Quel est le prix de la montre?

354. Un libraire a acheté 32 volumes cotés 7ᶠ,50 au prix fort ; il a obtenu une remise de 15 % et 13 exemplaires pour 12. Il les revend au prix fort. Calculez ce qu'il a payé pour l'achat et ce qu'il gagne pour cent à ce marché.

355. Un débiteur paie ses créanciers en 2 fois : la 1ʳᵉ fois, il donne 38 % de ce qu'il doit et remet ainsi 3.040ᶠ au 1ᵉʳ ; 950ᶠ au 2ᵉ et 6.726ᶠ au 3ᵉ. La 2ᵉ fois, il se libère entièrement. On demande combien il devait à chacun, et combien il leur remet la 2ᵉ fois?

356. Un cultivateur a acheté à 135ᶠ l'are une pièce de terre de 5ʰᵉ,28 a. Il a ensemencé cette pièce en colza et les frais de culture se sont élevés à 51ᶠ,50 les 15ᵃ,5. La récolte a donné 11.040 l. de graine vendue à 75ᶠ l'hectolitre. On demande quel est le rapport de cette propriété : 1° par hectare, 2° pour cent?

357. La compagnie de chemin de fer P.-L.-M. délivre des billets de vacances collectifs ; les deux premières personnes paient le tarif général ; la 3ᵉ bénéficie d'une réduction de 50 % et les suivantes d'une réduction de 75 %. Quel sera le prix d'un billet collectif d'une famille de 5 personnes pour un voyage indiqué 42ᶠ au tarif général, l'établissement du carnet coûtant 1ᶠ.

358. Les compagnies de chemin de fer délivrent des carnets de voyage dont le prix varie d'après le nombre de kilomètres parcourus. Un carnet de 6.000 km coûte 360ᶠ et, au delà de cette distance, on paie 30ᶠ par parcours indivisible de 200 km. D'après ces données, dire ce que coûtera un carnet de 6.680 km et à quel prix revient le kilomètre parcouru, l'établissement du carnet coûtant 1ᶠ.

359. Un vigneron possède 32 barriques de vin de chacune 220 l. ; on lui offre de lui acheter ce vin à raison de 61ᶠ,50 l'hl. S'il le distillait, il en retirerait 11 % d'alcool qu'il vendrait 735ᶠ l'hl. Les frais de distillation s'élèvent à 0ᶠ,75 par litre d'alcool. Quelle est la plus avantageuse de la vente directe du vin ou de la vente après transformation en alcool?

360. On achète 3 pièces d'étoffe de même qualité. La 1ʳᵉ a 12 m. de plus que la 2ᵉ, et la 2ᵉ 47ᵐ,75 de plus que la 3ᵉ. La 1ʳᵉ coûte 367ᶠ et la 3ᵉ 271ᶠ,40. Quelle est la longueur de chaque pièce?

361. On a acheté, au moment de la récolte, 215 hl. de blé à 66ᶠ l'hl., le poids de l'hl. étant de 80 kg. On les a revendus 6 mois plus tard, au moment où le blé avait perdu 4 kg. de son poids par hl., à 96ᶠ le quintal. Quel bénéfice a-t-on fait?

362. Un ha. de terrain a produit 95 doubles dal. de blé et 32 q. de paille. Le froment se vend 81ᶠ l'hl. et la paille 75ᶠ les 1.000 kg. Les frais de culture et d'affermage se sont élevés à 583ᶠ,50. Quel est le bénéfice du cultivateur?

363. Un cultivateur achète une pièce de terre de 504 a. pour 15.840ᶠ,35. Il la revend en 3 lots égaux : le 1ᵉʳ à 30ᶠ, le 2ᵉ à 35ᶠ l'are. Combien doit-il vendre l'are du 3ᵉ lot s'il veut que cette opération lui rapporte un bénéfice total de 1.960ᶠ?

364. Une marchandise pèse brut 576ᵏᵍ,8 ; la tare est de 8 %. On demande : 1° le prix *net* de cette marchandise à 117ᶠ,50 les 50 kg. ; 2° combien on doit revendre le kg. pour faire un bénéfice de 15 % sur le prix d'achat.

365. Un marchand a réalisé pendant une semaine les recettes suivantes : le lundi, 327ᶠ,50 ; le mardi, 483ᶠ ; le mercredi, 503ᶠ ;

le jeudi. 216ᶠ; le vendredi, 186ᶠ, et le samedi, 548ᶠ,75. Quelle est la moyenne de ses recettes?

366. On a observé pendant 10 jours la température d'une salle à 9 heures du matin. On a trouvé : 14° — 12° — 16° — 10° — 15° — 12° — 14° — 8° — 13° — 14°. Quelle a été la température moyenne de la salle pendant ces dix jours?

367. Un libraire achète à un éditeur 273 livres de prix facturés au prix de 5ᶠ,10, avec un rabais de 28 % et 13 pour 12. Calculez le montant de la facture.

368. Un négociant veut faire confectionner des chemises qu'il vendra 6ᶠ,80 la pièce en gagnant 12 %. Sachant qu'il faut 3 m. d'étoffe pour faire une chemise et que la façon revient à 3ᶠ,75, on demande à quel prix il doit acheter le mètre d'étoffe?

369. Une toile écrue perd au blanchissage 20 % de sa longueur. Un marchand qui avait acheté une certaine quantité de toile écrue la revend après le blanchissage au prix de 10ᶠ,80 le mètre et en retire 2.710ᶠ,80, y compris un bénéfice de 200ᶠ,80. Quel était le prix d'achat d'un mètre de toile écrue?

370. Deux troupes d'ouvriers ont reçu : la 1ʳᵉ 3.800ᶠ et la 2ᵉ 10.080ᶠ. Combien y avait-il d'ouvriers dans chaque troupe et combien recevront-ils chacun, sachant qu'ils étaient 305 en tout et que les ouvriers du 1ᵉʳ groupe reçoivent autant de fois 5ᶠ que les ouvriers du 2ᵉ de fois 6ᶠ ?

371. Un épicier achète pour 414ᶠ une balle de café vert de 50 kg. La torréfaction de ce café lui coûte 7 centimes par kg. de café vert et en diminue le poids de 1/5. Combien doit-il vendre le kilogramme de café torréfié pour réaliser un bénéfice de 8 % ?

372. Un pré a produit 12.700 kg. de foin estimé 18ᶠ le quintal. Les impôts sont de 78ᶠ et à la charge du fermier ; les frais de culture ont été de 195ᶠ, et le bénéfice net du fermier a été 1.646ᶠ,25. Quel est le prix de location du terrain?

373. Une couturière achète 2 pièces d'étoffe pour 718ᶠ,50, la 1ʳᵉ contient 17ᵐ,80 et coûte par mètre 2 fois plus que la 2ᵉ qui renferme 12ᵐ,30. Quel est le prix du mètre de chaque étoffe?

374. Un cultivateur vend du blé à 70ᶠ,50 l'hectolitre, et de l'orge à 40ᶠ,50. Sachant qu'il fournit 3 fois plus de blé que d'orge, on demande combien il a vendu d'hectolitres de chaque sorte, sachant qu'il a reçu 2.053ᶠ,80.

375. Si 4 kg. de café valent autant que 19 kg. de sucre, et si 15 kg. de sucre valent autant que 3 kg. de chocolat, quel est le prix du kilogramme de café, le prix de 1 kg. de chocolat étant de 9ᶠ?

376. Partager 77ᶠ entre 3 personnes de manière que la 2ᵉ ait 5ᶠ de plus que la 1ʳᵉ et 8ᶠ de plus que la 3ᵉ?

377. Un père laisse à ses 3 enfants un terrain de 5ʰᵃ,34 partagé en 3 parties d'égale contenance : la 1ʳᵉ partie est en pré et vaut 65ᶠ l'are ; la 2ᵉ en vigne vaut 72ᶠ l'are et la 3ᵉ en terre labourable vaut 56ᶠ l'are. L'aîné prend le pré ; le 2ᵉ la vigne, le 3ᵉ la terre labourable. Combien chacun des 2 premiers doit-il donner au plus jeune pour que les trois parts soient égales ?

378. Les frais d'impression d'un livre s'élèvent à 5.622ᶠ. Le libraire vend ce livre en faisant une remise de 25 % sur le prix fort qui est de 6ᶠ,75 l'exemplaire et il donne en plus chaque treizième. Dans ces conditions, son gain s'élève à 7.500ᶠ lorsque l'édition est épuisée. A combien d'exemplaires l'ouvrage a-t-il été tiré ?

379. En revendant 9ᶠ,40 le kilogramme de café, on a perdu 6 % sur le prix d'achat. Combien avait-on payé le quintal et quelle somme perdra-t-on sur la vente de 8 quintaux au même prix ?

380. Un épicier calcule qu'en vendant 8ᶠ,20 les 3 kilogrammes de sucre, il perdrait 5 % sur le prix d'achat. S'il le vendait 4ᶠ,50 le kilogramme, combien pour cent gagnerait-il sur son achat ?

381. Un tailleur a acheté au prix de 28ᶠ le mètre 3 pièces de drap pour 3.816ᶠ,40. La 1ʳᵉ pièce a 6ᵐ,10 de moins que la 2ᵉ, et celle-ci a 4ᵐ,50 de plus que la 3ᵉ. Quelle est la longueur de chaque pièce ?

382. Un instituteur libre a 50 élèves ; les uns paient mensuellement 15ᶠ et d'autres 21ᶠ ; combien y a-t-il d'élèves de chaque sorte, sachant que pour 10 mois de scolarité la recette s'élève à 9.300ᶠ.

383. Une servante est restée 90 jours dans une maison. Elle recevait 5ᶠ par jour quand elle était nourrie et 11ᶠ,25 quand elle ne l'était pas. Au bout de ce temps elle reçoit 568ᶠ,75. Combien de jours a-t-elle été nourrie ?

384. Lorsqu'on fait moudre du blé, on paie pour la mouture 6ᶠ,15 par quintal, ou bien l'on abandonne 1/15 du blé à moudre. Quel est le mode de paiement le plus avantageux pour le meunier, le blé valant 72ᶠ l'hl de 75 kg ?

385. Une mère et sa fille travaillent dans le même atelier. La première fait 4 m. par jour et la 2ᵉ 2 m. Au bout de 15 jours pendant lesquels la mère a travaillé régulièrement tandis que la fille a perdu 2 journées, celle-ci reçoit 78ᶠ,75 de moins que la mère. On demande combien était payé le mètre d'ouvrage ?

386. Un marchand achète un lot de 180 vases à raison de 32ᶠ,20 la douzaine. En les transportant il en casse 8. Combien doit-il revendre une paire de vases pour gagner 22 % sur le prix d'achat ?

387. 2 caisses contiennent ensemble 756 oranges. L'une en contient 156 de plus que l'autre. Dites le prix de chaque caisse, sachant que les oranges sont achetées à 0^f,24 l'une.

388. Deux personnes ont reçu ensemble 165^f. La 2e a reçu 4 fois autant que la 1re et 5^f en plus. Cherchez combien chaque personne a reçu.

389. En revendant 7 pièces de toile d'égale longueur à 5^f,40 le mètre on gagnerait 264^f,60. En les revendant 4^f,95 le mètre on gagnerait 10 % sur le prix d'achat. On demande la longueur de chaque pièce.

390. Une personne calcule qu'en dépensant 14^f,40 en moyenne par jour, il lui manquera 5^f,25 au bout de la semaine. Or elle veut économise 9^f par semaine. Combien doit-elle dépenser en moyenne par jour?

391. Une personne achète un meuble 49^f. Pour le payer elle n'a que des pièces de 5^f; le marchand n'a lui-même que des pièces de 2^f. Comment le paiement pourra-t-il se faire?

392. Un marchand achète pour 39^f 18 boîtes contenant chacune une grosse de plumes. Combien peut-il donner de plumes pour 0^f,05 pour gagner 25^f,80 sur le tout?

393. Une personne veut mettre sa montre en loterie. A 5^f le billet, elle recevra 100 de plus que le prix de la montre; à 4^f le billet, elle perdrait 20^f. Combien fait-elle de billets et quel est le prix de la montre?

394. Une personne place dans le commerce une certaine somme. La première année, cette somme s'augmente de 8 % de sa valeur. La 2e année, le capital ainsi accru s'augmente encore du 1/7 de sa valeur. Enfin la 3e année, il diminue de 5 % de sa valeur à la fin de la 2e. Quelle somme avait-elle mise primitivement dans le commerce sachant qu'elle se retire avec 16.758^f?

395. Un marchand a acheté une pièce de drap de 72 m, à 15^f,30 le mètre. Les frais de transport se sont élevés à 18^f,40. Il revend le 1/3 de la pièce pour 400^f. Combien doit-il vendre le mètre du reste pour gagner sur toute la pièce 15 % de son prix de revient?

396. Un marchand a acheté 2.600 bouteilles à 10^f,65 le cent. Le transport en chemin de fer lui coûte 11^f,15 le mille. La mise en magasin lui revient à 2^f,75 le mille. Combien le marchand doit-il revendre le cent pour gagner 55^f sur son marché? On notera qu'il donne 4 bouteilles en plus par centaine vendue.

397. Un vigneron achète une maison qu'il veut payer avec sa récolte de l'année. S'il vend son vin 414^f la pièce, il paiera sa maison et il lui restera 630^f. Mais s'il ne vend que 345^f la pièce, il lui manquera 957ᶠ. On demande le nombre de pièces de vin qu'il a à vendre et le prix de la maison?

398. Par suite de la suppression des primes à l'exportation, le prix du sucre a été abaissé le 1ᵉʳ septembre 1903 à 0ᶠ,65 le kilogramme. Il valait auparavant 1ᶠ,20 le kilogramme. Quelle économie a réalisé de ce fait en 1904 une famille qui consomme en moyenne 1 kg. de sucre par semaine?

399. Un cultivateur négligent laisse perdre chaque année 1.500 kg. de purin, renfermant 2 % d'azote valant 4ᶠ,50 le kilogramme, 0,5 % de potasse à 0ᶠ,90 le kilogramme et 0,1 % d'acide phosphorique à 0ᶠ,75 le kilogramme. Quelle perte annuelle subit ce cultivateur?

400. En donnant son linge à une blanchisseuse, une ménagère dépense en moyenne 13ᶠ,50 par semaine. En faisant lessiver chez elle, elle prend 4 jours par mois une ouvrière payée à raison de 6ᶠ par jour; la nourriture de cette ouvrière peut être estimée 3ᶠ,75 par jour. De plus, dans ce dernier cas, les frais de charbon et de savon s'élèvent annuellement à 124ᶠ,20. Y a-t-il avantage à procéder de la 2ᵉ manière et quelle économie annuelle réaliserait la ménagère en l'employant?

401. Une ménagère a le choix entre 2 étoffes pour faire un vêtement. La première, plus large, coûte 20ᶠ,25 le mètre, et il en faudrait 4ᵐ,50. La 2ᵉ ne coûte que 13ᶠ,35 le mètre, mais il en faudra 7ᵐ,75. Quel est le parti le plus avantageux et de combien?

402. Une fermière part au marché avec une somme de 10ᶠ,80, elle y vend 15ᵏᵍ,500 de beurre à 5ᶠ,25 le 1/2 kg.; 9 quarterons d'œufs à 4ᶠ,50 le 1/2 quarteron; 8 poules à 20ᶠ,75 la pièce et 12 pigeons à 5ᶠ,40 la paire. Elle acquitte des droits de place se montant à 1ᶠ,25. En revenant elle achète 6ᵐ,75 de toile à 9ᶠ,75 le mètre. Quelle somme rapporte-t-elle?

403. L'hectolitre de pommes de terre pèse environ 80 kg. Est-il plus avantageux d'acheter les pommes de terre à l'hectolitre ou au poids, lorsqu'elles se vendent 42ᶠ le quintal et 7ᶠ,20 le double décalitre. Quelle économie réalisera-t-on sur une provision de 350 kg?

404. Un ouvrier agricole gagne 1.650ᶠ par an; il est logé et nourri à la ferme; il dépense en moyenne 30ᶠ par mois pour frais divers. Son frère travaille en ville, et gagne 13ᶠ,50 par jour ouvrable; il ne travaille pas le dimanche. Il lui faut par mois 54ᶠ pour son logement et 150ᶠ pour sa pension. Il dépense annuellement 750ᶠ pour ses vêtements et frais divers. Lequel des 2 frères fait le plus d'économies et combien? On comptera 300 jours ouvrables par an.

405. Une mère de famille doit confectionner 3 paires de draps de lit de 3 m. de long sur 2ᵐ,20 de large. Elle emploie pour cela de la toile ayant 1ᵐ,10 de largeur et valant 14ᶠ le mètre. Combien lui coûteront les 3 paires de draps?

406. La viande de bœuf se vend 7ᶠ,20 le kg. Quels poids doit mettre le boucher sur le plateau de la balance pour servir une ménagère qui en demande pour 3ᶠ?

407. La note d'un boucher porte 360 grammes de mouton pour 4ᶠ,20. A combien vend-il le kg. de viande?

408. Le transport en petite vitesse par chemin de fer coûte 0ᶠ,111 par tonne kilométrique. Calculez le prix de revient d'un wagon de fumier de 14 mètres cubes acheté à 85 km de la ville, sachant que le mètre cube de fumier coûte 18ᶠ,25 et pèse 360 kg?

409. Des ouvriers qui travaillent ensemble sont répartis en 3 groupes dont le 1ᵉʳ comprend 5 ouvriers de plus que le 2ᵉ et 8 de plus que le 3ᵉ. Les ouvriers du 1ᵉʳ groupe sont payés 18ᶠ par jour et par homme, ceux du 2ᵉ, 26ᶠ et ceux du 3ᵉ 34ᶠ. Le total des salaires journaliers se monte à 1.158ᶠ. Combien y a-t-il d'ouvriers dans chaque groupe?

410. Est-il plus avantageux de payer la viande avec les os 7ᶠ,80 le kg. ou 10ᶠ,50 le kg. désossé ; les os pèsent en moyenne le 1/5 du poids total du morceau vendu avec os, et sont considérés comme n'ayant pas de valeur commerciale?

411. Un père de famille loue un terrain de 11ᵃ,40 à raison de 3ᶠ,30 l'are. Il y met pour 24ᶠ d'engrais et 10ᶠ,50 de semences. L'année précédente, la famille avait acheté en moyenne pour 4ᶠ,35 de légumes par semaine. Le terrain fournit actuellement tous les légumes nécessaires à la famille. Quelle économie annuelle réalise ce père de famille?

412. Un négociant a acheté pour 14.634ᶠ, 81 hl. de vin d'une qualité et 68 hl. d'une autre qualité. On sait que l'hectolitre de la 1ʳᵉ vaut 18ᶠ de moins que l'hectolitre de la 2ᵉ. Quel est le prix de l'hectolitre de chaque qualité?

413. On veut mettre en loterie une pendule ; on calcule que si on met le billet à 4ᶠ on perdrait autant qu'on gagnerait en le mettant à 5ᶠ et que si on met le billet à 6ᶠ, on ferait un bénéfice de 30ᶠ. Quel est le prix de la pendule et le nombre de billets?

414. Un cultivateur refuse de vendre son blé à 66ᶠ l'hectolitre et préfère le vendre 120ᶠ le quintal, parce qu'il y trouve un avantage de 124ᶠ,50. Combien avait-il d'hectolitres à vendre? Le poids moyen de l'hectolitre est de 75 kg.

415. Pour 10 mois de scolarité la recette d'un pensionnat a été 162.496ᶠ. Sachant que 110 élèves ont été présents toute l'année, 10 durant 8 mois seulement et 6 pendant 2 mois, on demande le prix de la pension par mois?

416. Un vigneron engage 2 journaliers au même salaire. Au premier pour 15 jours de travail il donne 211^f,20 et 12 l. de vin. Au 2e pour 10 jours de travail il donne 122^f,80 et 14 l. de vin. A combien est estimé le litre de vin?

417. Un vigneron engage un journalier et un aide, celui-ci gagnant un salaire égal à la moitié de celui du journalier. Après 18 jours de travail il donne au journalier 310^f et 1 quintal de pommes de terre, et à l'aide 130^f et 1 quintal de pommes de terre. A combien estime-t-on le quintal de pommes de terre?

418. Un cultivateur engage 2 ouvriers, le 1er devant recevoir un salaire journalier double du 2e. Le 1er ayant travaillé 21 jours reçoit en paiement 386^f,40 et 4 dal. de blé ; le 2e n'ayant travaillé que 15 jours reçoit 116^f,40 et 4 dal. de blé. A combien estime-t-on le décalitre de blé?

419. On sait que 10 m. de drap coûtent autant que 15 m. de soie, que 6 m. de soie coûtent autant que 8 m. de cachemire, et enfin que pour avoir 1 m. de chacun de ces tissus il faut payer 97^f. Quel est le prix du mètre de chaque étoffe?

419 bis. On achète 2 étoffes différentes. On paie 486^f pour la 1re et 222^f pour la 2e, et le mètre de celle-ci coûte 10^f,5 de moins que le mètre de la première. On sait d'autre part qu'un mètre de la 1re et 1 m. de la 2e ensemble coûtent 34^f,50. Quel est le nombre de mètres de chaque pièce?

DEUXIÈME PARTIE

Les fractions et la racine carrée

34e LEÇON

Généralités sur les fractions

On a été amené (5^d leçon), pour mesurer commodément les petites longueurs, à partager l'unité entière (le mètre) en **10, 100...** parties égales. On a naturellement étendu le sens du mot **unité** et on a appelé **unités décimales** le décimètre, le centimètre, etc...

En prenant une unité entière quelconque, on a pu la diviser en dixièmes, centièmes,... c'est-à-dire en unités décimales.

On peut diviser l'**unité entière** que l'on a choisie en un nombre **quelconque** de parties égales ; on obtiendra des parties qu'on peut appeler **unités fractionnaires**. Si l'on divise par exemple le mètre en deux parties égales, on obtient des demi-mètres ; on peut alors mesurer la longueur d'une salle avec l'unité fractionnaire obtenue et dire par exemple qu'elle contient sept demi-mètres.

On peut représenter l'unité entière par un rectangle [1] ; si on le divise en huit parties **égales**, chacune de ces parties sera une unité fractionnaire.

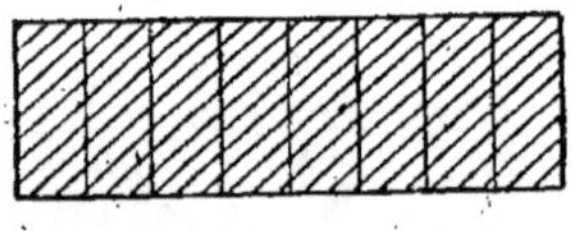

Unité entière.

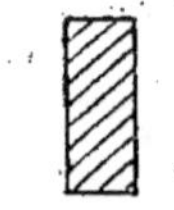

Unité fractionnaire.

Une ou plusieurs unités fractionnaires forment une **fraction** ; d'où la définition suivante :

---

1. On peut la présenter aussi par une ligne droite (règle), un cercle (gâteau).

Une fraction est une ou plusieurs parties de l'unité divisée en parties égales.

Prenant pour unité le rectangle ABCD, on peut le partager en 8 parties égales ; si nous détachons 5 de ces par-

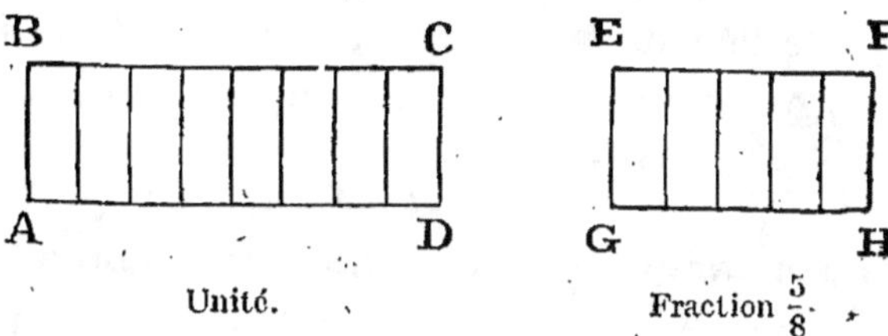

Unité.   Fraction $\frac{5}{8}$.

ties, leur ensemble EFGH formera une **fraction** qu'on nommera **cinq huitièmes** et qu'on écrira $\frac{5}{8}$.

Pour qu'une fraction soit déterminée il faut **2 nombres** ;

1° Le nombre qui indique en combien de parties l'unité doit être partagée est le **dénominateur**, ainsi appelé parce qu'il donne le **nom** de l'unité fractionnaire formée et par suite le nom de la fraction : ci-dessus, **huit** étant le dénominateur, on a formé des **huitièmes** d'unité.

Huitième.

2° Le nombre des parties que l'on a pris est le **numérateur** (numer = nombre). Dans l'exemple précédent, le **numérateur** est 5.

On peut donc dire :

Une fraction comprend 2 termes : le **dénominateur** et le **numérateur.**

Le dénominateur indique **en combien** *de parties égales l'unité a été* **partagée.**

Le numérateur indique **combien** *on a pris de ces parties.*

Règle pour écrire une fraction. — *On écrit d'abord le numérateur, puis, au-dessous, le dénominateur en les séparant par un trait horizontal.* **Exemples** $\frac{5}{8}$, $\frac{13}{17}$.

Règle pour lire une fraction. — *On énonce d'abord le numérateur, puis le dénominateur auquel on ajoute la terminaison ième.*

Exemples : cinq huitièmes, treize dix-septièmes.

Quand le dénominateur est **2, 3, 4,** on lit *demi, tiers, quart ;* ainsi $\frac{1}{2}$ se lit un demi ; $\frac{2}{3}$ se lit deux tiers ; $\frac{3}{4}$ se lit trois quarts.

COMPARAISON D'UNE FRACTION A L'UNITÉ

L'unité divisée en huitièmes contient évidemment huit de ces parties ; toute fraction qui en contient **moins** de huit est **inférieure** à l'unité ; toute fraction qui en contient plus de huit est **supérieure à 1** (voir figures ci-dessous).

Règle. — *Une fraction est inférieure, égale, ou supérieure à l'unité suivant que son numérateur est inférieur, égal ou supérieur au dénominateur.*

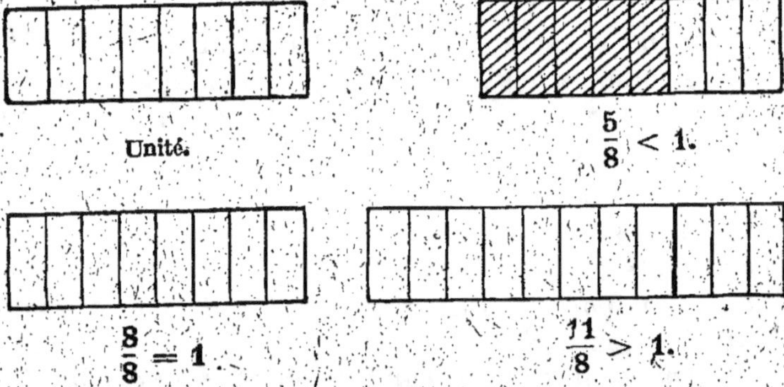

Lorsque le numérateur est plus grand que le dénominateur, on donne à la fraction le nom d'**expression fractionnaire.** *Ex.* $\frac{11}{8}$.

Une expression fractionnaire telle que $\frac{11}{8}$ peut s'écrire sous la forme $1\frac{3}{8}$ et elle prend alors le nom de **nombre fractionnaire**.

On appelle **nombre fractionnaire** *un nombre entier accompagné d'une fraction.*

Exercices oraux

420. Donner : 1° 3 fractions plus petites que l'unité ; 2° donner 3 fractions plus grandes que l'unité (ou trois expressions fractionnaires).

421. Donner 3 fractions égales à l'unité.

422. Donner une fraction égale à l'unité dont le dénominateur soit 45.

423. Donner une fraction égale à l'unité dont le numérateur soit 31.

424. Si l'on prend comme unité le jour, quelle unité fractionnaire représente : 1° l'heure? 2° la minute?

425. Si l'on prend comme unité le jour, quelle est la fraction qui représente 29 heures? — 5 heures? — 17 heures?

426. Prenant comme unité la semaine, quelle est la fraction qui représente 3 jours? — 7 jours? — 41 jours?

35e LEÇON

Expressions fractionnaires et nombres fractionnaires

1. — CONVERSION D'UN NOMBRE FRACTIONNAIRE EN EXPRESSION FRACTIONNAIRE

Règle. — *Pour convertir un nombre fractionnaire en expression fractionnaire, on multiplie le nombre entier par le dénominateur; on ajoute le numérateur au produit et on prend comme dénominateur le dénominateur de la fraction.*

Justification. — Soit à convertir $9\frac{3}{8}$ en expression fractionnaire. Ce nombre fractionnaire se compose de 9 unités et de $\frac{3}{8}$:

$$9\frac{3}{8} = 9 + \frac{3}{8}.$$

Mais les 9 unités peuvent se partager chacune en 8 parties égales ; elles valent donc $8 \times 9 = 72$ de ces parties ou 72 huitièmes.

Ces 72 huitièmes ajoutés à 3 huitièmes donnent 75 huitièmes ou $\frac{75}{8}$.

$$9\frac{3}{8} = 9 + \frac{3}{8} = \frac{72}{8} + \frac{3}{8} = \frac{75}{8}.$$

REMARQUE. — Un nombre entier se réduit très aisément en nombre fractionnaire, avec un dénominateur quelconque. Il suffit de prendre pour numérateur le produit du nombre entier par le dénominateur donné.

$$6 = \frac{6 \times 8}{8} = \frac{48}{8}$$

$$6 = \frac{6 \times 12}{12} = \frac{72}{12}, \text{ etc.}$$

II. — CONVERSION D'UNE EXPRESSION FRACTIONNAIRE EN NOMBRE FRACTIONNAIRE (EXTRAIRE LES ENTIERS)

Règle. — *Pour convertir une expression fractionnaire en nombre fractionnaire, il suffit de diviser le numérateur par le dénominateur : le quotient est le nombre des unités entières ou nombre entier qu'on fait suivre d'une fraction ayant pour numérateur le reste et pour dénominateur le diviseur.*

Justification. — Soit l'expression fractionnaire $\frac{53}{8}$

Une unité entière vaut **huit huitièmes**. Donc, pour déterminer le nombre d'unités contenues dans $\frac{53}{8}$ il faut chercher combien 53 huitièmes contiennent de fois 8 huitièmes, c'est-à-dire diviser 53 par 8 : on obtient pour quotient 6 et pour reste 5 : l'expression $\frac{53}{8}$ contient donc 6 unités et il reste 5 huitièmes : ce qui peut s'écrire :

$$\frac{53}{8} = 6 + \frac{5}{8} \text{ ou } 6\frac{5}{8}.$$

III. — REMARQUE SUR LES FRACTIONS DÉCIMALES ET LES NOMBRES DÉCIMAUX

Si on divise l'unité entière en **dix parties égales**, l'unité fractionnaire est un dixième $\left(\frac{1}{10}\right)$; c'est l'**unité décimale du 1er ordre** ; c'est en même temps une unité fractionnaire.

En divisant l'unité en **100**, en **1.000** parties égales, on aurait : $\frac{1}{100}$, $\frac{1}{1000}$...

Il en résulte qu'une fraction décimale peut s'écrire sous deux formes :

1° Sans dénominateur et avec une virgule ;

2° Avec un dénominateur égal à une puissance de **10** et un numérateur entier.

Exemples :

$$0,5 = \frac{5}{10},$$

$$0,075 = \frac{75}{1000}.$$

Le dénominateur de la fraction est l'unité suivie d'autant de zéros qu'il y avait de chiffres décimaux.

Un nombre **décimal** est un nombre entier accompagné d'une fraction décimale. Il peut s'écrire :

1° Sous la forme d'une expression fractionnaire ;
2° Sous la forme d'un nombre fractionnaire.

Exemple : $5,07 = \dfrac{507}{100} = 5\,\dfrac{7}{100}$.

Exercices de calcul mental

427. Mettre *de tête* les expressions fractionnaires suivantes sous forme de nombres fractionnaires :

$$\frac{5}{3}, \quad \frac{9}{4}, \quad \frac{38}{5}, \quad \frac{19}{6}, \quad \frac{25}{7}.$$

428. Transformer de tête les nombres fractionnaires suivants en expressions fractionnaires :

$$3\,\frac{1}{2}, \quad 4\,\frac{1}{3}, \quad 5\,\frac{1}{4}, \quad 6\,\frac{1}{5}, \quad 9\,\frac{1}{6}, \quad 10\,\frac{1}{11}, \quad 20\,\frac{1}{12}.$$

$$2\,\frac{2}{3}, \quad 6\,\frac{3}{4}, \quad 5\,\frac{4}{5}, \quad 8\,\frac{5}{7}, \quad 5\,\frac{6}{11}, \quad 8\,\frac{7}{12}.$$

Exercices écrits

429. Écrire : 1° sous forme d'expressions fractionnaires ; 2° sous forme de nombres fractionnaires :

Quatorze tiers ; — soixante-neuf septièmes ; — quarante-trois dix-neuvièmes ; — cent soixante septièmes.

430. Écrire en chiffres les nombres suivants, puis les convertir en expressions fractionnaires :

Vingt-huit unités cinq dix-septièmes ; — quinze unités huit vingt et unièmes ; — trente-neuf unités trois quatorzièmes.

431. Convertir en nombres fractionnaires les expressions fractionnaires suivantes : $\dfrac{1.547}{38}, \quad \dfrac{2.140}{58}, \quad \dfrac{4.186}{132}, \quad \dfrac{2.440}{1.039}$.

432. Convertir en expressions fractionnaires les nombres fractionnaires suivants : $4\,\dfrac{3}{40}, \quad 8\,\dfrac{15}{73}, \quad 215\,\dfrac{15}{112}, \quad 3\,\dfrac{1.437}{2.200}$.

433. Écrire les nombres décimaux suivants sous forme de fractions ordinaires : 0,05 ; — 4,35 ; — 5,007 ; — 14,175...

36e LEÇON

Comparaison des fractions

On a vu qu'une fraction est une collection d'unités fractionnaires inférieures à l'unité entière.

Unité divisée en huitièmes.   Cinq huitièmes.

Ainsi $\frac{5}{8}$ est formé de **5** unités fractionnaires appelées huitièmes.

Cette remarque permet dans les cas suivants de comparer aisément la grandeur de deux fractions.

1er Cas. — Les fractions ont le même dénominateur.
Quand deux fractions ont le même dénominateur, la plus grande est celle qui a le plus grand numérateur.

Ainsi

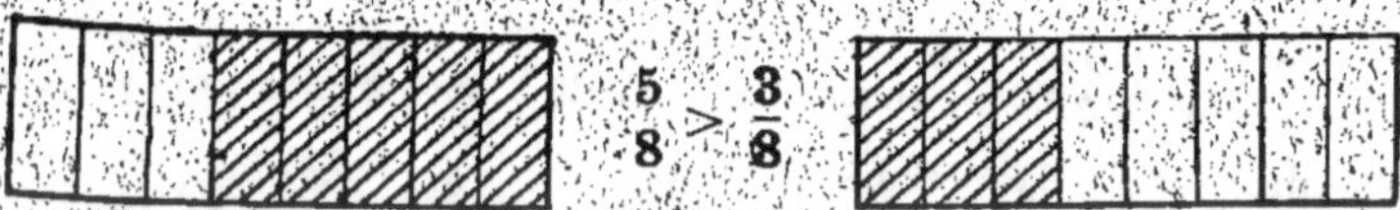

$$\frac{5}{8} > \frac{3}{8}$$

Justification. — Les unités fractionnaires sont en effet les mêmes dans les deux cas (huitièmes) ; mais la première fraction en contient cinq, tandis que la deuxième n'en contient que trois.

2e Cas. — Les 2 fractions ont le même numérateur.
Quand deux fractions ont le même numérateur, la plus grande est celle qui a le plus petit dénominateur. Ainsi :

$$\frac{3}{5} > \frac{3}{8}$$

Justification. — Les deux fractions contiennent le même nombre d'unités fractionnaires ; mais les premières sont plus grandes que les secondes (un cinquième est plus grand qu'un huitième).

Principe I. — *Lorsqu'on ajoute un même nombre aux deux termes d'une fraction, elle augmente de valeur et se rapproche de l'unité.*

En ajoutant un même nombre 4 aux deux termes de la fraction $\frac{3}{5}$, on obtient la fraction $\frac{3+4}{5+4} = \frac{7}{9}$.

La fraction $\frac{7}{9}$ est plus grande que la fraction $\frac{3}{5}$.

Démonstration. — A $\frac{3}{5}$ il manque $\frac{2}{5}$ pour valoir l'unité ; à $\frac{7}{9}$ il manque $\frac{2}{9}$ pour valoir l'unité.

Mais $\frac{2}{5}$ est plus grand que $\frac{2}{9}$. Il manque donc à $\frac{7}{9}$ pour valoir une unité, une quantité moindre qu'à $\frac{3}{5}$ pour valoir aussi une unité.

La fraction $\frac{7}{9}$ est donc supérieure à la fraction $\frac{3}{5}$ et plus proche de l'unité que cette dernière.

Principe II. — *Lorsqu'on ajoute un même nombre aux deux termes d'une expression fractionnaire, elle diminue de valeur et se rapproche de l'unité.*

En ajoutant 5 aux deux termes de l'expression fractionnaire $\frac{11}{8}$; on obtient $\frac{16}{13}$.

$$\frac{16}{13} < \frac{11}{8}$$

Démonstration. — $\frac{16}{13}$ surpasse l'unité de $\frac{3}{13}$,

$\frac{11}{8}$ surpasse l'unité de $\frac{3}{8}$.

Mais $\frac{3}{13}$ est une fraction inférieure à $\frac{3}{8}$. Donc $\frac{16}{13}$ surpasse l'unité d'une quantité moindre que $\frac{11}{8}$ et elle est plus petite que cette dernière fraction.

Principe III. — *Lorsqu'on diminue d'un même nombre les deux termes d'une fraction, elle diminue de valeur et s'éloigne de l'unité.*

$$\frac{23}{27} > \frac{23-8}{27-8} \quad \text{ou} \quad \frac{23}{27} > \frac{15}{19}$$

Démonstration. — Il manque en effet pour valoir l'unité :

$$\left.\begin{array}{l} \frac{4}{27} \text{ à la fraction } \frac{23}{27} \\ \frac{4}{19} \text{ à la fraction } \frac{15}{19} \end{array}\right\} \quad \text{et} \quad \frac{4}{27} < \frac{4}{19}$$

Puisqu'il manque, pour atteindre l'unité, une quantité moindre à $\frac{23}{27}$ qu'à $\frac{15}{19}$ c'est que $\frac{23}{27}$ est plus grand que $\frac{15}{19}$. La fraction a donc été diminuée et s'est éloignée de l'unité.

Principe IV. — *Lorsqu'on diminue d'un même nombre les 2 termes d'une expression fractionnaire, elle augmente de valeur et s'éloigne de l'unité.*

Je dis que : $\frac{14}{9} < \frac{14-8}{9-3} \quad \text{ou} \quad \frac{14}{9} < \frac{11}{6}$

Démonstration. — En effet :

$$\left.\begin{array}{l} \frac{14}{9} = 1 \text{ unité} + \frac{5}{9} \\ \frac{11}{6} = 1 \text{ unité} + \frac{5}{6} \end{array}\right\} \quad \text{et} \quad \frac{5}{9} < \frac{5}{6}$$

Donc $\frac{14}{9}$ surpasse l'unité d'une quantité moindre que $\frac{11}{6}$ et l'on peut écrire $\frac{14}{9} < \frac{11}{6}$. L'expression fractionnaire a augmenté et s'est éloignée de l'unité.

En résumé :

Quand on ajoute un même nombre aux deux termes

d'une fraction supérieure ou inférieure à l'unité, elle se rapproche de l'unité.

Quand on retranche un nombre aux deux termes d'une fraction inférieure ou supérieure à un, elle s'éloigne de l'unité.

Il est aisé de voir que si l'on ajoute (ou si l'on retranche) un même nombre aux deux termes d'une fraction égale à l'unité, elle reste égale à l'unité.

$$\frac{7}{7} = \frac{7+5}{7+5} \quad \text{ou} \quad \frac{12}{12}$$

$$\frac{30}{30} = \frac{30-6}{30-6} \quad \text{ou} \quad \frac{24}{24}.$$

Exercices oraux

434. Ajouter 3 aux 2 termes de la fraction $\frac{5}{7}$ et dire ce qu'elle devient.

435. Retrancher 2 aux 2 termes de la même fraction et dire ce qu'elle devient.

436. Ajouter, puis retrancher 1 aux 2 termes de l'expression fractionnaire $\frac{48}{17}$: dire ce qu'elle devient dans chaque cas.

437. Comparer les 2 fractions $\frac{14}{17}$ et $\frac{15}{18}$; les 2 expressions fractionnaires $\frac{21}{18}$ et $\frac{25}{22}$.

438. Pourrait-on transformer une fraction en une expression fractionnaire en ajoutant un nombre suffisamment grand aux deux termes? Justifier la réponse.

439. Pourrait-on, en retranchant un même nombre de ses deux termes, diminuer une expression fractionnaire de manière qu'elle devienne une fraction? Justifier la réponse.

Exercices écrits

440. Ajouter 100 aux deux termes de l'expression fractionnaire $\frac{19}{15}$, et prouver qu'elle diminue de valeur.

441. Retrancher un même nombre 8 à chacun des termes de la fraction $\frac{18}{29}$ et montrer que sa valeur diminue.

442. Retrancher un même nombre 20 à chaque terme de l'expression fractionnaire $\frac{51}{40}$ et montrer que la nouvelle expression est supérieure à l'expression donnée.

443. — Ajouter 200 aux 2 termes de la fraction $\frac{121}{140}$ et montrer que la nouvelle expression est supérieure à l'expression donnée.

37e LEÇON

Comment on rend une fraction un certain nombre de fois plus grande ou plus petite

Principe I. — *Pour rendre une fraction un certain nombre de fois plus grande, il suffit de rendre son numérateur ce nombre de fois plus grand ou bien, si c'est possible, de rendre son dénominateur ce nombre de fois plus petit.*

Démonstration. — Pour rendre la fraction $\frac{5}{11}$ deux fois plus grande je rends le numérateur 5 deux fois plus grand : $\frac{10}{11}$. Les unités fractionnaires (onzièmes) restent les mêmes ; mais on en prend **deux fois plus** dans la deuxième fraction que dans la première.

Pour doubler la fraction $\frac{3}{8}$, on divise le dénominateur par **2** et

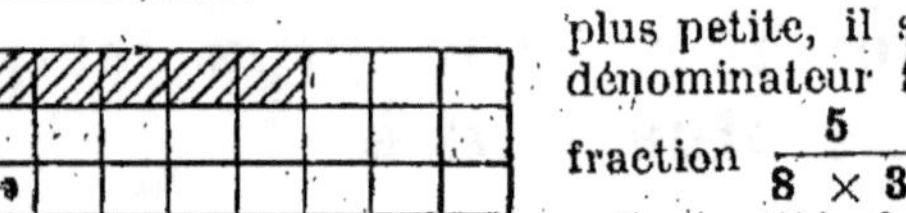

on obtient : $\frac{3}{4}$. Les **3** unités fractionnaires de la première fraction sont des huitièmes ; les trois de la deuxième sont des **quarts**, c'est-à-dire des unités **deux fois plus grandes.**

Principe II. — *Pour rendre une fraction un certain nombre de fois plus petite, il suffit de rendre son dénominateur ce nombre de fois plus grand ou bien, si c'est possible, de rendre son numérateur ce nombre de fois plus petit.*

1° Pour rendre la fraction $\frac{5}{8}$ **3** fois plus petite, il suffit de multiplier son dénominateur **8** par **3** ; on a alors la fraction $\frac{5}{8 \times 3}$ ou $\frac{5}{24}$.

Les unités fractionnaires restent en même nombre, mais elles deviennent trois fois plus petites.

2° Pour rendre la fraction $\frac{12}{15}$ **4** fois plus petite, on peut opérer sur le numérateur, en le divisant par **4.** $\frac{12}{15}$ est **4** fois plus grande que $\frac{3}{15}$; les unités fractionnaires sont en effet des quinzièmes de

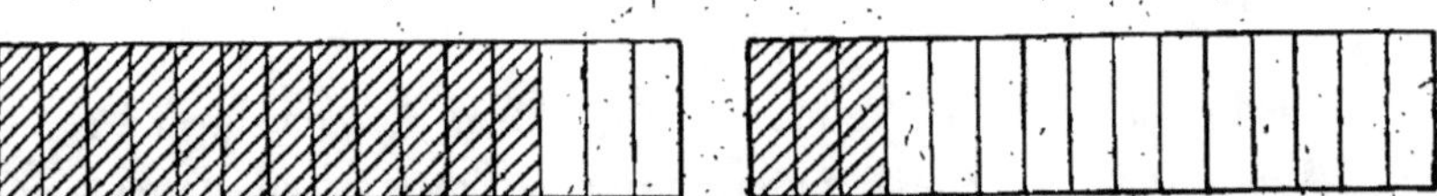

part et d'autre ; mais il y en a **4** fois plus dans la première fraction que dans la deuxième.

FRACTIONS ÉQUIVALENTES

Principe III. — *Une fraction ne change pas de valeur lorsqu'on multiplie ou lorsqu'on divise ses deux termes par un même nombre.*

Soit la fraction $\frac{5}{8}$, dont on multiplie les 2 termes par 2; je dis que la fraction obtenue $\frac{10}{16}$ est équivalente à $\frac{5}{8}$.

Démonstration. — Si l'on multiplie seulement le numérateur 5 par 2, on obtient une fraction $\frac{5 \times 2}{8}$ ou $\frac{10}{8}$ qui est le double de la fraction primitive $\frac{5}{8}$.

Si l'on multiplie le dénominateur de cette nouvelle fraction $\frac{10}{8}$ par 2, on obtient une fraction $\frac{10}{8 \times 2}$ ou $\frac{10}{16}$ qui est la moitié de $\frac{10}{8}$, et par suite équivalente à la fraction primitive. Ce principe se vérifie au moyen des figures ci-dessus.

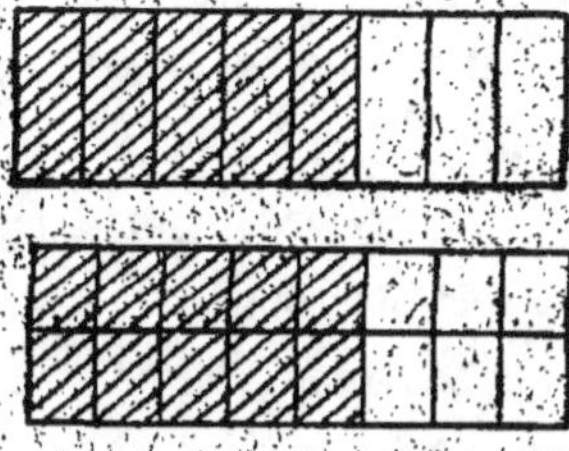

Exercices oraux

444. Rendre 3 fois plus grandes les fractions suivantes :
$$\frac{3}{4}, \quad \frac{2}{9}, \quad \frac{5}{7}, \quad \frac{11}{15}, \quad \frac{17}{21}, \text{ etc.}$$

445. Rendre les fractions suivantes 2 fois plus petites :
$$\frac{7}{12}, \quad \frac{8}{15}, \quad \frac{9}{29}, \quad \frac{10}{11}, \quad \frac{20}{21}, \quad \frac{7}{19}, \text{ etc.}$$

446. Comparer les fractions suivantes :
$$\frac{5}{17} \text{ et } \frac{15}{17}; \quad \frac{18}{23} \text{ et } \frac{9}{23}; \quad \frac{5}{16} \text{ et } \frac{5}{4}; \quad \frac{8}{27} \text{ et } \frac{8}{9},$$

Exercices de calcul écrit

447. Rendre les fractions suivantes : 1° 5 fois plus petites; 2° 9 fois plus petites, par le procédé le plus simple :
$$\frac{540}{1.257}, \quad \frac{415}{517}, \quad \frac{2.160}{7.152}, \quad \frac{4.563}{8.147}$$

448. Rendre les fractions suivantes : 1° 2 fois plus grandes; 2° 3 fois plus grandes par le procédé le plus simple :
$$\frac{470}{570}, \quad \frac{310}{380}, \quad \frac{511}{741}, \quad \frac{6.425}{7.152}, \quad \frac{8.120}{9.432}$$

449. Rendre le nombre fractionnaire $15\frac{5}{8}$ 5 fois plus petit sans le convertir en expression fractionnaire.

450. Même question pour $20\frac{3}{7}$.

451. Rendre les mêmes nombres 2 fois plus grands (sans les convertir en expressions fractionnaires).

Exercices écrits

452. Que devient la fraction $\frac{5}{12}$ quand on rend son numérateur 2 fois plus grand et son dénominateur 2 fois plus petit?

453. Que devient la fraction $\frac{8}{11}$ lorsqu'on rend son numérateur 4 fois plus petit et son dénominateur 4 fois plus grand?

454. Trouver une fraction équivalente à $\frac{3}{4}$ dont le numérateur sera 36.

455. Trouver une fraction équivalente à $\frac{5}{8}$ dont le dénominateur sera 144.

456. Trouver une fraction équivalente à $\frac{7}{9}$ dont la somme des termes sera 80.

457. Trouver une fraction équivalente à $\frac{8}{13}$ dont la différence des termes soit 50.

38e LEÇON

Simplification des fractions

Simplifier une fraction c'est la remplacer par une autre d'égale valeur dont les termes sont plus petits.

Pour la facilité des calculs, il importe de simplifier une fraction chaque fois qu'on le peut.

D'après le principe III (37e leçon), on voit que si les

deux termes ont un diviseur commun, on obtiendra une fraction simplifiée en les divisant tous deux par ce diviseur.

Règle. — *Pour simplifier une fraction, il suffit de diviser les deux termes par un de leurs diviseurs communs.*

Ainsi :
$$\frac{108}{72} = \frac{108 : 3}{72 : 3} = \frac{36}{24}.$$

La fraction $\frac{36}{24}$ remplit deux conditions : 1° elle est équivalente à la fraction donnée ; 2° elle a ses termes plus petits.

Si les deux termes n'ont pas de diviseur commun autre que l'unité, la simplification est impossible ; la fraction est alors **réduite à sa plus simple expression ;** on l'appelle fraction **irréductible.**

Une fraction est irréductible quand ses deux termes ne peuvent plus être divisés par un même nombre ou mieux quand ses deux termes sont **premiers entre eux.**

Pour réduire une fraction à sa plus simple expression, on peut la simplifier jusqu'au moment où l'on reconnaîtra que les deux termes étant premiers entre eux, aucune simplification n'est plus possible.

Ainsi $\frac{240}{450}$ donnera successivement :
$$\frac{240 : 2}{450 : 2} = \frac{120}{225}, \quad \frac{120 : 3}{225 : 3} = \frac{40}{75}, \quad \frac{40 : 5}{75 : 5} = \frac{8}{15},$$

et par suite
$$\frac{240}{450} = \frac{8}{15}.$$

8 et 15 étant premiers entre eux, la fraction $\frac{8}{15}$ est **irréductible.**

On atteint le même but **d'un seul coup** en divisant les deux termes par leur **plus grand commun diviseur,** d'où la règle suivante :

Règle. — *Pour réduire une fraction à sa plus simple expression, on divise ses deux termes par leur plus grand commun diviseur.*

Soit à réduire la fraction $\dfrac{180}{1.350}$ à sa plus simple expression :

$$P. G. C. D. = 90$$
$$\frac{180}{1.350} = \frac{180 : 90}{1.350 : 90} = \frac{2}{15}$$

Les deux termes 2 et 15 n'ont pas de diviseur commun autre que 1 ; ils sont premiers entre eux et la fraction $\dfrac{2}{15}$, équivalente à $\dfrac{180}{1.350}$, est **irréductible.**

Exercices oraux

458. Simplifier les fractions suivantes :

$$\frac{180}{720}, \qquad \frac{45}{225}, \qquad \frac{270}{300}.$$

459. Réduire à leur plus simple expression les fractions suivantes en calculant de tête leur p. g. c. d :

$$\frac{18}{72}, \qquad \frac{15}{25}, \qquad \frac{27}{30}, \qquad \frac{80}{150}, \qquad \frac{42}{63}, \qquad \frac{5}{75}.$$

460. Quelle différence y a-t-il entre les 2 expressions simplifier une fraction et réduire une fraction à sa plus simple expression. Montrer cette différence sur l'exemple $\dfrac{40}{60}$.

Exercices de calcul écrit

461. Réduire à leur plus simple expression les fractions suivantes :

$$\frac{330}{550}, \quad \frac{360}{780}, \quad \frac{520}{910}, \quad \frac{48}{125}, \quad \frac{1.245}{1.585}, \quad \frac{1.650}{3.650}, \quad \frac{4.380}{7.850}, \quad \frac{8.280}{9.380}, \quad \frac{89.550}{98.550}.$$

462. Simplifier la fraction $\dfrac{15 + 40 + 50}{125}$, sans effectuer la somme numérateur.

463. Simplifier l'expression $\dfrac{258 - 108}{243}$, sans effectuer la différence numérateur.

464. Simplifier la fraction $\dfrac{48 \times 14 \times 5}{77}$, sans effectuer le produit numérateur.

465. Simplifier, sans effectuer les produits, l'expression suivante :

$$\frac{52 \times 48 \times 35 \times 2}{4 \times 7 \times 36}$$

39e LEÇON

Réduction des fractions au même dénominateur

Réduire des fractions au même dénominateur, c'est les transformer en d'autres fractions ayant toutes le même dénominateur et respectivement **équivalentes** aux premières.

1re Règle. — *Pour réduire des fractions au même dénominateur, il suffit de multiplier les 2 termes de chaque fraction par les dénominateurs des autres.*

1er *exemple* : Soit à réduire au même dénominateur les fractions $\dfrac{5}{8}$ et $\dfrac{7}{12}$.

$$\frac{5}{8} = \frac{5 \times 12}{8 \times 12} = \frac{60}{96},$$

$$\frac{7}{12} = \frac{7 \times 8}{12 \times 8} = \frac{56}{96}.$$

Justification. — $\dfrac{60}{96}$ et $\dfrac{56}{96}$ sont respectivement égales à $\dfrac{5}{8}$ et $\dfrac{7}{12}$ puisque l'on a multiplié les 2 termes de $\dfrac{5}{8}$ par un même nombre 12 et les 2 termes de $\dfrac{7}{12}$ par un même nombre 8.

De plus $\dfrac{60}{96}$ et $\dfrac{56}{96}$ ont le même dénominateur.

2e *exemple* : Soit à réduire au même dénominateur $\dfrac{13}{15}$, $\dfrac{7}{24}$ et $\dfrac{11}{12}$.

$$\frac{13}{15} = \frac{13 \times 24 \times 12}{15 \times 24 \times 12} = \frac{3.432}{4.320}$$

$$\frac{7}{24} = \frac{7 \times 15 \times 12}{24 \times 15 \times 12} = \frac{1.260}{4.320},$$

$$\frac{11}{12} = \frac{11 \times 15 \times 24}{12 \times 15 \times 24} = \frac{3.960}{4.320}$$

Les nouvelles fractions remplissent les deux conditions du problème posé : elles sont **équivalentes aux fractions données** et elles ont le **même dénominateur**.

Remarque. — Le nombre **4.320** est un **multiple** de **15**, de **24** et de **12**; c'est cette propriété qui lui permet de pouvoir servir de **dénominateur commun** aux fractions transformées.

Mais il est aisé de voir que tout multiple commun de **15**, **24** et **12** peut servir aussi de dénominateur commun.

Or, on a intérêt à avoir des fractions avec les **termes les plus petits** possible. On est donc amené à choisir de préférence le **plus petit commun multiple** des dénominateurs donnés.

Réduire des fractions au plus petit dénominateur commun, c'est les transformer en **fractions équivalentes** ayant toutes pour dénominateur commun le plus petit commun multiple des dénominateurs des fractions données.

1er *exemple* : Soit à réduire $\dfrac{5}{8}$ et $\dfrac{7}{12}$ au même dénominateur.

Le p. p. c. m. de **8** et **12** étant **24**, on prend ce nombre comme dénominateur commun, et on raisonne de la façon suivante : pour obtenir **24** comme dénominateur de la première fraction, il faut multiplier **8** par **3**. Multiplions donc les **2** termes de cette fraction par **3**; la fraction obtenue sera équivalente à $\dfrac{5}{8}$ et aura comme dénominateur **24**. On sera conduit de même à multiplier les **2** termes de la **2e** fraction par **2**, quotient de **24** par **12**.

2e Règle. — *Pour réduire des fractions au plus petit dénominateur commun, on cherche le plus petit commun multiple des dénominateurs donnés; on le divise par chaque dénominateur et on multiplie les 2 termes de chaque fraction par le quotient correspondant.*

DISPOSITION PRATIQUE

Fractions données : $\dfrac{13}{15}$; $\dfrac{7}{24}$; $\dfrac{11}{12}$.

P. P. C. M. des dénominat. : = 120

Quotients : $\dfrac{120}{15} = 8$; $\dfrac{120}{24} = 5$; $\dfrac{120}{12} = 10$.

Fractions réduites : $\dfrac{104}{120}$, $\dfrac{35}{120}$, $\dfrac{110}{120}$.

Nota. — Dans la pratique, on n'écrira pas les libellés commençant chaque ligne et qui sont donnés ici pour plus de clarté. On pourra se dispenser également d'indiquer comment les quotients ont été obtenus et on écrira :

$$\dfrac{13}{15} \qquad \dfrac{7}{24} \qquad \dfrac{11}{12} \qquad \text{P. P. C. M.} = 120$$

$$8 \qquad 5 \qquad 10$$

$$\dfrac{104}{120} \qquad \dfrac{35}{120} \qquad \dfrac{110}{120}$$

REMARQUES. — 1° Avant de commencer la réduction, il importe de s'assurer que les fractions données sont bien réduites à leur plus simple expression, et de les y réduire si elles ne le sont déjà.

2° Il est bon d'opérer le plus possible de tête et d'employer tous les procédés d'abréviation des calculs.

3° Il ne faut pas oublier que *si un dénominateur est multiple de tous les autres, c'est lui qui est le plus petit commun multiple.*

Exemples : les fractions

$$\dfrac{3}{5} \qquad \dfrac{7}{15} \quad \text{et} \quad \dfrac{14}{45}$$

se transforment de suite en :

$$\dfrac{27}{45} \qquad \dfrac{21}{45} \quad \text{et} \quad \dfrac{14}{45}.$$

4° Lorsque les dénominateurs sont **premiers entre**

eux deux à deux, leur plus petit commun multiple est leur produit ; et si l'on peut reconnaître d'avance que l'on est dans ce cas, on a avantage à employer la première règle.

Exemple : $\dfrac{1}{2}$ $\dfrac{2}{3}$ et $\dfrac{4}{5}$,

se transforment rapidement (1re règle) en :

$$\dfrac{15}{30} \quad \dfrac{20}{30} \quad \text{et} \quad \dfrac{24}{30}.$$

COMPARAISON DE FRACTIONS QUELCONQUES

Pour comparer des fractions quelconques, il suffit de les réduire au **même dénominateur.** La plus grande est celle qui, après réduction, a le plus grand numérateur.

Exemple : $\dfrac{2}{3}$ $\dfrac{5}{6}$ et $\dfrac{7}{11}$

devenant après réduction

$$\dfrac{44}{66} \quad \dfrac{55}{66} \quad \text{et} \quad \dfrac{42}{66}$$

on a : $\dfrac{42}{66} < \dfrac{44}{66} < \dfrac{55}{66}$

et par suite : $\dfrac{7}{11} < \dfrac{2}{3} < \dfrac{5}{6}$

Exercices de calcul oral

466. Réduire au même dénominateur (de tête) :

$\dfrac{2}{3}$ et $\dfrac{5}{6}$; $\dfrac{7}{8}$ et $\dfrac{4}{9}$; $\dfrac{1}{2}$ et $\dfrac{3}{5}$; $\dfrac{2}{7}$, $\dfrac{5}{6}$ et $\dfrac{3}{4}$; $\dfrac{4}{18}$, $\dfrac{5}{36}$ et $\dfrac{17}{72}$, etc.

467. Dire en calculant de tête la plus grande des fractions suivantes : $\dfrac{3}{4}$ et $\dfrac{4}{5}$.

468. Vérifier le résultat en considérant la différence de ces fractions avec l'unité.

Exercices écrits

469. Réduire au même dénominateur (1re règle) :

$$\frac{3}{4} \text{ et } \frac{5}{8}; \quad \frac{2}{3}, \frac{4}{5} \text{ et } \frac{6}{11}; \quad \frac{5}{21}, \frac{7}{33} \text{ et } \frac{17}{77}; \quad \frac{8}{13}, \frac{9}{27}, \frac{11}{15} \text{ et } \frac{3}{10}.$$

470. Réduire au plus petit dénominateur commun (2e règle) :

$$\frac{3}{4} \text{ et } \frac{5}{9}; \quad \frac{3}{4} \text{ et } \frac{5}{8}; \quad \frac{7}{12}, \frac{11}{18} \text{ et } \frac{5}{24}; \quad \frac{2}{3}, \frac{4}{5} \text{ et } \frac{6}{11}; \quad \frac{3}{11}, \frac{5}{22} \text{ et } \frac{17}{33};$$

examiner dans chaque exemple l'avantage qu'il y a à employer la 2e règle.

471. Ranger par ordre de grandeurs croissantes les fractions :

$$\frac{13}{162}, \frac{12}{135} \text{ et } \frac{7}{72}.$$

40e LEÇON

Réduction de fractions au même numérateur

APPLICATION A LA RÉSOLUTION DE PROBLÈMES

Pour comparer des fractions, on peut remplacer la réduction au même dénominateur par la réduction au même numérateur.

Règle. — *Pour réduire des fractions au même numérateur, on multiplie les deux termes de chacune d'elles par le produit des numérateurs des autres.*

Prenons le même exemple que précédemment : $\dfrac{2}{3} \quad \dfrac{5}{6} \quad \dfrac{7}{11}$.

Après réduction **au même numérateur**, ces fractions deviennent :

$$\frac{70}{105} \qquad \frac{70}{84} \qquad \frac{70}{110}$$

La plus petite est celle qui a **le plus grand dénominateur.**

On a : $\dfrac{70}{110} < \dfrac{70}{105} < \dfrac{70}{84}$ et par suite : $\dfrac{7}{11} < \dfrac{2}{3} < \dfrac{5}{6}$

QUELQUES APPLICATIONS DE LA RÉDUCTION DES FRACTIONS AU MÊME NUMÉRATEUR

Problème-type

472. — Les $\dfrac{2}{3}$ d'un nombre valent les $\dfrac{3}{5}$ d'un autre. Quels sont ces deux nombres sachant que leur différence est 4.

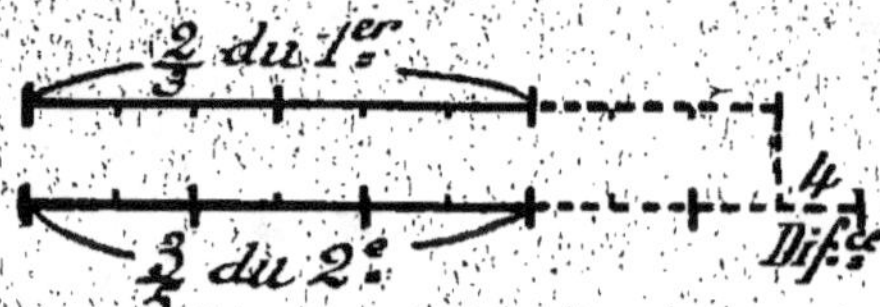

Réduisons les fractions au même numérateur :

$$\frac{2}{3} = \frac{2 \times 3}{3 \times 3} = \frac{6}{9} \quad \text{et} \quad \frac{3}{5} = \frac{3 \times 2}{5 \times 2} = \frac{6}{10}$$

La solution graphique nous montre que :

1º les deux nombres se trouvent divisés en parts égales : 9 pour le premier et 10 pour le second ;

2º le 1er vaut les $\dfrac{9}{10}$ du 2e ;

3º le 2e vaut les $\dfrac{10}{9}$ du 1er ;

4º La différence 4 est égale au $\dfrac{1}{9}$ du 1er ou au $\dfrac{1}{10}$ du 2e.

Le premier nombre vaut donc :

$$4 \times 9 = 36$$

et le second :

$$4 \times 10 = 40$$

Réponse : Le premier nombre est 36, et le second 40.

Exercice écrit

473. Réduire au même *numérateur* les fractions $\frac{8}{15}$, $\frac{12}{17}$ et $\frac{5}{9}$, et ranger ensuite ces fractions par ordre de grandeurs croissantes.

Problèmes

474. 2 héritiers se sont partagés une somme de 23.200ᶠ. Quelle est la part de chacun sachant que les $\frac{2}{5}$ de celle du premier valent les $\frac{3}{7}$ de la part du second?

475. La superficie actuelle de la France excède celle de l'Allemagne de 110.000 kilomètres carrés. Sachant que 2 fois $\frac{4}{5}$ l'étendue de la France valent 3 fois $\frac{1}{2}$ celle de l'Allemagne, on demande la superficie de chacun des deux pays.

476. 2 tonneaux contiennent ensemble 325 l. de vin valant 18ᶠ le dal. Le $\frac{1}{3}$ de la contenance du 1ᵉʳ est égal aux $\frac{3}{4}$ de celle du 2ᵉ. Quelle est la valeur du vin renfermé dans chaque tonneau?

477. 3 enfants possèdent ensemble 480 billes. Les $\frac{2}{3}$ de la part du 1ᵉʳ valent les $\frac{2}{5}$ de celle du second et la $\frac{1}{2}$ de celle du 3ᵉ. Combien chaque enfant a-t-il de billes ?

LECTURE

Curieux partage

Un Arabe en mourant laissa **17** chameaux ; il en léguait la moitié à son fils, le tiers à son neveu et le neuvième à son cousin.

Le partage était bien difficile à effectuer ; car le fils devait avoir 8 chameaux $\frac{1}{2}$, le neveu 5 $\frac{2}{3}$ et le cousin 1 $\frac{8}{17}$.

On fit appel au cadi (juge arabe), qui arriva et, après réflexion, joignit son propre chameau aux **17** du défunt. Cela fait, il donna la moitié au fils, qui obtint de la sorte **9** chameaux ; le tiers au neveu qui en eut **6** et le neuvième au cousin qui en eut **2**. Le cadi reprit alors le sien et chacun s'en fut content.

Ce résultat s'explique si on observe que la somme des fractions $\frac{1}{2}$, $\frac{1}{3}$ et $\frac{1}{9}$ est $\frac{17}{18}$; et que par suite en suivant exactement les instructions du testament, une partie de la succession $\left(\frac{1}{18}\right)$ serait restée sans propriétaire.

41e LEÇON

Addition des fractions

1re Règle. — *Pour additionner plusieurs fractions qui ont le même dénominateur, on fait la somme des numérateurs et on donne à cette somme considérée comme numérateur le dénominateur commun.*

Ainsi $\quad \frac{1}{12} + \frac{7}{12} + \frac{11}{12} = \frac{19}{12} \quad$ ou $\quad 1\frac{7}{12}$.

C'est une addition de douzièmes, unités fractionnaires de même espèce.

2e Règle. — *Pour additionner des fractions qui n'ont pas le même dénominateur, on les y réduit et on applique la règle précédente.*

Soit à effectuer $\quad \frac{2}{5} + \frac{7}{10} + \frac{8}{15}$.

On ne peut additionner des unités fractionnaires de natures différentes (cinquièmes, dixièmes et quinzièmes). Il faut donc réduire ces fractions au même dénominateur.

DISPOSITION PRATIQUE

$$\frac{2}{5} + \frac{7}{10} + \frac{8}{15} \qquad \text{P.P.C.M} = 30$$

$$\frac{\overset{6}{12}}{30} + \frac{\overset{3}{21}}{30} + \frac{\overset{2}{16}}{30} = \frac{49}{30} \quad \text{ou} \quad 1\frac{19}{30}.$$

3º Règle. — *Pour additionner plusieurs nombres frac-tionnaires, on commence par additionner les fractions ; on fait ensuite la somme des entiers y compris ceux qui peuvent provenir de la somme précédente.*

Soit à additionner les nombres $7\frac{2}{3}$, $3\frac{8}{4}$ et $5\frac{11}{12}$.

1º Somme des fractions (dénom. commun 12) :

$$\frac{8}{12} + \frac{9}{12} + \frac{11}{12} = \frac{28}{12} \text{ ou } 2\frac{4}{12} \text{ ou } 2\frac{1}{3}.$$

2º Somme des entiers :

$$7 + 3 + 5 + 2 = 17.$$

La somme demandée est donc $17\frac{1}{3}$.

Exercices écrits

478. Additionner les fractions :

$\dfrac{7}{12}, \dfrac{4}{15}$ et $\dfrac{13}{20}$; $\dfrac{3}{4}$ et $\dfrac{2}{3}$; $\dfrac{1}{7}, \dfrac{1}{9}$ et $\dfrac{1}{10}$; $\dfrac{5}{27}, \dfrac{2}{9}$ et $\dfrac{1}{18}$.

479. Additionner les nombres fractionnaires :

$2\dfrac{1}{4}$ et $3\dfrac{3}{4}$; $5\dfrac{2}{7}, 10\dfrac{17}{21}$ et $2\dfrac{3}{14}$; $4\dfrac{3}{4}, 15\dfrac{1}{3}$ et $18\dfrac{1}{2}$.

480. Effectuer les additions suivantes :

$3 + 4\dfrac{5}{7} + 6\dfrac{2}{3}$; $5 + 3\dfrac{7}{28} + 2\dfrac{7}{14}$; $3\dfrac{2}{15} + 4\dfrac{11}{20} + 6\dfrac{17}{25}$;

$8\dfrac{1}{3} + \dfrac{5}{6} + 3 + \dfrac{7}{12}$; $15 + 13\dfrac{21}{30} + 37\dfrac{4}{5} + \dfrac{9}{35}$;

$3\dfrac{1}{2} + 4\dfrac{2}{3} + 5\dfrac{3}{4} + 7\dfrac{5}{6}$; $81\dfrac{7}{8} + 18\dfrac{4}{5} + 8\dfrac{6}{13} + 14$.

42e LEÇON

Soustraction des fractions

1re Règle. — *Pour retrancher l'une de l'autre deux fractions qui ont le même dénominateur, on retranche le petit numérateur du grand et on donne à la différence le dénominateur commun.*

Ex. : $\dfrac{7}{8} - \dfrac{5}{8} = \dfrac{2}{8}$ ou $\dfrac{1}{4}$.

C'est une soustraction de huitièmes d'unités fractionnaires de même espèce.

2o Règle. — *Pour retrancher l'une de l'autre deux fractions qui ont des dénominateurs différents, on les réduit d'abord au même dénominateur, puis on applique la règle précédente.*

Soit à effectuer $\dfrac{5}{6} - \dfrac{3}{10}$.

C'est une soustraction d'unités fractionnaires d'espèces différentes (sixièmes et douzièmes); il est nécessaire de réduire les fractions au même dénominateur.

DISPOSITION PRATIQUE

$$\dfrac{5}{6} - \dfrac{3}{10} \qquad \text{P.P.C.M} = 30$$

$$\dfrac{25}{30} - \dfrac{9}{30} = \dfrac{16}{30} \quad \text{ou} \quad \dfrac{8}{15}.$$

3o Règle. — *Pour retrancher un nombre fractionnaire d'un autre, on retranche d'abord les 2 fractions l'une de l'autre, puis les nombres entiers l'un de l'autre.*

Exemple : $5\dfrac{7}{8} - 3\dfrac{5}{16} = 5\dfrac{14}{16} - 3\dfrac{5}{16} = 2\dfrac{9}{16}$.

Si la soustraction des fractions n'est pas possible, on ajoute une unité à chacun des 2 nombres, ce qui ne change pas leur différence.

Exempl : $8\frac{1}{3} - 2\frac{5}{6}$ ou $8\frac{2}{6} - 2\frac{5}{6}$.

$\frac{5}{6}$ ne peut se retrancher de $\frac{2}{6}$. Il faut ajouter $\frac{6}{6}$ à cette dernière fraction ; la soustraction sera possible et, **pour compensation**, on ajoute 1 unité aux 2 du nombre inférieur. On fait donc la soustraction en disant $\frac{5}{6}$ ôté de $\frac{8}{6}$ reste $\frac{3}{6}$ et je retiens 1, 3 ôté de 8 reste 5.

$$8\frac{8}{6} - 3\frac{5}{6} = 5\frac{3}{6} \text{ ou } 5\frac{1}{2}.$$

Exemple : $15 - 7\frac{1}{3} = 15\frac{3}{3} - 8\frac{1}{3} = 7\frac{2}{3}$. On dit $\frac{1}{3}$ ôté de $\frac{3}{3}$ reste $\frac{2}{3}$ et je retiens, 1, 8 ôté de 15 reste 7.

REMARQUE. — On applique ici la méthode de **compensation**, déjà utilisée pour la soustraction des nombres entiers.

On peut procéder par un «**emprunt**» à la partie entière du plus grand nombre et dire par exemple (2e exemple) :

$$8\frac{2}{6} - 5\frac{5}{6} = 7\frac{8}{6} - 5\frac{5}{6}, \text{ etc.}$$

Mais ce procédé est moins pratique parce qu'il aboutit à des calculs moins rapides. On l'a abandonné pour les nombres entiers ; il y a avantage également, lorsqu'il s'agit de nombres fractionnaires, à le remplacer par la méthode de compensation.

Exercices écrits

481. Effectuer les soustractions suivantes :

$$\frac{7}{8} - \frac{1}{2}, \quad \frac{3}{3} - \frac{1}{5}, \quad \frac{17}{20} - \frac{23}{25}.$$

482. $6\frac{3}{4} - 2\frac{7}{15}$; $10\frac{23}{27} - 7\frac{8}{15}$; $5\frac{71}{110} - 2\frac{29}{144}$

483. $4\frac{1}{3} - 3\frac{1}{2}$; $6 - 5\frac{4}{7}$; $13\frac{2}{25} - 6\frac{4}{5}$.

484. Effectuer les opérations indiquées ci-dessous :

$$\frac{4}{5} + \frac{5}{7} - \frac{2}{3} + \frac{4}{9}$$

485.
$$\frac{1}{10} + \frac{1}{2} + \frac{3}{4} - \frac{7}{15}.$$

486.
$$2\frac{4}{15} + \frac{8}{9} - 2\frac{4}{15} - \frac{1}{3}.$$

487.
$$\frac{4}{5} + 11\frac{3}{8} - \frac{3}{18} + 3\frac{4}{5}$$

Problèmes sur l'addition et la soustraction des fractions

488. Un vélocipédiste a fait le matin 43 km. $\frac{1}{2}$ en 4 h. $\frac{1}{4}$; le soir, 35 km $\frac{3}{8}$ en 4 h. $\frac{5}{6}$. Combien a-t-il parcouru de kilomètres et pendant combien d'heures a-t-il voyagé?

489. On a coupé successivement d'une pièce de toile de 19 m. un coupon de 5m,9 et un autre de 3 m. $\frac{3}{4}$. Quelle est la longueur du coupon restant?

490. Une ouvrière coud 2 m. de tissu en 3 minutes, une autre en fait 5 m. en 7 minutes. Quelle est la plus rapide et quelle fraction de mètre fait-elle en plus par minute que l'autre?

491. Un robinet remplirait seul un bassin en 9 h. ; un autre le remplirait seul en 15 h. Quelle fraction du bassin rempliront-ils en coulant ensemble pendant 1 h.?

492. Un robinet remplirait seul un bassin en 12 h. ; un autre le remplirait seul en 15 h. ; mais une fuite existe au bassin qui le viderait en 24 h. On fait couler ensemble les deux robinets. Quelle fraction du bassin sera remplie en 1 h.? — en 3 h.?

493. Un robinet remplirait seul un bassin en 4 h. $\frac{1}{4}$, un autre le remplirait seul en 5 h. $\frac{1}{2}$. On les fait couler ensemble. Quelle fraction du bassin restera-t-il à remplir lorsqu'ils auront coulé 2 h.?

43e LEÇON

Multiplication des fractions

1re Règle. — *Pour multiplier une fraction par un nombre entier, il suffit de multiplier le numérateur par ce nombre sans changer le dénominateur.*

$$Ex. : \frac{2}{15} \times 6 = \frac{12}{15}.$$

Il s'agit en effet de répéter six fois deux unités fractionnaires qu'on appelle des quinzièmes, cela fait bien 12 quinzièmes.

REMARQUE. — Lorsqu'on cherche le prix de 7 m. d'étoffe à 3f, on multiplie 3f par 7. — Si on veut chercher le prix de $\frac{7}{12}$ de mètre d'étoffe à 3f, on est conduit par analogie à « multiplier » aussi 3f par $\frac{7}{12}$.

Mais la définition de la multiplication (voir 13e leçon) qui suppose le multiplicateur entier ne peut être utilisée lorsque ce multiplicateur est un nombre fractionnaire.

Pour chercher le prix de $\frac{7}{12}$ de mètre à 3f le mètre, on est d'abord conduit par le raisonnement à chercher le prix du douzième de mètre, en divisant le prix du mètre par 12, soit $\frac{3^f}{12}$, puis à multiplier ce prix par 7 ; le « produit » sera donc $\frac{3^f \times 7}{12}$.

Or, pour former le multiplicateur $\frac{7}{12}$, on a dû diviser l'unité en 12 parties égales et prendre 7 de ces parties (ou multiplier une partie par 7).

On a donc été conduit, pour former le « produit », à effectuer sur le multiplicande 3f la même série d'opérations que l'on avait faites sur l'unité pour former le multiplicateur.

D'où la définition suivante, qui convient au cas où le multiplicateur est fractionnaire, comme au cas où il est entier.

Définition générale de la multiplication. — *La multiplication est une opération qui a pour but de chercher* un nombre appelé *produit* qui soit formé avec le *multipli-cande* comme le *multiplicateur* a été formé avec l'unité.

2ᵉ Règle. — *Pour multiplier un nombre entier par une fraction, on multiplie le nombre entier multiplicande par le numérateur de la fraction et on donne au produit obtenu considéré comme numérateur le dénominateur de la fraction donnée.*

$$3^f \times \frac{7}{12} = \frac{3^f \times 7}{12} = \frac{21^f}{12} = 1^f \frac{9}{12} \text{ ou } 1^f \frac{3}{4}.$$

C'est l'application directe de la définition.

3ᵉ Règle. — *Pour multiplier 2 fractions l'une par l'autre, on multiplie les numérateurs entre eux et les dénominateurs entre eux.*

Soit $\dfrac{5}{8} \times \dfrac{3}{7}.$

COMMENT LE MULTIPLICATEUR $\dfrac{3}{7}$ A-T-IL ÉTÉ FORMÉ AVEC L'UNITÉ ?	COMMENT LE PRODUIT CHERCHÉ DOIT-IL ÊTRE FORMÉ AVEC LE MULTIPLICANDE $\dfrac{5}{8}$?
En divisant l'unité en 7 parties égales et en prenant 3 de ces parties.	En divisant $\dfrac{5}{8}$ en 7 parties égales (le rendant 7 fois plus petit) et en prenant 3 de ces parties.

Produit : $\dfrac{5}{8} \times \dfrac{3}{7} = \dfrac{5 \times 3}{8 \times 7}.$

Fraction de fraction. — Soit à prendre les $\dfrac{3}{7}$ de $\dfrac{5}{8}$.

On en prend d'abord le $\dfrac{1}{7}$ soit $\dfrac{5}{8 \times 7}$ puis 3 fois la quantité obtenue $\dfrac{5 \times 3}{8 \times 7}.$

Prendre les $\dfrac{3}{7}$ de $\dfrac{5}{8}$ revient donc à multiplier $\dfrac{5}{8}$ par $\dfrac{3}{7}.$

Règle. — *Pour prendre une fraction d'une autre fraction, on multiplie la seconde par la première,*

$$\text{Ex.:} \qquad \text{Les } \frac{2}{3} \text{ de } \frac{5}{8} = \frac{5}{8} \times \frac{2}{3} = \frac{10}{24}.$$

4e Règle. — *Lorsque dans un produit il entre comme facteur un nombre fractionnaire, on le transforme en expression fractionnaire, avant d'effectuer les opérations indiquées.*

$$\text{Ex.:} \qquad 2\frac{3}{4} \times 5\frac{2}{7} = \frac{11}{4} \times \frac{37}{7} = \frac{11 \times 37}{4 \times 7} = \frac{407}{28} \text{ ou } 14\frac{15}{28}.$$

Exercices écrits

494. Effectuer les opérations suivantes : $\frac{3}{5} \times 7$; $\frac{6}{17} \times 20$.

495. Effectuer : $\frac{1}{10} \times 9 + 5 - \frac{3}{7} \times 2$.

496. Montrer que multiplier $\frac{3}{4}$ par 5 revient à faire une addition de 5 fractions égales à $\frac{3}{4}$; vérifier.

497. Montrer que la définition générale de la multiplication s'applique à la multiplication de 2 nombres entiers.

498. Pourquoi dans la multiplication de 3ᶠ par $\frac{7}{12}$ peut-on prévoir que le produit sera inférieur à 3ᶠ, multiplicande?

499. Montrer par un exemple que multiplier un nombre par une fraction $\frac{5}{6}$, c'est « prendre les $\frac{5}{6}$ de ce nombre ».

500. Effectuer :
$$5 \times \frac{3}{7}, \quad 8 \times \frac{3}{14}, \quad 15 \times \frac{7}{25}, \quad \frac{2}{3} \times \frac{4}{5}, \quad \frac{4}{7} \times \frac{11}{12}, \quad \frac{8}{9} \times \frac{16}{21}.$$

501. Effectuer : $\frac{2}{7} \times \frac{3}{8} + \frac{1}{4} - \frac{1}{5} + \frac{2}{9} \times \frac{1}{5}$.

502. Effectuer : $\frac{3}{4} \times \frac{1}{5}$; $2 + 7 \times \frac{13}{15} + 4$.

503. Effectuer : $12 + \frac{2}{5} \times \frac{1}{3}$; $\frac{3}{5} \times \frac{1}{3} + \frac{2}{11} \times \frac{4}{5}$.

504. Prendre la $\frac{1}{2}$ des $\frac{2}{3}$ de $\frac{3}{4}$. Vérifier le résultat obtenu en prenant une droite ou un rectangle comme unité.

505. Prendre les $\frac{5}{7}$ de $\frac{4}{8}$; les $\frac{3}{4}$ de $\frac{5}{7}$.

506. Effectuer les opérations suivantes d'après la 3ᵉ règle :

$$3\tfrac{1}{4} \times 2\tfrac{1}{3}; \quad 5\tfrac{4}{7} \times 3\tfrac{2}{5}; \quad 7\tfrac{4}{5} \times 9.$$

507. Effectuer les opérations suivantes :

$$4\tfrac{2}{5} \times 2\tfrac{1}{2}; \quad 4\tfrac{3}{7} \times 1\tfrac{5}{6}.$$

508. Effectuer le produit :

$$\frac{5}{7} \times \frac{3}{4} \times \frac{7}{12} \times \frac{1}{2}.$$

Problèmes sur la multiplication des fractions

509. Une jeune fille achète pour orner une robe $\frac{3}{8}$ de mètre de ruban rose, $\frac{9}{10}$ de mètre de ruban bleu et $\frac{4}{5}$ de ruban blanc, le tout à 12ᶠ,50 le mètre. Quelle somme a-t-elle dépensée?

510. Une balle élastique rebondit, chaque fois qu'elle touche le sol, des $\frac{2}{3}$ de la hauteur d'où elle est tombée. On la laisse tomber d'une hauteur de 10ᵐ,50. A quelle hauteur montera-t-elle après avoir touché 2 fois le sol?

511. Un tas de briques rectangulaire a 3 m. $\frac{1}{2}$ de long, 2 m. $\frac{1}{3}$ de large et 1 m. $\frac{2}{5}$ de hauteur. Quelle est sa valeur à raison de 54ᶠ le mètre cube?

512. Dans une prairie, on a fait 3 coupes. La 1ʳᵉ, qui a donné 540 kg. de fourrage sec, a été les $\frac{7}{10}$ de la 2ᵉ et la 3ᵉ les $\frac{5}{8}$ de la 2ᵉ. On demande le produit des 3 coupes à raison de 26ᶠ,25 le quintal métrique.

513. Les $\frac{3}{4}$ des $\frac{5}{6}$ d'une somme font 300ᶠ. Quelle est cette somme?

514. Un fermier a vendu les $\frac{2}{9}$ des $\frac{5}{8}$ de sa récolte de blé. Il en a encore 12^{hl},4. Quelle est l'importance de sa récolte?

515. Deux personnes achètent ; la 1re, les $\frac{2}{3}$ des $\frac{3}{4}$ d'une pièce d'étoffe ; la 2e, les $\frac{2}{5}$ des $\frac{7}{8}$ de la même pièce. Sachant que la 1re a 15 m. de plus que la 2e, on demande quelle est la longueur de la pièce.

LECTURE

Une épitaphe arithmétique et poétique

Passant, sous cette tombe repose Diophante.
Ces quelques vers tracés par une main savante
Vont te faire savoir à quel âge il est mort :
Des ans assez nombreux que lui laissa le sort
Le sixième marqua le temps de son enfance,
Il passa le douzième en son adolescence,
Dans l'âge mûr encore un septième coula,
Puis s'étant marié, sa femme lui donna,
Cinq ans après, un fils qui, du destin sévère
Reçut de jours, hélas, deux fois moins que son père.
Et quatre ans, dans les pleurs, celui-ci survécut.
Dis, si tu sais compter, à quel âge il mourut !

(EUTROPE.)

Si l'on ajoute l'une à l'autre les diverses fractions de la vie de Diophante, on trouve :

$$\frac{1}{6} + \frac{1}{12} + \frac{1}{7} + \frac{1}{2} = \frac{75}{84} \text{ de sa vie.}$$

Les $\frac{9}{84}$ de sa vie qui restent représentent les **5** ans qui suivent son mariage et les **4** ans qui précèdent sa mort ; soit en tout **9** ans.

$\frac{9}{84}$ de sa vie valent donc **9** ans ;

$\frac{1}{84}$ de sa vie vaut **1** an.

Et $\dfrac{84}{84}$ de sa vie valent 84 ans.

Diophante vécut 84 ans.

44e LEÇON

Division des fractions

On sait (19e leçon) que : la division a pour but, étant donnés le produit de deux facteurs et l'un de ces facteurs, de trouver l'autre.

On reconnaîtra donc qu'on a bien trouvé le quotient exact de deux nombres lorsqu'en multipliant le résultat obtenu par le diviseur, le produit sera égal au dividende donné.

1re Règle. — *Pour diviser une fraction par un nombre entier, on multiplie le dénominateur par ce nombre, ou bien, si c'est possible, on divise le numérateur par ce nombre.*

Exemples : D'après la règle, on aura :

$$\frac{4}{7} : 3 = \frac{4}{7 \times 3} = \frac{4}{21}$$

$$\frac{15}{19} : 3 = \frac{15 : 3}{19} = \frac{5}{19}$$

Ce faisant, on applique le principe II (page 138) concernant le moyen de rendre une fraction un certain nombre de fois plus petite.

Justification. — $\dfrac{4}{21}$ est bien le quotient cherché de $\dfrac{4}{7}$ par 3, parce qu'en multipliant $\dfrac{4}{21}$ par le diviseur, on obtient le dividende

$$\frac{4}{21} \times 3 = \frac{4}{21 : 3} = \frac{4}{7}$$

De même $\dfrac{5}{19}$ est bien le quotient de $\dfrac{15}{19}$ par 3 parce que :

$$\dfrac{5}{19} \times 3 = \dfrac{5 \times 3}{19} = \dfrac{15}{19} \text{ (dividende).}$$

2e Règle. — *Pour diviser un nombre entier par une fraction, on multiplie le nombre entier par la fraction diviseur renversée.*

Par application de cette règle :

$$7 : \dfrac{5}{8} = 7 \times \dfrac{8}{5} = \dfrac{56}{5}.$$

En effet : d'après la définition de la division, diviser 7 par $\dfrac{5}{8}$ c'est chercher un nombre appelé quotient et qui, multiplié par le diviseur $\dfrac{5}{8}$ doit reproduire le dividende 7.

Or, multiplier le quotient par $\dfrac{5}{8}$ c'est prendre les $\dfrac{5}{8}$ du quotient. Donc :

Les $\dfrac{5}{8}$ du quotient valent 7.

$\dfrac{1}{8}$ du quotient vaut 5 fois moins ou $\dfrac{7}{5}$.

Et $\dfrac{8}{8}$ ou le quotient valent 8 fois plus ou :

$$\dfrac{7 \times 8}{5} = \dfrac{56}{5}.$$

3e Règle. — *Pour diviser deux fractions l'une par l'autre, on multiplie la fraction dividende par la fraction diviseur renversée.*

Exemple : En appliquant cette règle, on a :

$$\dfrac{3}{7} : \dfrac{2}{5} = \dfrac{3}{7} \times \dfrac{5}{2} = \dfrac{15}{14}.$$

Le raisonnement est identique au précédent :

Diviser $\dfrac{3}{7}$ par $\dfrac{2}{5}$ c'est chercher un nombre appelé quotient qui, multiplié par le diviseur $\frac{2}{5}$ doit reproduire le dividende $\frac{3}{7}$. Mais,

multiplier le quotient par $\frac{2}{5}$ c'est prendre les $\frac{2}{5}$ du quotient. Donc :

les $\frac{2}{5}$ du quotient valent $\frac{3}{7}$,

$\frac{1}{5}$ du quotient vaut 2 fois moins ou $\dfrac{3}{7 \times 2}$,

et $\frac{5}{5}$ ou le quotient valent 5 fois plus ou :

$$\frac{3 \times 5}{7 \times 2} = \frac{15}{14}.$$

4e Règle. — *Lorsqu'une division à effectuer contient un ou plusieurs nombres fractionnaires, on les transforme en expressions fractionnaires avant d'effectuer l'opération.*

Exemple : Soit à diviser $5\frac{2}{3}$ par $2\frac{3}{4}$. On aura :

$$5\frac{2}{3} : 2\frac{3}{4} = \frac{17}{3} : \frac{11}{4} = \frac{17}{3} \times \frac{4}{11} = \frac{68}{33} \text{ ou } 2\frac{2}{33}.$$

Exercices écrits

516. Effectuer les opérations suivantes :

$$\frac{4}{7} : 2 ; \quad \frac{5}{9} : 2 ; \quad 19 : \frac{2}{3} ; \quad 45 : \frac{5}{7} ;$$

$$\frac{2}{3} : \frac{3}{4} ; \quad \frac{5}{7} : \frac{1}{9} ; \quad 3 : 2\frac{1}{4} ; \quad 15\frac{1}{3} : 1\frac{8}{9} ;$$

$$9\frac{3}{4} : 3\frac{1}{7} ; \quad 14\frac{5}{7} : 3\frac{8}{9} ; \quad 16\frac{2}{9} : 3\frac{3}{5} ; \quad 105\frac{1}{4} : 41\frac{1}{2} .$$

517. Trouver un nombre qui, multiplié par $\frac{5}{6}$, donne 4 pour produit ; vérifier.

518. Effectuer d'après la 3e règle la division de $15\frac{9}{10}$ par 3.

519. Effectuer la même opération en divisant séparément par 3 chaque partie de la somme $15 + \frac{9}{10}$; vérifier.

520. De combien de manières peut-on faire la division $18\frac{3}{4}$ par 3? — Peut-on effectuer de même la division de $20\frac{4}{7}$ par 3? Pourquoi?

521. Dans la division de 7 par $\frac{1}{2}$, le quotient est supérieur au dividende 7; pourquoi?

Problèmes sur la division des fractions

522. Un voyageur fait 7 lieues en 8 heures. Quelle fraction de lieue fait-il en 1 heure? Combien d'heures emploiera-t-il pour faire 12 lieues?

523. Un moulin donne 5 hl. de farine en 6 heures; un autre 9 hl. en 12 heures. Combien donnent-ils ensemble en 1 heure? Combien de temps leur faudra-t-il pour donner 1 hl. de farine?

524. Une vis avance de $\frac{3}{5}$ de mm. par tour. Combien faut-il de tours pour la faire avancer de 4 mm. $\frac{5}{8}$?

525. Un tisserand a fait 4 m. $\frac{3}{4}$ de toile en 2 h. $\frac{1}{10}$. On demande : 1° combien il a fait de mètres en une heure; 2° combien il lui faut de temps pour faire 1 mètre?

526. Une fontaine donne 12 litres d'eau en 5 minutes. En combien de minutes remplira-t-elle un vase de 75 l. $\frac{3}{4}$?

527. Que coûte le mètre d'une étoffe dont un coupon de 6 m. $\frac{3}{4}$ est vendu 56ʳ $\frac{1}{2}$?

528. Quel poids de café peut-on avoir pour 1ʳ sachant que le $\frac{1}{2}$ kg. de ce café est vendu 6ʳ $\frac{1}{4}$?

Exercices sur les fractions

529. Écrire une fraction que l'unité contienne 15 fois.

530. Quel changement fait-on subir à la fraction $\frac{8}{5}$ en ajoutant 15 à son dénominateur?

531. Même question — en ajoutant 6 à son numérateur?

532. Réduire à sa plus simple expression $\dfrac{1.512}{2.304}$.

533. Effectuer les opérations suivantes :

$$\frac{3}{4} + 2\frac{1}{3} - \frac{7}{8}$$

534.
$$13\frac{10}{7} - 1\frac{1}{4} - \frac{5}{8}$$

535.
$$\frac{2}{7} \times \left(\frac{5}{8} - \frac{1}{4}\right).$$

536.
$$\frac{1}{5} \times \left(\frac{3}{4} - \frac{1}{2}\right) + \frac{2}{5}\left(\frac{7}{8} - \frac{1}{4}\right).$$

537. Simplifier les expressions :

$$\frac{4 \times 8\frac{2}{5}}{10\frac{1}{4} : 5}.$$

538.
$$\frac{9 - \left(13 - 8\frac{1}{2}\right)}{4 + \left(15 \times 2\frac{1}{3}\right)}$$

539. Multiplier 5,42 par 2,3 en écrivant les 2 nombres décimaux sous forme de fractions. Vérifier que le résultat est bien conforme à la règle donnée pour la multiplication des nombres décimaux.

540. On appelle *inverse* d'un nombre le quotient de l'unité par ce nombre. D'après cela, former l'inverse des nombres :

$$3\frac{5}{6}, \quad 2\frac{1}{3}.$$

541. Quel résultat obtient-on en multipliant un nombre par son inverse? Opérer successivement sur les nombres $8\frac{5}{7}$ et $3\frac{1}{4}$.

542. Quel résultat obtient-on en divisant un nombre par son inverse? Opérer successivement sur les nombres $16\frac{3}{4}$ et $5\frac{1}{7}$.

543. Le total de 2 fractions dont l'une est 3 fois plus grande que l'autre est $\dfrac{220}{528}$. Trouver ces 2 fractions et les réduire à leur plus simple expression.

Exercices sur les fractions d'un nombre

Remarque très importante

Lorsque, dans un problème, on parle d'une certaine fraction d'un nombre, il importe de bien le spécifier, et de le rappeler à chaque instant.

Soit, par exemple, le problème simple :

Les $\frac{3}{5}$ d'une somme valent 57ᶠ. Que vaut cette somme?

Il ne faut pas écrire :

$$\frac{3}{5} \text{ valent } 57^f,$$

ce qui inexact (parce que $\frac{3}{5}$ signifie $\frac{3}{5}$ de l'unité),

Il est indispensable d'écrire :

les $\frac{3}{5}$ de la somme cherchée valent 57ᶠ, etc....

Exercices écrits

544. Quel est le nombre dont la moitié, le tiers et le triple réunis font 700?

545. Trouver un nombre tel que la différence entre ses $\frac{5}{6}$ et ses $\frac{2}{3}$ soit 562.

546. Trouver un nombre tel que la $\frac{1}{2}$ des $\frac{2}{3}$ des $\frac{3}{4}$ vaut 58.

547. Trouver un nombre tel que le $\frac{1}{3}$ de ses $\frac{5}{6}$ soit 190.

548. Quel est le nombre qui, augmenté de son $\frac{1}{7}$, vaut 48?

549. Quel est le nombre qui, diminué de son $\frac{1}{3}$, vaut 200?

550. Quel est le nombre qui, augmenté de ses $\frac{2}{5}$, vaut 105 ?

551. Quel est le nombre qui, diminué de ses $\frac{3}{11}$, vaut 120 ?

552. Quel est le nombre que l'on diminue de 22 en le multipliant par $\frac{2}{5}$?

553. Quel est le nombre que l'on augmente de 16 en le divisant par $\frac{3}{5}$?

554. Par quel nombre faut-il multiplier 15 pour avoir $\frac{3}{4}$?

555. Par quel nombre faut-il diviser 6 pour avoir $\frac{3}{7}$?

45ᵉ LEÇON

Interprétation graphique
de 3 problèmes sur les fractions

REMARQUE.—Les problèmes sur les fractions se prêtent le plus souvent à une interprétation graphique qui facilite et contrôle la solution arithmétique mais ne dispense pas de rechercher celle-ci.

Nous allons donner quelques exemples :

1ᵉʳ Problème-type

556. J'ai dépensé les $\frac{3}{8}$ de ce que je possédais et il me reste 1.720ᶠ. Combien ai-je dépensé et quelle somme avais-je ?

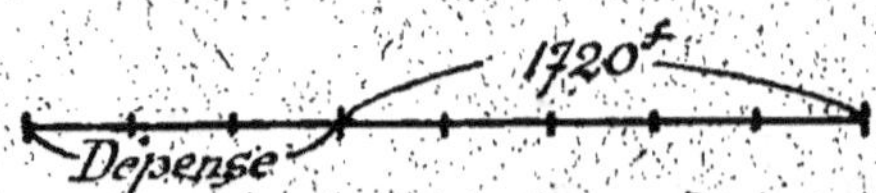

La droite représente la somme. Partageons-la en 8 parts égales. 3 de ces parts constituent la dépense et les 5 autres ce qui reste, soit 1.720ᶠ.

Chaque part vaut, selon l'unité choisie,

$\frac{1}{8}$ de la somme primitive,

$\frac{1}{3}$ de la dépense,

$\frac{1}{5}$ de ce qui reste, soit $\frac{1}{5}$ de 1.720ᶠ,

1.720ᶠ valent $\frac{5}{8}$ de la somme. Celle-ci égale donc les $\frac{8}{5}$ de 1.720ᶠ ou :

$$\frac{1.720^f \times 8}{5} = 2.752^f.$$

La dépense est les $\frac{3}{5}$ de 1.720ᶠ ou :

$$\frac{1.720^f \times 3}{5} = 1.032^f$$

ou encore les $\frac{3}{8}$ de la somme primitive :

$$\frac{2.752^f \times 3}{8} = 1.032^f.$$

Réponse : J'ai dépensé 1.032ᶠ sur les 2.752ᶠ que je possédais.

2ᵉ Problème-type

557. Partager une somme de 2.601ᶠ en 2 parties telles que la deuxième soit les $\frac{3}{4}$ de l'autre + 25ᶠ.

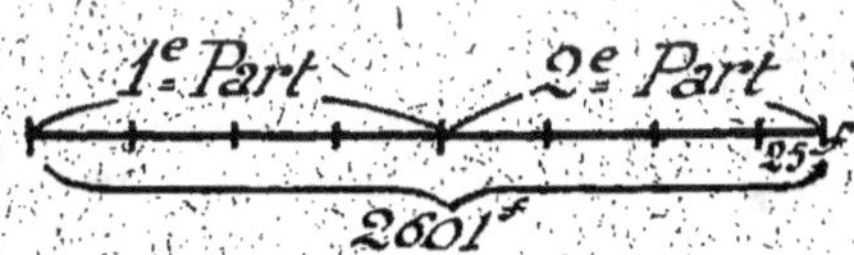

La solution graphique nous montre que la différence :

$$2.601^f - 25^f = 2.576^f$$

renferme les $\frac{4}{7}$ de la première part. Celle-ci vaut donc les $\frac{4}{7}$ de 2.576ᶠ.

ou

$$\frac{2.576^t \times 4}{7} = 1.472^t.$$

La 2e part vaut les $\frac{3}{4}$ de la 1re $+$ 25^t ou :

$$\frac{1472^t \times 3}{4} + 25^t = 1.129^t.$$

ou encore les $\frac{3}{7}$ de 2.576^t auxquels il faudra ajouter 25^t ou :

$$\frac{2.576^t \times 3}{7} + 25^t = 1.129^t.$$

Réponse : La première part est 1.472^t et la seconde 1.129^t.

3e Problème-type

558. Combien une fermière a-t-elle emporté d'œufs au marché sachant qu'elle a tout d'abord vendu les $\frac{2}{5}$ de ses œufs, puis les $\frac{5}{6}$ du reste et qu'elle a encore 36 œufs non vendus ?

SOLUTION ARITHMÉTIQUE ABRÉGÉE

1re Vente $= \frac{2}{5}$ du nombre d'œufs.

1er Reste $= \frac{5}{5} - \frac{2}{5} = \frac{3}{5}$ du nombre d'œufs.

2e Vente $= \frac{3 \times 5}{5 \times 6} = \frac{1}{2}$ du nombre d'œufs.

Vente totale $= \frac{2}{5} + \frac{1}{2} = \frac{9}{10}$ du nombre d'œufs.

Reste définitif $= \frac{10}{10} - \frac{9}{10} = \frac{1}{10}$ du nombre d'œufs.

Œufs emportés $= 36^o \times 10 = 360$ œufs.

SOLUTION GRAPHIQUE

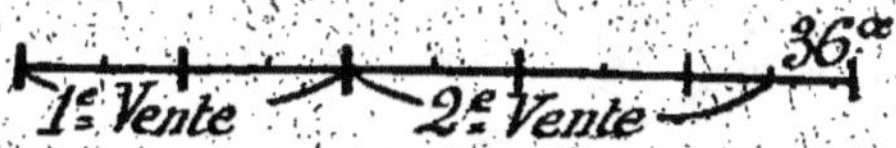

Elle nous montre immédiatement que :

la 1ʳᵉ vente $= \dfrac{2}{5}$ ou $\dfrac{4}{10}$ du tout

la 2ᵉ vente $= \dfrac{5}{10}$ ou $\dfrac{1}{2}$ du tout.

le reste définitif $= \dfrac{1}{10}$ du tout ou 36ᵉ ce qui nous donne :

$$36^{\circ} \times 10 = 360 \text{ œufs emportés.}$$

Réponse : La fermière avait emporté 360 œufs.

Problèmes de récapitulation sur les fractions

559. J'ai dépensé les $\dfrac{3}{8}$ de ce que je possédais et il me reste 1720ᶠ. Combien ai-je dépensé et quelle somme avais-je ?

560. Une ménagère a dépensé d'abord le $\dfrac{1}{3}$ puis le $\dfrac{1}{5}$ de ce qu'elle possédait et il lui reste 7ᶠ,70. Combien avait-elle avant ses achats ?

561. Une ménagère a dépensé les $\dfrac{2}{3}$ de ce qu'elle avait ; puis les $\dfrac{3}{4}$ de ce qui lui restait, et elle a encore 1ᶠ,80. Combien avait-elle d'abord ?

562. Une commune veut construire un chemin de 2ᵏᵐ,640. La 1ʳᵉ année elle en construit $\dfrac{1}{3}$; la 2ᵉ année la moitié du reste. Quelle fraction du chemin restera-t-il pour la 3ᵉ année? Quelle longueur représentera cette fraction?

563. Un marchand achète 3 pièces de toile d'égale qualité de chacune 36 m. $\dfrac{1}{2}$. Il en vend successivement 40 m. $\dfrac{1}{3}$, 12 m. $\dfrac{9}{10}$ et 10 m. $\dfrac{4}{5}$. Quelle longueur de toile lui reste-t-il ?

564. On a pesé séparément 3 colis ; sachant que le 2e pèse les $\frac{2}{3}$ du premier, et le 3e les $\frac{3}{4}$ du second ; trouver leur poids total, sachant que le 1er pèse 27^{kg},300.

565. On a pesé séparément 3 colis ; le 2e pèse les $\frac{4}{5}$ du premier ; le 3e les $\frac{9}{10}$ du premier ; le poids du 3e est 45^{kg},360. Quel est le poids du 1er et du 2e colis? Quel est le poids total ?

566. Un oncle lègue sa succession à 4 neveux ; le 1er en a $\frac{1}{6}$, le 2e $\frac{1}{9}$, le 3e $\frac{3}{10}$ et le 4e 22.952^f. Quelle est la part des 3 premiers héritiers, et le montant de la succession entière ?

567. Une pièce de ruban est vendue en 3 fois ; une première fois, on en vend le tiers ; une seconde fois $\frac{3}{8}$. La 3e fois on vend le reste pour 31^f,50 à 4^f,50 le mètre. Quelle était la longueur de la pièce ?

568. On soutire d'un vase le $\frac{1}{4}$ de ce qu'il contient ; puis une seconde fois le $\frac{1}{4}$ du reste, après quoi le vase contient encore 5^l,4. Quelle est la capacité du vase ?

569. Un débiteur paie à son créancier les $\frac{2}{3}$ de ce qu'il doit ; puis les $\frac{3}{5}$ du reste. Il doit encore 246^f. Combien lui devait-il d'abord ?

570. Un jardinier veut rapporter 12 pêches chez lui, mais il doit laisser à son propriétaire la moitié de ce qu'il aura cueilli et à son aide le $\frac{1}{4}$ du reste. Combien doit-il cueillir de pêches ?

571. Un marchand a vendu une pièce de toile en 3 fois : la 1re fois, il en a vendu $\frac{1}{4}$; la 2e fois les $\frac{2}{5}$ du reste ; le 3e coupon vendu mesurait 8 m. de plus que le 1er. Quelle était la longueur de la pièce ?

572. Un oncle partage son héritage entre ses 3 neveux. Le 1er en reçoit pour sa part les $\frac{2}{5}$ moins 2.000^f ; le 2e en reçoit les $\frac{3}{8}$;

les parts réunies de ces 2 neveux s'élèvent à 13.500ᶠ. On demande ce qui revient au 3ᵉ neveu et le montant de l'héritage.

573. Un mât est peint en 3 couleurs. L'une blanche a 0ᵐ,47 de long ; l'autre bleue mesure les $\frac{5}{12}$ de la longueur totale et la longueur de la 3ᵉ qui est noire s'obtient en ajoutant 0ᵐ,70 aux $\frac{2}{9}$ de la longueur du poteau. Dites la longueur de la partie bleue et de la partie noire.

Prix d'achat, prix de vente, bénéfice

573 bis. Une marchande achète des pommes moitié à 4 pour 25 centimes et moitié à 3 pour 25 centimes. Elle en revend les $\frac{2}{3}$ à 2 pour 25 centimes et le reste à 4 pour 55 centimes. Combien aura-t-elle gagné lorsqu'elle aura vendu pour 77ᶠ,50 de pommes ?

573 ter. Un marchand achète des aiguilles à 0ᶠ,15 la douzaine et les revend à 2 pour 0ᶠ,05. Combien doit-il en revendre pour gagner 54ᶠ,50 ?

574. On a acheté 685 m. $\frac{1}{10}$ de drap à 18ᶠ $\frac{1}{4}$ le mètre. Les $\frac{7}{9}$ de l'achat ont été vendus à raison de 19ᶠ $\frac{2}{5}$ le mètre. A quel prix doit-on vendre le mètre du reste pour réaliser sur toute l'opération un bénéfice de 1.200ᶠ ?

575. Un marchand achète au village des œufs à 35 centimes pièce et les revend en ville 6ᶠ,825 les 13. Il a fait un bénéfice de 157ᶠ,50 sur son marché. On demande combien il a vendu d'œufs, sachant que les frais de transport sont la moitié des droits d'octroi et que ces derniers s'élèvent à $\frac{1}{15}$ du prix d'achat.

576. Un marchand achète 30 hl. $\frac{1}{3}$ de blé à 81ᶠ $\frac{2}{5}$ l'hectolitre, 50 hl. $\frac{1}{4}$ à 72ᶠ $\frac{7}{10}$ l'hl. Il en revend les $\frac{3}{5}$ à 87ᶠ l'hl. et le reste à 84ᶠ $\frac{1}{2}$. Quel est : 1° le prix d'achat total ; 2° le prix de vente ; 3° le bénéfice réalisé ?

577. Un négociant a acheté 40 m. $\frac{1}{5}$ d'étoffe qu'il a revendus

1.044$^f \frac{2}{5}$ en gagnant 15^f par 3 mètres vendus. Quel était : 1° le prix d'achat de la pièce ; 2° le prix d'achat du mètre?

578. Une pièce d'étoffe a été achetée 819^f. Le tiers a été revendu avec un gain de 0^f,75 par mètre et sur le reste on a perdu 0^f,60 par mètre. La perte totale a été de 25$^f \frac{2}{10}$. On demande la longueur de la pièce et le prix d'achat du mètre.

Ouvriers associés et Fontaines

579. De 3 ouvriers, le premier ferait seul un ouvrage entier en 8 jours ; le deuxième en 12 jours et le troisième en 10 jours. En combien de temps auront-ils terminé l'ouvrage en travaillant ensemble?

580. Un ouvrier peut faire un ouvrage en 60 jours ; en lui adjoignant un aide, il le fait en 45 jours. En combien de jours l'aide ferait-il seul l'ouvrage?

581. Un ouvrier ferait un ouvrage en 9 jours ; un autre va 2 fois plus vite. En combien de jours auront-ils fini en travaillant simultanément?

582. Un ouvrier ferait un travail en 3 h. $\frac{2}{5}$; un autre le ferait en 4 h. $\frac{1}{2}$. Au bout de combien de temps serait-t-il terminé, si les 2 ouvriers y travaillent ensemble ?

583. Un ouvrier ferait un travail en 15 jours ; il y travaille seul 5 jours, après quoi on lui adjoint un aide ; ils terminent ensemble l'ouvrage en 6 jours. En combien de temps l'aide seul pourrait-il exécuter le travail complet?

584. Deux écoliers ont mis 3 h. 3/4 pour transcrire ensemble un travail. L'un d'eux fait seul une deuxième copie en 6 heures. Quel temps aurait mis l'autre écolier à transcrire seul l'ouvrage?

585. Une compagnie de paveurs peut paver une rue en 9 jours ; une autre ferait ce travail en 8 jours. On prend les $\frac{3}{5}$ du nombre des ouvriers de la première et $\frac{2}{3}$ de la seconde, combien faudra-t-il de jours pour paver la rue?

586. Un robinet remplirait seul un bassin en 9 heures ; un autre le remplirait seul en 12 heures. En combien de temps le bassin sera-t-il rempli par les 2 robinets coulant ensemble?

587. Un robinet remplirait seul un bassin en 15 heures ; mais une fuite existe qui le viderait en 24 heures. Combien de temps le robinet mettra-t-il à remplir le bassin ?

588. Un robinet doit remplir un bassin en 10 heures ; aux essais, on trouve qu'il ne le remplit qu'en 12 heures. Quelle est l'importance de la fuite qui existe au fond du bassin ?

589. Un robinet seul remplit un bassin en 6 heures. Lorsqu'on fait fonctionner en même temps un autre robinet, les deux mettent ensemble 4 heures à remplir le bassin. En combien de temps le deuxième robinet remplirait-il le bassin s'il coulait seul ?

590. Un robinet remplirait seul un bassin en 6 h. ; un deuxième le remplirait seul en 7 h. 1/2. Les deux robinets coulant ensemble, en combien de temps le bassin sera-t-il rempli ?

591. Une pompe épuiserait seule un bassin en 4 h. $\frac{2}{5}$; une autre l'épuiserait seule en 6 h. $\frac{3}{4}$. En combien de temps l'épuiseront-elles en fonctionnant ensemble ?

592. Un robinet remplirait seul un bassin en 5 h. $\frac{1}{4}$; un deuxième le remplirait seul en 3 h. $\frac{3}{5}$; un 3⁰ robinet placé à la partie inférieure de la cuve le viderait seul en 8 h. $\frac{2}{5}$. La cuve étant vide, on ouvre les 3 robinets ; en combien de temps sera-t-elle remplie ?

593. Un robinet est construit pour remplir un bassin en 6 h. $\frac{1}{4}$; aux essais, il ne le remplit qu'en 7 h. $\frac{1}{6}$, à cause d'une fuite. En combien de temps cette fuite pourrait-elle vider le bassin ?

594. Un robinet remplirait un bassin en 12 heures ; un deuxième peut le remplir en 8 heures. On fait couler le premier jusqu'à ce que le $\frac{1}{3}$ du bassin soit rempli ; puis on fait couler les 2 ensemble. En combien de temps le bassin tout entier aura-t-il été rempli ?

595. Un robinet remplirait seul un bassin en 10 h. $\frac{2}{3}$; un autre le remplirait seul en 5 h. $\frac{5}{6}$; on fait couler le premier pendant 2 h. $\frac{3}{4}$. Puis on ouvre les deux ensemble. Combien de temps aura-t-on mis à remplir le bassin complètement ?

596. 3 fontaines coulent dans un bassin ; la première seule le remplirait en 1 h. $\frac{1}{4}$; la deuxième en 2 h. $\frac{2}{3}$ et la troisième en 4 h. $\frac{1}{2}$.

Par un robinet inférieur, le bassin se viderait en 2 h. $\frac{2}{5}$. Les $\frac{7}{16}$ du bassin sont remplis lorsqu'on actionne les 4 robinets ensemble. En combien de temps le bassin sera-t-il rempli ?

597. Deux frères possèdent ensemble 8^f,35 ; l'avoir du premier est les $\frac{2}{3}$ de celui du second. Que possèdent-ils chacun ?

598. Que reste-t-il d'une longueur dont on a successivement enlevé le tiers, le quart et le sixième ?

599. Quel est le prix de 8 m. $\frac{4}{5}$ d'étoffe à 12^f $\frac{1}{4}$ le mètre?

600. Un marchand a perdu dans une affaire les $\frac{8}{15}$ du prix d'achat, soit 368^f. Quel était le prix d'achat?

601. Si, à la moitié de l'âge actuel d'une personne, on ajoute les $\frac{3}{8}$, on obtient l'âge qu'elle avait il y a 5 ans, quel est l'âge de cette personne ?

602. Combien y a-t-il de jours que l'année est commencée lorsque le nombre de jours écoulés est les $\frac{2}{3}$ de ce qui reste ?

603. La somme de 2 fractions est $\frac{13}{30}$, leur différence $\frac{1}{6}$. Quelles sont ces fractions ?

604. Quel est le nombre dont les $\frac{3}{4}$ des $\frac{14}{15}$ valent 175 ?

605. A quel prix revient le mètre d'une étoffe dont 5 m. $\frac{3}{4}$ ont été vendus 43^f $\frac{1}{2}$?

606. Quel est le nombre qui, diminué de ses $\frac{5}{12}$, devient 105?

607. Quel est le nombre dont la différence entre les $\frac{2}{3}$ et les $\frac{3}{5}$ vaut 2.084?

608. Quel est le nombre dont le $\frac{1}{4}$ des $\frac{3}{5}$ vaut 66 ?

609. En ajoutant 43 aux $\frac{2}{3}$ d'un nombre, on obtient les $\frac{5}{6}$ de ce nombre. Quel est ce nombre?

610. Quel est le nombre tel que les $\frac{5}{6}$ de ses $\frac{3}{5}$ diminués du $\frac{1}{3}$ de ses $\frac{3}{4}$ donnent 50 ?

611. Pour faire des rideaux, une personne achète 6^m,40 d'une étoffe ; pour les doubler, elle achète une étoffe de même largeur, mais dont la valeur n'est que les $\frac{9}{16}$ de celle de la première. Comme elle paie comptant, on lui fait une remise de 12,5 %, ce qui fait qu'elle ne donne au marchand que 166^f,95. Quel est le prix marqué de chacune des étoffes ?

612. Une lingère et son apprentie confectionnent ensemble 5 douzaines de chemises à raison de 10^f,50 par chemise. Elles font 5 chemises en 4 jours. Sachant que le travail de l'apprentie est évalué les $\frac{2}{5}$ de celui de la maîtresse, on demande le gain total de chaque ouvrière et son gain par jour.

613. Un chêne a fourni 650 planches de 2^m,50 de longueur, 6 cm. de largeur et 25 mm. d'épaisseur. Sachant que l'équarrissage et le sciage ont occasionné un déchet de $\frac{1}{35}$, on demande quel était, en stères le volume primitif du chêne ?

614. Le filage du coton coûte les $\frac{9}{10}$ du prix du coton brut, et le filateur, en vendant le fil, gagne $\frac{1}{10}$ de son prix de revient ; le tissage coûte les $\frac{5}{6}$ du prix du coton filé et le tisserand se réserve à son tour un bénéfice de 15 % de son prix de revient en cédant la toile au marchand. Enfin, ce dernier vend l'étoffe en gagnant $\frac{1}{5}$ de son prix d'achat en fabrique. Combien le consommateur paie-t-il une pièce fabriquée avec 10 kg. de coton brut, sachant que le quintal de coton brut coûte 50^f ?

615. Une personne disposait d'une certaine somme. Elle en a dépensé $\frac{1}{3}$ pour acheter de la toile à 6^f $\frac{3}{4}$ le mètre ; elle a employé les $\frac{2}{5}$ du reste à acheter du drap à 38^f $\frac{1}{4}$ le mètre. Avec ce qui lui reste elle a pu acquérir 225 litres de vin à 162^f l'hl. Combien a-t-elle acheté de toile et de drap ?

616. Une personne laisse en mourant la moitié de son avoir à son frère ; les $\frac{2}{5}$ du reste à sa sœur et le reste à son neveu, qui, ayant placé sa part à 4 %, en tire un revenu de 120^f. A combien se montait l'avoir de cette personne ?

617. La fortune d'un négociant s'augmente la 1re année de son $\frac{1}{4}$, la 2e année, elle s'augmente du $\frac{1}{3}$ de ce qu'elle était au commencement de cette seconde année ; la fortune étant à ce moment 21.000^f, on demande quelle était la fortune primitive ?

618. Un bassin peut être rempli en 20 heures par une fontaine et aussi par une autre en 8 heures. Il pourrait être vidé en 10 heures par un 3e robinet fonctionnant seul. En supposant le $\frac{1}{5}$ du bassin déjà rempli et ouvrant les 3 robinets, on demande dans combien de temps ce bassin sera complètement plein ?

619. Une personne dispose de sa fortune comme il suit : elle en réserve les $\frac{5}{8}$ à ses héritiers ; elle donne $\frac{1}{10}$ du reste à un hospice, les $\frac{3}{5}$ du nouveau reste aux pauvres de la localité et le reste, qui est de 4.832^f, à une école. Calculer la fortune de cette personne, la part de ses héritiers, celle des pauvres et celle de l'hospice.

620. Sur une pièce d'étoffe de 25 m. $\frac{1}{2}$ on a vendu successivement au même prix : 1 m. $\frac{1}{2}$, 5 m. $\frac{3}{4}$, 1 m. $\frac{4}{5}$ et 7 m. Combien le marchand a-t-il vendu le mètre, sachant que, s'il vend le reste au même prix, il en retirera 84^f $\frac{3}{10}$?

621. Un bassin reçoit par quart d'heure 18 l. $\frac{5}{10}$ d'eau et en perd dans le même temps 4 l. $\frac{1}{4}$. Combien en conservera-t-il en 2 h. $\frac{1}{2}$?

622. Un oncle lègue sa succession à 4 neveux ; le 1er en a le $\frac{1}{6}$, le 2e le $\frac{1}{9}$, le 3e les $\frac{3}{10}$ et le 4e 29.982^f. Quelle est la part de chaque héritier et quel est l'héritage total ?

623. Un homme vend son cheval, son jardin et sa maison ; le prix du cheval est les $\frac{2}{9}$ du prix du jardin et ce dernier les $\frac{2}{5}$ du prix de la maison. On demande le prix de la maison, du jardin et du cheval, sachant que leur propriétaire a reçu en tout 15.900ᶠ ?

624. Deux personnes ont ensemble 500ᶠ. La 1ʳᵉ ayant dépensé les $\frac{3}{4}$ de son avoir et la 2ᵉ les $\frac{2}{3}$ du sien, il ne leur reste plus en tout que 150ᶠ. Quel était l'avoir primitif de chaque personne ?

625. Deux ouvriers sont chargés d'un travail ; le 1ᵉʳ en ferait les $\frac{2}{5}$ en 4 jours ; le 2ᵉ en ferait les $\frac{2}{3}$ en 5 jours. En travaillant ensemble, quel temps leur sera nécessaire pour faire le travail entier ?

626. Un marchand achète 648 kg. de beurre à 12ᶠ le kg. Il en vend les $\frac{2}{9}$ en gagnant 15 %, les $\frac{3}{4}$ du reste en gagnant 20 %. Combien devra-t-il vendre le kg. de ce qui reste pour que son bénéfice total atteigne 1.050ᶠ ?

627. On établit sur une montagne 3 postes de secours ; le 1ᵉʳ, après avoir gravi les $\frac{3}{7}$ de la hauteur totale ; le 2ᵉ, après avoir gravi les $\frac{7}{18}$ du reste, et enfin le dernier au sommet 880 m. plus haut. Quelle est la hauteur de la montagne et la distance des différents postes ?

628. Combien pourra-t-on scier de planches dans une poutre ayant $\frac{1}{5}$ de mètre d'épaisseur, chaque planche devant avoir $\frac{3}{4}$ de centimètre d'épaisseur ; on compte que $\frac{1}{20}$ de l'épaisseur est prise par le trait de scie ?

629. En mettant en commun nos deux bourses, Pierre et moi, avions en tout 450ᶠ ; la moitié de mon avoir est égal au $\frac{1}{3}$ du sien. Quelle somme chacun de nous possède-t-il ?

630. Le tiers de la somme que possède une personne est égal au $\frac{1}{5}$ de la somme que possède une 2ᵉ ; trouver les deux sommes, sachant que leur différence s'élève à 200ᶠ.

631. En augmentant l'avoir de Pierre de $\frac{1}{3}$ de sa valeur et celui de Jean du $\frac{1}{7}$ de sa valeur, ils auraient la même somme. Quelle somme chacun d'eux possède-t-il, sachant qu'ensemble ils ont en tout 780ᶠ ?

632. Deux joueurs conviennent, en se mettant au jeu avec la même somme, que le perdant d'une partie paiera à l'autre le tiers de l'enjeu primitif ; le 1ᵉʳ ayant gagné 2 parties, se retire du jeu avec 100ᶠ. Combien chacun d'eux avait-il en commençant la partie et combien le 2ᵉ a-t-il en se retirant ?

633. La surface totale de 2 champs est de 3ʰᵃ,54. Les $\frac{3}{4}$ de l'un ont la même superficie que les $\frac{2}{3}$ de l'autre. Quelle est la surface de chaque champ ?

634. On a rempli 2 sacs de blé avec une même mesure, 3 dans l'une, 5 dans l'autre, de sorte que le $\frac{1}{3}$ du premier égale le $\frac{1}{5}$ de l'autre. Sachant que le 2ᵉ renferme 38 l. de plus que le premier, quelle est la contenance de chaque sac ?

635. La lieue marine est le $\frac{1}{20}$ de la longueur d'un degré ; la lieue terrestre est le $\frac{1}{25}$ de la longueur d'un degré ; sachant que la différence qui existe entre la lieue marine et la lieue terrestre est de 1 km. $\frac{1}{9}$, trouver la longueur : 1° d'un degré ; 2° d'une lieue marine ; 3° d'une lieue terrestre.

636. Le pied ancien était le $\frac{1}{6}$ de la longueur de la toise. Sachant que la taille d'un homme de 5 pieds était de 1ᵐ,625, trouver la longueur de la toise et du pied.

637. Le $\frac{1}{4}$ d'une propriété est planté en betteraves ; les $\frac{2}{5}$ en blé et le reste en pommes de terre. Quelle est l'étendue du terrain et celle de chaque partie, sachant qu'il y a 180 ares de plus dans la 2ᵉ partie que dans la 1ʳᵉ ?

638. Un propriétaire partage ses terres en 3 parties. La 1ʳᵉ comprenant le $\frac{1}{3}$ du tout, est ensemencée en blé ; la 2ᵉ, comprenant les $\frac{3}{5}$ du reste, est ensemencée en lin ; enfin, le reste est planté en betteraves. Quelle est l'étendue de chaque partie, sachant que la 2ᵉ a 4ʰᵃ,20 de plus que la 1ʳᵉ ?

46e LEÇON

Racine carrée

Les carrés des **10** premiers nombres sont :

1   4   9   16   25   36   49   64   81   100

On appelle **racine carrée d'un nombre** un autre nombre qui, multiplié par lui-même, reproduit le premier.

Ainsi **5** est la racine carrée de **25**, parce que $5^2 = 25$; ce qui s'indique ainsi :

$$\sqrt{25} = 5.$$

Seuls les nombres carrés parfaits ont des racines entières exactes ; ainsi, parmi les nombres inférieurs à **100**, les nombres indiqués ci-dessus ont seuls des racines entières exactes.

On appelle **racine carrée d'un nombre à moins d'une unité près** le plus grand nombre entier dont le carré soit contenu dans ce nombre.

Ainsi la racine carrée de **42** à une unité près sera **6**, parce que 6^2 ou **36** est le plus grand carré parfait contenu dans **42**.

EXTRACTION DE LA RACINE CARRÉE D'UN NOMBRE INFÉRIEUR A 100

Règle. — *Lorsque le nombre donné est inférieur à* **100**, *on cherche le plus grand carré parfait contenu dans ce nombre : la racine de ce carré est en même temps la racine à une unité près du nombre donné.*

Soit le nombre **70** dont on demande la racine carrée à une unité près. On dit : le plus grand carré contenu dans **70** est **64** dont la racine est **8**. **8** est la racine demandée.

Exercices oraux

639. Faire de tête les carrés des 15 premiers nombres.

640. Donner la racine approchée à moins d'une unité près des nombres suivants : 56 ; — 84 ; — 28 ; etc...

641. Quel est le nombre dont la racine à moins d'une unité près est 8 avec un reste égal à 6 ?

642. Quels sont les nombres compris entre 50 et 100 qui ont une racine exacte ?

EXTRACTION DE LA RACINE CARRÉE D'UN NOMBRE SUPÉRIEUR A 100

Règle. — On partage le nombre en tranches de deux chiffres à partir de la droite ; et on extrait la racine de la première à gauche : on a ainsi le premier chiffre de la racine ;

7.94.50	281
39.4	$49 \times 9 = 441$
105.0	$48 \times 8 = 384$
48 9	561×1

$$\sqrt{79.450} = 281 \text{ à } 1 \text{ près,}$$
$$\text{reste } 489.$$

*le carré de ce chiffre retranché de la première tranche de gauche donne le **premier** reste.*

*A droite de ce premier reste, on abaisse la deuxième tranche et on sépare par un point **un** chiffre à droite du nombre obtenu.*

On divise le nombre qui reste à gauche de ce point par le double de la racine ; on a ainsi le second chiffre ou un chiffre trop fort.

Pour essayer ce chiffre, on l'écrit à droite du double de la racine et on multiplie le nombre ainsi formé par le chiffre à essayer.

Si le produit peut se retrancher du premier reste, le chiffre est bon et peut être écrit à la racine ; le reste de cette soustraction est le deuxième reste.

Si le produit ne peut se retrancher du premier reste, on en conclut que le chiffre essayé est trop fort et on le diminue d'une unité, puis d'une seconde unité... jusqu'à ce qu'on ait trouvé le chiffre exact.

On abaisse à droite du deuxième reste la tranche suivante

et on continue ainsi jusqu'à ce que toutes les tranches aient été abaissées.

EXTRACTION DE LA RACINE CARRÉE D'UN NOMBRE DÉCIMAL

On suit la même **règle** ; mais on divise le nombre en tranches de deux chiffres à partir de la virgule (**vers la gauche** pour la partie entière ; **vers la droite** pour la partie décimale).

On complète la dernière tranche à droite s'il n'y a qu'un chiffre.

On met la virgule à la racine, au moment où on arrive à la virgule du nombre donné.

REMARQUE. — On voit que la racine contiendra **autant** de chiffres décimaux que le nombre donné contiendra dans sa partie décimale de **tranches** de deux chiffres.

```
5.48,25.70 | 23.41
14.8       | 43 × 3 = 129
 192.5     | 464 × 4 = 1856
 0697.0    | 4681 × 1
   2289    |
```

$$\sqrt{548,257} = 23,41 \text{ à } 0,01 \text{ près};$$
reste **0,2289**.

Exercices écrits

643. Extraire la racine carrée des nombres : 6.570 ; — 4.275 ; — 347.521 ; — 67.453, etc... à une unité près.

644. Extraire à 0,01 près la racine carrée des nombres 5,8 ; — 2,8461 ; — 147,845.

645. Extraire à 0,001 près la racine carrée des nombres 47 ; — 87 ; — 2 ; — 3.

CARRÉ ET RACINE CARRÉE D'UNE FRACTION

Le carré d'une fraction s'obtient en effectuant le carré de ses deux termes :

$$\left(\frac{5}{6}\right)^2 = \frac{5^2}{6^2} = \frac{25}{36}$$

Pour extraire la racine carrée d'une fraction, on extrait la racine carrée de chacun de ses deux termes.

Le résultat est une fraction qui a pour numérateur la racine carrée du numérateur de la première et pour dénominateur la racine carrée du dénominateur de la première.

$$\sqrt{\frac{25}{36}} = \frac{\sqrt{25}}{\sqrt{36}} = \frac{5}{6}$$

Application. — Exprimer la hauteur d'un triangle équilatéral de côté **c**.

La hauteur du triangle équilatéral est un des côtés de l'angle droit d'un triangle rectangle ayant **c** comme hypoténuse et $\frac{c}{2}$ comme autre côté de l'angle droit.

En appliquant la propriété du carré de l'hypoténuse (voir page 183) on a :

$$(1) \qquad h^2 = c^2 \left(\frac{c}{2}\right)^2$$

$$\left(\frac{c}{2}\right)^2 = \frac{c^2}{2^2} = \frac{c^2}{4}.$$

L'égalité (1) peut s'écrire :

$$h^2 = c^2 - \frac{c^2}{4},$$

Pour effectuer la soustraction, il faut réduire les deux quantités au même dénominateur :

$$h^2 = \frac{4c^2}{4} - \frac{c^2}{4}$$

ou

$$h^2 = \frac{3c^2}{4}.$$

La hauteur **h** est égale à la $\sqrt{\dfrac{3c^2}{4}}.$

En extrayant la racine carrée du numérateur et celle du dénominateur, on aura :

$$h = \frac{C\sqrt{3}}{2}.$$

Problèmes

646. Pour savoir si un nombre est premier, on le divise par la suite naturelle des nombres premiers et on cesse d'effectuer les divisions quand on trouve un quotient plus petit que le diviseur. Sauriez-vous, avant de commencer les divisions, déterminer le nombre auquel vous vous arrêterez ? Prenez pour exemple le nombre 2.213.

647. La longueur d'une pièce d'étoffe s'exprime par un nombre qui est également celui du prix du mètre. La pièce vaut exactement 160ᶠ,0225. Quelle est la longueur de la pièce et le prix du mètre ?

648. La somme des carrés de 2 nombres est 5.697,25. L'un de ces nombres est 75. Quel est l'autre ?

649. Le dividende d'une division est 287.483, le reste est 187. Calculer le quotient sachant qu'il est égal au diviseur.

650. Quels sont les 2 nombres consécutifs dont le produit est égal à 7.140 ?

651. La somme des carrés de 2 nombres est 1.649, la différence de leurs carrés est 399. Quels sont ces deux nombres ?

652. On triple un nombre, on fait le carré de ce triple et on trouve 6.561. Quel est ce nombre ?

47ᵉ LEÇON

Quelques applications de la racine carrée à la géométrie

I. — CARRÉ CONSTRUIT SUR L'HYPOTÉNUSE D'UN TRIANGLE RECTANGLE

Traçons un triangle rectangle **ABC** dont les côtés de l'angle droit mesurent 3ᶜᵐ et 4ᶜᵐ. Nous constatons que l'hypoténuse a une longueur de 5ᶜᵐ. Construisons sur chacun des trois côtés un carré ; la surface des carrés construits sur les côtés de l'angle droit est respectivement de 9cm² et 16cm². Le carré construit sur l'hypoténuse est de 25cm². Or :

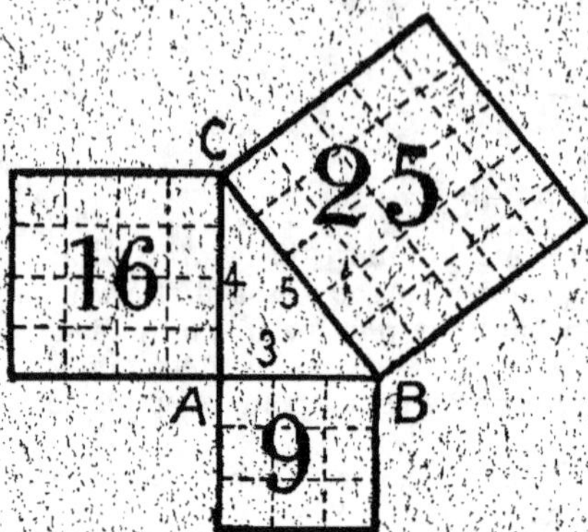

$$9^{cm2} + 16^{cm2} = 25^{cm2}.$$

Conclusion : *Le carré construit sur l'hypoténuse d'un triangle rectangle est égal à la somme des carrés construits sur les deux autres côtés.*

Appelons **h** l'hypoténuse du triangle rectangle, **C** le grand côté de l'angle droit et **c** le petit côté de l'angle droit. On aura :

$$h^2 = C^2 + c^2.$$

Donc : l'hypoténuse est égale à la racine carrée de la somme des carrés des deux autres côtés :

$$h = \sqrt{C^2 + c^2}.$$

Inversement : $$C = \sqrt{h^2 - c^2},$$

et $$c = \sqrt{h^2 - C^2}.$$

II. — DIAGONALES DU CARRÉ ET DU RECTANGLE

1° **Carré**. — La diagonale d'un carré est l'hypoténuse d'un triangle rectangle dont les côtés de l'angle droit sont égaux. Soit **d** la diagonale et **C** le côté du carré, on aura :

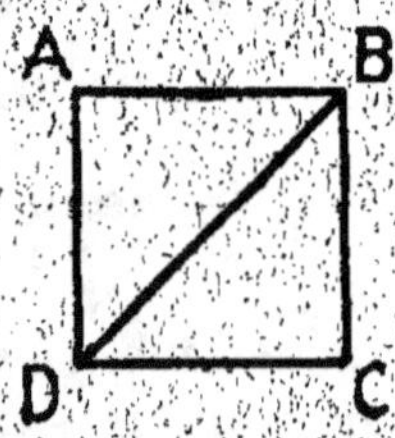

$$d^2 = C^2 + C^2 \text{ ou } 2C^2.$$

La diagonale égalera donc :

$$\sqrt{2c^2}.$$

Mais, pour extraire la racine carrée d'un produit, on peut extraire la racine carrée de chacun des facteurs et multiplier l'un par l'autre les résultats obtenus :

$$\sqrt{2c^2} = \sqrt{c^2} \times \sqrt{2}.$$

On a :

$$d = c\sqrt{2}.$$

Or, la $\sqrt{2} = 1{,}414$, on peut donc dire que la diagonale d'un carré est **1,414** fois plus grande que le côté.

Inversement, on aurait :

$$c = \frac{d}{\sqrt{2}} \text{ ou } \frac{d\sqrt{2}}{2}.$$

2° Rectangle. — La diagonale d'un rectangle est l'hypoténuse d'un triangle rectangle dont les côtés de l'angle droit sont la longueur et la largeur du rectangle.

$$d = \sqrt{L^2 + l^2}.$$

AUTRES APPLICATIONS DU CARRÉ DE L'HYPOTÉNUSE

La propriété du carré de l'hypoténuse du triangle rectangle trouve son application dans de nombreux cas.

Exemples : Détermination : 1° de la hauteur d'un triangle équilatéral en fonction du côté ;

2° de la hauteur du triangle isocèle connaissant la base et l'un des côtés égaux ;

3° l'apothème d'un polygone régulier en fonction du côté et du rayon du cercle circonscrit ;

4° la génératrice d'un cône en fonction de la hauteur et du rayon de base ;

5° la diagonale d'un cube, etc., etc.

Problèmes

653. Quelle doit être la longueur d'une échelle permettant d'atteindre à une hauteur de $7^m{,}40$, sachant que le pied de l'échelle doit être placé à $3^m{,}60$ du pied du mur ?

654. Une cheminée d'usine est maintenue par des fils de fer de chacun 12 m. de long et fixés d'une part sur le toit à 6^m,20 du pied de la cheminée. Quelle est la hauteur totale de cette cheminée, sachant que les fils sont à 2^m,73 de l'extrémité supérieure ?

655. Une ficelle de 6^m,50 est attachée à un clou placé à 3^m,40 de hauteur. Un enfant prend la ficelle par un bout et s'éloigne du mur. Quelle est la distance la plus grande à laquelle il pourra s'éloigner tout en laissant l'extrémité libre de la ficelle toucher le sol ?

656. Calculer la surface d'un triangle équilatéral de 56 m. de côté.

657. La diagonale d'un rectangle mesure 135 m. et est égale aux $\frac{15}{13}$ de la longueur. Calculer les dimensions de ce rectangle.

658. Un trapèze isocèle mesure 160 m. de grande base et 100 m. de petite base. Les côtés égaux ont chacun 60 m. Quelle est la surface du trapèze ?

659. Un étai forme avec le sol un angle de 60° et atteint à une hauteur de 7^m,40. Calculer la longueur de la poutre.

Nota. — Ne pas oublier que l'angle de 60° peut appartenir à un triangle équilatéral.

660. Un trapèze isocèle a 20 m. et 12 m. de bases. Les angles à la base ont 60°. Calculer la surface.

660 *bis* Calculer la longueur de la tangente menée à une circonférence de 0^m,45 de rayon par un point situé à 1^m,50 du centre.

Nota. — La tangente à une circonférence est perpendiculaire au rayon qui aboutit au point où la tangente touche la circonférence et qu'on appelle point de tangence.

661. La crête d'un toit qui n'a qu'une seule pente est à 8^m,60 au-dessus du sol ; la gouttière en est à 7^m,20. Calculer la largeur de ce toit si le pignon a 6^m,50 de large.

662. A une circonférence de 0^m,72 de diamètre on mène une tangente qui mesure 2^m,30. Quelle est la longueur de la sécante qui passe par le centre et aboutit à la circonférence ?

663. Suivant la diagonale d'un champ rectangulaire de 125 m. de long sur 48 m. de large, on a planté une rangée d'arbres dont on demande de déterminer la longueur.

TROISIÈME PARTIE

Système métrique et applications :
densité, courriers, etc.

LECTURE

Histoire du système métrique

Les anciennes mesures françaises qui s'étaient établies uniquement par l'usage avaient deux inconvénients :

1º Elles variaient, **sous le même nom**, d'une province à une autre.

Ainsi la toise, unité de longueur, n'était pas de même longueur à Paris qu'à Lille ; ce manque d'uniformité, qui serait absolument intolérable aujourd'hui avec nos moyens rapides de communication, apportait déjà des entraves très sensibles au commerce avant 1789.

2º Elles avaient des subdivisions compliquées.

La toise se divisait en 6 pieds, le pied en 12 pouces, etc... Cet inconvénient nous paraît grave à nous qui connaissons la belle ordonnance et les subdivisions du système métrique ; nos pères y pensaient moins, rompus qu'ils étaient à une foule de procédés de calcul mental sur les nombres complexes.

C'est le premier de ces inconvénients que les cahiers de 1789 désirent avant tout voir disparaître ; on souhaite « des mesures uniformes et identiques pour toute la France ». L'Assemblée nationale décrète le 8 mai 1790 l'unification des mesures dans tout le royaume.

Comment se ferait cette unification? Maintiendrait-on les anciennes mesures en fixant leur longueur d'après des types déterminés ; ou bien ferait-on table rase de tout ce qui existait pour édifier un système entièrement nouveau?

L'Assemblée nationale confia le soin de trancher cette question à l'Académie des sciences. Une commission nommée par celle-ci et composée des plus grands savants de cette époque (Laplace,

Monge, Borda, Lagrange et Condorcet) se prononça pour la deuxième méthode, et demanda qu'on prît pour base d'un système entièrement nouveau la **dix-millionième partie du quart du méridien terrestre**, qu'on appellerait le MÈTRE.

L'Assemblée se rangea à cet avis en 1791, et décida que des mesures seraient entreprises de suite pour calculer cette base. Par son ordre, deux astronomes, Delambre et Méchain, entreprirent de mesurer l'arc de méridien qui va de Dunkerque à Barcelone. Leurs travaux, commencés en 1792 ne prirent fin qu'en 1799 ; ils furent contrariés par les agitations politiques du pays, par l'ignorance où l'on était de ce qu'ils voulaient faire, et enfin par les difficultés du terrain.

Avec une ténacité admirable, les deux savants menèrent leurs travaux à bonne fin.

Ils avaient opéré avec une toise qu'on appelait toise de l'Académie ou toise du Pérou parce qu'elle avait déjà servi à des mesures analogues dans ce dernier pays.

Ils remirent en 1798 le résultat de leurs travaux à une commission composée de 22 savants parmi lesquels plusieurs étrangers qui avaient répondu à l'appel du Directoire : cette commission examina les mesures qui lui étaient soumises et conclut que le quart du méridien terrestre avait une longueur de 5.130.740 toises. Divisant cette longueur par 10.000.000, elle en déduisit la longueur définitive du mètre : 0 toise, 513.074 ou environ 3 pieds (la toise du Pérou valait donc, comme il est facile de le calculer, 1^m,949).

On fit fondre des prototypes de mètre en platine, métal inaltérable, et un cylindre également en platine pesant exactement 1 kilogramme. Un décret de 1801 rendit obligatoire l'emploi du système.

Mais on ne change pas instantanément des habitudes anciennes, et l'emploi des nouvelles mesures rencontra des obstacles tels que l'on créa, en 1812, un système transitoire ; on autorisait l'emploi des anciennes unités mais en les modifiant : la toise transitoire devenait exactement 2 mètres ; la livre devenait le poids d'un demi-kilogramme, etc.

Ce n'est qu'en 1837 qu'une loi rendit le système métrique définitivement obligatoire à partir du 1er janvier 1840.

Il faut bien dire toutefois que les anciennes mesures n'ont pas disparu complètement, surtout pour la mesure des terres. On parle encore dans nos villages de perches, d'arpents, de mançau-dées..... Les affiches notariales seules évaluent les pièces en hectares, ares et centiares.

Disons enfin que le système métrique a servi de base à un système de mesures scientifiques adopté en 1881 par un Congrès international de savants et employé universellement sous le nom de système **C. G. S.** (centimètre, gramme, seconde, unités fondamentales de ce système).

La loi du 2 avril 1919 a institué un nouveau système d'unités dit **système M. T. S.** rendu obligatoire depuis le 5 août 1920 et qui a pour base le mètre **M**, la tonne **T** et la seconde **S**, le centimètre et le gramme constituant des unités trop faibles pour les besoins actuels du commerce et de l'industrie.

48e LEÇON

Principes généraux du système métrique

Le **système métrique** est l'ensemble des unités et des mesures dérivées de ces unités employées en France pour mesurer les grandeurs.

Les unités **principales** du système métrique sont :

Le **mètre** (m) pour les longueurs.
Le **mètre carré** (m²) pour les surfaces.
Le **mètre cube** (m³) pour les volumes.
Le **gramme** (g) pour les poids.
Le **franc** (f) pour les valeurs.

On doit y ajouter :
L'**are** (a) pour les surfaces agraires.
Le **stère** (st) pour le volume des bois de chauffage.
Le **litre** (l) pour les capacités.

Les unités **secondaires** sont les multiples ou les sous-

multiples décimaux de l'unité principale ; d'où le nom
de **système décimal.**

On forme les noms des unités secondaires en faisant
précéder le nom de l'unité principale des mots suivants
pour les **multiples.**

déca	qui a pour symbole	**da**	et qui signifie	10
hecto	—	**h**	—	100
kilo	—	**k**	—	1.000
myria	—	**ma**	—	10.000
hectokilo	—	**hk**	—	100.000
méga	—	**M**	—	1.000.000

et des mots suivants pour les **sous-multiples** :

déci	qui a pour symbole	**d**	et qui signifie	0,1
centi	—	**c**	—	0,01
milli	—	**m**	—	0,001
décimilli	—	**dm**	—	0,0001
centimilli	—	**cm**	—	0,00001
micro	—	**μ**	—	0,000001

On appelle **mesures effectives,** celles qui sont cons-
truites réellement : par exemple, le mètre, le décagramme.
Les autres sont appelées **mesures fictives** ou **de compte** :
par exemple, l'hectomètre, la tonne.

Les mesures effectives sont des unités principales ou
secondaires, leurs doubles et leurs moitiés, *Exemples* :
le litre, le double-litre, le demi-litre ; l'hectogramme, le
double-hectogramme, le demi-hectogramme.

49e LEÇON

Mesures de longueur

L'unité de longueur est le **mètre.**

Le mètre (**en abrégé** m.) est la longueur à 0° du prototype international déposé au Bureau des poids et mesures à Sèvres, près Paris.

Les multiples du mètre sont :

le décamètre qui vaut   10 m. et s'écrit en abrégé **dam.**
l'hectomètre   —   100 m.   —   **hm.**
le kilomètre   —   1.000 m.   —   **km.**
le mégamètre   —   1.000.000 m.   —   **Mm.**

Les sous-multiples sont :

le décimètre, dixième   partie du mètre qui s'écrit **dm.**
le centimètre, centième   —   —   —   **cm.**
le millimètre, millième   —   —   —   **mm.**
le micron, millionième   —   —   —   **µ.**

REMARQUE IMPORTANTE. — Le **mégamètre** et le **micron** sont l'un **1.000** fois plus grand, l'autre **1.000** fois plus petit que l'unité qui les précède.

Mesures effectives. — La plus petite est le **décimètre**, la plus grande le **double décamètre**.

Le décimètre et le double décimètre sont de petites règles généralement en bois employées par les dessinateurs.

Le demi-mètre n'est pas usité.

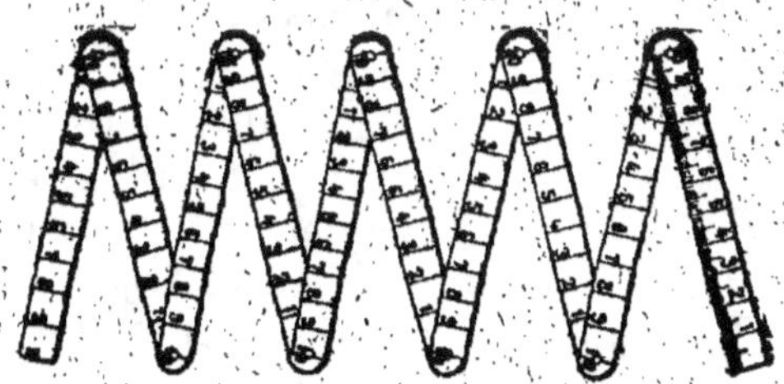

Le mètre et le double-mètre se font en règles carrées pour la mesure des étoffes ; ou en **10** parties qui peuvent se replier l'une sur l'autre. Il existe aussi un mètre et un double-mètre à ruban.

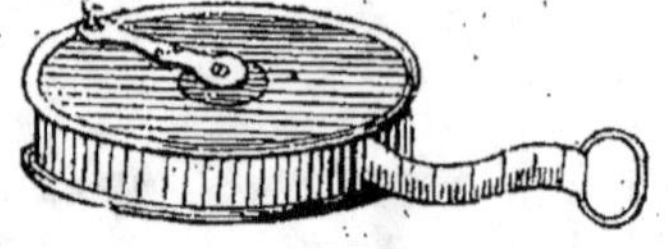

Le décamètre se construit sous forme d'une **chaîne d'arpenteur**. Cette chaîne est composée de **50** chaînons en gros fil de fer, réunis les uns aux autres par des anneaux. A chaque extrémité se trouve une poignée qui fait partie de la lon-

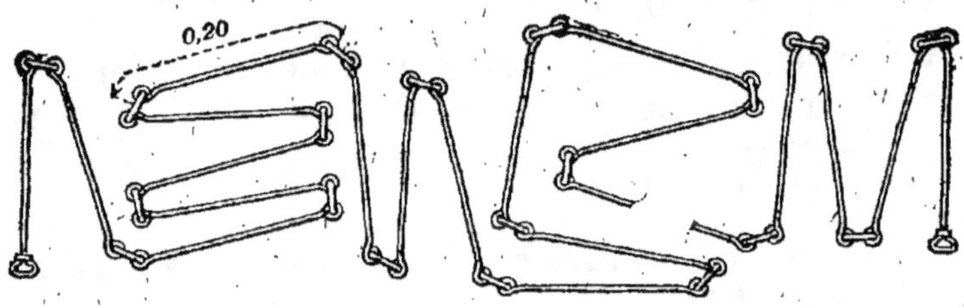

gueur totale. Les mètres sont séparés par des anneaux

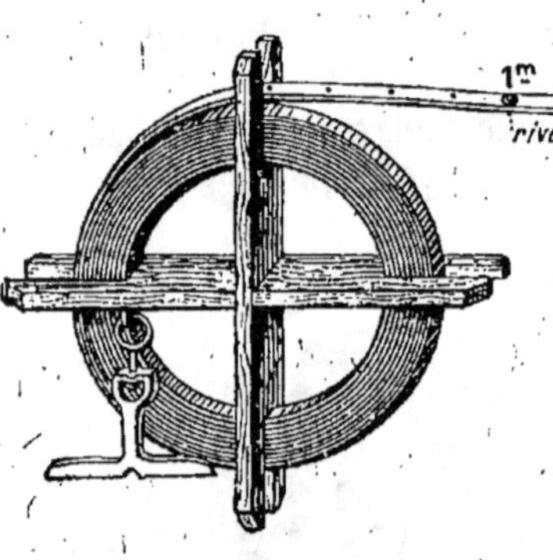

Décamètre ruban.

en cuivre, et le milieu de la chaîne est marqué par un petit crochet en fer.

Le décamètre-ruban remplace souvent la chaîne d'arpenteur. C'est un ruban d'acier de **10** mètres muni de **2** poignées, et sur lequel les mètres sont indiqués par des rivets en cuivre, numérotés de **1** à **10**.

On appelle **mesures itinéraires** celles qui servent à mesurer les routes, les longues distances.

L'unité est le **kilomètre** ; les kilomètres sont marqués sur les routes par des bornes. Entre deux bornes kilométriques des bornes plus petites marquent les **hecto-mètres.**

On appelle **lieue métrique** une distance de **4 kilomètres.**

Le **mètre** est égal à la dix-millio-nième partie du quart du méridien terrestre.

D'autre part le méridien terrestre se divise en **360** degrés. Un degré mesure donc :

$$\frac{40.000.000 \text{ m.}}{360} = 111.111^{\mathrm{m}},11.$$

Nota. — A titre transitoire, la loi du 2 avril 1919 permet d'utiliser le *mille marin* pour la mesure des longueurs marines. Nous allons en dire quelques mots.

Chaque degré se divise en **60** minutes ; on appelle **mille marin** la longueur d'une minute du méridien ; sa longueur en mètres est donc :

$$\frac{40.000.000 \text{ m.}}{360 \times 60} = 1.852 \text{ mètres.}$$

Chaque minute se divise en **60** secondes. On appelle **nœud marin** la longueur d'une demi-seconde du méridien. Il vaut donc en mètres

$$\frac{1.852 \text{ m.}}{60 \times 2} = \frac{1.852 \text{ m.}}{120} = 15^{\mathrm{m}},43.$$

Le **nœud** sert à mesurer la vitesse des navires, au moyen d'un appareil spécial appelé loch, on détermine le nombre de nœuds que le navire parcourt en une demi-minute ; soit **19** nœuds par exemple.

On en déduit que le navire parcourt en 1 heure une longueur **120** fois plus grande que **19** nœuds, soit **19** fois une longueur égale à **120** nœuds, soit enfin **19** milles marins, ou

$$1^{km},852 \times 19 = 35^{km},188.$$

Exercices de calcul mental

664. Combien le kilomètre vaut-il de décamètres ? de décimètres, etc...

665. Quelle fraction de l'hectomètre représentent : 1° le décamètre ? 2° le millimètre ? etc...

666. Combien y a-t-il de doubles-mètres dans un kilomètre ? — de demi-décamètres dans 1 hectomètre ? etc...

667. Quelle fraction le double-mètre est-il de l'hectomètre ? du double-décamètre ? etc...

668. Quelle est la longueur des divisions du double-mètre pliant ? — des chaînons de la chaîne d'arpenteur égale au décamètre...?

669. Combien y a-t-il de mètres dans la moitié, le huitième, le dixième du méridien ? Combien y a-t-il de kilomètres, de mégamètres dans le méridien, le quart, le dixième du méridien ?

Exercices de calcul écrit

670. Effectuer les opérations suivantes en prenant : 1° le mètre ; 2° le décamètre pour unité.

$$5.498^m,5 + 15^{hm},485 + 3^{km},54 + 8.540 \text{ dm.}$$
$$4 \text{ km} - 487 \text{ m.} \mid 8.451 \text{ dm.} \times 12 \mid 6.751 \text{ dam} : 8$$

671. Calculer le chemin parcouru : 1° en 1 h. ; 2° en 2 h. $\frac{1}{4}$ par un navire qui file 30 nœuds ; 25 nœuds.

Problèmes sur les mesures de longueur

672. Un piéton fait au pas gymnastique 180 pas par minute et au pas ordinaire 125 pas. Le pas gymnastique a une longueur moyenne de 0^m,80 et le pas ordinaire de 0^m,72. Quel chemin parcourra un piéton en une heure s'il marche 15 minutes au pas gymnastique et le reste du temps au pas ordinaire ?

673. Un piéton désirant « étalonner » son pas parcourt l'intervalle de 2 bornes hectométriques en comptant le nombre de ses pas; il trouve qu'il a fait 140 pas entre les 2 bornes; quelle est la longueur de son pas?

674. Un piéton a mis 48 minutes sans arrêt pour parcourir une distance de 3^{km},800; il fait en moyenne 125 pas par minute. Quelle est la longueur moyenne de son pas?

675. D'une ville A à une ville B il y a 45^{km},100. Un voyageur parcourt les $\frac{19}{25}$ de cette route en voiture, le reste à pied en 1^h,54 en faisant 150 pas par minute. Quelle est la longueur d'un pas?

676. On a acheté une pièce de drap de 54^m,20 pour 576^f,30, mais on s'aperçoit qu'il manque 14 dm. Combien a-t-on payé en trop et combien doit-on revendre le mètre d'étoffe pour gagner 102^f,60 sur le marché?

677. On a mesuré la longueur d'une route avec un décamètre ruban et on a trouvé 5.340 m. L'opération finie, on s'est aperçu que l'usure a rendu le décamètre ruban trop court de 12 mm. Quelle correction doit-on faire subir à la longueur trouvée? Quelle est la longueur réelle de la route?

678. On veut former la longueur du mètre avec 30 pièces, les unes de 5^f et les autres de 2^f. Combien doit-on mettre de pièces de chaque sorte, le diamètre de la pièce de 5^f étant de 37 mm. et celui de la pièce de 2^f étant de 27 mm.

50e LEÇON

Problèmes sur les intervalles

On plante des arbres le long d'une route ou autour d'un espace clos. Trois cas sont à examiner :

1° *Il y a un intervalle de moins que d'arbres* quand le premier arbre et le dernier sont aux deux extrémités de la route.

Soit la route AB qui mesure **70 m.** et le long de laquelle on plante des arbres distants de **10 m.** On plante le premier arbre en **A** ; pour obtenir **un** intervalle, il faut planter à **10** m. un **second** arbre ; le troisième arbre donnera un second intervalle de **10** m. et ainsi de suite. Quand on plantera en **B** le dernier arbre, il donnera *un intervalle de moins* qu'il n'y a d'arbres plantés.

Le nombre des arbres est donc de :

$$\frac{70}{10} + 1 = 8 \text{ arbres.}$$

2° *Il y a un intervalle de plus que d'arbres* si on plante ceux-ci non plus aux extrémités de la route, mais à

A •——— 1 ——— 2 ——— 3 ——— 4 ——— 5 ——— 6 ———• B

10 m. de ces extrémités. Dans ce cas, le nombre des arbres est de :

$$\frac{70}{10} - 1 = 6 \text{ arbres.}$$

REMARQUES I. — C'est le cas du *nombre de barreaux d'une échelle* si le premier et le dernier sont placés à une distance des extrémités égale à celle qui les sépare les uns des autres.

II. — Si les distances réservées aux deux extrémités de la route ou de l'échelle ne sont pas égales aux intervalles entre les arbres ou les barreaux, on retranche cette distance de la longueur totale et, pour la longueur restant, on retombe dans le 1er cas : un intervalle de moins que d'arbres ou de barreaux.

3° *Il y a* **autant** *d'intervalles que d'arbres* toutes les fois qu'on les plante autour d'un circuit fermé : périmètre d'un carré, d'un rectangle, d'un cercle.

En effet, s'il faut tout d'abord 2 arbres pour déterminer un premier intervalle, le dernier arbre planté produit non seulement un intervalle avec celui qui le précède, mais aussi un autre intervalle avec le premier des arbres plantés : on regagne ainsi un intervalle et *le nombre des intervalles est **égal à** celui des arbres*.

Problèmes

679. Le long d'une route de 2 km. de long, on plante à droite et à gauche des arbres distants de 15 m. les uns des autres, le premier arbre et le dernier étant à 10 m. des extrémités de la route. Quelle sera la dépense si un arbre revient à 12^f,50 ?

680. Combien faudra-t-il de clous pour fixer le couvercle d'une caisse de 1^m,18 sur 0^m,80, sachant qu'on place les clous à 2 cm. des bords de la caisse et qu'on les espace de 5 cm. les uns des autres ?

681. Quelle est la longueur d'une échelle qui compte 15 barreaux distants de 0^m,25, sachant que le 1er et le dernier barreaux sont à 0^m,20 des extrémités ?

682. Sur une barre de 4^m,50 on place des portemanteaux distants de 18 cm. les portemanteaux extrêmes étant chacun à 9 cm. des extrémités de la barre. Si chaque tête de portemanteau revient à 2^f,45, à combien s'élèvera la dépense ?

683. Dans le sens de la longueur d'une plate-bande de 8 m. sur 6 m., on sème, par rangées espacées de 20 cm., des haricots distants également de 20 cm. les uns des autres. La 1re et la dernière rangées sont à 10 cm. des bords de la plate-bande et le 1er plant de chaque rangée également à 10 cm. à l'intérieur de la plate-bande. Combien aura-t-on en tout de pieds de haricots ?

684. La grille d'un jardin mesure 8^m,70 de long. Les barreaux sont espacés de 15 cm. Le 1er et le dernier barreaux sont à cette même distance des piliers. Quelle sera la dépense si chaque barreau mesure 1^m,20 et revient à 4^f,75 le mètre linéaire ?

685. Un voyageur suit une route plantée d'arbres, le 1er arbre étant planté au commencement de la route. Les arbres sont distants de 15 m. Après avoir marché quelque temps, le voyageur ne rencontre plus d'arbres, mais 20 m. après le dernier arbre, des poteaux télégraphiques espacés de 20 m. Il s'arrête après avoir compté 71 arbres ou poteaux. Il a alors parcouru 1^{km},03. Combien a-t-il rencontré d'arbres et combien de poteaux ?

51e LEÇON

Mesures de surface

L'unité principale des mesures de surface est le **mètre carré** (en abrégé **m²**). C'est un carré qui a **1 m.** de côté.

Les unités secondaires sont des carrés qui ont pour côtés les unités secondaires de longueur. Ainsi le décimètre carré a **1 dm.** de côté.

Le décimètre carré est la centième partie du mètre carré.

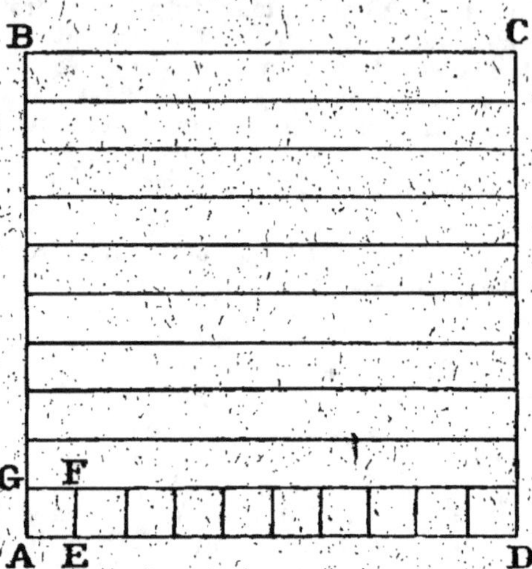

Soit en effet le mètre carré représenté par la figure **ABCD** ; le décimètre étant représenté par la longueur **AE**, le décimètre carré l'est par le carré **AEFG**.

Plaçons **10 dm²** sur la base **AD**. Leur ensemble forme une bande de **1 dm.** de hauteur, et l'on pourra placer 10 bandes semblables dans le mètre carré. Celui-ci vaut donc :

$$10\ \text{dm}^2 \times 10 = 100\ \text{dm}^2.$$

De même, le décimètre carré vaut **100** cm² (faire la figure en dimensions réelles), le centimètre carré vaut **100** mm², et d'une façon générale : **les unités de surface sont de 100 en 100 fois plus grandes ou plus petites.**

Les **multiples** du mètre carré sont :

Le **décamètre carré** (dam²) qui vaut **100** m².

L'**hectomètre carré** (hm²) qui vaut **100** dam² ou **10.000** m².

Le **kilomètre carré** (km²) qui vaut **100** hm² ou **1.000.000** m².

Nota. — Le myriamètre carré ne figure pas dans le tableau annexé à la loi du 2 avril 1919.

Les **sous-multiples** sont :

Le **décimètre carré** (dm²) qui vaut le $\frac{1}{100}$ du mètre carré.

Le **centimètre carré** (cm²) qui vaut le $\frac{1}{100}$ du décimètre carré ou le $\frac{1}{10.000}$ du mètre carré.

Le **millimètre carré** (mm²) qui vaut le $\frac{1}{100}$ du centimètre carré ou le $\frac{1}{1.000.000}$ du mètre carré.

On voit que si l'unité est le mètre carré, les décamètres carrés occupent le rang des centaines, les hectomètres carrés le rang des dizaines de mille ; etc.... Ainsi le nombre

$$4.357 \text{ m}^2$$

peut se lire 43ᵈᵃᵐ² 57ᵐ².

Le 5 représente des dizaines de mètres carrés, le 4 les dizaines de décamètres carrés.

Les décimètres carrés occupent après la virgule le rang des centièmes, les centimètres carrés celui des dix-millièmes. etc.....

0ᵐ²,534 peut se lire 53ᵈᵐ² 40ᶜᵐ² ou 5.340ᶜᵐ².

Règle. — *Pour énoncer un nombre représentant une surface, on peut le séparer à droite et à gauche de la virgule* *en tranches de deux chiffres, et on lit chacune des tranches successivement en indiquant le nombre des unités qu'elle représente.*

On peut aussi lire séparément la partie entière comme un seul nombre et la partie décimale comme un autre nombre en les faisant suivre du nom de l'unité que représente le dernier chiffre.

Ex. :   **437^{dm2},435**

peut se lire   **4^{m2} 37^{dm2} 43^{cm2} 50^{mm2}**

ou encore   **437^{dm2} 4.350^{mm2}**

ou enfin   **4^{m2},374.350^{mm2}.**

Mesures agraires. — L'unité principale des mesures employées pour la surface des champs est l'**are** (en abrégé a).

Les unités secondaires sont l'**hectare** (ha) qui vaut **100** ares et le **centiare** (ça) ou **100e** partie de l'are.

L'are est équivalent au décamètre carré.

$$1 \text{ a.} = 1 \text{ dam}^2.$$

Il en résulte que :

1° l'hectare, qui vaut **100** ares, est équivalent à l'hectomètre carré, qui vaut **100** décamètres carrés.

2° le centiare qui est la $\frac{1}{100^e}$ partie de l'are, est équivalent au mètre carré, qui est la centième partie du décamètre carré.

Le nombre **15.043^{m2}** peut donc se lire indifféremment :

             1^{hm2} 50^{dam2} 43^{m2}

ou bien   **1^{ha} 50^a 43^{ca}.**

Exercices oraux

686. Combien 1 kilomètre carré vaut-il de mètres carrés? de décimètres carrés? de décamètres carrés?

687. A quelle fraction du décamètre carré est égal : 1° le décimètre carré? 2° le mètre carré?

688. Combien 1 hectare contient-il d'ares ? — de centiares ? — de décamètres carrés ? — de mètres carrés ?

Exercice de calcul écrit

689. Effectuer les calculs suivants en prenant : 1° l'are ; 2° le mètre carré pour unité :

$$571 \text{ dam}^2 + 8.457 \text{ ca} + 78^{\text{h m}^2}{,}542 + 675 \text{ a}$$
$$4 \text{ ha} - 458 \text{ m}^2 \mid 15.487 \text{ dm}^2 \times 15 \mid 4.891 \text{ ha} : 120.$$

Problèmes sur les surfaces

Voir 5ᵉ partie à partir du n° 1235.

52ᵉ LEÇON

Mesures de volume

Les **unités de volume** sont des cubes ayant pour arêtes les **unités de longueur.**

Ainsi le **mètre cube (m³)**, unité principale, est un cube de 1 m. d'arête ; le **décimètre cube (dm³)** est un cube de 1 dm. d'arête, etc.....

Un mètre cube vaut **1.000** dm³. On voit en effet que 100 dm³ posés côte à côte forment une couche de **1** dm. de haut, et de **1** m² de base ; le mètre cube contenant 10 couches pareilles contient :

$$100 \text{ dm}^3 \times 10 = 1.000 \text{ dm}^3.$$

Les unités de volume sont donc de **mille en mille fois** plus grandes ou **plus petites.**

Lorsque dans un nombre les mètres cubes sont au rang des unités, les décimètres cubes figurent au **3ᵉ rang** après la virgule (millièmes), les centimètres cubes au **6e rang**, les millimètres cubes au **9e rang**.

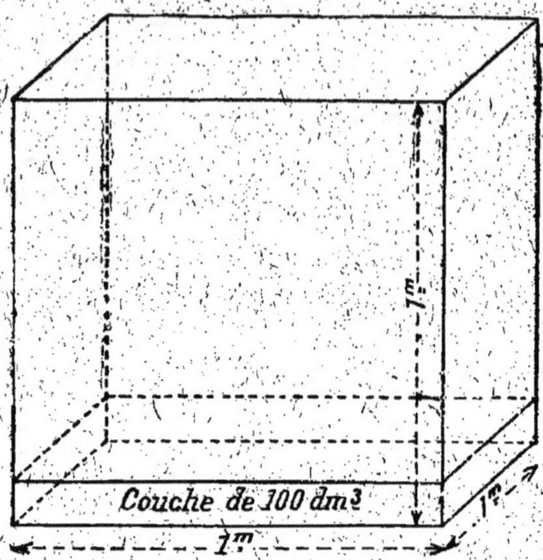

Règle. — *Pour énoncer un nombre exprimant des volumes, on peut le diviser en tranches de trois chiffres, en complétant au besoin la dernière à droite, et les lire successivement en leur donnant le nom de l'unité représentée.*

On peut aussi lire d'abord la partie entière puis la partie décimale en lui donnant le nom de la plus petite unité représentée.

Exemple : Le nombre 15^{m3},64376 peut se lire :

$$15^{m3}\ 643^{dm3}\ 760^{cm3}$$

ou encore $$15^{m3}\ 643.760^{cm3}.$$

Exercices écrits

690. Combien 1 m³ contient-il de dm³. — de cm³. — de mm³ ?
Quelles fractions du m³ sont : 1° le dm³ ; 2° le cm³ ; 3° le mm³ ?

691. Quelle différence y a-t-il entre le dixième du m³ et le décimètre cube? — entre le centième du m³ et le centimètre cube? — entre le millième du m³ et le millimètre cube ? Justifier les réponses.

692. Écrire en prenant pour unité le dm³ les nombres suivants et les additionner ; exprimer ensuite le résultat en cm³ :

5 m³,45   0 m³,4705   54.752 cm³   6.237.052 mm³.

Problèmes

Nota. — On trouvera les problèmes d'application dans la 5e partie : **Géométrie.**

53e LEÇON

Mesures de bois de chauffage

Pour mesurer le bois de chauffage, on a pris pour unité le stère qui est égal au mètre cube.

Le sous-multiple du stère est :

Le **décistère (dst)** qui est le $\frac{1}{10}$ du stère ou du mètre cube.

Nota. — Le tableau annexé à la loi du 2 avril 1919 ne mentionne plus le décastère comme multiple du stère.

Le stère est une **mesure effective** ; il comprend une **sole** S et deux montants m et m'.

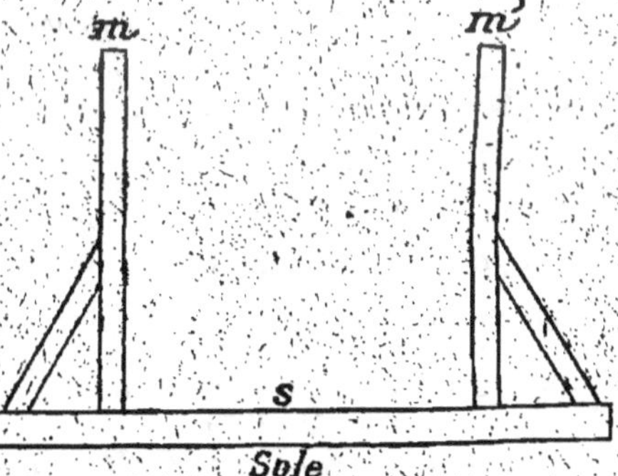

L'intervalle entre les 2 montants est de **1 m.** ; la hauteur des montants est de **1 m.** également ; de sorte que si on emplit le cadre de bûches de **1 m.** de long régulièrement empilées, on forme un cube de **1 m.** d'arête.

Lorsque les bûches n'ont pas **1 m.** de long, il y a lieu de calculer la hauteur à donner au tas pour que son volume soit de **1 m³.**

Soit des bûches de **1ᵐ,25** de long. En les empilant dans le stère, on forme un parallélépipède droit de **1ᵐ** de largeur, **1ᵐ,25** de longueur, et dont il faut déterminer la hauteur pour que le volume soit **1ᵐ³.**

$$h = \frac{V}{L \times 1} = \frac{1}{1,25 \times 1} = 0^m,80.$$

Remarque. — La coutume tend à s'établir d'effectuer les transactions de bois au poids et non au volume.

Exercices écrits

693. Combien le stère vaut-il de décimètres cubes ? Justifier.

694. Quelle différence y a-t-il entre le décistère et le décimètre cube ? Justifier la réponse.

695. Quelle fraction du stère représente le centimètre cube ? Justifier la réponse.

696. Écrire et additionner les nombres suivants en prenant le stère pour unité ; exprimer ensuite les résultats en dm³ :

$$5^{m³},4875 \quad 9.475^{dm³} \quad 78^{dst},54.$$

Problèmes sur les mesures de bois de chauffage

697. Trois personnes se sont partagés un tas de bois de 7 m. de longueur, 1ᵐ,65 de largeur et 0ᵐ,96 de hauteur. La 1ʳᵉ en a pris le $\frac{1}{3}$ et, de ce qui restait, le 2ᵉ a pris le double de la part de la 3ᵉ. Combien chacune a-t-elle dû payer si le tas a été acheté à raison de 36ᶠ le stère ?

698. Un négociant a acheté du bois de chauffage : une 1ʳᵉ fois 150 stères à raison de 12ᶠ le stère ; une 2ᵉ fois 82 stères au prix de 15ᶠʳ,90 les 1.000 kg. Les frais de transport se sont élevés à 768ᶠ. Quel sera le bénéfice du négociant s'il revend tout le bois à 24ᶠ,75 le stère ? On sait qu'un stère de bois pèse 750 kg.

699. Sur un terrain rectangulaire de 43 m. de long et 12ᵐ,5 de large, on veut faire construire un hangar capable de contenir 1.540 stères de bois : A quelle hauteur faut-il en élever les parois ?

700. On a acheté du bois à raison de 165ᶠ la tonne et on a payé en tout 2.288ᶠʳ,88. On veut le ranger en tas sur une longueur de 4ᵐ,8 et une largeur de 3ᵐ,4. Calculer quelle sera la hauteur de ce tas, sachant que le volume propre du bois n'est que les $\frac{5}{11}$ de celui du tas, et que le décimètre cube de ce bois pèse 850 g.?

701. Un chêne a fourni 275 planches de 2ᵐ,85 de long, 6 cm. de large et 25 mm. d'épaisseur. On sait qu'il y a eu un déchet de 1/40 du volume primitif pour l'équarrissage et le sciage. Quel était en stères le volume primitif du chêne ?

702. On veut placer du bois dans un hangar de 18ᵐ,45 de longueur, 6ᵐ,50 de largeur et 3ᵐ,50 de hauteur. Quel sera le prix du bois qu'on pourra y placer, sachant qu'on ménage, dans toute la longueur, une allée égale au 1/10 de la largeur et que le décistère de bois vaut 5ᶠ,25 ?

703. Un marchand achète pour 1.694ᶠ un tas de bois de 13ᵐ,75 de longueur, 4ᵐ,50 de largeur et 2ᵐ,80 de hauteur. Les vides laissés entre les bûches correspondent environ aux $\frac{2}{9}$ du volume total et le décimètre cube de ce bois pèse 940 g. D'après cela, combien doit-il revendre le quintal de bois pour gagner 15 % sur son marché ?

704. A quelle hauteur faut-il monter dans le stère un tas de bûches de 1 m. $\frac{1}{3}$ de long pour mesurer $\frac{3}{4}$ de stère ?

54e LEÇON

Mesures de capacité

Pour **mesurer les capacités**, on prend comme unité le **litre** (en abrégé l).

Nouvelle définition. — *Le litre est le volume occupé par une masse de 1 kilogramme d'eau pure à la température de 4° (graduation centésimale) et sous la pression de 76 centimètres de mercure.*

REMARQUE. — On peut dire que, pratiquement, le litre équivaut au décimètre cube; mais, rigoureusement parlant, le litre excède environ de $\frac{1}{30.000}$ le volume du dm³. On a constaté, en effet, au cours de récentes vérifications, que le kilogramme étalon pèse 27 millig. de plus qu'il ne devrait peser. C'est là une quantité tout à fait négligeable dans la pratique.

Les **multiples** du litre sont :

le **décalitre** (dal) qui vaut **10** litres.
l'**hectolitre** (hl)   —   **10** dal ou **100** litres.

Les **sous-multiples** du litre sont :

le **décilitre** (dl) qui est le $\frac{1}{10}$ du litre.

le **centilitre** (cl)   — $\frac{1}{100}$ du litre.

le **millilitre** (ml)   — $\frac{1}{1000}$ du litre.

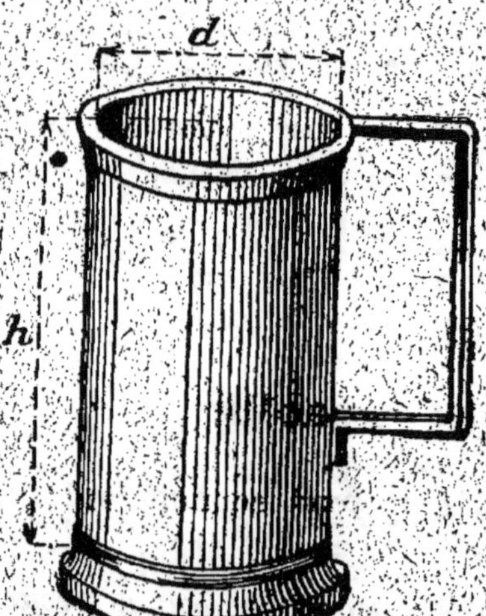

Les **mesures effectives** de capacité ont toutes la forme d'un cylindre; la plus petite est le **centilitre**; la plus grande est l'**hl**.

On en construit **quatre séries** :

1° 5 grandes mesures en cuivre, tôle ou fonte pour le commerce en gros des liquides; elles vont du demi-dal à l'hectolitre. Ce sont des cylindres dont la profondeur est égale au diamètre.

2° 8 petites mesures en étain pour le commerce en détail de tous les liquides, sauf le lait et l'huile; elles vont du centilitre au double-litre,

Elles ont la forme de **cylindres** dont la profondeur est égale au double du diamètre.

3° **8** petites mesures en **fer-blanc** pour le lait et l'huile; elles ne diffèrent des précédentes que par leurs dimensions; leur hauteur étant égale à leur diamètre.

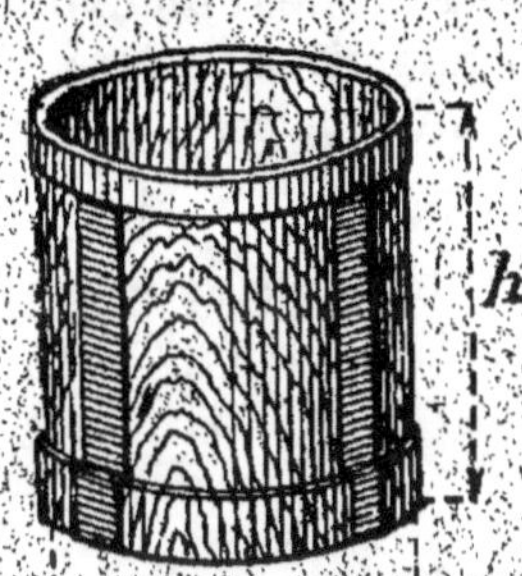

4° **11** mesures en **bois** pour les graines et les matières sèches. C'est une série de cylindres en bois avec armatures en fer allant du demi-dl à l'hl.; leur hauteur est égale à leur diamètre.

Un décret de 1908 a autorisé la confection des mesures de capacité en aluminium, métal léger et peu altérable, susceptible de prendre un beau poli.

Exercices de calcul mental

705. Combien l'hectolitre contient-il de décalitres, — de décilitres, etc...?

706. Quelle fraction: 1° du décilitre; 2° du décalitre, est le centilitre?

707. Comparer l'hectolitre au mètre cube, — le décilitre au décimètre cube, — le centilitre au centimètre cube.

708. Quelle différence y a-t-il entre le décistère, le décilitre et le décimètre cube?

709. Nommer toutes les mesures effectives de chacune des séries désignées dans la leçon.

55e LEÇON

Mesures de poids

L'unité **principale** des mesures de poids est le **kilogramme**.

Nouvelle définition. — *Le kilogramme est le poids de l'étalon international en platine adopté en 1889 par la Conférence des Poids et Mesures et qui est déposé au pavillon de Breteuil, à Sèvres.*

Une copie de cet étalon a été déposée à Paris au Conservatoire des Arts et Métiers. Il a la forme d'un cylindre à arêtes arrondies et de hauteur égale au diamètre. Son poids excède de 27 milligrammes environ celui du décimètre cube d'eau pure.

Autre unité. — Dans les calculs, on considère le plus souvent le **gramme**, millième partie du kilogramme, comme unité des mesures de poids.

Les **multiples** du gramme sont :

le **décagramme** (dag) qui vaut   10 g.
l'**hectogramme** (hg)   —   10 dag ou 100 g,

le **kilogramme** (kg)   —   10 hg ou 1.000 g,
le **quintal métrique** (q)   —   100 kg,
la **tonne métrique** (t)   1.000 kg.

REMARQUE. — La loi de 1919 ne fait pas figurer le myriagramme parmi les multiples du gramme.

Les **sous-multiples** du gramme sont :

le **décigramme** (dg) — $\dfrac{1}{10}$ du gramme,

le **centigramme** (cg) — $\dfrac{1}{100}$ du gramme,

le **milligramme** (mg) qui est le $\dfrac{1}{1000}$ du gramme.

Le **carat métrique**, usité dans le commerce des pierres précieuses, équivaut à **2 décigrammes**.

Les mesures **effectives** de poids vont du demi-quintal (50 kg.) au mg.

Elles forment **trois séries** :

1° **10** gros poids en **fonte** de 50 kg. au demi-hg. (50 g.) ; ils ont la forme d'un tronc de pyramide hexagonal, sauf les deux plus gros (20 kg. et 50 kg.) qui sont rectangulaires ;

2° **14** poids moyens en **laiton**, cylindres de cuivre massif surmontés d'un bouton. Ils vont du **poids de 20 kg.** au poids de **1 g.** ;

3° **9** poids inférieurs au gramme, pour les pesées de précision (pharmacie, bijouterie). Ce sont des lamelles carrées à coins coupés, en **métal**, qui vont du demi-gramme au mg.

Séries de poids. — Une série de poids contient toujours deux fois le poids unité ou le poids double.

$$1\,\text{g.} \quad 1\,\text{g.} \quad 2\,\text{g.} \quad 5\,\text{g.} \quad 10\,\text{g., etc.}$$

ou bien : $\quad 1\,\text{g.} \quad 2\,\text{g.} \quad 2\,\text{g.} \quad 5\,\text{g.} \quad 10\,\text{g., etc.}$

Ainsi on peut peser directement **1 g., 2 g., 3 g., 4 g.,** (2 + 1 + 1 ou 2 + 2), **5 g.,** etc.....

Exercices oraux

710. Combien 1 kg vaut-il de dag ? de dg ? etc...

711. Quelle fraction du dg est le mg ?

712. Quel est le poids de l'eau pure contenue dans 1 dal ? — 1 hl ? — 1 cl ? etc...

713. Quel est le poids de l'eau pure contenue dans 1 dal ? — 1 dl ? — 1 double dl ? — 1 demi-hl ? etc...

714. Énumérer tous les poids effectifs faisant partie des 3 séries indiquées.

715. Donner la composition d'une série de poids allant du g. à l'hg.

Exercices écrits

716. Effectuer les opérations suivantes en prenant : 1° l'hectogramme ; 2° le décagramme comme unité :

$$5^{kg},3475 + 285^g,8 + 48.571 \text{ dg} + 579 \text{ g}$$
$$8 \text{ kg} - 425 \text{ g} \quad | \quad 0^{kg},475 + 28 \text{ dag} \quad | \quad 4^{kg},575 : 20$$

LECTURE
Anciennes mesures rajeunies

Les anciennes mesures de poids ont disparu presque complètement ; il est à noter cependant que les *noms* de quelques-unes d'entre elles ont été conservés par l'usage.

L'unité ancienne des mesures de poids était la *livre poids de marc*, qui valait environ 489 g. Le système transitoire de 1812 créa une livre transitoire de 500 g., que l'usage a conservée : les commerçants et leurs clients la subdivisent en demi-livres (250 g.) et quarts de livres (125 g.).

L'*once* était le $\frac{1}{16}$ de la livre ; on a créé, en 1812, une once métrique de $31^g,25$ dont on se sert notamment pour la pesée du poivre.

Mais ces noms sont abusivement employés. Les mots *quintal* et *tonne* ont au contraire droit de cité dans notre système métrique. Ils représentaient autrefois respectivement les poids de 100 livres et de 2.000 livres (979 kg environ). Ils sont aujourd'hui : le quintal métrique de 100 kg, et la tonne métrique de 1.000 kg.

Le *carat* qui servait à la pesée des diamants valait environ 205 mg. Une loi de 1909 stipule que la dénomination de *carat métrique* sera donnée désormais au double-décigramme.

Problèmes sur les mesures de poids.

717. Une ménagère achète 12 kg. de groseilles à 1^f,05 le kilogramme pour en faire de la gelée. Les groseilles fournissent en jus les $\frac{7}{10}$ de leur poids. Le jus est cuit avec un égal poids de sucre coûtant 3^f,75 le kilogramme. On obtient ainsi 54 pots de confiture contenant chacun 250 g. de gelée. A combien revient la confiture d'un pot?

718. La récolte en blé d'un champ de 955 ares a été vendue 8.824^f,20 à raison de 82^f,50 le quintal. Quel est le poids du blé produit par un hectare?

719. Un kilogramme de graines de colza fournit 4 kg. d'huile et 6 kg. de tourteaux. Combien d'hectolitres de colza a-t-on dû traiter pour obtenir 59 kg. d'huile et quel poids de tourteaux a-t-on obtenu? L'hectolitre de graine de colza pèse 70 kg.

720. Une machine à vapeur consommait 900 quintaux de charbon en 150 jours à raison de 10 h. par jour. Des améliorations ont réduit cette consommation à 378 kg. en 7 h. Si le charbon coûte 140^f la tonne, quelle sera l'économie réalisée en une année comportant 309 journées de travail de 8 h. chacune?

721. Un marchand achète 16^{hl},650 d'huile à raison de 495^f l'hectolitre. Il la revend 609^f le quintal métrique. Quel bénéfice a-t-il réalisé, le litre d'huile pesant 915 g.?

722. Un négociant achète 24 barils d'huile contenant chacun 122 l. à 580^f le quintal. Il la revend à 7^f,50 le kilogramme. Quel est son bénéfice, sachant qu'il y a eu un déchet de 3^l,75 par baril et que l'hectolitre d'huile pèse 91^{kg},5?

723. Quel poids supporte le plancher rectangulaire d'un grenier de 5 m. sur 3^m,75, lorsqu'on y répand une hauteur de 0^m,65 de blé pesant 78 kg. l'hectolitre?

724. Un boulanger a acheté 450 kg. de farine à 114^f le quintal et il a vendu 1^f,05 le kg. de pain provenant de cette farine. Sachant que 3 kg. de farine ont donné 4 kg. de pain, quel est le bénéfice brut du boulanger sur son marché?

725. Deux vases de poids inégaux pèsent ensemble 5 kg. ; on sait que le 1er pèse les $\frac{3}{4}$ de ce que pèse le 2e. Quel est le poids de chacun des vases ?

726. Le quintal de houille coûte 136^f ; le stère de bois pesant 475 kg. coûte 54^f. Quel est le mode de chauffage le plus avantageux, sachant que 14 kg. de houille donnent autant de chaleur que 19 kg. de bois?

56e LEÇON

Poids spécifique et densité

Pesons un **centimètre cube** de fer : nous constatons qu'il pèse $7^g,7$.

Si nous avions pris comme unité de volume le **décimètre cube**, nous aurions trouvé $7^{kg},7$.

Un **mètre cube** de fer pèserait $7^t,7$.

Ces nombres : $7^g,7 — 7^{kg},7 — 7^t,7$ indiquent le **poids spécifique** du fer selon que l'on prend pour unité de volume le centimètre cube, le décimètre cube ou le mètre cube.

Définition. — *Le poids spécifique d'un corps est le poids de l'unité de volume de ce corps.* Il s'exprime en g., en kg., en t., selon que l'unité de volume est le cm^3, le dm^3 ou le m^3.

Pesons une masse quelconque de fer, un boulon par exemple. Nous trouvons $61^g,6$. Plongeons ce boulon dans un vase plein d'eau et pesons aussi exactement que possible l'eau qui s'est échappée. Cette quantité d'eau représente exactement le volume du boulon. Nous trouvons **8 g**.

Si nous voulons savoir quel rapport il y a entre le poids d'un morceau de fer et le poids du même volume d'eau, nous dirons :

Autant de fois **8 g**. sont contenus dans **61^g,6** autant de fois le fer pèse plus que l'eau ou

$$\frac{61^g,6}{8\,g.} = 7,7 \ (\textit{nombre abstrait}).$$

C'est ce quotient qu'on appelle la **densité** ; le dividende est le poids du corps ; le diviseur, le poids du même volume d'eau.

Définition. — *La densité d'un corps est le rapport (ou le quotient) du poids d'un corps au poids d'un même volume d'eau.*

$$D = \frac{P}{V}.$$

REMARQUE. — La densité d'un corps et le poids spécifique de ce corps s'expriment par le **même nombre**. Mais la **densité** est un nombre **abstrait**, tandis que le **poids spécifique** est un nombre **concret**, exprimant des grammes, des kilogrammes ou des tonnes selon l'unité de volume considérée.

On dira donc rapidement : la densité du plomb étant **11,5**, le poids du dm³ de plomb est **11ᵏᵍ,5**, etc.

DENSITÉ DE QUELQUES CORPS

Alcool	0,790	Fer	7,7	Or pur	19,260
Air	0,0013	Glace	0,918	Plomb	11,350
Argent	10,470	Huile	0,910	Soufre	1,980
Bière	1,024	Lait	1,030	Sucre	1,600
Charbon	1,320	Liège	0,240	Vin	0,990
Coke	0,340	Mercure	13,600	Vinaigre	1,019
Cuivre	8,8	Nickel	8,300	Zinc	6,900
Eau de mer	1,026				

POIDS ET VOLUME CONNAISSANT LA DENSITÉ

Règle. — *Pour trouver le poids d'un corps, on multiplie le poids de l'unité de volume de ce corps par son volume.*

Exemples. — Soit à chercher le poids de **7 dl** de mercure (densité **13,6**).

Le poids du litre est **13ᵏᵍ,6**.

Donc le poids cherché sera :

$$13^{kg},6 \times 0,7 = 9^{kg},52.$$

Soit encore à chercher le poids de **140 cm³** de fer (densité **7,7**).

Le poids du cm³ de fer est **7ᵍ,7**.

Le poids cherché est donc :

$$7^g,7 \times 140 = 1.078 \text{ g.}$$

d'où :

$$P = D \times V.$$

Le poids étant ainsi le produit de deux facteurs : volume et densité, on obtient l'un des facteurs en divisant le produit par l'autre facteur, d'où la règle suivante :

Règle. — *On obtient le volume d'un corps en divisant son poids par sa densité.*

$$V = \frac{P}{D}.$$

Exercices écrits

727. Le décimètre cube de cuivre pèse $8^{kg},8$; quelle est la densité du cuivre ? Justifier la réponse.

727 bis. La densité du fer étant 7,7, trouver le poids d'un décimètre cube, — d'un centimètre cube de fer ? Justifier la réponse.

728. La densité du lait pur étant 1,03, trouver le poids d'un hectolitre, — d'un décilitre de lait pur ? Justifier la réponse.

729. Un décilitre de mercure pèse $1^{kg},36$. Trouver la densité du mercure. Justifier la réponse.

730. Un morceau de fer a un volume de $8^{dm^3},7$? Quel est son poids, la densité du fer étant 7,7 ?

731. Un morceau de cuivre pèse $43^{kg},5$. Quel est son volume, la densité du cuivre étant 8,8 ?

732. Énoncer la règle qui donne le poids d'un corps en prenant successivement pour unité de volume : le mètre cube, le décimètre cube, le centimètre cube et le millimètre cube.

Problèmes sur les densités

733. Un morceau de marbre de 750 g. plongé dans un vase complètement rempli d'eau en fait sortir 240 cm^3 de liquide. Quelle est la densité du marbre?

734. Un bloc de glace de $2^{kg},5$ a un volume de $2^{dm^3},800$. Quelle est la densité de la glace?

735. Un vase vide pèse 635 g. Plein d'eau, il pèse 2.135 g. et plein d'un autre liquide, il pèse 1.800 g. Trouver la densité de ce liquide.

736. Dans un vase contenant 16¹,05 de lait pur on verse 5 l. d'eau. Quelle est la densité du mélange, si le litre de lait pur pèse 1ᵏᵍ,03?

737. Dans un tonneau vide pesant 21ᵏᵍ,200, on verse 225 l. de vin et le tonneau plein pèse 241ᵏᵍ,200. Quelle est la densité du vin?

738. Un cube d'argent de 52 mm. de côté pèse 1.563ᵍ,6. Quelle est la densité de l'argent?

739. Une tige de fer à section carrée de 3ᶜᵐ$\frac{1}{2}$ de côté et 26 cm. de longueur pèse 2ᵏᵍ,477. Quelle est la densité du fer?

740. Un cylindre de cuivre de 30 cm. de long et 20 cm. de diamètre pèse 83 kg. Quelle est la densité du cuivre?

741. Une boule de bois de 0ᵐ,40 de diamètre pèse 29ᵏᵍ,780. Quelle est la densité de ce bois?

742. Un tas de bois à brûler de 6ᵐ,25 de haut, 3ᵐ,50 de large et 1ᵐ,40 de haut pèse 19.569 kg. Mais les vides entre les bûches occupent le $\frac{1}{4}$ du volume total. Quelle est la densité du bois?

743. On a laissé tomber un morceau de plomb dans un vase rempli d'eau, et il est sorti 64 g. d'eau. Le vase et son contenu pèsent maintenant 684ᵍ,8 de plus que précédemment. Quelle est la densité du plomb?

744. Un tonneau plein d'eau pèse 248 kg. et vide 24 kg. On l'emplit d'huile dont la densité est 0,910 et valant 1ᶠ,75 le kg. Quelle est la valeur du fût? (*C. E. Paris*, 1900.)

745. Un morceau de fer plongé dans un vase plein d'eau en a fait sortir 75 cl. Quel est le poids de ce morceau de fer, la densité du fer étant 7,7?

746. Quel est le poids d'un bloc de glace de 9ᵐ³,560, la densité de la glace étant 0,92 ?

747. Un fût vide pèse 34ᵏᵍ,85 ; plein d'eau, il pèse 220ᵏᵍ,600. Que vaudra le pétrole qu'il peut contenir à raison de 99ᶠ le quintal, la densité du pétrole étant 0,8 ?

748. Que pèsera un cube de plomb de 8 cm. d'arête, la densité du plomb étant 11,5 ?

749. Une poutre, dont la base est un carré de 21 cm. de côté, a 3ᵐ,25 de long. Quel est son poids, sachant que la densité du bois est 0,915. Quel est son prix à 750ᶠ le quintal ?

750. Quel est le poids d'un vase cylindrique dont la base a 0ᵐ,27 de diamètre, la hauteur 39 cm., et qui est rempli aux $\frac{2}{3}$ d'une huile dont la densité est 0,914? On sait que le vase vide pèse 124 g.?

751. Quel est le poids d'un cône de fer de 3 cm. de rayon de base et 8 cm. de hauteur, la densité du fer étant 7,7 ?

752. Quel est le poids d'une boule de cuivre de 4 cm. de diamètre, la densité du cuivre étant 8,8 ?

753. Une cuve à mercure a comme dimensions intérieures 14^{cm},5 de longueur, 10$^{cm}\frac{1}{3}$ de largeur et 8$^{cm}\frac{1}{5}$ de profondeur. Quelle est la valeur du mercure qu'elle contient lorsqu'elle est remplie à mi-hauteur, le mercure coûtant 55^{f},50 le kilogramme ?

754. Les dimensions d'une chambre rectangulaire sont : 4^m,25 sur 3^m,85 et 2^m,70 de hauteur. Quel est le poids de l'air qu'elle contient sachant que la densité de l'air par rapport à l'eau est $\frac{1}{773}$?

755. Un plateau de chêne dont la densité est 0,912 pèse 2.460 g. Quel est son volume ?

756. Deux lingots ont le même poids ; le 1er en fer a un volume de 43 cm^3 et sa densité est 7,7 ; le 2e est en plomb dont la densité est 11,35. Quel est le volume de ce dernier ?

757. La densité du platine est 22,06 et celle de l'argent 10,07. Quel sera le volume d'un cube de platine qui pèsera autant qu'un décimètre cube d'argent?

758. Une épicière a acheté un tonneau d'huile pesant brut 85 kg. Le tonneau vide pèse 15^{kg},750. Sachant que la densité de cette huile est 0,915, on demande le prix de cette huile à raison de 8^f,50 le litre.

759. Un vase plein de lait pèse 2^{kg},568. Plein d'eau, il pèse 2^{kg},500. La densité du lait étant 1,034, on demande la capacité du vase et son poids lorsqu'il est vide?

760. On verse 58 kg. d'une huile dans la densité est 0,920 dans un vase rectangulaire dont la base a 65 cm. sur 52 cm. A quelle hauteur montera le niveau du liquide ?

761. On verse 20^{kg},750 de mercure, dont la densité est 13,6, dans un vase cylindrique dont la base a 8 cm. de rayon. A quelle hauteur s'élèvera le niveau du liquide?

762. Le rendement par 100 kg. de houille distillée dans des cornues à gaz est en moyenne de 30 m^3 de gaz, 72 kg. de coke et 5 kg. de goudron. Combien retirera-t-on de mètres cubes de gaz, d'hectolitres de coke, de quintaux de goudron en distillant 125 tonnes de houille? La densité du coke est 5/15 ?

763. On emploie 395^g,45 d'argent à faire une statuette creuse dont le volume total est 50 cm^3. Quel est le volume de la cavité intérieure, la densité de l'argent étant 10,5 ?

764. On a acheté du bois à raison de 16^f,50 le quintal et on a payé en tout 2.288ᶠ,88. Quel volume occupera ce bois, sachant que le volume propre du bois n'est que les $\frac{3}{4}$ du volume total et que la densité du bois est 0,850 ?

765. Combien peut-on remplir de bouteilles de 0ˡ,75 avec un fût de vin dont la densité est 0,97 et qui pèse 52 kg. quand il est vide et 255ᵏᵍ,7 quand il est plein ?

766. Trois fûts d'huile dont la densité est 0,925 pèsent ensemble 1.086ᵏᵍ,875. Quelle est leur contenance en hl. si le grand contient 95 l. de plus que les deux autres ensemble et le plus petit 40 l. de moins que le moyen ?

767. Un bidon plein d'essence minérale dont la densité est 0,78 pèse 154 g. de moins que lorsqu'il est plein d'eau. Quelle est sa capacité ?

57ᵉ LEÇON

Monnaies

L'unité des mesures de monnaie est le franc (f.). C'est la valeur d'une pièce composée de $\frac{9}{10}$ d'argent, $\frac{1}{10}$ de cuivre et pesant 5 g.[1]

Les sous-multiples du franc sont :

1° le **décime** qui est le $\frac{1}{10}$ du franc ;

2° le **centime** qui est le $\frac{1}{100}$ du franc.

On ne donne pas de noms spéciaux aux **multiples décimaux** du franc ; on dit par exemple : cent francs et non hectofranc.

---

1. C'est la définition légale du franc que nous donnons ici. Depuis 1866, aucune pièce en circulation ne répond plus à cette définition, puisque le titre des pièces divisionnaires a été abaissé à 0,835.

Les **mesures effectives** des monnaies sont formées d'alliages.

Définition. — *On appelle* **titre** *d'un alliage le nombre qu'on obtient en* **divisant** *le poids de l'or ou de l'argent pur (métal fin) contenu dans l'alliage par le poids total de l'alliage.*

Ex. : Un alliage de **24 g.** d'or et **1 g.** de cuivre est au titre $\dfrac{24\,g.}{25\,g.} = 0{,}960$ (nombre abstrait).

Un alliage au titre **0,9** ou $\dfrac{9}{10}$ contient **9** parties de métal fin pour une de cuivre (poids total **10** parties). **10 g.** de cet alliage contiendront donc **9 g.** de fin.

Les **monnaies françaises** sont de **4 séries.**

1º **Monnaies d'or** ; au titre de **0,9** ; elles vont de **100ᶠ** à **5ᶠ**. (*Voir le tableau de la leçon suivante.*) La pièce de **5ᶠ** en or est en fait retirée de la circulation comme trop petite ; les pièces de **50ᶠ** et **100ᶠ** sont rares. La pièce de **20ᶠ** est la plus répandue. Il existe hors série une pièce de **40ᶠ** qu'on ne frappe plus actuellement.

2º **Monnaies d'argent** ; elles vont de **5ᶠ** à **0ᶠ,20** (voir le tableau). La pièce de **5ᶠ** est au titre de **0,9** ; les autres, appelées encore pièces divisionnaires, sont depuis 1865 frappées au titre de **0,835.**

Les pièces de **0ᶠ,20** sont en fait retirées de la circulation comme trop petites.

3º **Monnaies de bronze** ; elles comprennent les pièces de **1** décime (**0ᶠ,10**), **1** demi-décime (**0ᶠ,05**), **1** double-centime, **1** centime.

Ces pièces sont formées d'un alliage de **95** parties de cuivre, **4** d'étain et **1** de zinc.

Ces pièces sont peu à peu retirées de la circulation et remplacées par des pièces en nickel.

4° **Monnaies de nickel** ; elles sont au nombre de trois : 0^f,25 — 0^f,10 — 0^f,05 pesant respectivement 5 g., 4 g. et 2 g.

A titre provisoire, on a créé des jetons en bronze d'aluminium destinés à remplacer les pièces divisionnaires d'argent de 2^f, de 1^f, et de 0^f,50.

Billets de banque. — La Banque de France émet des billets de banque garantis par l'État. Ils représentent des valeurs de 5^f, 10^f, 20^f, 50^f, 100^f, 500^f et **1.000**^{f}.

Remarques. — 1° Pour effectuer un paiement important, le débiteur peut composer la somme de pièces d'or ou de pièces d'argent de 5^f en nombre illimité. Le créancier n'est pas tenu d'accepter plus de **50**^{f} en monnaie divisionnaire, ni plus de 5^f en monnaie de bronze. Ces deux dernières ne sont donc que des monnaies d'**appoint.**

2° C'est le débiteur qui est tenu de se procurer les pièces de monnaie nécessaires à un paiement et représentant exactement la somme à payer.

Exercices de calcul mental

768. Combien y a-t-il de décimes, de centimes dans 10^f ? dans 5^f ? etc...

769. Combien de demi-décimes (sous) dans 17^f ? — dans 2^f,40 ? — dans 0^f,85 ? etc...

770. Calculer le titre de l'alliage obtenu en fondant 140 g. d'argent pur avec 60 g. de cuivre.

771. Nommer les monnaies de toutes les séries ; montrer qu'elles suivent la règle donnée pour les mesures effectives. Quelles sont les exceptions ?

58e LEÇON

Poids et valeur des pièces de monnaie

La loi française fixe d'une façon invariable la valeur relative de l'or, de l'argent et du bronze monnayés :

1 gramme d'or   monnayé vaut $3^f,10$;
1 — d'argent   — vaut $0^f,20$;
1 — de bronze   — vaut $0^f,01$.

A poids égal l'or vaut 15 fois $\frac{1}{2}$ plus que l'argent ; l'argent vaut **20 fois plus** que le bronze.

Règle. — *On trouve le poids d'une monnaie en divisant sa valeur :*

    1° par $3^f,10$ si la somme est en or ;
    2° par $0^f,20$ —   — argent ;
    3° par $0^f,01$ —   — bronze.

Exemples :

la pièce de 20^f   en or   pèse $1\,g. \times \dfrac{20^f}{3^f,1} = 6\,g.\,45.$

  — 5^f en argent   — $1\,g. \times \dfrac{5^f}{0^f,2} = 25\,g.$

  — $0^f,05$ en bronze   — $1\,g. \times \dfrac{5\ c.}{1\ c.} = 5\,g.$

Remarque. — On peut dire aussi :

1° que le poids d'une somme en argent monnayé s'obtient en multipliant 5 g., poids d'un franc, par le nombre de francs contenus dans cette somme. 540^f pèsent :

$$5\,g. \times 540 = 2.700.$$

2° que le poids d'une somme en bronze contient autant de grammes que la somme contient de centimes.

$21^f,75$ en bronze pèsent $2.175\,g.$ ou $2^{kg},175.$

TABLEAU DES PIÈCES DE MONNAIES FRANÇAISES

Il y a 3 pièces de nickel. Le métal est pur, c'est-à-dire au titre de 10/10.

Valeur.	Poids.	Diamètre.
0 fr. 25	5 g.	24 mm.
0 fr. 10	4 g.	21 mm.
0 fr. 05	2 g.	17 mm.

Il y a 4 pièces de bronze. Le titre est de 0,95 de cuivre ; 0,04 d'étain ; 0,01 de zinc.

Valeur.	Poids.	Diamètre.
0 fr. 10	10 g.	30 mm.
0 fr. 05	5 g.	25 mm.
0 fr. 02	2 g.	20 mm.
0 fr. 01	1 g.	15 mm.

Il y a 4 pièces d'argent. Les pièces de 5 fr. sont au titre de 0,9 et les autres pièces au titre de 0,835.

Valeur.	Poids.	Diamètre.
5 fr.	25 g.	37 mm.
2 fr.	10 g.	27 mm.
1 fr.	5 g.	23 mm.
0 fr. 50	2^g,5	18 mm.

Il y a 5 pièces d'or. Le titre est de 0,9.

Valeur.	Poids.	Diamètre.
100 fr.	32^g,258	35 mm.
50 fr.	16^g,129	28 mm.
20 fr.	6^g,4516	21 mm.
10 fr.	3^g,2258	19 mm.
5 fr.	1^g,613	17 mm.

Exercices écrits

772. Comparer, *à valeur égale*, 10^f par exemple, le poids de la monnaie d'or à celui de la monnaie d'argent.

773. Même question pour la monnaie d'argent et la monnaie de bronze.

774. A poids égal, 1 g. par exemple, quelle est la valeur relative de l'or monnayé et du bronze ?

775. On place dans le plateau d'une balance un corps pesant 1.652 g. ; quelle somme faut-il mettre dans l'autre plateau : 1° en argent ; 2° en bronze ; 3° en nickel pour lui faire équilibre ?

776. Quel poids d'or pur contient chacune de nos pièces françaises ?

777. Quel poids d'argent pur contient chacune de nos pièces françaises ?

778. Quels poids de cuivre, d'étain et de zinc, entrent dans la composition de la pièce de 0^f,05 ?

Problèmes sur les monnaies

779. Quelle est la somme d'argent qui pèserait autant que 1° 11.935^f en or ; 2° 4^f,25 en bronze ?

780. Quel est le poids : 1° de 45^f,70 en argent ; 2° des $\frac{2}{5}$ de cette somme en bronze ?

781. Que pèserait une somme de 1.500^f dont la moitié serait en or, les $\frac{7}{15}$ en argent et le reste en bronze ?

782. Que pèserait une somme de 2.300^f dont les $\frac{3}{4}$ seraient en or, les $\frac{3}{5}$ du reste en argent et le reste en bronze ?

783. Le $\frac{1}{5}$ d'une somme est en argent ; le $\frac{1}{40}$ en bronze ; le reste en monnaie d'or pèse 100 g. Quelle est cette somme ?

784. Une somme de 10^f est composée de monnaie d'argent et de billon ; elle pèse 192^g,5. Quelle est la valeur de la monnaie d'argent et de la monnaie de billon qui s'y trouve ?

785. Une somme de 4.468^f,50 se compose de poids égaux de monnaies de bronze, d'argent et d'or. Quelle est la valeur de chacune des monnaies ?

786. On a un cube de fer dont la densité est 7,7 et mesurant 1^{dm},5 de côté. Quelle somme d'argent monnayé lui fera équilibre dans une balance ? Quelle somme d'or monnayé ?

787. Quelle somme en bronze pèse autant que : 1° 1 l. d'eau ; 2° $\frac{1}{2}$ dm³ ; 1 dl. d'eau ? Quelle serait la somme : 1° en argent ; 2° en or qui pèserait autant que ces 3 sommes réunies ?

788. Une pyramide en plomb dont la densité est 11,5 a une base carrée de 10 cm. de côté et une hauteur de 31 cm. Quelle somme : 1° en or ; 2° en argent ; 3° en bronze, lui fera équilibre ?

789. Les pièces de 20^f se mettent par rouleaux de 50 pièces. Si l'on voulait vérifier un rouleau de ces pièces, quels poids devrait-on mettre sur l'autre plateau de la balance ?

790. On a placé dans l'un des plateaux d'une balance 4^f en monnaie de bronze, 17^f en monnaie d'argent et 185^f en monnaie d'or. Sur l'autre plateau on place un vase en fer-blanc cubique de 5 cm. d'arête, puis on y verse de l'eau jusqu'au moment où l'équilibre s'est établi. Quelle quantité d'eau a-t-on versée et à quelle hauteur s'élève-t-elle dans le vase ?

LECTURE

Les Pièces de monnaie

La valeur inscrite sur nos pièces d'or est réellement représentée par le métal employé. Quand nous payons avec une pièce de 20 francs, nous donnons bien vingt francs d'or pour obtenir une égale valeur de marchandise ; cet échange peut se faire dans tous les pays, et tous les pays acceptent notre or pour sa valeur nominale.

Au contraire, la valeur inscrite sur nos pièces d'argent et de bronze n'est qu'une valeur conventionnelle et ne correspond pas à la valeur du métal contenu dans la pièce. Aussi nos pièces d'argent n'ont-elles leur valeur nominale que dans les pays qui se sont engagés à les accepter pour cette valeur, c'est-à-dire dans les pays de l'Union latine. Nous acceptons les pièces d'argent belges, suisses, grecques, italiennes (sauf cependant les pièces divisionnaires italiennes et grecques, par convention spéciale avec les pays intéressés), et nous refusons les pièces de 5 francs du Mexique ou du Pérou.

Quant à nos pièces de billon, elles ne sont acceptées dans aucun pays et en revanche nous refusons celles de tous les pays, même de ceux qui font partie de l'Union latine.

La définition du franc que nous avons donnée ne convient donc que dans les pays de l'Union latine. Pour les pays qui n'en font pas partie, il faut définir cette valeur en monnaie d'or (le 20e d'une pièce en or de 20ᶠ par exemple).

Si nous voulons voyager dans un pays non adhérent à l'Union latine, comme le Luxembourg, les Pays-Bas, l'Allemagne, nous nous munirons au départ de pièces d'or françaises et non de pièces d'argent qui ne seraient pas acceptées à l'étranger pour leur valeur nominale.

59e LEÇON

Mesure du temps

Nous avons **deux unités de temps** :

1° Le **jour**, temps que la terre met à faire un tour sur elle-même ; le jour se divise en **24** heures (**h**), l'heure en **60** minutes (**m**) et la minute en **60** secondes (**s**).

2° L'**année**, temps que met la terre à accomplir une révolution complète autour du soleil.

L'année vaut environ 365 jours $\frac{1}{4}$. On est convenu de faire les années uniformément de **365** jours, et d'ajouter un jour à l'année tous les **4** ans : les années de **366** jours sont appelées **bissextiles**.

Règle. — *Une année est bissextile lorsque son millésime est divisible par* **4**. *Par exception les années dont le millésime est terminé par 2 zéros ne sont bissextiles que si les chiffres à gauche des zéros forment un nombre divisible par* **4**.

Ex. : **1908, 1924, 2000** sont bissextiles, **1900** ne l'a pas été (**19** n'est pas divisible par **4**).

L'année se compose de **12 mois inégaux** qui sont :

Janvier	31 jours		**Juillet**	31	jours
Février	28 — ou 29		**Août**	31	—
Mars	31 —		**Septembre**	30	—
Avril	30 —		**Octobre**	31	—
Mai	31 —		**Novembre**	30	—
Juin	30 —		**Décembre**	31	—

L'année comprend également **52 semaines** de **7 jours** (52 j. × 7 = 364 jours).

Nous partageons enfin la journée en **2** périodes de chacune **12** heures : le matin et le soir. Il serait préférable de compter les heures de la journée de **0** à **24**, à partir de minuit ; c'est ce que font actuellement l'administration des postes françaises et celle des chemins de fer. Ainsi **7 h. 40 m.** du soir est indiqué **19 h. 40 m.** sur les cachets de nos lettres et dans les indicateurs de chemins de fer.

Exercices écrits

791. Combien un jour contient-il de minutes ? — de secondes ?

792. Quelle fraction d'une année représente une heure ?

793. Les années 1940, — 1935, — 1800, — 2000, sont-elles bissextiles ? Pourquoi ?

794. Un enfant est né le 5 octobre 1915. Calculer le nombre de jours qu'il a vécu le 1er janvier 1919 (non compris).

795. Si l'on compte les heures de 0 à 24 à partir de minuit, comment devra-t-on désigner 3 h. du soir, 5h 20m du soir, — 11 h. du soir ?

796. Sur un indicateur des chemins de fer on lit qu'un train part à 18h 37m ; comment indiquerait-on cette heure en langage courant ? — Même question pour 0h 45m, — 22h 3m ?

797. Combien y a-t-il de semaines, de jours et d'heures : 1° dans une année ordinaire ; 2° dans une année bissextile ?

LECTURE

Le Calendrier

La division du temps se fait suivant les phases de la lune (calendrier des Musulmans) ou du soleil (calendriers solaires).

Parmi les calendriers solaires, les plus connus sont : le calendrier Julien, suivi par les Russes et les Grecs ; le calendrier grégorien, que nous employons, et le calendrier républicain qui fut en usage pendant treize ans sous la Révolution (1793-1806).

Le calendrier Julien est actuellement en retard de 13 jours sur le calendrier grégorien. De sorte que lorsque nous comptons 20 mai en France, les Russes comptent 7 mai. On indique cette différence en écrivant le 7 /20 mai.

L'année républicaine comportait 12 mois de 30 jours : vendémiaire, brumaire, frimaire — nivôse, pluviôse, ventôse — germinal, floréal, prairial — messidor, thermidor, fructidor et 5 ou

6 jours surajoutés. Le 1er vendémiaire an I fut le 22 septembre 1792. Chaque mois se divisait en 3 décades dont les jours se nommaient : primidi, duodi, ... nonidi, décadi.

Le calendrier grégorien fut remis en usage le 1er janvier 1806.

60e LEÇON

Division de la circonférence ; longitude et latitude

La circonférence se divise en **360 parties égales** appelées **degrés (360°)**. Chaque degré se divise en **60 minutes (60′)** et chaque minute en **60 secondes (60″)**.

Il ne faut pas confondre la minute, division du degré, marquée en abrégé par un accent (60′), avec la minute, division de l'heure marquée par m. (60 m.).

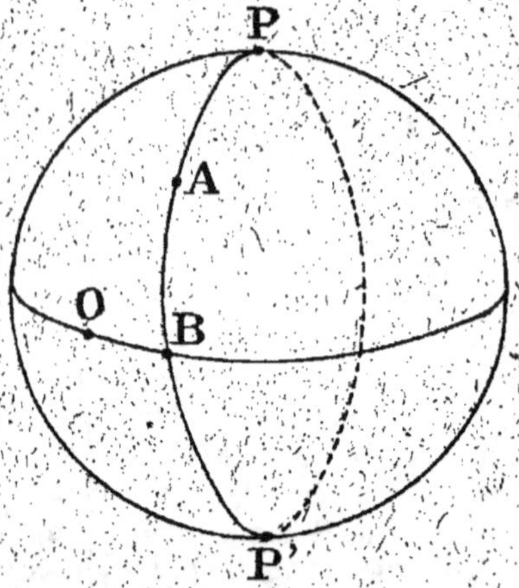

De même pour la seconde d'arc (60″) et la seconde de temps (60 s.).

On divise aussi la circonférence en **400 grades (400 G.)**, chaque grade en **100 minutes (100′)** et les minutes en **100 secondes (100″)**.

Pour déterminer exactement la position d'un point A sur la sphère terrestre, il faut connaître sa **longitude** et sa **latitude.**

Traçons le méridien PAP′ passant par le point A.

Ce méridien sera déterminé par l'arc OB (en degrés ou

en grades), portion de l'équateur comprise entre le méridien du point A et un autre méridien O pris pour origine. Cet arc OB est la **longitude du point A**.

En France, nous prenons comme origine le méridien de l'observatoire de Paris [1]. Nice est à 4° 56' 32" de longitude est, Brest à 6° 50' de longitude ouest.

La **latitude** d'un point est la portion de l'arc de méridien compris entre ce point et l'équateur. Pour le lieu A, c'est l'arc BA (en degrés ou en grades). Paris est à 48° 50' 49" de latitude Nord. Le Cap est à 34° de latitude Sud.

Exercices de calcul mental

798. Combien un degré contient-il de secondes, — de demi-secondes ?

799. Combien y a-t-il de minutes, — de secondes, — dans une circonférence, — dans une demi-circonférence, — dans le dixième de la circonférence ?

800. Quelle fraction du quart de la circonférence est la seconde ?

801. Combien un grade contient-il de minutes, de secondes ?

802. Quelle fraction du quart de la circonférence est le grade, — la minute ?

803. Déterminer approximativement sur un globe terrestre la longitude et la latitude de Moscou, — de Calcutta, — de Pékin, — de New-York.

804. Même question pour Buenos-Ayres, — Melbourne, — Nouméa.

805. Trouver le lieu qui est à 50° de longitude Est et 40° de latitude Nord.

LECTURE

L'heure et la longitude

La terre accomplit sur elle-même un tour en 24 heures de l'Ouest à l'Est ; nous sommes emportés dans ce mouvement de rotation. Lorsque notre méridien passe en face du soleil, nous

---

1. En Angleterre, on a choisi comme méridien d'origine celui qui passe à l'observatoire de Greenwich près de Londres, lequel est à 2° 20' de longitude ouest par rapport au méridien de Paris.

comptons midi : c'est le moment de la journée où le soleil est le plus haut sur notre horizon.

Mais le temps passe. A notre méridien en succèdent d'autres, et tandis que nous comptons 1 heure, 2 heures du soir, etc..... les méridiens qui sont à 15°, 30°, etc..... à l'Ouest passeront à leur tour et compteront midi.

Si donc au moment où les horloges de Paris marquent midi, nous pouvions d'un coup d'œil embrasser la surface de la terre, nous verrions qu'il n'est à ce moment que huit heures du matin sur les côtes du Brésil ; que San Francisco est encore plongée dans la nuit (4 heures du matin environ).

Au contraire, à l'est de Paris, il est déjà deux heures au centre de la Russie, quatre heures aux monts Oural ; et à Pékin, la ville s'apprête à se reposer (8 heures du soir).

Mais la terre tourne et le spectacle change. Paris voit à son tour le soleil disparaître, puis l'aurore renaître et, repassant devant le soleil, compte une journée de plus tombée dans le passé.

61e LEÇON

Nombres complexes

Les **nombres complexes** sont ceux qui ne suivent pas la numération décimale, comme les nombres qui mesurent les temps, les arcs et les mesures anglaises.

ADDITION

<table>
<tr><td>

$5° \ 46' \ 31''$
$+ \quad 38' \ 53''$
$+ \ 1° \ \ 6' \ 47''$
―――――
$7° \ 32' \ 11''$

</td><td>

Règle. — *On ajoute séparément les diverses unités, en commençant par les plus faibles et en reportant les unités de l'ordre supérieur.*

</td></tr>
</table>

Pratiquement cette addition s'effectue très vite de la manière suivante :

On additionne les unités comme dans une opération décimale, on ajoute la retenue à la colonne des dizaines, et le résultat obtenu on retranche 6 ou un multiple de 6 (12, 18, etc.). On écrit le reste et on ajoute autant d'unités à la colonne suivante qu'on a retranché de fois le nombre 6.

Exemple. — Dans l'opération ci-contre, on dit :

$1 + 3 + 7 = 11$; je pose 1 et je retiens 1.
$1 + 3 + 5 + 4 = 13$; $13 - 12$ reste 1 ; j'écris 1 et je retiens 2 (car on a retranché 2 fois 6).
$2 + 6 + 8 + 6 = 22$; je pose 2 et je retiens 2.
$2 + 4 + 3 = 9$; $9 - 6 = 3$, je pose 3 et je retiens 1.
$1 + 5 + 1 = 7$.

SOUSTRACTION

Règle. — *On retranchera successivement les diverses unités en commençant par les plus faibles. Si une soustraction est impossible, on ajoute au plus grand nombre une unité de l'ordre immédiatement supérieur ; et on augmente ensuite le plus petit nombre d'une unité de cet ordre.*

	(+24)	(+60)
5 j.	4 h.	28 m.
	(+1)	
— (+1)	13 h.	56 m.
4 j.	14 h.	32 m.

Exemple. — 56 m. ne pouvant se retrancher de 28 m., j'ajoute à ce dernier nombre 60 m. et je dis 56 ôté de 88 m. reste 32 m. et je retiens 1 heure que j'ajoute à 13 heures : 14 heures ôté de 4 heures, ne peut se faire. J'ajoute 24 h. à 4 h. ; 14 h. ôté de 28 h. reste 14 h. et je retiens 1 ; 1 j. de 5 reste 4.

REMARQUE. — On applique ici le principe de *compensation* comme dans la soustraction des nombres entiers et des fractions.

MULTIPLICATION

Règle. — *Pour multiplier un nombre complexe par un nombre entier, on multiplie successivement les différentes unités par ce nombre en commençant par les plus faibles et en ayant soin de reporter les unités de l'ordre supérieur.*

$$1^h25^m45^s32^t$$
$$\times 5$$
$$\overline{7^h08^m47^s40^t}$$

On compte ainsi : 5 fois 2 : 10 ; je pose 0 et je retiens 1 ; 5 fois 3 : 15 ; 15 et 1, 16, 16 — 12 reste 4 ; je pose 4 et je retiens 2 (on a retranché 2 fois 6).

5 fois 5 : 25 ; 25 et 2 : 27 ; je pose 7 et je retiens 2 ; 5 fois 4 : 20 ; 20 et 2 : 22 ; 22 — 18 (3 fois 6) reste 4 ; je pose 4 et je retiens 3.

5 fois 5 : 25 ; 25 et 3 : 28 ; je pose 8 et je retiens 2 ; 5 fois 2 : 10 ; 10 et 2 : 12 ; 12 — 12 reste 0 ; je pose 0 et je retiens 2.

5 fois 1 : 5 ; 5 et 2 : 7.

DIVISION

Règle. — *Pour diviser un nombre complexe par un nombre entier, on divise successivement les diverses unités en commençant par l'ordre le plus élevé et en convertissant chaque fois le reste en unités de l'ordre immédiatement inférieur.*

Ex. : Partagez en 8 parties égales un arc de 15° 6′ 40″.

$$
\begin{array}{lll|l}
15^0 & 6' & 40'' & 8 \\
7^0 = \overline{420'} & & & \overline{1^053'20''} \\
\overline{426'} & & & \\
26 & & & \\
2' = \overline{120''} & & & \\
\overline{160''} & & &
\end{array}
$$

On dit : le $\frac{1}{8}$ de 15° est 1° et il reste 7° qui valent 420′ ; avec les 6′ du dividende, cela fait 426′ à partager en 8 parties égales. La division donne 53′ et il en reste 2 qui

valent **120″** + **40″** (du dividende) = **160″** à partager
en 8..., ce qui donne **20″**.
Réponse : **1° 53′ 20″**.

Exercices écrits

806. Effectuer les opérations suivantes :
2 j. 15 h. 28 m. + 3 j. 20 h. 50 m. + 5 h. 49 m. ; 8 j. 14 h. 20 m.
— 1 j. 2 h. 50 m. ; 21 h. 40 m. 50 s. × 8 ; 5 h. 38 m. : 4.

807. Effectuer les opérations suivantes :
15° 38′ 43″ + 48° 5′ 10″ + 3° 58′ 50″ ; 90° — 43° 14′ 20″ ; 180°
— 75° 30′ ; 4° 8′ 22″ × 12 ; 51° 32′ 20″ : 8.

Problèmes sur les nombres complexes
(division de la circonférence)

808. Brest est à 6° 49′ 45″ de longitude Ouest ; Nice à 4° 56′ 32″
de longitude Est. Quelle est, en degrés, minutes et secondes, la
distance qui sépare les méridiens de ces 2 villes ?

809. Paris est à 48° 50′ 50″ de latitude Nord ; Lyon à 45° 45′ 55″
de latitude Nord. Quelle est la différence de latitude de ces 2 villes ?

810. Paris et Carcassonne sont sur le même méridien, l'une à
48° 50′ 50″ de latitude Nord, l'autre à 43° 12′ 54″ de latitude Nord.
Quelle est en kilomètres la distance de ces deux villes ?

811. Méchain et Delambre ont mesuré la portion de méridien
qui s'étend de Dunkerque (51° 2′ 11″ de latitude Nord) à Barcelone
(41° 21′ 50″ de latitude Nord). Combien trouvèrent-ils de toises ?
Ils se servaient de la toise de Paris qui est égale à 1ᵐ,949.

812. Dans une circonférence de 4 m. de rayon, quelle est la
longueur d'un arc de 8° 29′ ?

813. Un arc de 16° 30′ 40″ dans une circonférence mesure 32ᵐ,40.
Quelle est la longueur de cette circonférence ? Quel en est le diamètre ?

814. Dans une circonférence de 3ᵐ,50 de rayon, un arc mesure
5ᵐ,45. Combien mesure-t-il de degrés, minutes et secondes ?

815. Quand il est midi à Paris, quelle heure est-il : 1° à Brest
(6° 49′ 42″ de longitude Ouest ? 2° à New-York (76° 18′ de longitude Ouest) ?

816. Quand il est midi à Paris, quelle heure est-il : 1° à Naples
(11° 54′ 57″ de longitude Est) ? 2° à Nice (4° 56′ 32″ de longitude
Est) ?

62e LEÇON

Problème de la montre

Problème-type

817. — *Une montre marque midi. A quelle heure les deux aiguilles se recouvriront-elles pour la première fois ?*

Solution

En une heure, la grande aiguille parcourt **60 divisions** du cadran, alors que la petite n'en franchit que **5.**

La grande aiguille regagne sur la petite 60 — 5 = **55 divisions** en une heure.

Pour que les 2 aiguilles se recouvrent, il faut que la grande regagne sur la petite **60 divisions.**

Pour regagner **55 divisions,** elle met 1 heure.

—   1 division, elle met $\dfrac{1^{h}}{55}$

—   **60 divisions** elle met

$$\frac{1\,h. \times 60}{55} = 1\,h.\ 5\,m.\ \frac{5}{11}.$$

Réponse : La rencontre aura lieu à 13 h. 5 m. $\dfrac{5}{11}$.

REMARQUE. — Pour obtenir les heures des rencontres successives, il suffira d'ajouter à chaque heure précédemment obtenue $1^{h}5\,m\,\dfrac{5}{11}$.

Ainsi la seconde rencontre aura lieu à :

$$13^{h}5\,m\,\frac{5}{11} + 1^{h}5\,m\,\frac{5}{11} = 14^{h}10\,m\,\frac{10}{11},\ \text{etc.}$$

Problèmes

818. Une montre marque 3 h. A quelle heure les deux aiguilles se recouvriront-elles ?

819. Une horloge marque 6 h. ; à quelle heure les deux aiguilles forment-elles un angle droit ?

820. Une pendule marque 5 h. ; à quelle heure les deux aiguilles seront-elles dans le prolongement l'une de l'autre ?

821. Une montre marque 8 h. ; à quelle heure, après s'être recouvertes une première fois, seront-elles dans le prolongement l'une de l'autre ?

822. Il est 7 h., quelle heure sera-t-il quand les 2 aiguilles formeront entre elles un angle de 60° ?

LECTURE

Les graphiques

Paul a obtenu durant les cinq premiers mois de l'année des notes dont il a fait chaque mois la moyenne. Désireux de se rendre compte de ses progrès, il en dresse le tableau. Puis il a l'idée de prendre un papier quadrillé et de porter sur une ligne horizontale à intervalles égaux, des points pour représenter les mois ; sur la verticale correspondant à chaque mois, il porte une, deux, trois...., dix longueurs égales selon qu'il a obtenu la note 1, 2, 3...., 10. Enfin, il joint par des droites les points ainsi obtenus et réalise le graphique ci-dessous, qui traduit aux yeux les *variations* de ses notes et donne une idée générale du sens de ces variations avec le temps écoulé.

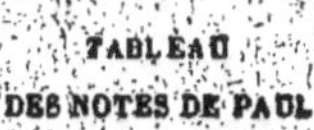

TABLEAU DES NOTES DE PAUL

Octobre	6
Novembre	6,5
Décembre	5
Janvier	7
Février	7,5

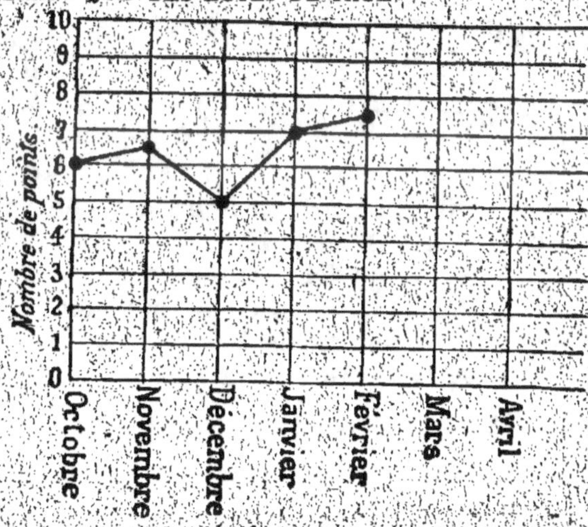

63e LEÇON

Problèmes sur les courriers

COMMENT ON ÉTABLIT UN GRAPHIQUE

I. *— Graphique de la marche d'un courrier qui part d'un point à 8 h. et fait uniformément 4 km. par heure.*

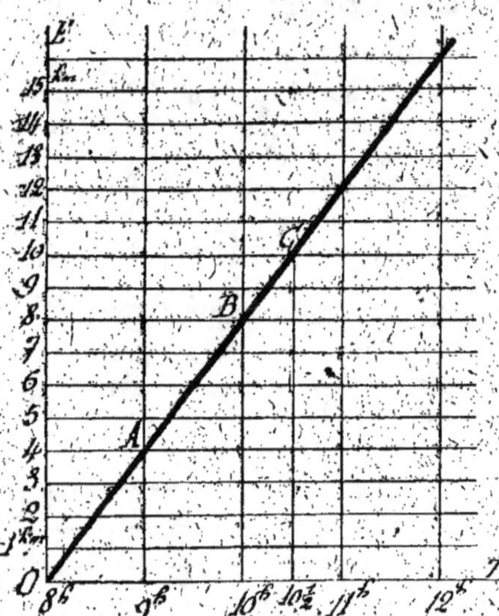

Traçons **2** droites perpendiculaires **OT** et **OE**. Sur **OT** portons des divisions égales; chacune d'elles représente **1** heure. Par les points obtenus menons des parallèles à **OE**. Sur **OE** portons des divisions égales, chacune d'elles représente **1** km. Par les points obtenus menons des parallèles à **OT**.

Chaque point de la figure est déterminé par les deux parallèles à **OT** et à **OE**.

Ainsi le courrier se trouvera :

1° Au départ : en **O** correspondant à 8 h. et à 0 km.

2° A 9 heures : en **A**   —   9 h. et à 4 km.

3° A 10 heures : en **B**   —   10 h. et à 8 km.

4° A 10 heures $\frac{1}{2}$: en **C**   —   10 h. $\frac{1}{2}$ et à 10 km.

La droite **OABC** est le graphique de la marche du courrier.

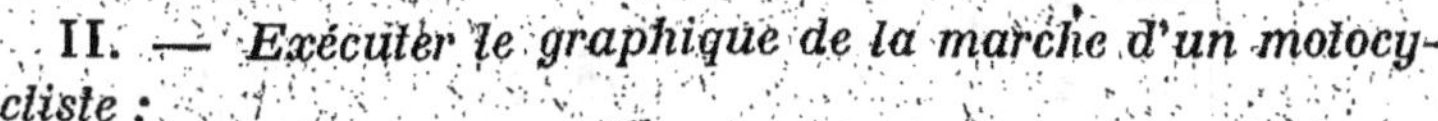

II. — *Exécuter le graphique de la marche d'un motocycliste :*

1º qui part à **1 h.**
du matin ;

2º roule d'abord
pendant **2 h.** à la
vitesse horaire de
30 km ;

3º s'arrête en-
suite une $\frac{1}{2}$ heure ;

4º repart à la
vitesse de **40 km.**
à l'heure pendant
1 h. $\frac{1}{2}$;

5º s'arrête de nou-
veau une $\frac{1}{2}$ heure ;

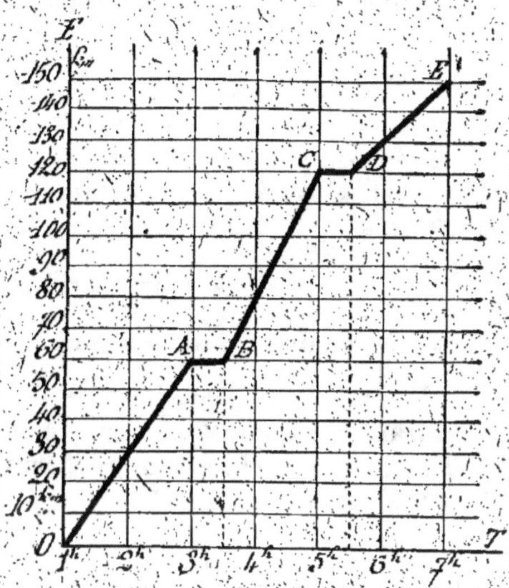

6º repart à **20 km.** à l'heure pendant **1 heure** $\frac{1}{2}$ pour
arriver au terme de son voyage.

Le motocycliste part du point **O** à 1 h.

Il se trouve :

En **A,** à   60 km. de Paris, à 3 h.

En **B,** à   60 km.   —   à 3 h. $\frac{1}{2}$.

En **C,** à 120 km.   —   à 5 h.

En **D,** à 120 km.   —   à 5 h. $\frac{1}{2}$.

En **E,** à 150 km.   —   à 7 h.

Notre graphique nous permet de trouver à chaque instant la situation de la moto.

Ainsi :

A **3** h. $\frac{1}{2}$, la moto est à **60** km. de son point de départ.

A 5 h. elle en est à 120 km.

Et elle arrive à 7 heures au terme de son voyage après avoir parcouru 150 km.

III. — *1er Cas.* — *2 personnes partent à 13 heures : l'une de Versailles à la vitesse de 8 km. à l'heure, l'autre de Paris à raison de 4 km. à l'heure. A quelle heure se rencontreront-elles et à quelle distance de Paris, sachant que Versailles est à 16 km. de Paris.*

SOLUTION ARITHMÉTIQUE

Les 2 personnes ont parcouru :

$$8 \text{ km.} + 4 \text{ km.} = 12 \text{ km. en 1 heure.}$$

Autant de fois 12 km. sont contenus dans la distance totale, autant de fois 1 heure il leur faudra pour parcourir les 18 km. ou :

$$18 : 12 = 1 \text{ h. } 30 \text{ m.}$$

que nous ajoutons à 13 h. pour avoir l'heure de la rencontre :

$$13 \text{ h. } + 1 \text{ h. } 30 \text{ m.} = 14 \text{ h. } 30 \text{ m.}$$

En 1 h. 30 m. ou 90 m. le courrier partant de Paris a fait :

$$\frac{4 \text{ km.} \times 90}{60} = 6 \text{ km.}$$ qui représentent la distance de Paris au point de rencontre.

Réponse : Les deux personnes se rencontreront à 14 h. 30 m. et à 6 km. de Paris.

SOLUTION GRAPHIQUE

La droite VB figure la marche de la personne partant de Versailles.

Le graphique nous montre que cette personne se trouve à 10 km. de Paris à 14 h. et, qu'en continuant son chemin, elle se trouverait à **15 h.** à 2 km. de cette ville, où elle arriverait à **15 h.** $\frac{1}{4}$ ou **15 h. 15.**

La droite OA figure la marche du courrier de Paris qui, à **14 h.**, se trouve à 4 km. de la capitale et, en poursuivant sa route, serait à Versailles à **17 h.** $\frac{1}{2}$ ou **17 h. 30.**

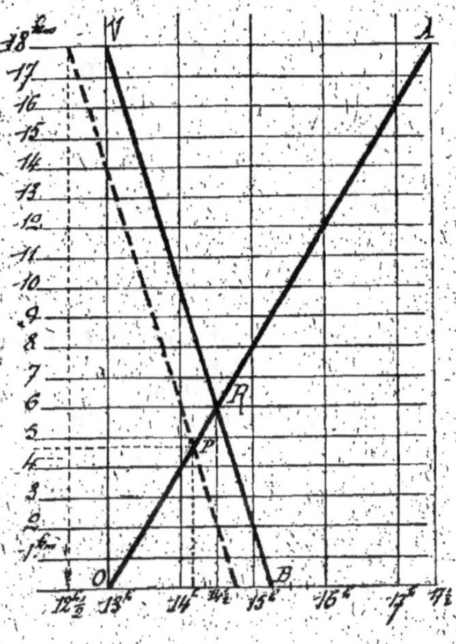

Le point de concours **R** des 2 droites nous indique que la rencontre des deux courriers a lieu à **14 h.** $\frac{1}{2}$ et à 6 km. de Paris

2ᵈ Cas. — *Même problème en supposant que le courrier de Versailles part à midi et demi et celui de Paris à 13 h.*

SOLUTION ARITHMÉTIQUE

La distance parcourue par le courrier de Versailles marchant seul pendant une demi-heure est :

$$8 \text{ km.} : 2 = 4 \text{ km.}$$

que nous retirons de **18 km.**

$$18 \text{ km.} - 4 \text{ km.} = 14 \text{ km.}$$

Nous sommes ramenés au **1ᵉʳ** cas en prenant **14 km.** pour la distance totale à parcourir.

Il faudra donc :

$$14 : 12 = 1 \text{ h. } \frac{1}{6} \text{ ou 1 h. 10 ou 70 m. après 13 h.}$$

pour que la rencontre s'effectue à :

$$\frac{4 \text{ km.} \times 70}{60} = 4 \text{ km. } \frac{2}{3} \text{ ou } 4^{km}{,}666^m \text{ de Paris.}$$

Il sera donc :

$$13 \text{ h. } + 1 \text{ h. } 10 \text{ m. } = 14 \text{ h. } 10.$$

Réponse : Les deux personnes se rencontreront à **14 h. 10 m.** et à **14^{km},666** de Paris.

SOLUTION GRAPHIQUE

Le courrier de Versailles part à midi $\frac{1}{2}$. Son graphique est représenté par la droite pointillée qui coupe la verticale de **13 h.** au point correspondant à **14 km.** de Paris. A ce moment l'autre courrier part et la rencontre s'effectue au point P qui correspond à **14 h. $\frac{1}{6}$** et à **4 km. $\frac{2}{3}$.**

IV. — *Un motocycliste part de Paris à 6 h. du matin à raison de 20 km. à l'heure. 2 heures après lui, une automobile part du même point et se lance à sa poursuite à raison de 30 km. à l'heure. Au bout d'une heure, un dérangement immobilise l'auto pendant une demi-heure. Elle repart ensuite à la vitesse de 60 km. à l'heure.*

A quelle heure et à quelle distance de Paris aura-t-elle rejoint le motocycliste ?

On exécutera tout d'abord le problème en supposant que l'automobile ne s'est pas arrêtée et qu'elle a conservé sa vitesse initiale de **30 km.**

SOLUTION ARITHMÉTIQUE

1er Cas. — La distance à rattraper par l'auto est :

$$20 \text{ km. } \times 2 = 40 \text{ km.}$$

La voiture rattrape en une heure :

$$30 \text{ km.} - 20 \text{ km.} = 10 \text{ km.}$$

qui sont contenus :

$$40 : 10 = 4 \text{ fois dans } 40 \text{ km.}$$

Il faut donc **4** heures pour que l'auto rejoigne le motocycliste.

La rencontre aura lieu à :

$$6 \text{ h.} + 2 \text{ h.} + 4 \text{ h.} = 12 \text{ heures ou midi.}$$

et à :

$$30 \text{ km.} \times 4 = 120 \text{ km. de Paris.}$$

Réponse. — L'auto rejoindra le motocycliste à midi et à **120** km. de Paris.

SOLUTION GRAPHIQUE

La droite **OR** représente la marche du motocycliste et la droite **AR** celle de l'auto. Il est

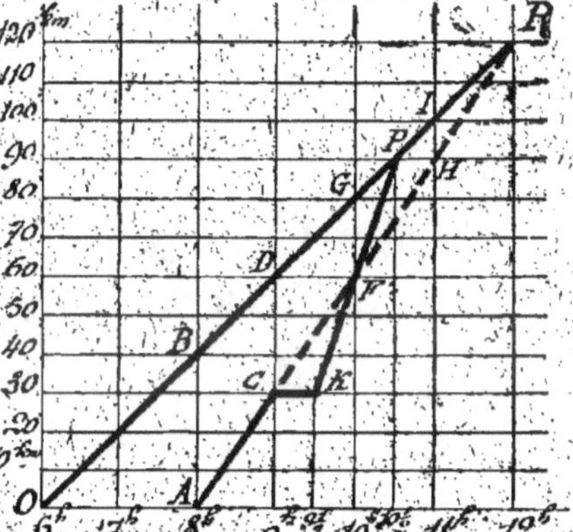

facile de lire le gain de **10** km. par heure réalisé par l'auto :

A 8h. l'auto est en **A**, le motocycl. en **B** à **40** km. d'intervalle
A 9h. — **C**, — en **D** à **30** km, —
A 10h. — **F**, — en **G** à **20** km. —
A 11h. — **H**, — en **I** à **10** km. —
A 12 h. les deux véhicules sont en **R**.

SOLUTION ARITHMÉTIQUE

2e Cas. — Au début, la distance à rattraper est la même que dans le cas précédent, soit **40 km.**

Après une heure de marche, l'auto a rattrapé **10 km.** Il ne lui reste à regagner que :

$$40 \text{ km.} - 10 \text{ km.} = 30 \text{ km.}$$

mais pendant la demi-heure d'arrêt de l'auto, le motocycliste regagne :

$$20 \text{ km.} : 2 = 10 \text{ km.}$$

La distance à rattraper est alors :

$$30 \text{ km.} + 10 \text{ km.} = 40 \text{ km.}$$

Dans la 2e étape l'auto regagne :

$$60 \text{ km.} - 20 \text{ km.} = 40 \text{ km. par heure.}$$

Il lui faudra donc **1 heure**, après l'arrêt, pour rejoindre la moto.

Il sera :

$$8 \text{ h.} + 1 \text{ h.} + \frac{1}{2} \text{ h.} + 1 \text{ h.} = 10 \text{ h.} \frac{1}{2}$$

La moto ayant roulé pendant

$$10 \text{ h.} \frac{1}{2} - 6 \text{ h.} = 4 \text{ h.} \frac{1}{2}.$$

les véhicules seront alors à :

$$20 \text{ km.} \times 4 \frac{1}{2} = 90 \text{ km. de Paris.}$$

Réponse : L'auto rejoindra le motocycliste à **10 h.** $\frac{1}{2}$ et à **90 km.** de Paris.

SOLUTION GRAPHIQUE

Le graphique de la marche de l'auto est figuré en pointillé à partir du point **C.** L'arrêt se traduit par la droite **CK** parallèle à **OI**. La distance de **60** km. qui sépare **K** (situé à **30** km. de Paris) de **P** (situé à **90** km.) est franchie en 1 heure de 9 h. $\frac{1}{2}$ à 10 h. $\frac{1}{2}$.

Courriers

823. Un bicycliste part à 5 h. du matin ; il s'arrête pour se reposer et manger de 7 $\frac{1}{2}$ à 8 h. du matin ; il arrive à destination à 79^{km},500 de son point de départ, à 10 h. 20 m. du matin. Quelle a été son allure moyenne à l'heure ?

824. Un train part de Lille à 7 h. 42 m. du matin et arrive à Cambrai à 8 h. 50 m. Sachant qu'il parcourt 69^{km},600 à l'heure et qu'il s'arrête 5 minutes à Douai, calculer la distance en chemin de fer de Lille à Cambrai.

825. Un paquebot fait 37 km. $\frac{1}{3}$ en 1 h. $\frac{3}{5}$. Quel temps mettra-t-il pour aller du Havre à New-York (distance 5.600 km.) ?

826. L'aviateur Pelletier d'Oisy a franchi les 1.990 km. qui séparent Paris de Bucarest en 10 h. 54 m. Les 1.600 km. de Bucarest à Alep (Asie Mineure) ont été parcourus en 8 h. 36 m. Quelle est la différence de vitesse de ces deux étapes ?

a) *Poursuite*

827. Deux trains partent en même temps de Lille et de Douai se dirigeant tous deux vers Paris. Le premier marche à la vitesse de 58 km. et le second de 42 km. à l'heure. Au bout de combien de temps et à quelle distance de Lille se rencontreront-ils, la distance de Lille à Douai étant de 32 km. ?

828. Un premier train parti de Paris vers Bordeaux fait 45 km. à l'heure. Un autre, parti 2 heures après de Paris dans la même direction, fait 75 km. à l'heure. Au bout de combien de temps rejoindra-t-il le premier ?

829. Un piéton veut en rejoindre un autre qui a 500 m. d'avance sur lui. Le premier fait 3 pas de 0^{m},72 durant le même temps que le second en fait 2, de 0^{m},83. A quelle distance de son point de départ le premier rejoindra-t-il le deuxième ?

830. Un cycliste parti de Marseille fait en moyenne 16 km. à l'heure. Une automobile part à sa poursuite 2 h. $\frac{1}{2}$ après son départ en faisant 36 km. à l'heure. A quelle distance du point de départ la voiture rattrapera-t-elle le cycliste ?

831. Un piéton qui fait à l'heure 5 km. $\frac{1}{4}$ part de Douai vers Cambrai à 6 h. du matin ; un cycliste part à la même heure de Lille vers Douai et Cambrai en faisant 17 km. $\frac{1}{4}$ à l'heure. A quelle heure et à quelle distance de Douai rejoindra-t-il le piéton ? La route de Lille à Douai mesure 33 km.

832. Une diligence fait 10 km. $\frac{1}{2}$ par heure, tandis qu'une voiture qui part en même temps du même point ne fait que 8 km. $\frac{1}{4}$. On demande combien d'heures la diligence arrivera avant la voiture à une autre ville distante de la première de 80 km. $\frac{3}{4}$.

833. Un train qui fait 45 km. $\frac{1}{2}$ à l'heure est parti de Lille vers Paris à 5 heures du matin ; un autre train qui fait 65 km. à l'heure part de Lille dans la même direction à 6 h. $\frac{1}{2}$ du matin. A quelle heure et à quelle distance de Lille rejoindra-t-il le premier ?

834. Un cycliste part d'une ville A à 8 h. 30 du matin vers une ville B distante de 70 km. ; il calcule qu'il arrivera à midi. Une automobile faisant en moyenne 40 km. à l'heure part à sa poursuite 1 heure $\frac{1}{4}$ après son départ. A quelle distance de A rejoindra-t-elle le cycliste ?

835. Un train part de Bar-le-Duc à 6 h. 30 du matin et arrive à Paris à 11 h. du matin ; un autre train part de Bar-le-Duc à 7 h. du matin et arrive à Paris à 10 h. du matin. A quelle heure et à quelle distance de Bar-le-Duc le 2e rejoindra-t-il le premier, la distance des 2 villes étant de 250 km ?

836. Un piéton marche sur une route avec une vitesse de 4 km. $\frac{1}{5}$ à l'heure. Un cavalier est lancé à sa poursuite et l'atteint au bout de 2 h. $\frac{2}{3}$ en faisant 12 km. $\frac{3}{5}$ à l'heure. On demande combien de temps le piéton est parti avant le cavalier du point de départ commun.

837. Une voiture faisant 10 km. à l'heure part de Bordeaux à 7 h. du matin. A quelle heure doit partir du même point un cycliste qui fait 18 km. à l'heure pour rejoindre la voiture après 2 h. de marche ?

b) *Rencontre*

838. Deux trains partent en même temps de Paris et de Caen (distance 250 km.) ; le premier fait 59 km. à l'heure et le second 41. Au bout de combien d'heures et à quelle distance de Paris se rencontreront-ils ?

839. Deux courriers partent à 6 h. du matin et à la rencontre l'un de l'autre de 2 villes distantes l'une de l'autre de 40 km. Le premier fait 5 km. $\frac{1}{4}$ en 1 heure et le second en fait 6 km. $\frac{2}{5}$. A quelle heure et à quelle distance des 2 villes se rencontreront-ils ?

840. Un train part de Tours vers Paris à 7 h. $\frac{1}{4}$ du matin en faisant 50 km. $\frac{3}{4}$ à l'heure. Un autre part de Paris à 8 h. $\frac{1}{2}$ du matin en faisant 45 km. $\frac{5}{8}$ à l'heure. A quelle heure et à quelle distance de Tours le croisement se fera-t-il ? Il y a 238 km. de Paris à Tours.

841. 2 trains partent l'un de Paris, l'autre d'Orléans à 9 h. du matin avec une vitesse de 35 km. à l'heure. Sachant qu'ils se sont rencontrés à 10 h. 44 m. du matin, on demande la distance entre les 2 villes ?

842. Un train, faisant 48 km. à l'heure, part d'une ville A à 9 h. du matin vers une autre B distante de 270 km. ; à la même heure part de B un train qui arrivera en A à 1 h. 30 du soir. A quelle heure et à quelle distance de A les 2 trains se rencontreront-ils ?

843. Un train part de Lyon à 8 h. du matin et arrive à Paris à 7 h. du soir. Un 2e train part de Paris à 10 h. du matin et arrive à Lyon à 6 $\frac{1}{2}$ du soir. A quelle heure se rencontreront-ils et quelle fraction du trajet chacun d'eux aura-t-il accompli à ce moment ?

Récapitulation

844. Deux personnes séparées par une distance de 3.600 m. marchent à la rencontre l'une de l'autre et se croisent à 2.000 m. de l'un des points de départ. On demande le chemin parcouru par chaque personne en une heure, sachant que si celle qui marche le moins vite était partie 5 minutes plus tôt, elles se seraient croisées à moitié chemin.

845. Paris et Morlaix sont distants de 540 km. Une voiture automobile quitte Paris pour Morlaix à l'heure même où une voiturette quitte Morlaix pour Paris. Les deux véhicules se rencontrent à 337^{km},5 de Paris. Quelle est la vitesse de chaque

voiture, sachant que si la voiturette avait quitté Morlaix 3 h. 36 m.
avant la voiture, la rencontre se serait produite à mi-chemin?

846. Un enfant part de chez lui à 14 h. et s'engage à rentrer
à 18 h. Il prend à l'aller une voiture qui fait 11 km. à l'heure. A
quelle distance du point de départ devra-t-il quitter la voiture
pour qu'en revenant à pied à raison de 5 km. à l'heure il soit
rentré à l'heure dite ?

847. Un élève part de son domicile à 7 h. 40 pour se rendre à
l'école et parcourt 100 m. en 80 secondes. A quelle heure arrive-t-il,
sachant que s'il ne faisait que 400 m. en 6 minutes, il arriverait
2 minutes plus tard ?

849. Une voiture fait 11 km. à l'heure. On envoie à sa poursuite un courrier qui parcourt 297 m. à la minute. Combien s'est-
il écoulé de temps entre le départ de la voiture et celui du courrier,
sachant que la rencontre a eu lieu 2 h. 27 m. après le départ du
courrier ?

850. Un train met 7 secondes à passer devant un observateur
et 25 secondes à traverser une gare de 380 m. de longueur. Quelles
sont la vitesse et la longueur de ce train?

851. Une montre marque 10 h. du matin. A quelle heure les
deux aiguilles formeront-elles, pour la seconde fois un angle
droit?

Problèmes de récapitulation sur le système métrique

852. Un vase vide pèse 448 g. Plein d'eau pure, il est équilibré
sur le plateau d'une balance par un poids de 1 kg., un de 500 g. et
0^g,76 en bronze. On le remplit à moitié d'huile, et l'on trouve que,
pour établir l'équilibre, il faut mettre 1 kg. sur l'autre plateau de
la balance et 62 centimes en bronze sur le même plateau que le
vase. Calculer la densité de l'huile.

853. Un vase rempli d'eau pèse 13^{kg},250 ; rempli d'huile d'olive,
il pèse 12^{kg},400. La densité de l'huile d'olive étant 0,915, calculer
le poids du vase vide et sa capacité.

854. Une route est longue de 8^{km},144 ; on veut la border des
2 côtés d'arbres plantés à 8 m. l'un de l'autre, les 2 premiers arbres
étant plantés au début de la route. Les arbres coûtent 160^f le cent
et les frais de transport et de pose sont les $\frac{8}{10}$ du prix d'achat. Quel
sera le montant de la dépense ?

855. Un particulier a payé le $\frac{1}{3}$ de ce qu'il devait en fournissant du vin à 1ᶠ,20 le litre, puis le $\frac{1}{4}$ du reste en pièces d'argent, la dernière partie en pièces d'or. Sachant que le poids de celles-ci est 300 g., on demande : 1° quel était le montant de la dette ; 2° le nombre de litres de vin fourni ?

856. On met dans le plateau d'une balance un vase qui, vide, pèse 440 g. ; on y verse 225 cl. d'eau pure. Dans l'autre plateau on met 300ᶠ en argent. Quelle somme en monnaie de bronze faut-il y ajouter pour que la balance soit en équilibre ?

857. Une fermière porte au marché 48 l. de lait qu'elle vend à raison de 0ᶠ,75 le litre et 104 œufs qu'elle vend à raison de 6ᶠ,25 les 13. On demande le poids de la somme qu'elle rapportera chez elle, sachant que les $\frac{3}{4}$ de la somme sont en argent et le reste en billon ?

858. Le gaz d'éclairage pèse $\frac{765}{1000}$ du poids de l'air à volume égal et un litre d'air pèse $\frac{1}{773}$ du poids d'un litre d'eau. Trouver d'après ces données le poids de 1 m³ de gaz d'éclairage.

859. Un négociant importe 250 balles de coton d'un poids moyen de 120 kg. par balle, et estimé 140ᶠ le quintal. Quel est le montant des droits qu'il doit payer, sachant que le coton paie à l'entrée en France 3 % de sa valeur ?

860. On estime qu'il faut 900 m. de tuyaux pour drainer 1 ha. de terre. Le mètre de tuyau coûte 1ᶠ,20 ; chaque tuyau a une longueur de 0ᵐ,30 et on paie pour la pose 24ᶠ par 100 tuyaux. Calculer le prix du drainage d'une pièce de terre de 250 ares.

861. Pour soufrer la vigne contre l'oïdium, on emploie 100 g. de soufre par are ; le soufre coûte 6ᶠ,40 le kilogramme, et, en une journée payée 16ᶠ, un ouvrier peut soufrer 50 ares. Calculer le prix de revient du soufrage d'une vigne de 1 ha. $\frac{1}{4}$.

862. Quand il est midi à Paris, quelle heure est-il : 1° à Mexico (105° 40′ de longitude Ouest) ; 2° à Mahé (70° 53′ de longitude Est) ?

863. Paris et Barcelone sont sur le même méridien ; Paris à 48° 50′ de latitude Nord et Barcelone à 41° 22′ de latitude Nord. Quelle est la distance entre les 2 villes : 1° en degrés, minutes et secondes ; 2° en kilomètres ?

864. Lille est située à 43′ 27″ de longitude Est. De combien l'heure locale de Lille avance-t-elle ou retarde-t-elle sur l'heure du méridien de Paris ?

865. On met dans l'un des plateaux d'une balance un vase rempli d'huile dont la densité est 0,915. Puis on obtient l'équilibre en plaçant dans l'autre plateau un sac de monnaie contenant des poids égaux de monnaie d'argent et de billon, pour une valeur de 283ᶠ,50. Quelle est la capacité du vase ? Le sac vide pèse 134 g. et le vase vide 425 g. ?

866. Un bidon de 4ˡ,5 contient du lait additionné d'eau et pèse 5ᵏᵍ,330. Or, le lait pur pèse 1ᵏᵍ,03 le litre. Calculer combien on a ajouté d'eau, sachant que le bidon vide pèse 713 g. ?

867. Un propriétaire a fait un marché avec 4 ouvriers pour l'exploitation d'une coupe de bois à raison de 7ᶠ,50 par stère et 12ᶠ,50 par 100 fagots. Le taillis a 400 stères, et 4.650 fagots. L'exploitation a duré 42 jours. Combien chaque ouvrier a-t-il gagné par jour ?

QUATRIÈME PARTIE

Rapports — Proportions
Règle de trois et applications

64e LEÇON
Notions sommaires sur les rapports et les proportions

I. — RAPPORT

Le rapport de deux grandeurs de même nature (2 longueurs, 2 poids, 2 temps, etc...), est le résultat de leur **comparaison** lorsqu'on recherche **combien de fois** l'une d'elles contient l'autre ou une partie aliquote de l'autre.

Considérons les longueurs respectives l et **L** de 2 pièces d'étoffe. En portant l sur **L** on s'aperçoit que le reste **AB** est contenu 3 fois dans l et 4 fois dans **L**.

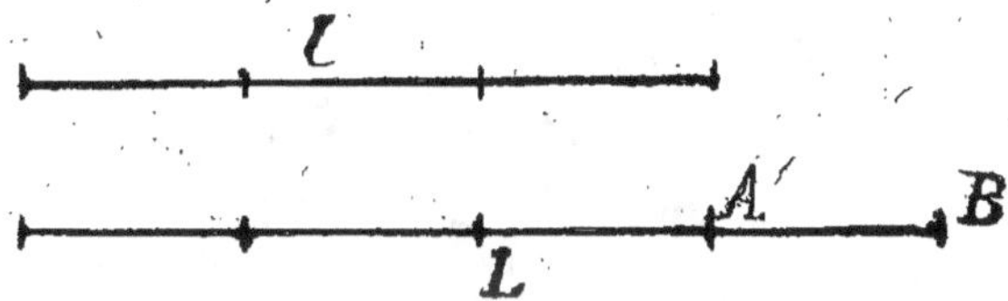

On dit que le rapport de l à **L** est $\frac{3}{4}$ ou encore que les 2 pièces d'étoffe sont entre elles dans le rapport de 3 à 4 où enfin que l est à **L** comme 3 est à 4.

Inversement, nous pourrions dire que **L** est les $\frac{4}{3}$ de l, ou que **L** est à l dans le rapport de 4 à 3 ou encore que **L** est à l comme 4 est à 3.

Remarquons que *ce rapport est le nombre qui mesure la 2e grandeur quand la première est prise comme unité.*

Dans la pratique, on mesure les deux grandeurs avec l'unité **de même nature** et on obtient leur **rapport** en divisant l'un par l'autre les nombres obtenus (la division ayant pour but de chercher **combien de fois** un nombre en contient un autre).

Supposons que les deux longueurs l et L ayant été mesurées avec le mètre, on ait obtenu comme résultats respectifs des mesures $1^m,35$ et $1^m,80$.

Le rapport de l à L sera :

$$\frac{1,35}{1,80}$$

On voit donc que le rapport a la même forme qu'une fraction, mais que **ses termes peuvent être décimaux.**

Toutefois, ce rapport peut devenir une fraction en multipliant ses deux termes par **100.** Le rapport précédent devient la fraction :

$$\frac{135}{180}$$

Définition. — **Le rapport de deux nombres est le quotient du 1er par le 2e.**

II. — PROPORTIONS

Nous avons dit que la longueur de la pièce l est à la longueur de la pièce L comme 3 est à 4.

A 15^f le mètre, la première pièce vaudrait $20^f,25$ et la seconde 27^f. Le rapport des prix peut donc s'écrire :

$$\frac{20,25}{27} \qquad \text{ou} \qquad \frac{81}{108},$$

rapport évidemment égal au rapport $\frac{3}{4}$ des deux longueurs.

On peut donc écrire :

$$(1) \qquad \frac{3}{4} = \frac{81}{108}.$$

On obtient ainsi une **proportion.**

Définition. — *Une* **proportion** *est l'égalité de deux rapports.*

Pour lire la proportion précédente, on dit : 3 sur 4 égale 81 sur 108, ou encore :

3 est à 4 comme 81 est à 108.

Les nombres 3 et 108 qui s'énoncent, l'un le premier, l'autre le dernier, sont appelés **extrêmes** de la proportion, les deux autres, 4 et 81, sont dits **moyens**.

Quelques propriétés intéressantes des proportions.

Si, au lieu de comparer la petite pièce à la grande, nous avions inversement comparé la grande à la petite, les rapports des longueurs et des prix donneraient

$$(2) \qquad \frac{4}{3} = \frac{108}{81},$$

nouvelle proportion obtenue en renversant les termes de chacun des rapports de la 1re. Donc :

On obtient une nouvelle proportion en renversant les termes de chacun des rapports d'une proportion donnée.

Mais nous pouvons dire aussi que la longueur de l est à son prix comme la longueur L est à son prix, ce qui nous donne la proportion :

$$(3) \qquad \frac{3}{81} = \frac{4}{108}.$$

Nous constatons que cette proportion provient de la première (1) en intervertissant la place des moyens. Donc :

On obtient une nouvelle proportion en changeant les moyens de place.

Ecrivons la dernière proportion obtenue en plaçant le 1er, le second rapport, et réciproquement, on aura :

$$\frac{4}{108} = \frac{3}{81}.$$

Renversons les termes des rapports, nous aurons :

$$(4) \qquad \frac{108}{4} = \frac{81}{3}.$$

Si nous rapprochons cette proportion de la première (1)

nous remarquons que la proportion (4) provient de la première en intervertissant la place des extrêmes.

On obtient une nouvelle proportion en changeant de place les extrêmes.

Revenons à la première proportion :

$$\frac{3}{4} = \frac{81}{108}$$

Multiplions les extrêmes entre eux et les moyens entre eux.

$$3 \times 108 = 324,$$
$$4 \times 81 = 324.$$

Dans les différentes proportions, que nous avons écrites, on obtient le même résultat. Donc :

Dans toute proportion, le produit des extrêmes est égal au produit des moyens.

Exercices écrits

868. Un homme a 72 ans, son fils 42 ans, son petit-fils 18 ans. Quel est le rapport de l'âge de chaque personne à l'âge de chacune des deux autres ? Simplifier, s'il y a lieu, les rapports obtenus.

869. Un rectangle mesure 15 m. de long et 8 m. de large. Indiquez : 1° le rapport de la largeur à la longueur ; 2° le rapport de la longueur à la largeur.

870. Sur deux dimensions seulement de ce rectangle, une longueur et une largeur, on établit une palissade valant 8ᶠ le mètre. Établissez une proportion entre les dimensions et les prix.

871. Étant donnés les produits égaux 3×12 et 4×9, écrivez une proportion à l'aide de ces 4 nombres et recherchez 3 autres proportions différentes de la première.

872. Les nombres 3, 5, 12, 20 peuvent-ils donner lieu à des proportions ? Pourquoi ? Si oui, écrivez à l'aide de ces nombres 4 proportions différentes.

873. Quelle différence faites-vous entre les expressions $\dfrac{5}{7}$ et $\dfrac{4,2}{0,14}$?

874. On a des poids différents de charbon de même qualité, établissez vous-même une proportion à l'aide de nombres appropriés.

Nota. — Vous supposerez que la tonne de charbon vaut 300ᶠ.

875. Calculez les termes inconnus dans les proportions suivantes :

$$\frac{3}{4} = \frac{21}{x} \; ; \quad \frac{x}{8} = \frac{5}{10} \; ; \quad \frac{3}{0,25} = \frac{x}{7} \; ; \quad \frac{5}{x} = \frac{4}{10} \; ; \quad \frac{x}{4} = \frac{16}{x} .$$

876. Une proportion commence par le rapport $\frac{4}{5}$. Achevez d'écrire cette proportion, sachant que la somme des termes du second rapport est égale à 135.

65ᵉ LEÇON

I. — Grandeurs proportionnelles

1° Grandeurs directement proportionnelles. — Nous avons vu que les prix de deux pièces d'étoffe sont proportionnels aux longueurs de ces deux pièces. On dira de même que le *salaire* d'un ouvrier est proportionnel à la *durée* de son travail, que l'**espace** parcouru par un piéton, une voiture, un train est proportionnel au **temps** de la marche.

En effet, si un ouvrier gagne **140** fr. par semaine, il gagnera, en **3** semaines, **3** fois plus qu'en une seule.

Si un piéton fait **8** km. à l'heure il aura, en **4** heures, parcouru **4** fois plus de chemin.

On dit que deux grandeurs sont **directement proportionnelles** *lorsque l'une d'elles devenant* **2, 3, 4...** *fois plus grande, l'autre devient en même temps* **2, 3, 4...** *fois plus grande.*

2° Grandeurs inversement proportionnelles. — *Plus* on emploie d'ouvriers à faire un ouvrage et *moins* il faudra de temps pour faire cet ouvrage. On dit que le **temps** employé à faire un certain ouvrage est **inversement proportionnel** au **nombre d'ouvriers** qu'on y emploie: si on emploie **10** ouvriers à faire un ouvrage, ils mettront **2** fois moins de temps que **5** ouvriers n'en mettraient.

Un cycliste qui fait **15** kilomètres à l'heure met, pour effectuer un parcours, 3 fois moins de temps qu'il n'en faut à un piéton qui fait **5** km. à l'heure : **Le temps est inversement proportionnel à la vitesse.**

Plus on comprime un gaz, moins il tient de place : le **volume d'un gaz est inversement proportionnel à la pression** qu'il supporte.

On dit que deux grandeurs sont **inversement proportionnelles** *quand l'une devenant 2, 3, 4... fois plus grande, l'autre devient 2, 3, 4... fois plus petite.*

II. — Règle de trois

Définition. — *On appelle* **règles de trois** *des problèmes dans lesquels entrent des grandeurs directement ou inversement proportionnelles.*

La règle de trois est **directe** quand les grandeurs qui y entrent sont **directement proportionnelles**; elle est **inverse** si les grandeurs sont **inversement proportionnelles.**

RÈGLE DE TROIS SIMPLE ET DIRECTE

877. Problème. — *85 kg. de farine sont fournis par 102 kg. de blé. Combien faut-il de blé pour obtenir 125 kg. de farine ?*

1° Par les proportions. — Le nombre de kilogrammes de blé est directement proportionnel au nombre de kilogrammes de farine. Le rapport des poids de farine est égal au rapport des poids de blé. D'où la proportion :

$$\frac{85}{125} = \frac{102}{x}$$

$$x = \frac{125 \times 102}{85} = 150 \text{ kg. de blé.}$$

2° Par réduction à l'unité. — Pour obtenir 85 kg. de farine, il faut **102** kg. de blé. Pour obtenir **1** kg. de farine, il faut **85** fois moins de blé.

Ou :

$$\frac{102 \text{ kg.}}{85}$$

Pour obtenir **125** kg. de farine, il faut **125** fois plus de blé, ou :

$$\frac{102 \text{ kg.} \times 125}{85} = 150 \text{ kg. de blé.}$$

RÈGLE DE TROIS SIMPLE ET INVERSE

878. Problème. — *15 ouvriers font un travail en 40 jours. Combien faut-il mettre d'ouvriers pour faire ce travail en 30 jours ?*

1º *Par les proportions.* — **Moins** on veut mettre de jours et **plus** il faut d'ouvriers. Le nombre des ouvriers est inversement proportionnel à la durée du travail :

$$\frac{40}{30} = \frac{x}{15}$$

$$x = \frac{40 \times 15}{30} = 20 \text{ ouvriers.}$$

2º *Par réduction à l'unité :*

Pour achever le travail en 40 j. il faut 15 ouvriers.

Pour achever le travail en 1 j. il faut **40** fois plus d'ouvriers.

Ou :

$$15^{\circ} \times 40$$

Pour achever le travail en 30 j., il faut 30 fois moins d'ouvriers qu'il n'en faut en 1 jour.

Ou :

$$\frac{15 \times 40}{30} = 20 \text{ ouvriers.}$$

REMARQUES. — I. Dans une règle de trois, on n'effectue pas la première opération amenée par le raisonnement, on poursuit celui-ci et on n'effectue que l'expression finale qui se prête en général à d'intéressantes simplifications et aboutit souvent à un résultat plus exact.

II. — Il arrive assez fréquemment que le raisonnement par réduction à l'unité conduit à une affirmation absurde au point de vue pratique :

Exemple. — 9 pantalons reviennent à **405** fr.

Combien aura-t-on de pantalons pour **180** fr. ?

On dit alors :

Pour **405** fr., on a 9 pantalons pour **1** fr. on en a **405** fois moins ou $\dfrac{9}{405}$ ce qui, à la vérité, n'a pas de sens, car on n'imagine pas qu'on puisse avoir $\dfrac{9}{405}$ de pantalon. Toutefois, au point de vue mathématique, le raisonnement est rigoureux.

Il est, en pareil cas, préférable de dire :

Un pantalon coûte $\dfrac{405^{f}}{9}$.

Pour **180** fr. on aura un nombre de pantalons égal à

$$180^{f} : \frac{405}{9} \text{ ou } \frac{180 \times 9}{405} = 4 \text{ pantalons.}$$

66e LEÇON

Règle de trois composée

La règle de trois est dite *composée* lorsqu'elle comprend plusieurs sortes de grandeurs proportionnelles.

879. Problème. — *En 15 jours, 20 ouvriers ont fait 180 m. de maçonnerie. Combien faudra-t-il de temps à 30 ouvriers pour faire 450 m. de maçonnerie identique ?*

On raisonne ainsi :

Pour faire 180 m., 20 ouvr. mettent 15 j.

$$- \quad 1\,m., 20 \quad - \quad - \quad 180\,f.\,m.\ ou\ \frac{15\,j.}{180}$$

$$- \quad 1\,m., 1 \quad - \quad met \quad 20\,f.\,pl.\ ou\ \frac{15\,j. \times 20}{180}$$

$$- \quad 450\,m., 1 \quad - \quad - \quad 450\,f.\,pl.\ ou\ \frac{15\,j. \times 20 \times 450}{180}$$

$$- \quad 450\,m., 30 \quad - \quad mettent\ 30\,f.\,m.\ ou :$$

$$\frac{15\,j. \times 20 \times 450}{180 \times 30} = 25\ jours.$$

REMARQUE. — En faisant intervenir les proportions on arriverait plus vite au résultat en disant : le nombre de jours est : 1° directement proportionnel au nombre de mètres d'ouvrage, ce qui donne :

$$15\,j. \times \frac{450}{180}.$$

2° Inversement proportionnel au nombre d'ouvriers. Et on aurait :

$$15\,j. \times \frac{450}{180} \times \frac{20}{30}\ ou\ \frac{15\,j. \times 450 \times 20}{180 \times 30} = 25\ jours.$$

Exercices écrits

Reconnaître si les problèmes suivants renferment une règle de trois simple, directe, inverse, ou composée ; puis les résoudre.

880. Un équipage de navire composé de 12 matelots a des vivres pour 30 jours. Combien de jours dureront les vivres si on augmente l'équipage de 4 hommes ?

881. Un ouvrier a reçu 240f pour 16 jours de travail. Combien recevra-t-il pour 24 ours ?

882. 9 ouvriers travaillant 10 h. par jour ont fait 1,250 m. d'ouvrage ; combien 17 ouvriers travaillant 11 h. par jour feront-ils de mètres ?

883. Un bâton de 3 m. donne 1m,75 d'ombre sur le sol ; une tour donne au même moment 5m,50 d'ombre. Quelle est sa hauteur ?

884. Un robinet qui donne 15 litres par minute remplit un bassin en 12 heures. Combien un robinet qui donne 20 litres par minute mettra-t-il de temps pour remplir un bassin double du premier ?

Problèmes sur la règle de trois

885. Un domestique a été loué pour une année à partir du 1er mars moyennant 2.250f l'an. Il cesse son service le 18 août. Combien lui est-il dû ?

886. 9 m. de drap valent autant que 5 m. de velours et 13 m. de velours valent 602f,55. Combien valent 26 m. de drap ?

887. 3 ouvriers ont reçu 828f pour 44 jours de travail. Combien chacun d'eux doit-il toucher, sachant que le 1er a travaillé 18 jours, le second 16 jours, le 3e le reste et que le 1er qui fournit les outils a d'abord prélevé 36f ?

888. Le chemin de fer demande 5f,70 pour transporter 230 kg. à 28 km. Combien paierait-on pour le transport de 7 quintaux $\frac{1}{2}$ à 35 km. ?

889. 3 ouvriers travaillant 12 heures par jour ont mis 6 jours pour faire un certain ouvrage. Combien faudra-t-il d'ouvriers travaillant 9 heures par jour pour faire le même ouvrage en 8 jours ?

890. Un cultivateur a calculé qu'en travaillant 10 heures par jour il labourerait 6ha,80 a. en 5 jours. Combien lui faudra-t-il d'heures par jour pour labourer 12 ha. en 15 jours ?

891. Un cycliste part à 7 heures du matin avec une vitesse de 14 km. à l'heure. Quelle distance aura-t-il parcourue à 11 h. $\frac{1}{2}$ du matin, sachant qu'il aura fait 2 arrêts, l'un de 20 minutes, l'autre de 10 minutes ?

892. On sait qu'un hectare de terre donne 24 hl. de blé, que l'hectolitre de blé pèse 78 kg. et qu'un quintal de blé donne 53 kg. d'amidon. Trouver le poids d'amidon qu'on pourra retirer de la récolte d'un champ de 3ha,86.

893. Une pièce de tissu de laine de 28 kg. mesure 34 m. de long sur 0m,80 de large. Quelle longueur d'un tissu fera-t-on avec 72 kg. de laine, sachant que ce 2e tissu doit avoir 0m,75 de large?

894. Une pièce de toile écrue de 48m,60 a été payée 442f,25. Après le blanchissage, on trouve que le mètre revient à 9f,90. Combien la toile avait-elle perdu % de sa longueur ?

895. 35 becs allumés pendant 5 heures ont consommé 8m3,5 de gaz à 0f,60. Combien paiera-t-on pour 12 becs allumés pendant 7 heures ?

896. Un commerçant étant déclaré en faillite, on ne peut distribuer que 31 % du montant des créances. Que recevra un créancier à qui il était dû 3.925^f ?

897. L'actif d'un commerçant déclaré en faillite s'élève à 39.625^f,40, son passif à 70.480^f. Que recevra un créancier à qui il était dû 15.235^f ?

898. Le laiton ou cuivre jaune est composé de 65 parties de cuivre rouge et 35 parties de zinc. Quel poids de chacun des 2 métaux entre-t-il dans 54^{kg},500 de laiton? — Quel est le prix d'un kilogramme de laiton, le cuivre valant 160^f le quintal et le zinc 52^f le quintal? Combien faut-il ajouter de zinc à 45^{kg},700 de cuivre pour avoir du laiton ?

899. 2 ouvriers qui reçoivent le même salaire journalier ont reçu le 1er.347^f,10 et le 2e 267^f; pour 6 jours de travail de moins. Combien chaque ouvrier reçoit-il par jour et combien chacun d'eux a-t-il travaillé de jours ?

900. 800 kg. de bois donnent la même chaleur que 300 kg. de houille. Quel poids de houille faudrait-il brûler par an dans une maison où l'on consomme 30 stères de bois pesant en moyenne 750 kg. par stère ?

901. Une pièce de toile écrue a perdu au blanchissage 18 % de sa longueur, et elle ne contient plus que 18^m,40. Le mètre de toile écrue ayant coûté 12^f,40, à combien revient le mètre de toile blanchie ?

902. Dans de l'eau pure on fait dissoudre du sel marin. On obtient 450 grammes de dissolution contenant 9 % de son poids de sel. On demande : 1° le volume de l'eau pure employée; 2° combien de litres d'eau il faudra ajouter à la dissolution salée pour que 300 g. de la nouvelle dissolution ne contiennent que 9 g. de sel ?

903. On prend une barre de fer de 1^m,20 de longueur et de base carrée de 0^m,15 de côté. On la fait passer au laminoir successivement dans des orifices carrés de 10 cm., 8 cm., 5 cm., de côté. Quelle est la longueur de la barre après chaque passage ?

904. Le transport des voyageurs en chemin de fer est tarifé à 0^f,1265 en 3e classe, 0^f,2008 en 2e, 0^f,3075 en 1re par voyageur et par kilomètre, plus un timbre de 0^f,25 pour tout billet dépassant 10^f. Calculer d'après cela ce que paiera de Lille à Paris une famille de 5 personnes dont un enfant paie demi-place : 1° en 1re classe; 2° en 2e; 3° en 3e classe. La distance de Lille à Paris est 250 km.

905. Une troupe de 16 ouvriers travaillant 10 heures par jour a mis 27 jours pour paver 680 m. d'une rue. On double alors le nombre des ouvriers; on leur demande 12 heures de travail par jour. En combien de temps auront-ils terminé le pavage de la rue, sachant que sa longueur totale est 1.375 m. ?

906. Une femme emploie de la laine qui coûte 18ᶠ le kilogramme, et il lui en faut 1 kg. pour faire 10 bas. Sachant qu'elle les revend 10ᶠ,80 la paire et qu'elle met 16 jours pour faire 6 paires, combien gagne-t-elle par jour à ce travail ?

907. Un propriétaire qui a 9 ha. $\frac{2}{3}$ de terre paie 145ᶠ de contributions. A quelle somme doivent s'élever les contributions pour un autre propriétaire qui a 28 ha. $\frac{3}{5}$ de terre de la même qualité ?

908. 25 ouvriers peuvent faire un ouvrage en 42 jours. Au bout de 15 jours on leur adjoint une nouvelle équipe et l'ouvrage est terminé 12 jours plus tôt. De combien d'ouvriers se compose la 2ᵉ équipe ?

909. Il a fallu 7 jours $\frac{1}{2}$ à 25 ouvriers travaillant 9 h. $\frac{1}{4}$ par jour pour creuser un fossé de 125 m³. Combien faudra-t-il de temps à 17 ouvriers travaillant 8 h. $\frac{1}{2}$ par jour pour creuser un fossé de 145 m³ dans le même terrain ?

910. Un négociant achète du drap et du velours, en tout 255 m. La longueur du drap est double de celle du velours et le mètre de velours coûte 10ᶠ. On sait en outre que 5 m. de drap coûtent autant que 3 m. de velours. Combien le négociant a-t-il déboursé ?

67ᵉ LEÇON

Partages proportionnels

Problème. — *Partager 9.000ᶠ entre 3 personnes proportionnellement aux nombres 3, 4 et 5.*

Le partage pourrait se faire en donnant à la 1ʳᵉ 3ᶠ, à la 2ᵉ 4ᶠ et à la 3ᵉ 5ᶠ, et en répétant cette opération autant de fois que possible.

Combien de fois cette opération est-elle possible? Autant de fois que 3ᶠ + 4ᶠ + 5ᶠ = 12ᶠ sont à notre disposition, ou autant de fois que 9.000ᶠ contiennent 12ᶠ.

$$\text{La } 1^{re} \text{ aura} \qquad 3^t \times \frac{9.000}{12} = 2.250^t$$

$$\text{La } 2^e \text{ aura} \qquad 4^t \times \frac{9.000}{12} = 3.000^t$$

$$\text{La } 3^e \text{ aura} \qquad 5^t \times \frac{9.000}{12} = 3.750^t$$

Règle. — *Pour partager un nombre proportionnellement à des nombres donnés, on divise le nombre à partager par la somme des nombres donnés et on multiplie le quotient par chacun de ces nombres.*

Remarque. — Dans l'exemple donné, la division de 9.000 par 12 se fait exactement; il n'en est pas toujours ainsi. Il est nécessaire alors de calculer ce quotient avec un nombre suffisant de décimales pour ne pas avoir d'erreurs importantes.

On peut également *effectuer tout d'abord la multiplication* puis ensuite la division pour chacune des parts. Ce procédé a l'inconvénient d'exiger autant de divisions qu'il y a de parts, mais il conduit à des résultats plus exacts quand la division ne donne pas zéro pour reste.

Problèmes sur les partages proportionnels

911. Deux terrassiers ont creusé un fossé. Le travail leur a été payé 696^t. Le premier y a travaillé 12 jours et le deuxième 17 jours. Quelle somme revient-il à chacun ?

912. Partager 462^t entre 3 ouvriers qui ont travaillé : le premier 7 jours, le deuxième 8 jours et le troisième 9 jours ?

913. Une personne charitable verse au bureau de bienfaisance une somme de 390^t à répartir entre 4 familles nécessiteuses, proportionnellement au nombre des enfants de chacune d'elles. Le nombre des enfants étant respectivement 4, 7, 6 et 9 enfants, calculez la part de chaque famille.

914. Un commerçant mis en faillite laisse un actif net de 5.200^t pour payer 3 créanciers à qui il est dû : au 1er 2.400^t, au 2e 2.800^t, au 3e 4.450^t. Quelle somme chacun recevra-t-il ?

915. Un négociant en faillite a un passif de 35.630^t et un actif de 18.425^t. Que recevront 2 créanciers à qui il était dû respectivement 12.400^t et 13.700^t ?

916. Une faillite a 8 créanciers à qui il est dû respectivement :
5.140ᶠ, 8.275ᶠ, 15.438ᶠ, 21.450ᶠ, 18.450ᶠ, 12.600ᶠ, 19.425ᶠ et 25.846ᶠ.
L'actif à partager étant de 81.250ᶠ, calculer la part qui revient
à chacun d'eux.

917. Partager 559ᶠ entre 5 hommes, 4 femmes et 3 enfants
de manière que chaque homme ait autant qu'une femme et un
enfant et chaque femme autant que deux enfants.

918. 100 g. de poudre de chasse contiennent 78 g. de salpêtre,
12 g. de charbon et 10 g. de soufre. Quel poids de chaque substance faut-il prendre pour fabriquer 12 kg. de poudre ?

919. 2 ouvriers ont fait ensemble un ouvrage. Le premier y a
travaillé 8 heures par jour pendant 15 jours et le deuxième
10 heures par jour pendant 18 jours. Quelle est la part de chacun
dans le prix total qui leur a été payé et qui est de 2.062ᶠ,50 ?

920. 2 cultivateurs s'associent pour la location d'une machine
à battre pour un prix de 147ᶠ. Le premier se sert de la machine
pendant 30 jours de 10 heures et le deuxième pendant 45 jours
de 12 heures. Quelle part chacun d'eux doit-il payer du loyer de
la machine ?

68ᵉ LEÇON

Règle de Société

Les partages proportionnels reçoivent une application
pratique dans la répartition des bénéfices ou des pertes
d'une association commerciale.

1ᵉʳ Exemple. — *2 commerçants ont mis en commun le
premier une somme de 5.000ᶠ, le deuxième une somme de
11.000ᶠ. Les bénéfices de la première année s'étant élevés
à 1.600ᶠ, quelle part en revient à chacun.*

Les mises sont restées un **temps égal** dans la société ; il
est donc équitable que le bénéfice soit partagé proportionnellement à l'importance de ces mises. On partagera
donc **1.600ᶠ** en parties proportionnelles à **5.000** et **11.000** ;

d'après la règle, on aura :

$$\text{1re part} \qquad \frac{1.600 \times 5.000}{16.000} = 500^f.$$

$$\text{2e part} \qquad \frac{1.600 \times 11.000}{16.000} = 1.100^f.$$

2e Exemple. — *Un commerçant débute avec un capital de 10.000ᶠ. 6 mois après, un associé lui apporte un capital égal. La société se dissout 14 mois après le début de l'entreprise avec une perte de 5.100ᶠ. Quelle part de cette perte chaque ssocié doit-il supporter ?*

Les apports sont égaux, mais ils ont été laissés pendant des **temps différents**, le 1er pendant 20 mois, le 2e pendant 14 mois. Il est donc juste que la perte soit supportée par chacun proportionnellement au temps pendant lequel son capital a été engagé. On partagera donc **5.100ᶠ** en parties proportionnelles à **20** mois et à **14** mois (voir la règle des partages proportionnels).

$$\text{1re part} : \frac{5.100^f \times 20}{34} = 3.000^f.$$

$$\text{2e part} : \frac{5.100^f \times 14}{34} = 2.100^f.$$

Le premier retirera donc à la liquidation de la société :

$$10.000^f - 3.000^f = 7.000^f.$$

Le deuxième recevra : $10.000^f - 2.100^f = 7.900^f.$

3e Exemple. — *Un commer ant fonde une entreprise avec un capital de 3.400ᶠ. 4 mois après, il s'adjoint un associé qui lui apporte 2.500ᶠ. La première année de l'entreprise donne un bénéfice de 1.520ᶠ. Quelle part de ce bénéfice chaque associé doit-il recevoir ?*

Le commerçant a laissé **3.400ᶠ** dans l'entreprise pendant **12** mois. S'il ne les y avait laissés qu'un mois, son bénéfice devrait être **12** fois moindre. Mais s'il avait mis durant un mois une somme **12** fois plus forte, son bénéfice redeviendrait ce qu'il était. Donc, il doit recevoir la même part que s'il avait placé dans la société :

$$3.400^f \times 12 = 40.800^f \text{ pendant 1 mois.}$$

De même le 2ᵉ doit recevoir la même part de bénéfice que s'il avait mis dans la société :

$$2.500^f \times 8 = 20.000^f \text{ pendant 1 mois.}$$

Et on obtiendra la somme que chacun d'eux doit prélever en partageant le bénéfice 1.520ᶠ proportionnellement à 40.800ᶠ et 20.000ᶠ (temps égaux, voir 2ᵉ exemple).

$$1^{re} \text{ part } \frac{1.520 \times 40.800}{60.800} = 1.020^f.$$

$$2^e \text{ part } \frac{1.520 \times 20.000}{60.800} = 500^f.$$

Remarque. — Les deux derniers cas n'ont que très rarement des applications pratiques. Lorsqu'un nouvel associé entre dans une affaire, il est d'usage, en effet, de dissoudre la société en en répartissant les bénéfices ou les pertes et de la reconstituer en y faisant entrer le nouvel associé.

Problèmes sur la règle de Société

921. 4 personnes se sont associées pour reprendre une brasserie. La 1ʳᵉ a mis 10.000ᶠ, la 2ᵉ 15.000ᶠ, la 3ᵉ 8.000ᶠ et la 4ᵉ 25.000ᶠ. Au bout de l'année le bénéfice net a été 10.440ᶠ. Quelle est la part de bénéfice de chacune ?

922. Deux associés ont mis en commun l'un un capital de 3.500ᶠ, l'autre de 8.900ᶠ. Le 1ᵉʳ ayant touché 157ᶠ,50 de bénéfice, quelle est la part du 2ᵉ ?

923. Deux associés gèrent une maison de commerce. Le bénéfice net réalisé durant l'exercice 1924 a été 9.730ᶠ. La mise du second associé étant les 3/4 de celle du 1ᵉʳ, combien revient-il à chacun d'eux ?

924. Deux associés ont mis en commun un capital de 45.800ᶠ. Le bénéfice net d'une année a été de 5.283ᶠ. Calculer la part de bénéfice de chacun, sachant que le 1ᵉʳ a mis 12.400ᶠ de plus que le 2ᵉ dans l'association.

925. Deux associés ont placé dans un commerce un capital total de 18.500ᶠ. Le bénéfice net a été de 2.750ᶠ. Quel est le capital avancé par chacun des associés, sachant que le 1ᵉʳ a reçu pour sa part de bénéfice 375ᶠ de plus que le 2ᵉ ?

926. Une personne entreprend l'exploitation d'une carrière de pierre à bâtir avec un capital de 10.000ᶠ. 1 an après le début de l'exploitation, elle s'associe avec une 2ᵉ personne qui lui apporte un capital de 4.000ᶠ ; 6 mois après cette opération, un 3ᵉ associé apporte 6.000ᶠ. 3 ans après le début de l'exploitation, l'association se dissout avec un bénéfice net de 5.640ᶠ. Dites la part de bénéfice qui revient à chaque associé.

927. 3 négociants ont mis en commun, le 1ᵉʳ 14.000ᶠ, le 2ᵉ 18.000ᶠ, le 3ᵉ 15.000ᶠ. Ce dernier, qui est gérant de l'entreprise, touchera, avant toute répartition de bénéfice, 3 % du bénéfice total. L'entreprise ayant apporté 12 % du capital, dites ce qui revient à chacun.

928. A la liquidation d'une société, le bénéfice net est 4.500ᶠ. Le 1ᵉʳ a eu 2.160ᶠ pour sa part ; le 2ᵉ a eu 990ᶠ et le 3ᵉ qui avait mis dans l'association 3.000ᶠ a eu le reste. Quel est le capital placé par les 2 premiers associés ?

929. 2 associés ont mis en commun 3.500ᶠ et 8.900ᶠ. L'association se liquide en perte et le 1ᵉʳ ne peut en retirer que 3.000ᶠ. Que peut retirer le 2ᵉ ?

930. Deux associés ont mis dans une entreprise, le 1ᵉʳ 8.500ᶠ pendant 3 ans, le 2ᵉ 10.800ᶠ pendant 2 ans. A la liquidation, on ne réalise que 16.000ᶠ. Quelle somme chacun doit-il reprendre ?

931. Une société de 3 personnes a réalisé en un an 10.350ᶠ de bénéfice net. L'une d'elles a eu pour sa part de bénéfice 3.450ᶠ. Les 2 autres ont reçu, tant pour la mise de fonds que pour leur part de bénéfice l'une 24.150ᶠ et l'autre 34.250ᶠ. Quelle a été la mise de fonds de chacun des 3 associés ?

932. Deux commanditaires [1] ont fourni le 1ᵉʳ 30.000ᶠ, le 2ᵉ 10.000ᶠ à un inventeur pour l'exploitation d'un brevet. Il est convenu que l'inventeur aura le 1/3 du bénéfice. Après un an d'exploitation, le brevet a donné 5.460ᶠ de bénéfice. Quelle part chacun doit-il recevoir ?

933. Comment 2 associés doivent-ils partager un bénéfice de 3.478ᶠ,25, sachant que le 1ᵉʳ a mis dans l'affaire 5.500ᶠ plus une somme double de celle qu'a apportée le second ? L'association était au capital de 41.800ᶠ.

934. Deux associés ont acheté un immeuble de 100.000ᶠ et ont fait pour 12.000ᶠ de travaux d'aménagement ; la mise du 1ᵉʳ est triple de celle du 2ᵉ. Comment doivent-ils se partager le revenu qui est de 9.000ᶠ ? Ils ont à leur charge : 1° les impôts s'élevant à 325ᶠ ; 2° la prime d'assurance contre l'incendie de 0ᶠ,25 %.

935. 3 négociants ont acheté en commun une cargaison de nitrate du Chili composée de 5.200 sacs à 51ᶠ le sac. Le 1ᵉʳ a donné

---

1. Un commanditaire est un capitaliste qui fournit des fonds à un « commandité » pour l'exploitation d'un commerce ou d'une industrie, le commandité apportant dans la société des connaissances spéciales.

90.000ᶠ, le 2ᵉ 60.000ᶠ et le 3ᵉ le reste. Ils revendent le tout à Dunkerque à 63ᶠ le sac. Mais ils ont à payer 2.520ᶠ de frais de débarquement et de transport et une prime d'assurance de 2,5 pour 1.000. Quelle part chacun d'eux aura-t-il dans le bénéfice ?

69ᵉ LEÇON

Partages proportionnels
à des fractions

On peut avoir à partager un nombre **proportionnellement à des fractions.**

Exemple : Soit à partager 3.674ᶠ en parties proportionnelles à $\frac{1}{2}$ et $\frac{3}{5}$.

Le partage pourrait se faire en attribuant à la première $\frac{1}{2}$ franc et à la deuxième $\frac{3}{5}$ de franc autant de fois que cela est possible, ou encore (en réduisant les fractions au même dénominateur),

à la première $\frac{5}{10}$ de franc   autant de fois que
à la deuxième $\frac{6}{10}$ —   possible.

Mais on voit qu'après 10 distributions semblables :

la première aura eu 5 francs
et la deuxième — 6 francs.

On peut donc abréger l'opération en donnant à la première 5ᶠ et à la deuxième 6ᶠ autant de fois que cela sera possible, autrement dit, en partageant 3.674ᶠ en parties proportionnelles à 5 et à 6.

$$1^{re}\ part \qquad \frac{3.674^f \times 5}{11} = 1.670^f.$$

$$2^e\ part \qquad \frac{3.674^f \times 6}{11} = 2.004^f.$$

Règle. — *Pour partager une somme proportionnellement à des fractions, on réduit ces fractions au même dénominateur et on partage le nombre en parties proportionnelles aux numérateurs des fractions réduites.*

On peut avoir enfin à partager un nombre en parties **inversement proportionnelles** à des nombres donnés.

Exemple : Soit à partager **4.840**^{f} en parts inversement proportionnelles à **15** et **18**. On démontre que cette opération revient à partager **4.840**^{f} en parties proportionnelles aux inverses de **15** et de **18**, c'est-à-dire à $\frac{1}{15}$ et à $\frac{1}{18}$, la règle précédente peut alors s'appliquer.

Réduisons $\frac{1}{15}$ et $\frac{1}{18}$ au plus petit dénominateur commun :

$$\frac{1}{15} \qquad\qquad\qquad \frac{1}{18}$$

$$P.\,P.\,D.\,C. = 90$$

$$6 \qquad\qquad\qquad 5$$

$$\frac{6}{90} \qquad\qquad\qquad \frac{5}{90}$$

On partagera donc **4.840**^{f} en parties proportionnelles à $\frac{6}{90}$ et $\frac{5}{90}$ ou à **6** et à **5**.

$$1^{re}\ part \qquad \frac{4.840^f \times 6}{11} = 2.640^f.$$

$$2^e\ part \qquad \frac{4.840^f \times 5}{11} = 2.200^f.$$

Règle. — *Pour partager une somme en parties inversement proportionnelles à des nombres donnés, on la partage proportionnellement aux inverses de ces nombres.*

Exercices écrits

936. Partager 2.548^f en parties proportionnelles aux fractions $\frac{3}{5}$ et $\frac{4}{9}$?

937. Partager 7.600^f proportionnellement aux fractions $\frac{1}{6}$, $\frac{2}{3}$ et $\frac{3}{4}$.

938. Partager 8.200^f en parties proportionnelles à $4\frac{1}{2}$ et $5\frac{1}{4}$.

939. Partager 4.300^f en parties inversement proportionnelles à 8, 6 et 10.

940. Partager 1.250 en parties inversement proportionnelles à $3\frac{5}{8}$, $4\frac{2}{9}$ et $7\frac{5}{6}$.

Problèmes sur les partages proportionnels

941. 3 ouvriers ont reçu une somme de 384^f,75 pour un ouvrage fait en commun ; le premier a travaillé 4 jours $\frac{1}{2}$, le 2e 4 jours $\frac{1}{4}$, le 3e 5 jours $\frac{1}{2}$. Que doit recevoir chacun d'eux ?

942. Une chaîne et une montre ont coûté 816^f. Le prix de la chaîne étant les $\frac{7}{9}$ de celui de la montre, quel est le prix de chaque objet ?

943. Un patron emploie 3 ouvriers qui reçoivent le même salaire à l'heure. Durant une semaine, le 1er a travaillé 56 h., le 2e 45 h. $\frac{1}{2}$ et le 3e 41 h. Le salaire total des 3 ouvriers s'est élevé à 513^f ; faites la part de chacun.

944. Partager 200^f entre 3 personnes de manière que la part de la 1re soit à celle de la 2e comme 3 est à 5 et que celle de la 2e soit à celle de la 3e comme 7 est à 4.

945. Une personne loue une voiture pour faire 25 km. $\frac{3}{5}$; elle prend avec elle une autre personne qui doit parcourir 18 km. $\frac{2}{3}$

sur la même route; il est contenu que chacun paiera proportionnellement à la distance parcourue. Le voiturier ayant réclamé 36ᶠ, que doit payer chaque personne ?

946. 3 personnes qui ont à parcourir 65 km $\frac{1}{2}$ s'entendent avec 2 autres personnes qui ont à parcourir 23 km. $\frac{2}{7}$ sur la même route pour louer une voiture à frais communs. Que doit payer chaque personne, en proportion des distances parcourues, le prix de la voiture étant de 85ᶠ,50 ?

947. Partager 460ᶠ entre 3 personnes de la manière suivante : la 1ʳᵉ aura les $\frac{4}{5}$ de la 2ᵉ plus 20ᶠ et les $\frac{3}{6}$ de la 3ᵉ plus 10ᶠ.

948. Une personne emploie 12 hommes gagnant 19ᶠ,20 par jour, 7 femmes à 14ᶠ,40 et 5 enfants à 5ᶠ,50. Elle se propose de distribuer une gratification de 1.200ᶠ proportionnellement aux salaires journaliers. Quelle somme doit-elle donner à chacune des personnes qu'elle occupe ?

949. Un patron veut partager 350ᶠ entre 3 ouvriers proportionnellement au temps de service qu'ils ont dans sa maison. Le 1ᵉʳ ayant 12 ans 7 mois, le 2ᵉ 8 ans 4 mois et le 3ᵉ 3 ans 8 mois de service, déterminez la part qui leur sera attribuée dans le partage ?

950. Un oncle laisse à ses 3 neveux un héritage de 20.500ᶠ qui doit être partagé entre eux en proportion inverse de leur âge. L'aîné a 16 ans, le 2ᵉ a 15 ans et le 3ᵉ 10 ans. Déterminer leurs parts respectives ?

951. Partager 5.840ᶠ entre 3 enfants en proportion inverse de leur âge. L'aîné a 10 ans $\frac{1}{2}$; le 2ᵉ 7 ans $\frac{2}{3}$ et le 3ᵉ 4 ans $\frac{7}{12}$.

70ᵉ LEÇON

Du tant pour cent et du tant pour mille

Il arrive fréquemment dans le commerce que l'on a à calculer un tant % ou un tant °/₀₀ d'une certaine somme.

1ᵉʳ Exemple. — *Un commerçant vend pour 1.730ᶠ de*

marchandises. Il accorde à l'acheteur une remise de 3 %
parce que ce dernier paie comptant.

Le calcul de cette remise se fera de la façon suivante :

à 1 % la remise serait de 17ᶠ,30 ;
à 3 % elle sera 3 fois 17ᶠ,30 ou 51ᶠ,90.

Dans la pratique, on mettra **par la pensée** une virgule
après les centaines de **1.730ᶠ** et on écrira de suite la remise
en dessous du total pour opérer la soustraction :

$$\begin{array}{lr}
\textit{Total de la facture}\dots\dots & \textbf{1.730}^{\text{f}} \;\; » \\
\textit{Remise 3 \%}\dots\dots\dots & \textbf{51}^{\text{f}}\textbf{,90} \\
\hline
\textit{Net à payer}\dots\dots\dots & \textbf{1.678}^{\text{f}}\textbf{,10}
\end{array}$$

Remarque. — On peut aussi dire : une remise de 3 % ou
3ᶠ pour 100ᶠ, c'est une remise de **0ᶠ,03** par franc. La remise sera
donc **0ᶠ,03 × 1730ᶠ**. Dans certains cas particuliers, ce procédé
conduit à des calculs assez rapides ; mais celui que nous indiquons
ci-dessus est plus employé dans le commerce.

2ᵉ Exemple. — *Soit à calculer une remise de 0ᶠ,8 % sur
une facture de 3.425ᶠ.*

A   1 % la remise serait de **34ᶠ,25** ;
A 0,1 % la remise serait de **3ᶠ,42.**
A 0,8 % la remise sera **27ᶠ,36.**

La disposition pratique sera la même que ci-dessus :

$$\begin{array}{lr}
\textit{Total brut}\dots\dots\dots & \textbf{3.425}^{\text{f}} \;\; » \\
\textit{Remise 0,8 \%}\dots\dots\dots & \textbf{27}^{\text{f}}\textbf{,36} \\
\hline
\textit{Net à payer}\dots\dots\dots & \textbf{3.397}^{\text{f}}\textbf{,64}
\end{array}$$

3ᵉ Exemple. — *Soit à calculer un rabais de 3,8 % sur
un total de 12.450ᶠ.*

On calculera d'abord le rabais à 3 %, puis le rabais
à 0ᶠ,8 (remises partielles) et on en fera le total.

Dans la pratique, les remises partielles se placent
comme ci-dessus à gauche du total brut, et la remise

totale à droite de la dernière remise partielle, en dessous de ce total dont elle doit être retranchée.

$$\begin{array}{lrr}
Total.\dots\dots\dots\dots & & 12.450^{\text{f}}\text{ »}\\
Rabais\ 3\ \%\dots & 373^{\text{f}},50 & \\
-\quad\ 0,8\ \%\dots & 99^{\text{f}},60 & 473^{\text{f}},10\\
\hline
Net\ à\ payer\dots\dots\dots & & 11.976^{\text{f}},90
\end{array}$$

4ᵉ Exemple. — *Un banquier reçoit une somme de 2.200ᶠ pour le compte d'un commerçant ; il prélève une commission de $\frac{1}{8}$ %. A combien s'élève cette commission ?*

S'il retenait 1 %, il retiendrait 22ᶠ.

Retenant $\frac{1}{8}$ de franc %, il retiendra le $\frac{1}{8}$ de 22ᶠ ou 2ᶠ,75.

DISPOSITION PRATIQUE

$$\begin{array}{lr}
Montant\ du\ reçu\dots\dots & 2.200^{\text{f}}\ \text{»}\\
Commission\ \frac{1}{8}\ \%\dots & 2^{\text{f}},75\\
\hline
Net\dots\dots\dots\dots\dots & 2.197^{\text{f}},25
\end{array}$$

Remarque. — On a intérêt, pour la rapidité du calcul, à remplacer 0ᶠ,5 % par $\frac{1}{2}$ % et 0ᶠ,25 % par $\frac{1}{4}$ %.

Ainsi un rabais de 4ᶠ,5 % sur 829ᶠ se calculera en cherchant : 1° un rabais de 4 % sur 829ᶠ, soit 33ᶠ,16 ; 2° un rabais de $\frac{1}{2}$ % $\left(\frac{1}{2}\ \text{de}\ 8^{\text{f}},29\right)$, soit 4ᶠ,14, et l'on disposera dans la pratique comme suit :

$$\begin{array}{lrr}
Total.\dots\dots\dots\dots\dots\dots & & 829^{\text{f}}\ \text{»}\\
Rabais\ 4\ \%\dots\dots\dots & 33^{\text{f}},16 & \\
-\quad\ 0,5\ \%\dots\dots & 4^{\text{f}},14 & 37^{\text{f}},30\\
\hline
Net\ à\ payer.\dots\dots\dots\dots & & 791^{\text{f}},70
\end{array}$$

5ᵉ Exemple. — *Un propriétaire doit payer chaque année, pour assurer son immeuble contre l'incendie, 1ᶠ,25 %₀ (pour mille) de sa valeur. Quelle somme doit-il payer, l'immeuble étant évalué 16.500ᶠ.*

$$A\ 1\ \%_{00}\ \text{la somme à payer serait} \dots\dots\ 16^f,50$$

$$A\ 0^f,25 \left(\text{ou}\ \frac{1}{4}\right)\ \%_{00} \dots\dots\dots\dots\ 4^f,12$$

$$\text{Il paiera donc en tout} \dots\dots\dots\dots\ 20^f,62$$

Exercices écrits

952. Calculer le montant net d'une facture de 5.340ᶠ dans les cas suivants :
1° Avec une remise de 4 % ;
2° Avec une remise de 2,60 % ;
3° Avec une remise de 3,45 % ;
4° Avec une remise de $5\frac{1}{8}$ % ;
5° Avec une remise de 8,25 %.

953. On convient, pour certaines marchandises emballées, de déduire du poids brut une *tare* pour obtenir le poids net. Sachant que, pour les cotons, la tare est de 4 %, calculer le poids net d'une balle de coton de 198 kg.

954. Sur la réclamation d'un client, un vendeur lui consent un rabais de 9,5 % sur une facture de 4.548ᶠ pour erreur de qualité. Calculer la somme nette que devra payer le client.

955. Un acheteur de cafés ayant reçu 10 balles de café de chacune 50 kg. réclame et obtient pour impuretés une diminution de poids (réfaction) de 2,75 %. Calculer le poids net qu'il aura à payer.

Problèmes sur le tant pour cent et le tant pour mille

956. Un voyageur de commerce a un traitement fixe de 1.800ᶠ plus une commission de $\frac{1}{2}$ % sur les affaires qu'il traite. Il a enfin une indemnité de 20ᶠ par jour de voyage. Sachant que pendant une année il a voyagé 200 jours et qu'il a fait durant ce temps 253.800ᶠ d'affaires, on demande combien la maison de commerce qu'il représente lui a versé durant toute l'année.

957. Les cocons dévidés donnent 84 % de leur poids de chrysalides, et seulement 16 % de coques utilisables. Sachant qu'en 1906, les sériciculteurs français ont vendu 7.500.000 kg. de cocons frais, quel poids de coques a-t-on pu en retirer ? Les coques à leur tour ne donnent que 60 % de leur poids de fil et 40 % de déchets. Quel poids de fil et de déchet a-t-on retiré des coques produites en 1906 ?

958. Le suif brut donne par fusion 88 % de son poids de suif fondu et le reste en cretons. Quel poids de suif fondu et de cretons retirera-t-on d'une chaudière où l'on a jeté 1.150 kg. de suif brut ?

959. L'administration de l'enregistrement prélève sur les ventes immobilières un droit de 2^f,40 par 20^f (toute fraction de 20^f comptant pour 20^f). Que prélèvera-t-elle sur une vente de 4.248 ?

960. La toile écrue perd au blanchissage 15 % de sa longueur. Un marchand qui avait acheté 12 pièces de toile écrue les revend, après blanchiment, 10^f,80 le mètre. Il retire ainsi de la vente 3.257^f,52, y compris un bénéfice de 349^f,68. Quel est le prix du mètre de toile écrue ?

961. L'hectolitre de blé pèse 75 kg. ; le blé donne 72 % de son poids de farine et 3 kg. de farine donnent 4 kg. de pain. D'après ces données, combien pourra-t-on faire de pain avec un sac de blé de 160 l. et quelle sera la valeur de ce pain à 1^f,20 le kg ?

962. Tout bail doit être enregistré moyennant un droit de 0,45 % sur le total des loyers à payer pendant la durée du bail, plus une taxe de 2 décimes $\frac{1}{2}$ par franc calculée sur le montant de ce droit. Combien paiera-t-on pour l'enregistrement d'un bail de 3 ans contracté pour une maison d'un loyer de 850^f ?

963. Un libraire reçoit d'un éditeur 117 livres du prix fort de 7^f,50. L'éditeur donne 13 livres pour 12 et accorde une remise de 15 % sur le prix fort. A son tour le libraire revend les livres en accordant à ses clients un rabais de 5 % sur le prix fort. Que gagne-t-il sur tout le marché?

964. Le prix de l'or en barres se cote à la Bourse des métaux à 3.437^f le kilogramme, augmenté d'une prime ou diminué d'une perte de tant %$_0$. Calculer la valeur du kilogramme d'or pur lorsque la prime est de 1 $\frac{3}{4}$ %$_0$.

71ᵉ LEÇON

De la Facture

Lorsqu'un commerçant livre une marchandise à un client, il accompagne ordinairement son envoi d'une **facture**.

La disposition des factures est très variable, mais elles comprennent presque toujours les trois parties suivantes (voir ci-après le modèle d'une facture).

1° L'en-tête de la facture :

Le **nom et l'adresse** (imprimés) du vendeur ;

Le **nom et l'adresse** (écrits) de l'acheteur, suivis du mot **Doit** ;

La **date** de la livraison ;

Les **conditions de la vente**.

2° Le corps de la facture :

Énumération et **prix** des marchandises livrées ;

Frais à ajouter à la charge de l'acheteur ;

Remises et **rabais** (calculés d'ordinaire à tant %).

3° Une **dernière partie** indiquant comment le paiement de la facture sera fait (**au comptant, à une date fixée, contre reçu,** etc...).

Paiement de la facture. Acquit. — Lorsque le débiteur paie tout de suite le montant de la facture, le créancier **acquitte** cette dernière, c'est-à-dire qu'il écrit à la suite la mention : **Pour acquit,** puis il date et signe.

Cette mention suffit pour **donner décharge** à l'acheteur.

Pour les factures supérieures à **10ᶠ**, il doit être fait usage de timbres spéciaux appelés **timbres de quittances,** vendus par l'État :

$$
\begin{array}{lll}
\text{de } 10^{f},01 \text{ à } 100^{f} & \text{timbre de } 0^{f},25 \\
\text{de } 100^{f},01 \text{ à } 1.000^{f} & - \quad 0^{f},50 \\
\text{au-dessus de } 1.000^{f} & - \quad 1^{f}
\end{array}
$$

Ce timbre est obligatoire, même lorsque la mention pour acquit est remplacée par la mention : payé comptant. On doit l'**oblitérer** en écrivant sur ledit timbre la même date que celle de l'acquit et en apposant sa signature au-dessous de cette date.

Si on omet de placer le timbre, l'acquit est valable tout de même, mais le créancier et le débiteur sont passibles d'une amende de **62ᶠ,50.**

Reçu. — Il peut arriver que l'acheteur ne paie le mon-

tant de la facture que quelques jours après avoir reçu les marchandises. Dans ce cas, le vendeur lui donne décharge de sa dette au moyen d'un reçu.

En général, on appelle **reçu** une pièce qui constate qu'une personne a remis à une autre une valeur quelconque (objet, titre, argent...).

Le reçu est souvent extrait d'un « carnet de reçus à souche ». C'est un carnet dont chaque feuille est divisée en **2** parties : l'une, la **souche**, reste adhérente au dos du carnet et l'autre, le **volant**, contenant le reçu, peut facilement se détacher.

La souche permet de garder la trace du reçu qui en a été séparé ; on y inscrit la date, le nom du bénéficiaire du reçu et le montant de ce dernier.

Comme la quittance sur facture, le reçu supérieur à **10ᶠ** est soumis à un droit de timbre de 0ᶠ,25, 0ᶠ,50 ou 1ᶠ que l'on acquitte par l'apposition d'un **timbre mobile à quittances**.

Exercice écrit

965. M. Didier de Lille envoie, le 7 avril 1924, à M. Lafable de Paris les marchandises suivantes payables contre reçu fin mai :

> 215 mètres toile forte à 12ᶠ,15 le mètre ;
> 148 mètres cotonnade à 6ᶠ,80 le mètre ;
> 86 mètres lainage à 21ᶠ,75 le mètre ;
> 28 mètres soierie à 18ᶠ,50 le mètre.

Les frais de transport à la charge de l'acheteur s'élèvent à 14ᶠ,70 ; M. Didier fait à son client une remise de 2,5 %.
Écrire la facture et en calculer le montant net.

72ᵉ LEÇON

Règle d'intérêt

On appelle **intérêt** *le bénéfice produit par une somme d'argent prêtée pendant un certain temps.*

La somme prêtée s'appelle **capital.**

On appelle **revenu annuel** l'intérêt d'une somme prêtée pendant un an.

Pour fixer les conditions d'un prêt, l'emprunteur et le prêteur conviennent d'un **taux** : le **taux** est le revenu annuel de **100ᶠ**.

Ex. : Le taux est **5 %** lorsqu'il est convenu que **100ᶠ** rapportent **5ᶠ** en un an.

CALCUL DU REVENU

Calculer le revenu annuel que donne une somme de 5.600ᶠ à 3 %.

100ᶠ donnent un revenu de **3ᶠ**.

56 fois 100ᶠ donnent un revenu de $3^f \times 56 = 168^f$.

Remarque. — Ce calcul se fait dans la plupart des cas très aisément de tête. On peut le simplifier quelquefois en remarquant qu'à **5 %** le revenu est le $\frac{1}{20}$ du capital, à **4 %** le revenu est le $\frac{1}{25}$ du capital, etc...

CALCUL DE L'INTÉRÊT

Problème. — Calculer l'intérêt de **4.690ᶠ** en **56** jours à **3,5 %**.

Une règle de trois facile à écrire nous donnera :

$$I = \frac{4.690^f \times 3,5 \times 56}{360 \times 100} = 25^f,53.$$

Problème général. — *Calculer l'intérêt I d'un capital C francs placé au taux t % pendant n jours.*

100ᶠ en **360** j. rapportent t^f

1^f en 360 j. rapporte 100 f. m. ou $\dfrac{t}{100}$

1^f en 1 j. — 360 f. m. ou $\dfrac{t}{100 \times 360}$

C^f en 1 j. — C f. pl. ou $\dfrac{t \times C}{100 \times 360}$

C^f en n j. — n f. pl. ou $\dfrac{t \times C \times n}{100 \times 360}$

d'où la formule : $I = \dfrac{t \times C \times n}{36.000}$ ou $\dfrac{Ctn}{36.000}$

Règle. — *Pour obtenir l'intérêt, on multiplie le capital par le taux et le nombre de jours, et on divise le produit par 36.000.*

Cette règle, et la formule qu'elle traduit, sont simples à retenir et nous dispensent de faire une nouvelle règle de trois à chaque calcul d'intérêt. Il suffit en effet de remplacer dans la formule les lettres **C**, *t*, **n** par leurs valeurs respectives données dans le problème.

Ainsi, dans le problème ci-dessus, on écrirait de suite en remplaçant les lettres **C**, *t* et **n** par leurs valeurs :

$$I = \frac{4.690 \times 3,5 \times 56}{36.000} = 25^f,53.$$

REMARQUES. — 1° Lorsque le temps **n** est donné en **années** la formule ci-dessus subit une légère **modification**. Soit à trouver l'intérêt d'un capital **C** en **12** années au taux *t* %.

On raisonne comme pour le problème précédent.

On trouve :

$$I = \frac{Ctn}{100}$$

2° Lorsque le temps est donné en **mois**, la formule subit une autre modification. Soit à chercher l'intérêt de **C** en **12** mois à *t* %.

Le même raisonnement aboutit à la formule :

$$I = \frac{C\,n}{1200}$$

On voit que l'intérêt d'une somme s'obtient toujours en multipliant le capital par le taux et par le temps, et en divisant par **100**, par **1.200** ou par **36.000**, suivant que le temps est donné en années, en mois ou en jours.

INTÉRÊT SIMPLE ; INTÉRÊT COMPOSÉ

L'intérêt est **simple** lorsqu'il ne s'ajoute pas au capital pour porter intérêt à son tour.

Ainsi l'intérêt simple de **100**f à 5 % en **2** ans 1/2 est **12**f,50.

L'intérêt est **composé** lorsqu'au bout d'une période convenue, **1** an d'ordinaire, il **s'ajoute** au capital pour porter intérêt avec lui. On dit alors que l'intérêt se **capitalise** (c'est-à-dire se transforme en capital) tous les ans.

Exemple : 100ᶠ placés à intérêts composés rapportent la première année 5ᶠ, on a alors un nouveau capital de 105ᶠ.

Ce nouveau capital rapporte durant la deuxième année 5ᶠ,25, ce qui le porte à 110ᶠ,25, etc.....

Exercices de calcul mental

966. Calculer le revenu annuel des sommes suivantes : 1° 2.000ᶠ ; 2° 12.000ᶠ ; 3° 54.000ᶠ, successivement à 2, 3, 4, 5 et 6 %.

967. Calculer le revenu mensuel des mêmes sommes.

968. Calculer le revenu semestriel, — trimestriel des mêmes sommes.

Exercices écrits

969. Calculer : 1° le revenu annuel ; 2° le revenu mensuel ; 3° le revenu journalier d'une somme de 54.300ᶠ placée à 3, 4 et 5 %.

970. Calculer l'intérêt de 5.643ᶠ en 6 mois à 4 % : (1° par une règle de trois ; 2° en appliquant la formule).

971. Calculer l'intérêt simple de 7.845ᶠ en 2 ans à 3 % : (1° par une règle de trois ; 2° en appliquant la formule).

972. Calculer l'intérêt de 8.437ᶠ en 65 jours (même observation).

973. On place 3.500ᶠ à 3 %. Calculer la somme que l'on recevra, capital et intérêts réunis, au bout de 5 ans : 1° l'intérêt étant simple ; 2° l'intérêt étant composé.

974. Quelle somme recevra-t-on, capital et intérêts réunis, si l'on a placé 1.354ᶠ à 6 % durant 165 jours ?

975. Calculer la somme que l'on recevra, capital et intérêts réunis, en remboursement d'un prêt de 4.000ᶠ à 4 % l'an, au bout de 2 ans, l'intérêt étant capitalisé tous les six mois.

Problèmes sur le calcul des intérêts

976. Je place 8.425ᶠ à 3,5 % et 12.875ᶠ à 3ᶠ,75 %. Quel est mon revenu : 1° annuel ; 2° semestriel ; 3° trimestriel ; 4° mensuel ; 5° hebdomadaire ; 6° journalier ?

977. Une somme de 2.350ᶠ a été prêtée à intérêts simples pendant 3 ans 5 mois. Quelle somme doit-on rendre au bout de ce temps ?

978. J'emprunte le 14 mars une somme de 2.950ᶠ que je m'engage à rembourser le 10 juillet suivant. Que devrai-je rembourser au taux de 4ᶠ,75 % (employer la formule) ?

979. Une ville fait un emprunt de 4.000.000 de f. dont elle sert les intérêts à 4f,58 %. Plus tard, elle trouve à emprunter à 4f,24 % pour rembourser le premier emprunt. Quel bénéfice réalise-t-elle annuellement par cette opération ?

980. Un marchand vend, à raison de 28f,5 le stère, un tas de bois de 31m,50 de long sur 12 mètres de large et 2m,90 de haut ; il place à 4,5 % le $\frac{1}{5}$ du produit de sa rente. Combien touchera-t-il d'intérêts en 5 mois ?

981. Une personne emprunte 1.500f le 1er mars ; elle en rembourse la douzième partie à la fin de chaque mois ; avec la dernière mensualité, elle paie en plus les intérêts à 4 % de sa dette entière. Quel sera le chiffre de cette dernière mensualité ?

982. Vaut-il mieux placer 2.400f à 4f,75 % que 1.000f à 3 % et 1.400f à 6 % ?

983. Une personne qui possède 32.000f divise sa fortune en 2 parties ; la première placée en obligations lui rapporte net 3f,85 %, la deuxième est prêtée au taux de 4f,75 %. Quel revenu s'assure-t-elle, sachant que la première partie surpasse la deuxième de 3.500f ?

984. Une personne qui possède 48.000f divise sa fortune en 2 parts, dont la deuxième est les $\frac{3}{7}$ de la première ; la première étant placée à 6 % et la deuxième à 4,5 %, quel est le revenu de cette personne ?

985. Un cultivateur a acheté le 1er janvier à un propriétaire un champ de 3ha,23 à raison de 3.000f l'hectare. N'ayant pas les fonds disponibles, il a obtenu de ne s'acquitter de sa dette que le 15 juillet suivant, à condition d'en payer les intérêts à 7f,50 %. Quelle somme devra-t-il verser à son vendeur le 15 juillet ?

986. Un cultivateur achète à raison de 4.500f l'hectare un champ de forme rectangulaire de 160 m. de long sur 83m,40 de large. Il convient de payer comptant la moitié du prix, ainsi que les frais se montant à 12 % du prix d'achat, et le reste 6 mois après avec les intérêts à 5 %. Calculer le montant de chaque versement.

987. Un négociant a acheté du blé pour une somme de 31.500f à raison de 84f l'hectolitre. Il le garde un an en magasin et le revend alors en tenant compte de l'intérêt à 4 % du capital engagé et avec un bénéfice de 6 % de son prix d'achat. Combien a-t-il revendu : 1° le tout ; 2° l'hectolitre, sachant que 60 hl. ont été trouvés avariés et sans valeur ?

988. Une personne emprunte 3.000f le 1er février 1924 au taux de 5 %. Elle doit effectuer un remboursement de 900f le 1er fé-

vrier 1925 ; 900ᶠ un an après, et enfin 900ᶠ le 1ᵉʳ février 1927.
Que devra-t-elle encore après ce 3ᵉ paiement?

989. Un cultivateur a 200 quintaux de blé à vendre. On lui
en offre 74ᶠ,25 le quintal. Il refuse cette offre et vend son blé,
sept mois après, à 79ᶠ,95 le quintal métrique. Mais à cette époque
le blé s'étant desséché a perdu 2 % de son poids primitif. Quel
avantage a eu ce cultivateur à refuser l'offre, en tenant compte
de ce fait que, s'il l'avait acceptée, il aurait trouvé immédiatement à en placer le produit à 4 % l'an?

73ᵉ LEÇON

Recherche du taux

990. — *A quel taux a été placé un capital de 3.725ᶠ qui a
produit 74ᶠ,50 d'intérêt en 180 jours?*

1ʳᵉ Solution (Règle de trois composée)

3.725ᶠ placés pendant 180 j. rapportent 74ᶠ,50
1ᶠ — — 1 j. rapporte

$$\frac{74^f,25}{3.725 \times 180}$$

100ᶠ placés pendant 360 j. rapportent :

$$\frac{74^f,25 \times 100 \times 360}{3.725 \times 180} = 4\ \%.$$

2ᵉ Solution (Formule)

De la formule $\quad I = \dfrac{C \times t \times n}{36.000}$.

On tire

$$C \times t \times n = 36.000\ I$$

d'où :

$$t = \frac{36.000\ I}{c \times n}.$$

En appliquant cette formule, on a :

$$t = \frac{36.000 \times 74,25}{3.725 \times 180} = 4 \%.$$

3e Solution (Proportions)

Le taux, intérêt annuel de 100ᶠ, est proportionnel aux capitaux 100ᶠ et 3.725ᶠ et aux temps 360 j. et 180 j.

$$t = 74^f,25 \times \frac{100}{3,725} \times \frac{360}{180} = 4 \%.$$

REMARQUE. — Pendant et après la Grande Guerre, la France a émis des *Bons de la Défense nationale* dont l'intérêt est versé d'avance au souscripteur.

Problème. — *A quel taux place-t-on son argent quand on prend un bon de la défense 5 % payable à un an ?*

Le souscripteur d'un bon de 100ᶠ ne verse que 100ᶠ — 5ᶠ = 95ᶠ. C'est donc, en réalité, une somme de 95ᶠ qui rapporte 5ᶠ. Le taux du placement est donc de :

$$\frac{5^f \times 100}{95} = 5^f,26 \%.$$

Calcul du taux

991. Une personne a prêté à une autre 3.450ᶠ à intérêts simples. Au bout de 3 ans et 3 mois, elle retire 3.819ᶠ,15. A quel taux le prêt a-t-il été consenti ?

992. Un capital de 6.250ᶠ placé à intérêts simples pendant 5 ans $\frac{1}{2}$ a produit 1.065ᶠ,80. A quel taux a-t-il été placé ?

993. Une personne a acheté pour 5.000ᶠ, plus 10 % de frais d'acquisition, un pré qu'elle loue 265ᶠ par an, et pour lequel elle paie 28ᶠ,50 de contributions. A quel taux a-t-elle placé son argent ?

994. Une maison a été achetée 25.000ᶠ et l'acheteur a payé en sus du prix d'achat 15 % de frais. Elle est louée 1.725ᶠ par an. Le propriétaire fait en moyenne 180ᶠ de réparations par an et paie 78ᶠ,50 d'impôts. A quel taux a-t-il placé son argent ?

995. Un propriétaire fait bâtir une maison qui lui coûte 26.500ᶠ.

Il dépense chaque année 380ᶠ en réparations et touche 2.390ᶠ de loyer (net d'impôts) sur lesquels il donne 10 % au gérant chargé du recouvrement. A quel taux son argent se trouve-t-il placé?

996. Une personne a mis des fonds dans une entreprise industrielle; elle reçoit au bout de 5 ans et 2 mois 192.000ᶠ pour le capital et les intérêts simples réunis. Les bénéfices étant les $\frac{2}{5}$ du capital, on demande de trouver le taux du placement.

997. Une personne a mis ses fonds dans une entreprise et au bout de 4 ans 6 mois les intérêts simples sont le $\frac{1}{4}$ du capital. A quel taux a-t-elle placé ses fonds?

998. Un négociant achète des marchandises à raison de 360ᶠ le quintal et les revend, 5 mois $\frac{1}{2}$ après, à raison de 3.765ᶠ la tonne. A quel taux a-t-il placé son argent?

999. Un terrain, qui a été acheté 1.250ᶠ les 48ᵃ,65, produit 16 hl. de blé par hectare. Ce blé pèse 15 kg. par double-décalitre et se vend 84ᶠ le quintal. Sachant que les frais de culture s'élèvent à 510ᶠ par hectare, calculer à quel taux l'acquéreur a placé son argent.

74ᵉ LEÇON

Recherche du capital

1ᵉʳ Problème-type

1.000. Quel capital possède une personne qui jouit d'un revenu journalier de 3ᶠ,25, au taux de 4ᶠ,5 % ?

Solution

Le revenu annuel est de 3ᶠ,25 × 365 = 1.186ᶠ,25.
Pour avoir 4ᶠ,50 d'intérêt, il faut placer 100ᶠ.

$$\frac{100^f \times 1.186,25}{4,50} = 26.361^f,11.$$

2° Problème-type

Quelle somme placée à 5 % rapporte 500ᶠ en 80 jours ?

1ʳᵉ Solution

La règle de trois simple du problème précédent devient ici une règle de trois composée :

Pour avoir 5ᶠ d'intérêt en 360 j. il faut placer **100ᶠ**.

— 1ᶠ — en 1 j. —

$$\frac{100^f \times 360}{5}$$

Pour avoir **500ᶠ** d'intérêt en 80 j., il faut placer

$$\frac{100^f \times 360 \times 500}{5 \times 80} = 45.000^f.$$

2ᵉ Solution (Formule)

La formule de l'intérêt $I = \dfrac{C \times t \times n}{36.000}$ donne :

$$C \times t \times n = 36.000\, I.$$

Donc :

$$C = \frac{36.000\, I}{t \times n},$$

c'est-à-dire que *le capital est égal au produit de l'intérêt par 36.000, divisé par le taux et le nombre de jours.*

En appliquant cette formule au problème proposé, on a :

$$C = \frac{36.000 \times 500}{5 \times 80} = 45.000^f.$$

3ᵉ Solution (Proportions)

En appliquant les proportions, on peut dire que le capital est **proportionnel** *aux intérêts* (intérêt rapporté et intérêt de **100ᶠ**) et **inversement proportionnel** aux temps (année entière et durée du placement).

On a

$$C = 100^f = \frac{500}{5} \times \frac{360}{80}$$

75ᵉ LEÇON

Une remarque très importante

pour la résolution d'un grand nombre de problèmes sur les capitaux

Quel est l'intérêt annuel d'un capital de C fr. placé à 5 %?

Nous disons :

$$100 \text{ francs rapportent } 5 \text{ fr.}$$

$$1 \text{ franc rapporte } 100 \text{ f. m. ou } \frac{5}{100},$$

$$\text{et } C \text{ francs rapportent } C \text{ fois plus ou}$$

$$\frac{5 \times C}{100}$$

Nous constatons que l'intérêt annuel d'un capital placé à 5 % est les $\frac{5}{100}$ de ce capital.

Si le capital avait été placé à 4 % ou à 6 %, l'intérêt annuel serait les $\frac{4}{100}$ ou les $\frac{6}{100}$ du capital.

Cette remarque va nous permettre de résoudre beaucoup de problèmes sans avoir recours à la méthode dite de supposition qui n'a rien de très mathématique et qu'il ne faut employer que si l'on n'a pas d'autre procédé à sa disposition.

Prenons comme exemples deux problèmes récemment proposés au concours pour l'obtention des bourses d'enseignement primaire supérieur.

1001. 1ᵉʳ Problème. — *Une personne a placé deux capitaux, le premier à 6 %, le deuxième à 5 %. Au bout d'un an elle a retiré 3.690 francs, capitaux et intérêts réunis. Cal-*

culer ces capitaux, sachant que le premier est les 3/4 du deuxième.

Méthode par supposition. — On suppose deux capitaux qui soient dans le rapport de **3** à **4**, c'est-à-dire, par exemple, le premier de **300ᶠ**, le second de **400ᶠ**. On cherche ce que deviennent ces **2** capitaux augmentés de leurs intérêts respectifs pendant un an et on aboutit à un partage proportionnel de **3.690ᶠ** entre les deux sommes précédemment obtenues.

Appliquons au contraire l'observation précédente ; elle nous conduira à la solution suivante, beaucoup plus rigoureuse.

Solution recommandée. — Si les capitaux étaient égaux, l'intérêt annuel du premier placé à **6** % égalerait les $\frac{6}{100}$ et l'intérêt du deuxième les $\frac{5}{100}$ d'une même somme.

Mais le premier capital ne valant que les $\frac{3}{4}$ du deuxième, l'intérêt du premier ne représente donc que les :

$$\frac{6}{100} \times \frac{3}{4} = \frac{9}{200} \text{ du deuxième capital.}$$

Le deuxième capital étant considéré comme l'unité $\frac{100}{100}$, le premier capital ne vaut que les $\frac{3}{4}$ ou les $\frac{75}{100}$ du deuxième.

Capitaux et intérêts réunis valant **3.690ᶠ**, on aura donc :

$$\frac{75}{100} + \frac{9}{200} + \frac{100}{100} + \frac{5}{100} \text{ du deuxième capital} = \text{3.690 f.}$$

En réduisant au même dénominateur et en additionnant, on a :

$$\frac{369}{200} \text{ du deuxième capital} = \text{3.690 f.}$$

Le deuxième capital est donc de :

$$\frac{\text{3.690}^{\text{f}} \times 200}{369} = \text{2.000 f.}$$

Le premier capital est de :

$$\frac{\text{3.690}^{\text{f}} \times 150}{369} = \text{1.500 f.}$$

Réponses : Le 1ᵉʳ capital est de **1.500 f.** ; le 2ᵉ de **2.000 f.**

1002. 2ᵉ Problème. — *On place les 2/3 d'un capital à 5 % et le reste à 6 %. Au bout de 15 mois, on retire, capital et intérêts réunis, une somme de 1.600ᶠ. Quel est ce capital?*

Solution

Les intérêts d'un capital placé à 5 % représentent, au bout d'un an, les 5/100 du capital et à 6 % les 6/100 du capital. Si on place les $\frac{2}{3}$ d'un capital à 5 % et le reste, soit $\frac{1}{3}$, à 6 %, la somme des intérêts **annuels** représente :

$$\frac{5 \times 2}{100 \times 3} + \frac{6}{100 \times 3} = \frac{16}{300} \text{ du capital total.}$$

Mais les sommes sont placées pendant 15 mois ; les intérêts, au bout de 15 mois, représentent :

$$\frac{16 \times 15}{300 \times 12} = \frac{80}{1.200} \text{ ou } \frac{1}{15} \text{ du capital.}$$

La somme de **16.000ᶠ**, qui comprend à la fois le capital et les intérêts réunis, représente :

$$\frac{15}{15} + \frac{1}{15} = \frac{16}{15} \text{ du capital.}$$

Le capital était donc de :

$$\frac{16.000^f \times 15}{16} = 15.000^f.$$

Réponse : Le capital est de **15.000ᶠ**.

Problèmes

1003. Quel est le capital qui, placé à 3,5 %, a produit 928ᶠ,50 d'intérêts en 1 an et 3 mois ?

1004. Une personne qui devait payer une dette le 10 novembre ne l'a payée que le 15 janvier suivant, ce qui a augmenté la dette de 42ᶠ ; l'intérêt étant de 5 % l'an, que devait cette personne ?

1005. Un négociant emprunte une somme pour 4 ans à $4\frac{1}{2}$ %. Cette somme placée dans le commerce rapporte 6 %. Au bout des 4 ans le négociant rembourse la somme empruntée augmentée de ses intérêts simples et trouve qu'il a fait un bénéfice de 720ᶠ. Quelle est la somme empruntée ?

1006. Les $\frac{3}{4}$ d'une somme sont placés à 5 %, le reste à 4 %. Le revenu total étant 475ᶠ, quelle est cette somme ?

1007. Deux sommes placées à 6 % rapportent en tout 780ᶠ; l'intérêt de la 1ʳᵉ surpasse l'intérêt de la 2ᵉ de 180ᶠ. Quelles sont ces 2 sommes ?

1008. Deux sommes placées la 1ʳᵉ à 4,5 %, la 2ᵉ à 6 %, donnent des revenus inégaux dont la différence est 420ᶠ. Sachant que le total des 2 revenus est 1.080ᶠ, quelles sont les deux sommes placées ?

1009. Une personne divise sa fortune en 2 parts qu'elle place dans deux entreprises à 3,75 %. Elle se fait ainsi un revenu total de 2.950ᶠ. Sachant que le revenu de la 1ʳᵉ part surpasse celui de la 2ᵉ de 490ᶠ; dire quelles sont les 2 parts et quelle est la fortune totale.

1010. Une personne place sa fortune à 4 %. Au bout de l'année elle retire, capital et intérêts réunis, 25.200ᶠ. Quelle était sa fortune ?

1011. Une personne prête une somme pendant 2 ans 6 mois à intérêts simples. Au bout de ce temps elle reçoit, capital et intérêts réunis, 6.897ᶠ. Combien avait-elle prêté, le taux de l'intérêt étant 4 %.

1012. Quel est le capital qui, placé à 6 % l'an, vaudrait, capital et intérêts réunis, 580ᶠ,72 au bout de 76 jours ?

1013. Une somme placée pendant 8 mois est devenue, capital et intérêts réunis, 1.277ᶠ,20 ; la même somme pendant 15 mois au même taux est devenue avec ses intérêts 1.309ᶠ,75. Quelle est la somme placée ?

1014. Un homme en mourant a laissé la moitié de sa fortune à son frère, les $\frac{2}{5}$ à sa sœur et le reste à son neveu. Ce dernier ayant placé sa part à 4 % se fait un revenu de 720ᶠ. Quelle était la fortune du défunt ?

1015. Quelle est la fortune d'un particulier, sachant que le $\frac{1}{4}$ de cette fortune placé à 4,5 % est devenu, capital et revenu d'un an réunis, 7.053ᶠ,75 ?

1016. Un propriétaire vend un terrain d'une contenance de $3^{ha},24$. On demande de calculer le prix de vente du mètre carré, sachant que les $\frac{4}{9}$ du prix total placés à intérêts simples pendant 3 ans 8 mois au taux de 4,5 % sont devenus 12.582^f, capital et intérêts réunis.

1017. Quelle somme faut-il placer à 3,25 % pour qu'au bout de 219 jours on puisse, avec le capital et les intérêts réunis, acheter un terrain de $38^a,741$ à 66^f l'are ?

76ᵉ LEÇON

Recherche du temps

1018. *Un capital de 4.850^f placé à $3^f,25$ % a produit 240^f d'intérêts. Pendant combien de temps a-t-il été placé ?*

1ʳᵉ Solution (Règle de trois composée)

Pour avoir $3^f,25$ d'int. il faut placer 100^f, pendant 360 j.

$$\text{---} \quad 1^f \qquad \text{---} \qquad 1^f,$$

$$\frac{360 \text{ j.} \times 100}{3,25}$$

Pour avoir 240^f d'intérêts, il faut placer 4.850^f pendant

$$\frac{360 \text{ j.} \times 100 \times 240}{3,25 \times 4.850} = 554 \text{ j.}$$

2ᵉ Solution (Formule)

De la formule $I = \dfrac{C \times t \times n}{36.000}$.

On tire $\qquad C \times t \times n = 36.000 \, I,$

d'où :

$$n = \frac{36.000 \, I}{C \times t}.$$

En remplaçant les lettres par leur valeur, on a :

$$n = \frac{36.000 \times 240}{4.850 \times 3,25} = 554 \text{ j.}$$

REMARQUE. — Qu'il s'agisse de rechercher le *capital*, le *taux* ou le *temps*, les 3 formules ont le même numérateur 36.000 I.

3° Solution (Proportions)

La durée du placement est *directement proportionnelle* aux intérêts rapportés et *inversement proportionnelle* aux capitaux.

$$n = 360 \text{ j.} \times \frac{240}{3,25} \times \frac{100}{4.850}.$$

Calcul du temps

1019. On place à 5 % une somme de 7.200^f. Au bout de combien de jours sera-t-il dû : 1° 100^f ; 2° 375^f d'intérêt ?

1020. Un jeune employé se propose d'acheter une montre de 80^f avec les intérêts à 4,5 % de ses économies se montant à 1.740^f. A quelle époque son capital aura-t-il produit la somme nécessaire à l'achat ?

1021. Un entrepreneur présente à un client un mémoire s'élevant à 3.280^f. S'il paie comptant, le mémoire sera réduit à 3.220^f. S'il ne paie pas de suite, calculer la durée du crédit à accorder, l'intérêt étant compté au taux de 5 %.

1022. Pierre me paie 667^f,80 pour le capital et les intérêts d'une somme de 650^f que je lui ai prêtée à 3 %. Combien y a-t-il de temps que je lui ai prêté cette somme ?

1023. Un cultivateur vend 18^f,50 l'are un champ triangulaire de 158 m. de base et 97^m,50 de haut. Le paiement étant différé, l'acheteur lui remet au bout d'un certain temps, en tenant compte des intérêts simples à 3,5 % l'an, une somme de 1.490^f,50. Quel temps s'est écoulé entre la vente et le paiement ?

1024. Une personne ayant placé un capital à 4,5 % l'an le retire au bout de 8 mois et reçoit pour le capital et les intérêts réunis 12.360^f ; elle garde les intérêts et replace le capital à 5 %. Quel temps doit-il rester placé pour que l'intérêt soit le même que dans le premier placement ?

1025. Une personne achète une maison et paie comptant 18.540^f qui représentent les $\frac{2}{3}$ du prix d'acquisition. Elle convient de faire un 2e versement de 10.000^f comprenant le reste du prix d'acquisition et les intérêts calculés à 4,5 %. Dans combien de temps ce deuxième versement sera-t-il effectué ?

1026. Combien de temps faut-il à un capital placé à 5 % pour rapporter des intérêts simples, égaux à la moitié de sa valeur ?

1027. Combien de temps faut-il pour qu'un capital augmenté de ses intérêts à 4,5 % devienne égal aux $\frac{4}{3}$ de sa valeur, primitive ?

77e LEÇON

Méthode des nombres et des diviseurs pour le calcul de l'intérêt

L'intérêt d'un capital C au taux t % pendant n jours est :

$$I = \frac{C \times t \times n}{36.000}.$$

La lettre t représente le taux.

On aura donc dans presque tous les cas à se servir des formules suivantes, qui se simplifient aisément comme ci-dessous :

Taux 2 % $I = \dfrac{C \times 2 \times n}{36.000} = \dfrac{C \times n}{18.000}$ Diviseur : **18.000.**

Taux 3 % $I = \dfrac{C \times 3 \times n}{36.000} = \dfrac{C \times n}{12.000}$ Diviseur : **12.000.**

Taux 4 % $I = \dfrac{C \times 4 \times n}{36.000} = \dfrac{C \times n}{9.000}$ Diviseur : **9.000.**

Taux 4,5 % $I = \dfrac{C \times 4,5 \times 4}{36.000} = \dfrac{C \times n}{8.000}$ Diviseur : **8.000.**

Taux 5 % $I = \dfrac{C \times 5 \times n}{36.000} = \dfrac{C \times n}{7.200}$ Diviseur : **7.200.**

Taux 6 % $I = \dfrac{C \times 6 \times n}{36.000} = \dfrac{C \times n}{6.000}$ Diviseur : **6.000.**

Le produit du capital par le nombre de jours ($C \times n$) s'appelle le **nombre**.

Règle. — *Pour obtenir l'intérêt d'une somme, on fait le nombre (produit du capital par le nombre de jours) et on divise le nombre par le diviseur correspondant au taux du placement.*

Ce diviseur s'obtient aisément en divisant **36.000** *par le taux.*

REMARQUE. — Le taux légal ne peut dépasser **6** %. Les taux usuels sont **2, 3, 4, 4,5, 5** et **6** %.

Exercices écrits

1028. Calculer par la méthode des nombres et des diviseurs les intérêts suivants :

     5.240ᶠ pendant 72 jours à 6 %;
     2.420ᶠ pendant 114 jours à 5 %;
       283ᶠ pendant 56 jours à 4 %;
     4.800ᶠ pendant 83 jours à 3 %;
       584ᶠ pendant 96 jours à 2 %.

1029. Quel serait le diviseur relatif au taux 4,5 %? au taux 2,5 %? au taux 1,5 %? au taux 1 %?

1030. Trouver l'intérêt des sommes suivantes par la méthode des nombres et des diviseurs :

       345ᶠ pendant 58 jours à 4,5 %;
     1.840ᶠ pendant 114 jours à 2,5 %;
      540ᶠ pendant 84 jours à 1,5 %;
     4.240ᶠ pendant 96 jours à 1 %.

1031. Dans le calcul du nombre on néglige la partie décimale du capital. D'après cela chercher l'intérêt des sommes suivantes :

     4.243ᶠ,75 à 4 % pendant 65 jours;
       248ᶠ,50 à 5 % pendant 125 jours;
     1.243ᶠ,50 à 6 % pendant 28 jours.

78e LEÇON

Méthodes des parties aliquotes pour le calcul de l'intérêt

Soit un capital C placé à 6 % pendant n jours. D'après ce qui a été vu dans la précédente leçon,

$$I = \frac{C \times n}{6.000},$$

on remarque que si n = 60 jours

$$I = \frac{C \times 60}{6.000} = \frac{C}{100}.$$

Donc au taux de 6 % il faut 60 jours à un capital pour rapporter son centième.

On s'en rend compte aisément de la manière suivante :

100ᶠ pour rapporter 6ᶠ sont placés 360 j.

100ᶠ — 1ᶠ seront placés le $\frac{1}{6}$ de 360 j. ou 60 j.

D'après cela, soit à calculer l'intérêt de 2.450ᶠ en 78 jours à 6 %. 78 jours peut se décomposer en plusieurs périodes dont chacune sera une partie aliquote de 60.

$$78 = 60 + 15 + 3.$$

En 60 j. le capital 2.540ᶠ rapporte son centième, ou   25ᶠ,40

— 15   —   le $\frac{1}{4}$ de 25ᶠ,40   6ᶠ,35

— 3   —   le $\frac{1}{5}$ de 6ᶠ,35   1ᶠ,27

En 78 j., l'intérêt total sera 33ᶠ,02

60 jours, nombre de jours pendant lequel un capital rapporte son centième, est appelé **base relative** au taux 6 %.

Règle. — *On partage le nombre de jours donné en parties aliquotes de la base; on cherche l'intérêt pendant chaque période au moyen d'un calcul simple et on additionne tous ces intérêts partiels.*

La **base** varie avec le taux. On trouve les bases suivantes relatives aux taux usuels au moyen de raisonnements analogues à celui qui a été fait pour le taux **6.**

TAUX		BASES
6	%	60 jours.
5	%	72 —
4,5	%	80 —
4	%	90 —
3	%	120 —
2	%	180 —

Exercices écrits

1032. Calculer par la méthode des parties aliquotes les intérêts suivants :

$$4.650^f \text{ à } 6 \text{ \% pendant } 89 \text{ jours;}$$
$$257^f \text{ à } 5 \text{ \% pendant } 90 \text{ jours;}$$
$$1.485^f \text{ à } 4 \text{ \% pendant } 56 \text{ jours;}$$
$$2.237^f \text{ à } 3 \text{ \% pendant } 145 \text{ jours;}$$
$$899^f \text{ à } 2 \text{ \% pendant } 98 \text{ jours.}$$

1033. Quelle serait la base relative au taux 4,5 %? au taux 2,5 %? au taux 1,5 %? au taux 1 %?

1034. Trouver par la méthode des parties aliquotes l'intérêt des sommes suivantes :

$$5.240^f \text{ à } 4,5 \text{ \% pendant } 48 \text{ jours;}$$
$$1.297^f \text{ à } 2,5 \text{ \% pendant } 100 \text{ jours;}$$
$$588^f \text{ à } 1,5 \text{ \% pendant } 59 \text{ jours;}$$
$$13.420^f \text{ à } 1 \text{ \% pendant } 148 \text{ jours.}$$

79ᵉ LEÇON

Emploi constant du taux 6 0/0

Dans la pratique des banques, on calcule toujours à 6 % l'intérêt des sommes placées, soit par la méthode des nombres et des diviseurs, soit par la méthode des parties aliquotes.

Lorsqu'on a obtenu l'intérêt à 6 %, on obtient facilement l'intérêt à un autre taux.

L'intérêt à 5 % est les $\frac{5}{6}$ de l'intérêt à 6 %.

— 4,5 % — $\frac{3}{4}$ —

— 4 % — $\frac{2}{3}$ —

— 3 % — $\frac{1}{2}$ —

— 2 % — $\frac{1}{3}$ —

— 1,5 % — $\frac{1}{4}$ —

— 1 % — $\frac{1}{6}$ —

De là, les **règles** suivantes :

Lorsqu'on a calculé l'intérêt d'une somme à 6 %, pour avoir l'intérêt à 5 % on prend le $\frac{1}{6}$ de l'intérêt à 6 % et on l'en retranche.

Pour avoir l'intérêt d'une somme à 4,5 %, on calcule l'intérêt à 6 %, on en prend le $\frac{1}{4}$ et on l'en retranche.

Pour avoir l'intérêt d'une somme à 4 %, on calcule l'intérêt à 6 %, on en prend le $\frac{1}{3}$ et on l'en retranche.

Pour avoir l'intérêt d'une somme à 3, 2, 1,50, 1 %, on prend respectivement la moitié, le tiers, le quart, le $\frac{1}{6}$ de l'intérêt à 6 %.

Exemple :

Intérêt de 2.540ᶠ en 78 jours, à 6 %	33ᶠ,98
1/6 à retrancher	5ᶠ,66
Intérêt de 2.540ᶠ en 78 jours, à 5 %	28ᶠ,32

Exercices écrits

1035. Calculer l'intérêt des sommes suivantes, par la méthode des nombres et des diviseurs, en passant par le taux 6 % :

4.320ᶠ	en	56 jours à	6 % ;
1.328ᶠ	en	89 jours à	5 % ;
798ᶠ,50	en	140 jours à	4,5 % ;
2.456ᶠ	en	29 jours à	4 % ;
4.378ᶠ	en	19 jours à	3 % ;
2.580ᶠ	en	48 jours à	2 % ;
544ᶠ	en	67 jours à	1,5 % ;
1.427ᶠ,75	en	43 jours à	1 %.

1036. Calculer les intérêts suivants par la méthode des parties aliquotes en passant par le taux 6 % :

3.400ᶠ	en	45 jours à	5 % ;
2.328ᶠ	en	78 jours à	4,5 % ;
279ᶠ,50	en	85 jours à	4 % ;
1.345ᶠ	en	50 jours à	3 % ;
798ᶠ	en	84 jours à	2 % ;
1.540ᶠ	en	143 jours à	1,5 % ;
847ᶠ	en	69 jours à	1 %.

80ᵉ LEÇON

Effets de commerce

On appelle **effet de commerce** un écrit portant indication d'une somme à payer à une date fixée appelée **échéance**.

1er exemple. — Billet à ordre.

Girault de Marseille emprunte, le 10 mars 1924, à Paul Lemieux de la même ville, une somme de 560ᶠ remboursable le 30 juin. Il souscrit à Paul Lemieux le **billet à ordre** suivant et le lui envoie.

MARSEILLE, *le 10 Mars 1924* B. P. F. 560

Le Trente Juin prochain, je paierai à M. Paul Lemieux ou à son ordre, la somme de

Cinq cents soixante francs

valeur reçue en prêt

A Monsieur G. Girault
Rue Nationale 514
A Marseille
(B du R)

G. Girault

A Marseille
le 10 Mars 1924 G. Girault
(TIMBRE)

Paul Lemieux, recevant ce billet, le place dans son portefeuille.

Le 30 juin, Paul Lemieux ou son mandataire se présentera chez Girault muni du billet. Girault paiera 560ᶠ et le billet lui sera remis avec la mention : **Pour acquit**, signée et datée par Paul Lemieux.

Paul Lemieux peut d'ailleurs avant cette date, le 20 avril par exemple, donner le billet en paiement à Jean ; pour cela il le sort de son portefeuille et l'**endosse**, c'est-à-dire qu'il inscrit au dos du billet que le paiement devra se faire entre les mains de Jean (ou à son ordre).

Jean place à son tour le billet dans son portefeuille, soit jusqu'à l'échéance, soit jusqu'au jour où il le donnera à son tour en paiement à Robert en l'endossant au profit de ce dernier.

C'est naturellement le dernier porteur du billet qui écrira la mention : Pour acquit. Ce dernier porteur est presque toujours un banquier ; les banques ont, en effet, un service organisé pour percevoir le montant des billets les jours d'échéance.

2° exemple. — **Lettre de change ou traite.** — André, de Rochefort, reçoit de Jacquier, de Paris, le 12 février 1924, 786ᶠ de marchandises (suivant facture) payables à 5 mois.

Le **15 juin**, Jacquier tire sur André la **traite** suivante, dans laquelle il lui donne l'ordre de payer.

Acceptation. — Jacquier, avant de placer cette traite en portefeuille, peut demander à André de l'accepter ; André écrit alors comme ci-dessus la mention : Accepté, date et signe. Il s'engage par là même à payer la lettre de change le jour de son échéance.

Endossement. — Le **10 mai 1924**, Jacquier sort le billet de son portefeuille et le donne contre espèces à Henri ; il cède son droit à ce dernier au moyen de l'endossement suivant :

> *Payez à l'ordre de Mᵉ Henri*
> *valeur reçue comptant*
> *Paris le 10 Mai 1924*
> *Jacquier*

Partie du haut du verso de la traite.

C'est donc maintenant Henri qui a la traite en portefeuille, et qui peut la recevoir à son échéance ou la transmettre par voie d'endossement. Le dernier porteur remettra, le 15 juin, la traite acquittée à André en échange de la somme de 786ᶠ.

Comparaison des deux effets. — Un billet à ordre est donc un **engagement de payer** pris par le débiteur (ou souscripteur du billet) envers le créancier.

Une traite est un *ordre de payer* adressé par le créancier (ou **tireur**) au débiteur (ou **tiré**).

Dans les deux cas, la somme indiquée sur le billet ou **valeur nominale** sera payée au porteur de l'effet le jour de l'échéance.

Timbre. — Tous les effets de commerce sont soumis à un droit de timbre de 0ᶠ,10 par 100ᶠ ou fraction de 100ᶠ.

Exemples : Un effet de   63ᶠ,20   paiera   0ᶠ,10
      —   401ᶠ   paiera   0ᶠ,50
      —   798ᶠ   paiera   0ᶠ,80

L'État vend des « papiers timbrés » spéciaux pour effets de commerce, et des timbres mobiles que l'on peut coller sur des feuilles quelconques.

Exercices écrits

1037. Albert, de Lyon, a emprunté, le 15 avril 1924, une somme de 240ᶠ à Louis, de Lyon. Écrire le billet à ordre payable le 15 juillet. — Quel sera le coût du timbre ? — Le 25 mai, Louis endosse le billet au bénéfice de la « Banque du Nord ». Écrire l'endossement. — Acquitter le billet à la date du 15 juillet.

1038. A., de Paris, envoie à B., de Marseille, 445ᶠ de marchandises le 10 mai 1924. Le 20 mai, il tire sur B. une traite payable au 31 juillet. Écrire la traite ; quel timbre portera-t-elle ? — Écrire l'acceptation de B. le 22 mai. — A. endosse la traite le 10 juillet au bénéfice de C., banquier à Paris, Écrire l'endossement. Acquitter la traite à la date du 31 juillet.

———

81ᵉ LEÇON

Règle d'Escompte

Jacques a dans son portefeuille une traite qui doit être payée le **15 juin**. Ayant besoin d'argent le **10 mai**, il la cède contre espèces au banquier Henri. On dit qu'il la **négocie.**

Négocier un billet, c'est donc le vendre.

Le banquier **escompte** le billet, c'est-à-dire donne en échange de l'argent.

Escompter un billet, c'est donc l'acheter.

Le banquier recevra le montant de l'effet à l'échéance, le **15 juin**. Son opération se réduit donc à donner le **10 mai** à Jacques une somme d'argent qui lui sera rendue le **15 juin** par André. C'est donc une sorte de prêt d'argent depuis le jour de la négociation (**10 mai**) jusqu'au jour de l'échéance (**15 juin**).

Aussi demande-t-il à Jacques l'intérêt de l'argent prêté, soit approximativement l'intérêt de **780ᶠ** depuis le **10 mai** jusqu'au **15 juin** : c'est ce qu'on appelle l'**escompte** du billet.

On peut donc dire :

L'escompte d'un effet de commerce c'est l'intérêt de la valeur nominale du billet depuis le jour de la négociation jusqu'au jour de l'échéance.

Dans le cas actuel, l'escompte sera l'intérêt de 780ᶠ à 4 % du 10 mai au 15 juin, c'est-à-dire durant 36 jours :

21 jours restant à courir en mai.
15 jours du mois de juin.

Total : 36 jours.

On aura : $E = \dfrac{780 \times 4 \times 36}{36.000} = 3^f,12.$

et le banquier donnera à Jacques en échange du billet :

780ᶠ — 3ᶠ,12 = 776ᶠ,88.

C'est la **valeur actuelle** du billet au **10 mai**.

La valeur actuelle d'un effet de commerce est la valeur nominale diminuée de l'escompte.

REMARQUES. — Dans le calcul du nombre de jours, on compte le jour de la négociation sans compter celui de l'échéance ; ou inversement, on néglige le jour de la négociation et l'on compte le jour de l'échéance. Le résultat est le même dans les 2 cas.

COMMISSION ET CHANGE DE PLACE

Les banquiers retiennent en plus de l'escompte une **commission** qui est ordinairement de 1/8 %.

Lorsque l'effet est payable dans une autre ville, ils perçoivent pour frais de recouvrement un **change de place** variant de $\dfrac{1}{20}$ à 2 %.

Le calcul de ces deux retenues se fait sans aucune considération de temps. C'est donc un simple calcul de tant % (voir 70ᵉ leçon).

Soit à prélever sur l'effet précédent une commission de $\dfrac{1}{8}$ % et un change de place de 0ᶠ,5 %.

Valeur nominale...............................		780ᶠ
Escompte 4 %...............................	3ᶠ,12	
Commission 1/8 %...............................	0ᶠ,97	7ᶠ,99
Change 0,5 %...............................	3ᶠ,90	
Net à payer...............................		772ᶠ,01

L'ensemble des retenues opérées par le banquier s'appelle l'**agio**. L'agio était donc ici 7ᶠ,99.

82e LEÇON

Quelques mots sur l'Escompte rationnel

L'escompte pratiqué par les banquiers français, comme il a été indiqué dans la leçon précédente, est appelé **escompte commercial.**

Ainsi, l'escompte commercial d'un billet de 5.705^f,55 à 162 j. d'échéance, au taux de **6** %, est de

$$\frac{6^f \times 5.705,55 \times 162}{100 \times 360} = 154^f,05.$$

Il est à remarquer que le banquier, en calculant l'escompte sur le montant ou valeur nominale du billet, retient à son client plus qu'il ne devrait, puisque la somme sur laquelle il calcule l'intérêt est supérieure à celle qu'il remet au client.

Pour que l'intérêt, ou l'escompte, fût calculé **rationnellement,** il faudrait qu'il fût compté sur la *valeur actuelle* du billet, c'est-à-dire sur la somme versée en réalité par le banquier au client qui lui présente un billet. C'est à cet escompte qu'on donne le nom d'**escompte rationnel.**

CALCUL DE L'ESCOMPTE RATIONNEL

1039. *Quel est l'escompte rationnel d'un billet de 5.705^f,55 à 162 j. d'échéance au taux de 6 % ?*

Sur une somme de **100^f,** remise par le banquier à son client, l'escompte à **6** % en **162** jours est de :

$$\frac{6^f \times 162}{360} = 2^f,70.$$

La valeur nominale du billet qui permettrait au porteur de toucher **100^f** devrait être de :

$$100^f + 2^f,70 = 102^f,70.$$

C'est donc sur une valeur *nominale* de **102^f,70** que le banquier devrait retenir 2,70. Sur une valeur nominale de 5.705^f,55 il retiendra :

$$\frac{2^f,70 \times 5.705^f,55}{102^f,70} = 150^f.$$

Conclusion. — Pour un billet de 5.705^f,55 à 162 j. d'échéance et escompté à 6 %, l'escompte **commercial** excède l'escompte rationnel de :

$$154^f,05 - 150^f - 4^f,05.$$

Il est à remarquer que lorsque le montant du billet est peu élevé et l'échéance peu éloignée, la différence des deux escomptes est relativement minime.

FORMULE DE L'ESCOMPTE RATIONNEL

Reprenons le raisonnement précédent en représentant par C le montant du billet, par t le taux et par n le nombre de jours à courir jusqu'à l'échéance.

Sur 100^f escomptés à t % pendant n jours on retient

$$\frac{t \times n}{360}.$$

La valeur nominale du billet qui permettrait au porteur de toucher 100^f devrait être de

$$100^f + \frac{tn}{360} = \frac{36.000 + tn}{360}.$$

Sur une valeur nominale de $\dfrac{36.000 + tn}{360}$ on retient $\dfrac{tn}{360}$

sur une valeur nominale de 1^f, on retient : $\dfrac{tn}{360} : \dfrac{36.000 + tn}{360}$

soit : $\dfrac{tn \times 360}{360 \times 3.600 + tn}$ ou $\dfrac{tn}{36.000 + tn}$,

et sur une valeur nominale de C^f

$$\frac{Ctn}{36.000 + tn}.$$

C'est la formule de l'escompte rationnel.

Appliquons cette formule au problème précédent :

$$\text{E. r.} = \frac{5.705^f,55 \times 6 \times 162}{36.972} = 150^f.$$

Remarque. — La formule de l'escompte rationnel ne diffère de celle de l'escompte commercial que par le dénominateur qui, dans la formule de l'escompte rationnel, est augmenté du produit $t \times n$.

83e LEÇON

Échéance commune et échéance moyenne

On peut se proposer de remplacer deux ou plusieurs billets par un seul dont le montant est déterminé.

On peut aussi remplacer deux billets par un seul dont l'échéance est fixée.

Ces opérations doivent être équitables ; pour cela il suffit évidemment que la somme des **valeurs actuelles** des billets remplacés soit égale à la valeur actuelle du billet qui leur est substitué.

1er Exemple. — *On doit payer deux billets, l'un de* **12.000f** *dans* **40** *jours, l'autre de* **12.000f** *dans* **90** *jours. On voudrait payer en une fois dans* **60** *jours. Quel sera le montant du billet unique, le taux de l'escompte étant* **6 %** ?

Si on négociait le premier billet aujourd'hui il subirait un escompte de

$$\frac{6 \times 12.000 \times 40^t}{36.000} = 80^f,$$

et aurait une valeur actuelle de 11.920f

Le 2e billet, négocié aujourd'hui, subirait un escompte de $\dfrac{6 \times 12.000 \times 90}{36.000} = 180^f$

et aurait une valeur actuelle de 11.820f

Le billet unique doit donc avoir une valeur actuelle de 23.740f

Or un billet d'une valeur nominale de **100^f** payable dans **60** jours subirait un escompte de **1^f** et aurait une valeur actuelle de **99^f**.

Une règle de trois montre qu'un effet dont la valeur actuelle est **23.740^f** aura une valeur nominale :

$$\frac{23.740^f \times 100}{99} = 23.979^f,80.$$

C'est la valeur à inscrire sur le billet unique.

2e Exemple. — *On veut remplacer deux billets, l'un de* **700^f** *payable dans* **30** *jours, l'autre de* **1.500^f** *payable dans* **120** *jours par un seul billet de* **2.200^f**. *Quelle sera l'échéance du nouveau billet, le taux de l'escompte étant 6 %?*

Si on négociait le premier effet aujourd'hui, il subirait un escompte de $\dfrac{700 \times 6 \times 30}{36.000} = 3^f,50$ et sa valeur actuelle serait **700^f — 3^f,5 = 696^f,5.**

Pour le 2e effet, l'escompte serait :

$$\frac{1.500 \times 6 \times 120}{36.000} = 30^f,$$

et la valeur actuelle **1.470^f**.

Le billet qui remplacera ces deux effets devra donc avoir une valeur actuelle de **2.166^f,5**, c'est-à-dire subir un escompte de **2.200^f — 2^f.166,5 = 33^f,50.**

Il suffit donc de calculer en combien de temps **2.200^f** rapportent un intérêt de **33^f,50**, problème déjà fait. On trouve :

$$\frac{36.000 \times 33,5}{2.200 \times 6} = 91 \text{ jours.}$$

L'effet unique doit donc être payable dans **91 jours.**

Remarque importante

Quel que soit le taux de l'escompte, pour qu'un billet à **1** jour d'échéance produise le même escompte que le billet de **700^f** à **30** j., il faudrait que son montant soit **30** fois plus élevé ou :

$$700^f \times 30 = 21.000^f.$$

De même, le billet qui, à 1 jour d'échéance, subirait le même escompte qu'un billet de 1.500^f à 120 j. serait de :

$$1.500^f \times 120 = 180.000^f.$$

Donc un billet de 700^f + 1.500^f, soit 2.200^f, pourrait être remplacé par un billet unique à 1 j. d'échéance s'élevant à :

$$21.000^f + 180.000^f = 201.000^f.$$

Ce billet de 2.200^f est donc à l'échéance de :

$$\frac{201.000}{2.200} = 91 \text{ jours.}$$

DISPOSITION PRATIQUE

$$700^f \times 30 = 21.000^f$$
$$1.500^f \times 120 = 180.000^f$$
$$2.200^f \times x = 201.000^f$$

$$x = \frac{201.000^f}{2.200} = 91 \text{ jours.}$$

Exercices écrits

1040. Qu'appelle-t-on : 1° valeur nominale? 2° valeur actuelle d'un billet?

1041. Montrer que la valeur nominale est fixe, mais que la valeur actuelle augmente au fur et à mesure que l'on approche de l'échéance.

Problèmes sur l'Escompte

1042. Un banquier escompte le 15 février au taux de 6 % un billet de 1.430^f payable le 31 mars. Quelle somme retiendra-t-il sur ce billet ?

1043. Un billet de 1.800^f payable le 31 mai a été souscrit le 5 mars. Calculer sa valeur : 1° le 5 mars ; 2° le 5 avril ; 3° le 5 mai, au taux de 4,5 %.

1044. Un billet de 2.000^f escompté à 5 % le 1er mars a subi une retenue de 31^f,25. Quelle était l'échéance de ce billet ?

1045. A quel taux a été escompté un billet de 8.500^f payable dans 4 mois et qui se trouve réduit à 8.415^f?

1046. Un billet payable dans 90 jours est escompté au taux de 4 %. Sa valeur actuelle est 1.683ᶠ. Quelle est sa valeur nominale?

1047. Un client me donne en paiement un billet de 1.520ᶠ payable dans 75 jours, en tenant compte d'un escompte de 6 %. A quelle somme s'élevait sa dette?

1048. Un commerçant porte le 14 juin chez un banquier 3 effets :
1° une traite de 1.420ᶠ payable le 30 juin ;
2° — de 580ᶠ — le 5 juillet ;
3° — de 2.415ᶠ — le 31 juillet.

Quel est le montant de l'escompte que le banquier retiendra, le taux de l'escompte étant 4 %?

1049. 2 personnes se présentent chez un banquier, la 1ʳᵉ avec un billet de 1.500ᶠ payable dans 6 mois, la 2ᵉ avec un billet de 1.470ᶠ payable dans 10 jours. Le banquier escompte les 2 billets au taux 5 %. Quelle somme le banquier rendra-t-il à chacune d'elles?

1050. On a 2 paiements à effectuer, l'un de 4.000ᶠ dans 45 jours, l'autre de 8.000ᶠ dans 75 jours. On voudrait s'acquitter en une seule fois par un paiement de 12.000ᶠ. Pour quelle époque doit-on souscrire ce billet? (Taux 5 %.)

1051. Une personne a souscrit 3 billets : le 1ᵉʳ de 800ᶠ payable dans 70 jours, le 2ᵉ de 1.200ᶠ payable dans 80 jours et le 3ᵉ de 1.500ᶠ payable dans 90 jours. Elle désire les remplacer par un billet unique payable dans 75 jours. Quel sera le montant de ce billet ? (Taux 6 %.)

1052. Calculez la différence entre l'escompte commercial et l'escompte rationnel d'un billet de 420ᶠ à l'échéance de 5 mois au taux de 6 %.

1053. Un commerçant reçoit d'un fournisseur deux factures : l'une de 800ᶠ payable dans 30 jours, l'autre de 2.000ᶠ payable dans 60 jours. Ayant des fonds disponibles, il demande à s'acquitter de suite. Que doit-il payer? (Prendre pour taux de l'escompte 4 %.)

1054. Un négociant a acheté 4.000ᶠ de marchandises qu'il doit payer dans 15 mois. Au bout de quelque temps, il effectue un premier paiement de 2.000ᶠ ; le 2ᵉ se trouve alors reporté à 2 ans après l'achat. A quelle époque avait-il fait le premier paiement? (Taux 6 %.)

1055. Un négociant achète 6.000ᶠ de marchandises payables dans 90 jours. Mais il verse tout de suite un acompte de 2.000ᶠ ; dans combien de temps devra-t-il payer le reste? (Taux 4,5 %.)

1056. Calculer par la méthode des nombres et diviseurs l'escompte que le banquier fera subir aux effets suivants (taux 6 %) :

$$5.340^f \text{ négocié le 20 avril,} \qquad \text{échéance } 10 \text{ juin;}$$
$$2.450^f \quad — \quad \text{le 25 janvier 1925,} \quad — \quad 15 \text{ mars;}$$
$$987^f \quad — \quad \text{le 30 septembre,} \quad — \quad 29 \text{ décembre.}$$

1057. Prendre comme taux successivement : 2, 3, 4, 4,5, 5 et 6 %.

1058. Calculer les mêmes escomptes par la méthode des parties aliquotes.

1059. Un commerçant présente à la négociation les effets suivants, au taux de 4,5 %, le 9 mai :

$$\left. \begin{array}{l} 2.340^f \\ 588^f \end{array} \right\} \text{ à l'échéance du 31 mai;}$$

$$\left. \begin{array}{l} 1.285^f \\ 483^f \\ 854^f \end{array} \right\} \text{ à l'échéance du 10 juin;}$$

Calculer : 1° par la méthode des nombres et diviseurs ; 2° par la méthode des parties aliquotes, la valeur nette totale de ces effets (sans tenir compte de la commission ni du change).

1060. Un banquier escompte le 18 mars un effet de 1.458^f payable le 30 avril aux conditions suivantes : 1° escompte 6 % l'an ; 2° commission 1/8 % ; 3° change de place 0,5 %.

Calculer la valeur de la somme qu'il remettra en échange de ce billet ; quel est le taux réel de l'escompte ?

1061. Un commerçant négocie, le 29 août, en banque, 3 effets :

1° une traite de 2.147^f payable le 30 septembre ;
2° — de 1.458^f — le 15 octobre ;
3° — de 2.415^f — le 31 octobre.

Calculer la somme qu'il recevra sachant que les billets sont escomptés à 3,5 % l'an, que le banquier retient en plus une commission de 1/8 %, et un change de place de 1 % sur le 1er billet et de 0^f,2 % sur les 2 derniers.

84e LEÇON

Rentes sur l'État; obligations des villes et des départements

Pour certaines dépenses extraordinaires, auxquelles les ressources de l'impôt ne permettent pas de faire face, l'État emprunte de l'argent aux particuliers, et donne en échange des **titres de rente**.

On appelle **rente sur l'État** le revenu annuel que l'on retire d'une somme prêtée à l'État. Ce revenu est perçu par les propriétaires de titres au moyen de **coupons** qu'ils détachent du titre à des époques fixées d'avance.

Les titres de rente constituent une véritable marchandise qui se vend et s'achète à la Bourse, à un cours fixé chaque jour, par les agents de change (cote officielle de la Bourse).

On appelle **cours** de la rente à un jour déterminé la somme qu'il faut débourser pour acheter 4^f, 5^f, ou 6^f de rente. Si, par exemple, le cours du 3 % est **54^f,60**, cela veut dire qu'en payant **54^f,60** on acquiert un titre qui permettra de recevoir un intérêt annuel de 3^f et qui aura une valeur nominale de **100^f**.

Les villes et les départements sont quelquefois autorisés à emprunter pour effectuer certains travaux extraordinaires ; ils émettent alors des obligations qui rapportent **3, 4, 5, 6^f** d'intérêt annuel et qui se négocient en Bourse comme les rentes sur l'État, à un cours variable.

LE COURTAGE ET LE TIMBRE

Quiconque désire acheter ou vendre un titre de rente ou une valeur quelconque : obligation ou action, doit s'adresser à un **courtier : agent de change** ou **banquier**.

L'agent de change ou le banquier reçoivent, en raison de leur intervention, une certaine rétribution, c'est ce qu'on appelle *le droit de courtage*.

Voici le **tarif du droit de courtage** établi par la Chambre syndicale des Agents de change.

Rentes françaises	0,15 % du montant de la négociation, avec un minimum de courtage de 0,50 c.

Emprunts des Colonies et des Pays de
Protectorat. *Emprunts* des Départe-
ments et des Communes. *Obligations*
des Chemins de fer de l'État, *Obliga-*
tions des grandes Compagnies de
Chemins de fer français et de la
Grande-Ceinture, *Obligations* du
Crédit Foncier.... } 0,20 % du montant de la négociation, avec un minimum de courtage de 0,75 c.

Autres valeurs :

Actions et Obligations lorsque le cours est inférieur à 50 francs.......... } 0,15 c. par action ou obli-gation.

Actions et Obligations lorsque le cours est compris entre 50 et 100 francs.. } 0,30 c. par action ou obli-gation.

Actions et Obligations dont le cours est supérieur à 100 francs, Fonds d'État étrangers et toutes valeurs non dé-nommées ci-dessus............. } 0,30 % du montant de la négociation.

} Avec un minimum de courtage de 1 fr. 50

Lorsque deux opérations en sens contraire (*vente et achat*) ont été effec-tuées au comptant, en vertu d'un même ordre et dans la même Bourse, pour le compte d'un client particulier, et lorsque l'opération d'achat porte sur la rente française ou sur l'une des valeurs soumises au tarif de 0,20 %, il n'est perçu de courtage que sur celle des opérations qui, par l'application du ta-rif ci-dessus, donne lieu au courtage le plus élevé.

Le tarif des courtages fixé par la **Chambre syndicale des banquiers** et appliqué depuis le 1ᵉʳ avril **1924** est très sensiblement plus élevé :

COURTAGE

Minimum par Bordereau.............................. fr. 2 »

Valeurs se négociant en pour cent

Sur le montant du Bordereau......................... fr. 4 °/₀₀

Négociations des autres valeurs

				Courtage par titre
Jusqu'à 25 francs inclusivement.........................				fr. 0 25
Au-dessus de 25 fr., jusqu'à 75 fr., inclusivement..........				» 0 50
— 75 » — 150 » —				» 1 »
— 150 » — 250 » —				» 1 50
— 250 » — 350 » —				» 2 »
— 350 » — 500 » —				» \2 50
— 500 » — 650 » —				» 3 »
— 650 » — 800 » —				» 3 50
— 800 » — 1000 » —				» 4 »
— 1000 »...........................				» 4 °/₀₀

N. B. — Ces courtages sont perçus sur chaque opération, achat et vente.

En outre du courtage, **un droit de timbre est perçu au profit de l'État sur les opérations de bourse.**

TARIF DU DROIT DE TIMBRE

Sur toute opération d'achat ou de vente au comptant ou à terme :

Pour la Rente française.................. } 0,0125 °/₀₀ ou fraction de mille francs du montant de la négocation.

Pour toutes les autres valeurs (françaises ou étrangères)................. } 0,50 °/₀₀ ou fraction de mille francs du montant de la négociation.

Exercices écrits

1062. Chercher le cours de la rente 3 % dans la cote officielle de Bourse et le cours de la veille. Y a-t-il eu hausse ou baisse; de combien ? (Consulter un journal.)

1063. A quel taux place-t-on son argent en achetant de la rente au cours du jour? (Consulter un journal.)

1064. Calculer le taux du placement lorsqu'on achète une obligation Amiens 4 % à 115ᶠ,75.

LECTURE

Quelques observations à propos des rentes sur l'État

La valeur nominale de la rente (100 francs) est appelée le *pair*. Si l'État remboursait un jour l'argent qu'il a emprunté, il rendrait au rentier cette valeur nominale ; en un mot la rente serait dans ce cas remboursée au *pair*.

Le cours journalier de la rente peut descendre bien au-dessous du pair, ou monter beaucoup plus haut, c'est ainsi que le 3 % français a coté 50ᶠ,80 le 31 octobre 1870 ; il a atteint le pair en septembre 1891 ; il a valu 105ᶠ,25 le 10 août 1897 ; en juin 1924 le cours est descendu à 52ᶠ,10.

Il est à remarquer d'ailleurs que l'émission de la rente a rarement lieu au pair. Autrement dit, lorsque l'État demande à emprunter de l'argent, il donne à chaque prêteur un titre remboursable à 100 francs, mais il lui fait payer un prix inférieur à 100 fr.

En 1870, le 12 août, l'État émit de la rente 3 % au cours d'émission de 60ᶠ,60 ; en 1886, une émission de rente 3 % eut lieu au cours de 79ᶠ,80 ; enfin l'émission de 1890 se fit au cours de 92ᶠ,55.

85e LEÇON

Problèmes sur les rentes

1065. Quand le cours du 3 % est 56ᶠ,70, quelle inscription de rente peut-on acheter avec un capital de 10.800ᶠ? On sait qu'une inscription porte toujours un nombre exact de francs.

1066. Quand le cours du 3 % est 55,80, quel capital doit-on employer pour avoir 690ᶠ de rente ?

1067. A quel taux place-t-on son argent quand on achète du 3 % français à 54ᶠ,10 ?

1068. On a acheté 735ᶠ de rente française 3 % au cours de 56ᶠ. On la revend quelque temps après au cours de 56ᶠ,35. Quel bénéfice réalise-t-on ?

1069. On achète 900ᶠ de rente française 3 % au cours de 54ᶠ,90. On la revend quelque temps après au cours de 54ᶠ,65. Quelle perte subit-on ?

1070. Quel devrait être le cours du 3 % pour que le taux réel du placement fût 3ᶠ,50 % ?

1071. Quel est le placement le plus avantageux, de la rente française 3 % à 56ᶠ,70, des Consolidés anglais 2 1/2 % à 64ᶠ,20, ou enfin du 3 3/4 Italien à 62ᶠ ?

1072. Le 4 % Japonais étant à 92ᶠ,60, quel devrait être le cours du 4 1/2 et celui du 5 % de ce pays pour offrir les mêmes avantages de placement ?

1073. On a acheté une obligation 500ᶠ Ville de Paris 2 1/2 % 1904 au cours de 238ᶠ,25. On reçoit les intérêts, en 1922 en 1923, en 1924 ; en 1925, l'obligation est désignée par le tirage au sort pour être remboursée à 500ᶠ et ne porte plus intérêt. A quel taux réel a-t-on placé son argent ?

1074. Pour acheter 1.350ᶠ de rente 3 %, on a déboursé 43.020ᶠ, non compris les frais d'achat. Quel était le cours de la rente à cette époque?

1075. L'agent de change perçoit pour chaque achat ou vente de rente un courtage de 1 pour 1.000 ; d'un autre côté, l'État perçoit un droit de timbre de 0ᶠ,0125 par 1.000ᶠ ou fraction de 1.000ᶠ. D'après ces données, dire combien on devra payer, frais compris, pour l'achat de 758ᶠ de rente 3 % au cours de 52ᶠ,10.

1076. Quel capital faudra-t-il confier à un agent de change pour lui permettre d'acheter un titre de 450ᶠ de rente 3 % au cours de 57ᶠ,25? On tiendra compte du courtage et du timbre.

1077. Un propriétaire veut consacrer une somme de 25.000ᶠ à l'achat de rente 3 % au cours de 53ᶠ,85. Quel titre de rente pourra-t-il acheter, en tenant compte, du courtage et du timbre ? On sait qu'un titre de rente porte toujours un nombre exact de francs.

1078. Pour acheter 1.200ᶠ de rente 3 %, on a déboursé 39.339ᶠ,90 y compris les frais de courtage, d'impôt et de timbre, qui s'élèvent en tout à 39ᶠ,90. Quel était le cours de la rente à cette époque ?

1079. Le 12 décembre, on achète 600ᶠ de rente 3 % au cours de 54ᶠ,80 ; on reçoit un coupon de 0ᶠ,75 le 1ᵉʳ janvier, puis, le 20 mars, après avoir détaché le coupon payable le 1ᵉʳ avril, on revend la rente au cours de 54ᶠ,70. A quel taux a-t-on placé son argent? Tenir compte, dans chaque vente, du courtage et du timbre.

1080. Le 4 décembre, un particulier a consacré une somme de 85.400ᶠ à acheter de la rente 3 % au cours de 53ᶠ,20 (son titre comporte un nombre entier de francs). Il a reçu le coupon de 0ᶠ,75 payable le 1ᵉʳ janvier, puis ceux du 1ᵉʳ avril, du 1ᵉʳ juillet, et il a vendu son titre de rente le 10 juillet au cours de 53ᶠ,10. A quel taux réel a-t-il placé son argent? Pour chaque vente, tenir compte des frais (courtage et timbre).

1081. Une personne place le $\frac{1}{4}$ de sa fortune à 3ᶠ,25 % et le reste à 3 %. Si elle employait le capital entier à acheter de la rente 3 %, à quel cours devrait-elle acheter cette rente pour avoir un revenu égal à celui que lui donnent les deux placements ci-dessus ?

1082. Un particulier fait don à une ville d'une somme de 40.000ᶠ pour fonder une bibliothèque publique. La ville dépense d'abord 15.000ᶠ pour l'achat et l'aménagement d'un local ; puis, elle consacre 3.000ᶠ à un premier achat de livres. Avec le reste du capital, elle achète de la rente 3 % au cours de 56ᶠ. Quelle somme pourra-t-elle consacrer chaque année au service et à l'entretien de la bibliothèque?

1083. Une personne place les $\frac{2}{5}$ de sa fortune en rente 3 % au cours de 54ᶠ,98 ; les $\frac{3}{4}$ du reste en rentes italiennes 3 3/4 % au cours de 65ᶠ,84 ; et, avec le reste, elle achète 5 obligations de la Ville de Paris 1905 au cours de 292ᶠ. Quelle était sa fortune? (Ne pas tenir compte des frais d'achat.)

86e LEÇON

Actions et obligations

Pour fonder une importante entreprise industrielle ou commerciale, on peut faire appel à un certain nombre de personnes. Pour cela, on émet des **actions** d'une valeur de **500ᶠ**, par exemple ; les souscripteurs forment une société par actions.

Une **action** est donc une **part d'entreprise** ; elle donne droit à une portion des bénéfices de l'affaire (**dividende**).

Si l'entreprise ne prospère pas l'actionnaire ne reçoit aucun dividende.

Lorsque le capital formé par les actions devient insuffisant, la Société peut emprunter de l'argent. Pour cela, elle émet des **obligations** à intérêt fixe.

L'obligataire est un *prêteur d'argent* ; si la Société prospère, il n'a aucun droit sur les bénéfices réalisés en plus de l'intérêt qui lui est dû. En revanche, en cas de non-réussite, ce sont les actionnaires qui subissent d'abord les pertes ; les obligataires sont rarement atteints.

Les actions et les obligations se négocient en Bourse comme les rentes sur l'État.

Exercices oraux

1084. Quelle différence y a-t-il entre une action et une obligation ?

1085. Chercher dans le cours de la Bourse quelques actions, examiner le cours du jour et de la veille, s'il y a eu une hausse ou une baisse ?

1086. Même exercice pour des obligations.

Problèmes sur les actions et obligations

1087. Une société s'est fondée par l'émission de 10.000 actions de 500ᶠ ; le bénéfice net d'une année s'est élevé à 375.000ᶠ, sur lesquels les actionnaires mettent en réserve 60.000ᶠ. Quel dividende distribuera-t-on ?

1088. Une société s'est fondée par l'émission de 1.200 actions de 500^f ; elle a émis ensuite 1.000 obligations 4 % de 100^f. Elle a fait un bénéfice net de 52.360^f sur lesquels elle prélève le $\frac{1}{5}$ pour les réserves. Quel dividende distribuera-t-on par action ?

1089. En 1907, les actions de la Banque de France, valaient 4.280^f. Le dividende pour cette année a été fixé à 182^f,29. Quel était le taux de ce placement?

1090. Les actions d'une société rapportent 149^f,40 de dividende. Sachant que l'argent est ainsi placé à 8,5 %, on demande de calculer le cours de l'action.

1091. Quand les actions d'une société valent 2.300^f quel dividende doit donner la société pour que l'acheteur place son argent à 4^f,50 %?

1092. Le même jour les actions du Midi qui donnent 50^f de dividende sont à 1.175^f et les actions de l'Orléans qui donnent 59^f de dividende sont à 1.380^f. Quelles sont les plus avantageuses au point de vue du taux de l'intérêt?

1093. Les revenus des actions et obligations au porteur sont soumis à 3 impôts : 1° l'impôt du timbre de 0^f,60 par 1.000^f de capital nominal, 2° 4 % sur le revenu, 3° une taxe de transmission de 0^f,20 % sur le cours moyen de l'année précédente. D'après ces données, quel est le dividende net d'une action du nominal de 1.000^f dont le dividende brut est 112^f,50, le cours moyen de l'année précédente étant 2.320^f ?

1094. Les actions d'une mine du nominal de 500^f coûtent 3.070^f et donnent un dividende brut de 214^f,90. Calculer : 1° le dividende net ; 2° le taux auquel place son argent l'acheteur de ces actions (le cours moyen de l'année précédente était de 3.000^f).

1095. Une personne achète 20 obligations nominatives 3 % de 500^f du chemin de fer du Nord au cours de 453^f. Quelle somme dépensera-t-elle, sachant qu'elle paie $\frac{1}{10}$ % pour le courtage, et une taxe de transmission de 0^f,50 %?

1096. Une personne achète 40 obligations 5 % de 500^f du canal de Suez au cours de 597^f,75. Quel sera son revenu net (voir les impôts retenus : problème 1093). A quel taux place-t-elle son argent, sachant qu'elle a payé 0^f,10 % pour le courtage?

1097. Quand les actions d'une société valaient 825^f, le dividende s'élevait à 40^f. Que doivent valoir ces actions au même taux, lorsque la société distribue 58^f de dividende?

87e LEÇON

Caisses d'Épargne

Les Caisses d'épargne sont des établissements où chacun peut déposer ses économies, celles-ci rapportant intérêt et étant toujours tenues à la disposition du déposant.

Il existe un grand nombre de Caisses d'épargne, soumises à la surveillance de l'État.

En 1881, l'État a fondé une Caisse nationale d'épargne, qui a pour succursales tous les bureaux de poste.

La Caisse d'épargne postale n'accepte pas de versements inférieurs à 1ᶠ ; mais elle met à la disposition du public des **bulletins d'épargne**, sur lesquels on peut coller des timbres-poste de 5 ou 10 centimes. Lorsque le bulletin contient 1ᶠ de timbres, la Caisse l'accepte à titre de versement.

Chaque déposant reçoit un livret nominatif sur lequel sont inscrits ses versements et les intérêts produits. Muni de son livret, il peut retirer tout ou partie de son argent quand bon lui semble.

Lorsque le montant du livret dépasse **5.000ᶠ**, la Caisse achète un titre de rente au nom du déposant, à moins que celui-ci ne ramène par des retraits le total des dépôts au-dessous de **5.000ᶠ**.

La Caisse nationale d'épargne sert aux déposants un **intérêt** de **3ᶠ,25** % l'an.

Cet intérêt est compté par demi-mois ; il part du 1ᵉʳ ou du 16 de chaque mois qui suit le versement.

D'autre part, l'intérêt cesse de courir le 1ᵉʳ ou le 16 du mois qui précède le retrait des fonds. On compte **24** quinzaines par année.

Exercices écrits

1098. Quel est, au 31 décembre 1924, le montant du livret d'un déposant qui a versé : 1° 200ᶠ le 10 mars 1924 ; 2° 50ᶠ le 23 juin 1924 ; 3° 75ᶠ le 2 octobre 1924?

1099. Un déposant a placé le 5 mars 1924 à la Caisse d'épargne 325ᶠ. Il en a retiré 75ᶠ le 5 septembre 1924. Quel est son avoir au 31 décembre 1924?

88ᵉ LEÇON

Assurances et Mutualités

Il existe des Sociétés dites d'assurances qui, moyennant le versement d'une **prime** annuelle, garantissent les hommes contre divers risques, tels que l'incendie, la grêle, etc......

Exemple : Je possède une maison estimée **10.000ᶠ**, je contracte avec une Compagnie d'assurances un contrat (ou **police**) d'après lequel je paierai chaque année une certaine somme appelée **prime**. En cas de sinistre, la Compagnie devra me rembourser la perte que j'ai subie jusqu'à concurrence de **10.000ᶠ**.

Il existe aussi des assurances **sur la vie** humaine ou mieux des assurances contre la mort. Par exemple, en payant chaque année une prime fixée d'avance, un père de famille assure le paiement, après sa mort, d'un certain capital à sa femme et à ses enfants.

Lorsque plusieurs personnes s'unissent pour se garantir « mutuellement » contre certains risques, elles forment une Société qui prend le nom de **mutualité**.

La forme la plus fréquente de la mutualité est celle qui garantit ses associés contre la maladie. En cas de maladie, chacun des adhérents reçoit une indemnité qui l'aide à en supporter les charges passagères.

Exercices écrits

1100. J'assure un mobilier personnel estimé 3.500ᶠ à 0ᶠ,75 pour 1.000ᶠ. Quelle prime annuelle paierai-je?

1101. Je veux assurer un immeuble de 12.000^f ; la prime étant de 0^f,80 pour 1.000^f, que devrai-je payer annuellement ?

1102. Pour assurer un mobilier, une Compagnie me demande : 1° une prime de 0^f,75 pour 1.000 sur la valeur du mobilier estimé 3.600^f, une prime de 0^f,25 pour 1.000 pour le risque locatif (risque de dégradation de la maison en cas de sinistre du mobilier) sur une valeur de 12.000^f ; 3° enfin une prime de 0^f,10 pour 1.000 sur 2.000^f pour couvrir le recours que les voisins peuvent exercer en cas d'incendie. Calculer le montant de la prime annuelle.

1103. Un propriétaire fait assurer sa maison estimée 76.000^f à raison de 0^f,30 °/$_{oo}$ et son mobilier estimé 5.000^f à 0^f,60 °/$_{oo}$. Quel sera le montant de la somme à payer annuellement, y compris 8 % de la prime pour impôt ?

1104. Une société de secours mutuels se compose de 520 membres, chacun versant annuellement 8^f. La société dépense chaque année les 2/3 de ses fonds en secours de maladie, et constitue avec le reste un fonds social. Calculer ce qu'est devenu le fonds social au bout de 2 ans, sachant qu'à la fin de chaque année il est placé à 3 %.

89ᵉ LEÇON

Caisse nationale des retraites pour la vieillesse ; Mutualités scolaires

La **Caisse nationale des retraites pour la vieillesse** reçoit également les épargnes des déposants, à partir de 1^f ; elle les fait fructifier en vue de servir à chacun d'eux une **rente viagère** à partir d'un âge convenu (de **50** à **65** ans).

Les versements peuvent être faits au nom de toute personne à partir de trois ans, ils sont inscrits sur un livret individuel. Ils peuvent être faits à **capital aliéné** ou à **capital réservé**. Dans ce dernier cas, si le titulaire du livret vient à décéder avant l'âge convenu, les sommes versées sont remboursées sans intérêt à ses héritiers naturels.

L'intérêt des dépôts se capitalise à **4,50 %**.

RENTE VIAGÈRE PRODUITE PAR un versement unique de 1 fr.			RENTE VIAGÈRE PRODUITE PAR un versement annuel de 1 fr.		
Age au 1er vers.	Jouissance de la rente à :		Age au 1er vers.	Jouissance de la rente à :	
	50 ans.	60 ans.		50 ans.	60 ans.
3 ans	0fr,823	1fr,979	3 ans	15fr,434	38fr,450
5 —	0fr,746	1fr,793	5 —	13fr,827	34fr,588
10 —	0fr,590	1fr,417	10 —	10fr,424	26fr,412
15 —	0fr,464	1fr,115	15 —	7fr,734	19fr,950
20 —	0fr,360	0fr,865	20 —	5fr,630	14fr,895

Les **mutualités scolaires** sont des sociétés qui se proposent deux buts :

1º Assurer leurs adhérents contre la maladie ;

2º Leur constituer une rente annuelle qui leur sera payée par la Caisse nationale des retraites [1] à partir d'un certain âge (**55** ans généralement).

Pour atteindre ce double but, la **cotisation** (au minimum **0f,10**) versée par l'écolier chaque semaine est divisée en deux parties :

1º L'une fixe (**0f,05**) sert à alimenter la caisse mutualiste qui donne en cas de maladie un secours journalier de **0f,50** pendant le premier mois, de **0f,25** pour les deux mois suivants.

2º L'autre, comprenant le reste du versement, est versée par la Société au nom de l'élève à la Caisse nationale des retraites pour la vieillesse ; elle est inscrite sur le livret de retraite du jeune mutualiste et sert à lui constituer une pension viagère à capital réservé à partir de **55** ans.

RETRAITES OUVRIÈRES ET PAYSANNES

La loi sur les retraites ouvrières et paysannes a surtout pour but d'assurer une retraite aux ouvriers.

---

1. Nous supposons que les mutualités scolaires ou « Petites Cave » ont adopté le « livret individuel » plutôt que le « fonds commun ».

Elle est obligatoirement applicable à tous les salariés gagnant moins de **10.000** fr. par an et facultativement à ceux qui gagnent plus de **10.000** fr. et moins de **12.000** fr.

L'assuré peut jouir de la retraite à partir de **60** ans. Il lui est permis de l'anticiper à partir de **55** ans ou de l'ajourner jusqu'à **65** ans.

Le versement obligatoire de l'assuré est fixé :

Pour les hommes : à **0** fr. **03** par jour, soit **0** fr. **75** par mois, soit **9** fr. par an ;

Pour les femmes : à **0** fr. **02** par jour, soit **0** fr. **50** par mois, soit **6** fr. par an ;

Pour les mineurs au-dessous de **18** ans : à **0** fr. **015** par jour, soit **0** fr. **375** par mois, soit **4** fr. **50** par an.

La contribution patronale est entièrement à la charge du patron. Elle est égale au versement obligatoire de l'assuré.

Problèmes relatifs à la Caisse des retraites et aux Mutualités

1105. D'après le tarif de la Caisse des retraites, 100^f de capital aliéné versés à 10 ans donnent droit à 46^f,12 de rente à 60 ans et 100^f placés à 10 ans à capital réservé donnent 38^f,42 de rente à 60 ans. Calculer, d'après ces données, quel versement il faudrait faire à l'âge de 10 ans : 1° à capital aliéné ; 2° à capital réservé pour s'assurer à 60 ans une rente viagère de 360^f.

1106. En versant à partir de 16 ans une somme annuelle de 36^f,50, on s'assure une rente de 208^f à 50 ans (capital aliéné). Quelle somme totale aura-t-on versé à 50 ans ? Quelle somme annuelle faut-il verser pour s'assurer une rente de 360^f par an ?

1107. Dans une classe, 40 élèves sont mutualistes ; quelle somme totale ont-ils versée pendant un trimestre de 13 semaines ; 5 d'entre eux versent 0^f,20 par semaine et les autres 0^f,10. Faire la répartition des sommes destinées aux secours pour maladie et des sommes affectées à la constitution d'une retraite.

1108. Dans une école affiliée à une mutualité scolaire, 300 élèves sont mutualistes. Quelle somme ces élèves fournissent-ils pour les secours aux malades en 40 semaines ? Combien de journées de maladie pourra-t-on payer avec cette somme, sachant que les $\frac{3}{4}$

sont destinés aux secours journaliers de 0'',50 et le reste aux secours journaliers de 0'',25.

1109. En 1902, la « Jeunesse prévoyante de Lille » a distribué 15.792',75 de secours aux malades. Les $\frac{2}{3}$ de cette somme ont servi à payer des secours journaliers de 0',50 et le reste des secours journaliers de 0',25. Combien cette société a-t-elle payé de jours de maladie?

1110. Une société de secours mutuels compte 2.000 adhérents payant une cotisation mensuelle de 1'. Le $\frac{1}{4}$ de ces cotisations est versé chaque trimestre en compte courant à la Trésorerie générale au taux de faveur de 4,5 %. Calculer la somme que possède la société au bout de 6 mois, capital et intérêts réunis.

1111. Une société de secours mutuels compte 1.400 membres payant chacun une cotisation annuelle de 6' payable par trimestre. Ces cotisations sont déposées chaque trimestre à la Trésorerie générale qui donne à la société un intérêt de faveur de 4,5 %. Calculer ce que possédera la société au bout d'un an, capital et intérêts réunis, sachant que le 1er avril elle avait gardé 600' et le 1er août 500' pour ses paiements.

1112. Un mutualiste de la société les « Persévérants », reçoit au bout de 6 mois de sociétariat une indemnité de maladie de 17',50. Combien avait-il versé à la caisse mutualiste proprement dite, sachant que 0',50 sont versés mensuellement pour la constitution d'une retraite. Quelle somme aurait-il dû verser à la Caisse d'épargne pour avoir, au bout de 6 mois, capital et intérêts à 3,25 % réunis, une somme égale au secours qu'il a reçu?

90e LEÇON

Règle de mélange

1re série de problèmes. — Lorsqu'on mélange plusieurs marchandises de prix différents, on peut calculer le prix de l'unité du mélange en faisant la **moyenne** des prix des quantités mélangées.

Exemple. — *On mélange 250 l. d'un vin à 114' l'hl. avec 300 l. d'un vin à 420' la pièce de 220 l. Quel est le prix de revient d'un litre de mélange?*

Les 250 l. du 1er vin valent $114^f \times 2,5 = 285^f$

Les 300 l. du 2e vin valent $\dfrac{420^f \times 300}{220} = 572^f,72$

Les 550 l. du mélange reviendront donc à $= 857^f,72$

et 1 l. du mélange reviendra à $\dfrac{857^f,72}{550} = 1^f,55$

2e série. — On peut se proposer de faire un mélange d'un prix donné (moyen) avec des substances d'un prix connu : il faut alors calculer la proportion de chacune des matières dont doit se composer le mélange.

1er Exemple. — *Dans quelle proportion faut-il mélanger du cidre à $0^f,48$ le l. et du cidre à 70^f l'hl. pour obtenir un mélange qui revienne à 132^f la pièce de 220 l.?*

On désire obtenir du cidre qui revienne à :

$$\frac{132^f}{220} = 0^f,60 \text{ le litre.}$$

Lorsqu'on prend 1 l. de la première sorte, pour le vendre au prix du mélange, on fait un **gain** de 12 centimes.

Lorsqu'on prend 1 l. de la deuxième, on fait au contraire une **perte** de 10 centimes.

Pour qu'il y ait **compensation** on prendra :

10 l. de la 1re : (gain 12 cent. $\times$ 10) ;

12 l. de la 2e : (perte 10 cent. $\times$ 12) ;

ou encore 5 de la 1re contre 6 de la 2e.

REMARQUE. — On adopte quelquefois la disposition pratique suivante, *qui ne doit pas dispenser du raisonnement indiqué ci-dessus* :

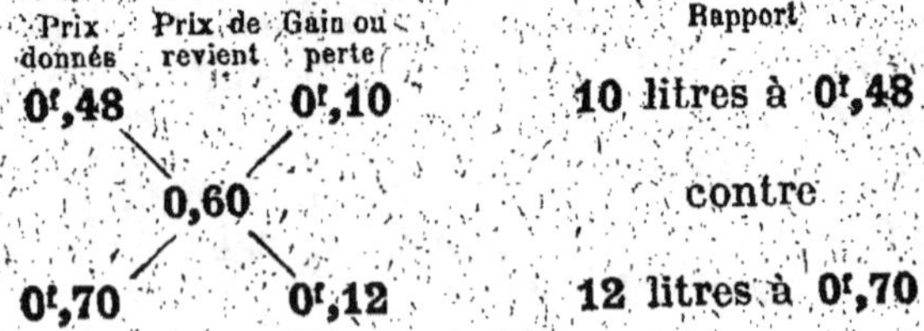

2e Exemple. — *Quelle quantité d'eau faut-il ajouter à 180 l. d'un vin coûtant 144ᶠ l'hl. pour que son prix de revient s'abaisse à 1ᶠ,20 le l.*

Les 180 l. de vin reviennent à $144^f \times 1,8 = 259^f,2$.

Ces 259ᶠ,20 représentent aussi le prix du mélange, l'eau qu'on ajoute n'ayant aucune valeur.

Le mélange aura donc $1\ l. \times \dfrac{259^f,20}{1^f,20} = 216\ l.$

On devra ajouter au vin : 216 l. — 180 l. = 36 litres d'eau.

3e Série

Le problème de fausse supposition appliqué au mélange

Un marchand de vin en gros calcule qu'une feuillette de 130 l. de vin de Bourgogne ordinaire lui revient à 1ᶠ,09 le litre. Ce vin provient d'un mélange de vin à 1ᶠ,04 le litre et de vin à 1ᶠ,17 le litre. Combien la feuillette contient-elle de chacun de ces vins ?

1ʳᵉ Solution raisonnée

La feuillette revient à :

$$1^f,09 \times 130 = 141^f,70.$$

Si elle ne contenait que du vin à 1ᶠ,04 le litre, elle vaudrait :

$$1^f,04 \times 130 = 135^f,20.$$

Soit en moins :

$$141^f,70 - 135^f,20 = 6^f,50.$$

On regagnera ces 6ᶠ,50 en mettant du vin à 1ᶠ,17 le litre.

Toutes les fois qu'on met un litre de vin à 1ᶠ,17 à la place d'un litre à 1ᶠ,04, le mélange a une plus-value de :

$$1^f,17 - 1^f,04 = 0^f,13.$$

MINET ET PATIN. — C. S., Élève.

11

Autant de fois 0ᶠ,13 sont contenus dans 6ᶠ,50 autant il faudra de litres à 1ᶠ,17, ou :

$$6,50 : 0,13 = 50 \text{ litres.}$$

Le nombre de litres à 1ᶠ,04 est donc de :

$$130 \text{ l.} - 50 \text{ l.} = 80 \text{ litres}$$

Réponses : La feuillette est composée de 80 l. à 1ᶠ,04 et de 50 l. à 1ᶠ,17.

2ᵉ Solution : Règle des mélanges

Rapport simplifié

1ᶠ,04   0ᶠ,08   8 l. à 1ᶠ,04

1,09

1ᶠ,17   0ᶠ,05   5 l. à 1ᶠ,17

Il suffit de partager 130 l. proportionnellement à 8 et à 5.

Le nombre de litres à 1ᶠ,04 est de :

$$\frac{130 \times 8}{13} = 80 \text{ l.}$$

Le nombre de litres à 1ᶠ,17 est de :

$$\frac{130 \times 5}{13} = 50 \text{ l.}$$

Problèmes sur les mélanges

1113. On mélange ensemble 58 hl. de blé à 84ᶠ l'hl., 42 hl. à 17ᶠ,60 le double décalitre et 76 hl. à 78ᶠ l'h. A combien revient l'hectolitre du mélange?

1114. A une barrique de vin de 228 l. coûtant 405ᶠ, on ajoute 40 l. d'eau. Quel est le prix de revient du double litre du mélange?

1115. Un meunier mélange 40 sacs de farine à 115ᶠ,50 le sac avec 25 sacs de qualité moindre et valant 100ᶠ,50 le sac. Combien vendra-t-il le sac du mélange s'il veut gagner 12 % sur son marché?

1116. Un meunier a de la farine à 120ᶠ le quintal, et de l'autre à 75ᶠ le quintal. Il en fait un mélange dont les $\frac{3}{4}$ sont de la 2ᵉ qualité. Combien vaut le sac de 224 kg. de ce mélange?

1117. Un marchand a des vins de 3 qualités, qui lui reviennent à 1ᶠ,40, à 1ᶠ,95 et 1ᶠ,20 le litre. Pour servir un fût de 228 l., à un client, il verse dans le tonneau 100 l. du 1ᵉʳ vin, 60 l. du 2ᵉ et complète avec le 3ᵉ vin. Quel est le prix de revient du litre de mélange?

1118. On a du vin à 1ᶠ,30, à 1ᶠ,50, à 1ᶠ,70 et à 2ᶠ le litre. Quel sera le prix de l'hl. du mélange en proportions égales de ces 4 sortes de vin si, par 50 l. du mélange, on ajoute 2 l. d'eau?

1119. Un épicier a 3 sortes de cafés : le 1ᵉʳ à 4ᶠ,25, le 2ᵉ à 4ᶠ,75 et le 3ᵉ à 5ᶠ,50 le 1/2 kg. Pour en faire une caisse de 50 kg., il prend 20 kg. du 1ᵉʳ, 18 du 2ᵉ et il complète avec le 3ᵉ. Combien fera-t-il payer le paquet de 500 g. du mélange pour gagner 15 %?

1120. Avec 80 hl. de blé à 72ᶠ l'hl. et un blé de 2ᵉ qualité, un marchand a fait un mélange de 140 hl. qu'il a vendu 67ᶠ,50 l'hl. Quel est le prix de la 2ᵉ qualité de blé que le marchand avait fait entrer dans le mélange?

1121. Pour faire de l'eau-de-vie, on mélange à volume égal l'eau et le trois-six ; le mélange étant vendu 7ᶠ le litre, on gagne 12 % sur le prix d'achat. Quel était le prix du trois-six employé?

1122. Un débitant mélange du vin à 1ᶠ,50 le litre avec du vin à 1ᶠ,80. Il prend 18 hl. du 1ᵉʳ et 12 hl. du 2ᵉ. Il veut gagner 20 % sur la valeur du mélange. Combien devra-t-il, pour cela, vendre la bouteille de 75 cl.?

1123. Un marchand avait une barrique de 228 l. de vin valant 1ᶠ,40 le litre ; il en retire les $\frac{5}{6}$, puis emplit les $\frac{7}{12}$ du reste d'un vin à 1ᶠ,10, et enfin achève le tonneau avec du vin à 0ᶠ,70. Combien doit-il vendre le litre du mélange pour gagner 10 %?

1124. On remplit une barrique de 224 l. avec du vin à 1ᶠ,30, du vin à 1ᶠ,40 et du vin à 1ᶠ,70. On met 3 fois plus du 1ᵉʳ que du 3ᵉ et autant de litres à 1ᶠ,40 que des deux autres réunis. On demande : 1° le nombre de litres de chaque espèce ; 2° le prix auquel on doit vendre le litre de mélange pour gagner 12 %.

1125. Une personne achète 2 pièces de vin de 225 l. chacune à 96ᶠ l'hectolitre ; elle paie 25ᶠ de droits et 37ᶠ de transport. Combien devra-t-elle ajouter d'eau pour que le litre revienne à 0ᶠ,90?

1126. On fait un mélange de 150 l. de vin à 1ᶠ,60 et de 200 l. à 1ᶠ,50. Combien faut-il y ajouter d'eau pour qu'en le vendant à 1ᶠ,70 on fasse un bénéfice de 90ᶠ?

1127. On a des vins à 135ᶠ l'hectolitre et à 96ᶠ l'hectolitre. 1° Dans quelle proportion faut-il les mélanger pour que l'hectolitre revienne à 123ᶠ? 2° quand on prend 12 hl. du premier vin, que faut-il prendre du 2ᵉ? 3° pour remplir un fût de 225 l., combien devra-t-on prendre de chaque sorte de vin?

1128. Un tonneau contient 65 l. d'un vin qui revient à 1ᶠ,25 le litre. Combien faut-il y ajouter de litres à 0ᶠ,96 le litre pour obtenir un mélange qu'on puisse vendre 1ᶠ,20 en gagnant 10 % sur le prix de revient?

1129. On a 3 sortes de vin à 1ᶠ,40 le litre, à 1ᶠ,20 et à 1ᶠ. On verse dans un tonneau 50 l. du premier et 65 l. du deuxième. Combien doit-on ajouter de litres du troisième pour que le litre du mélange revienne à 1ᶠ,10?

1130. J'ai acheté 2 pièces de vin de chacune 220 l. pour le prix total de 524ᶠ,40 ; le 1ᵉʳ coûtant 68ᶠ,40 de plus que le 2ᵉ, combien dois-je prendre de litres dans chaque pièce pour remplir une pièce d'un mélange qui me revienne à 1ᶠ,20 le litre?

1131. Un épicier a mélangé 2 espèces de café, l'un vaut 4ᶠ,60, l'autre 4ᶠ,80 le 1/2 kg., ce qui lui a donné 20 kg. d'un mélange qu'il vend 5ᶠ,85 le 1/2 kg. en gagnant 25 % sur le prix d'achat. Quel poids a-t-il pris de chaque sorte?

1132. Un marchand a 2 espèces de thé de deux qualités valant la 1ʳᵉ 19ᶠ et la 2ᵉ 14ᶠ le kilogramme. Il prend 100 kg. de la première et forme avec la 2ᵉ un mélange qu'il vend 18ᶠ,40 en gagnant 15 %. Combien a-t-il pris de la 2ᵉ qualité?

1133. On ajoute 22 litres d'eau à une pièce de vin valant 304ᶠ et le mélange revient à 1ᶠ,60 le litre. Combien de litres contenait la pièce de vin?

1134. On mélange 125 litres d'un vin à 1ᶠ,50 le litre, et 87ˡ,5 d'un autre vin à 1ᶠ,75 le litre. Combien faudra-t-il mettre de litres d'un vin à 1ᶠ le litre pour que le mélange ne revienne qu'à 1ᶠ,20?

LECTURE

Le commerce des boissons alcooliques

Le commerce des boissons qui renferment de l'alcool est réglementé à cause des impôts que l'État perçoit sur ces boissons.

Toute personne qui veut l'exercer doit se munir d'une licence et elle est dès lors soumise à la surveillance de l'administration des contributions indirectes (employés de régie).

Les vins, cidres, poirés supportent un droit de circulation. Aussi ne peut-on transporter de vin sans l'avoir déclaré d'avance et sans avoir acquitté les droits.

La bière, au contraire, circule librement, elle n'est chargée que d'un droit de **fabrication** que l'administration perçoit dans la brasserie elle-même.

Les boissons distillées (genièvre, eau-de-vie, cognac, etc...) sont passibles d'un droit de **consommation** de 220 francs par hectolitre d'alcool pur, perçu au moment de la fabrication.

Aussi est-il interdit de « mettre en feu » une chaudière pour fabriquer de la bière, ou encore de mettre en distillation une boisson alcoolique sans avoir fait de déclaration préalable à la régie.

Par exception, toutefois, la fabrication de la bière est libre dans des vases de moins de 6 litres (bière au chaudron) ; et les propriétaires de vignes qui distillent les produits de leurs terres en vue de la consommation familiale sont dispensés de la déclaration et exemptés du droit (bouilleurs de crû).

91e LEÇON

Alliages

Nota. — Nous croyons devoir rappeler, ici, sous une forme plus rigoureuse, la définition du titre, déjà donnée au chapitre des monnaies, p. 218.

Définition. — On appelle *titre* d'un alliage le rapport du poids du métal fin qu'il contient au poids total de cet alliage.

Exemple : On fond ensemble **900 g.** d'or et **100 g.** de cuivre. Le poids total de l'alliage est de **900 g.** + **100 g.** = **1.000 g.**

Le titre est donc égal à $\dfrac{900}{1.000}$ ou **0,9.**

Appelons **T**, le litre ; **M. f.** le poids du métal fin et **P. t.** le poids total, on peut donc écrire :

$$T = \frac{M.\,f.}{P.\,t.}$$

De cette formule se dégagent deux problèmes corrélatifs :

1° **Détermination du poids du métal fin** connaissant le titre et le poids total :

$$M.\,f. = P.\,t. \times T.$$

2° **Détermination du poids total en fonction du titre et du poids du métal fin :**

$$P.\ t. = \frac{M.\ f.}{T}$$

Problèmes sur les alliages

1re série

Détermination du titre moyen

1135. Exemple. — *Quel est le titre de l'alliage obtenu en fondant 420 g. d'un alliage à 0,8 ; 250 g. d'alliage à 0,6 et 50 g. d'argent pur ?*

Par définition $T = \dfrac{M.\ f.}{P.\ t.}$

Le titre cherché est donc égal à la somme des poids de métal fin contenu dans les trois lingots divisée par le poids total de l'alliage obtenu.

Le 1er alliage contient   420 g. × 0,8 = 336 g. de m. f.
Le 2e alliage   —   230 g. × 0,6 = 138 g.   —
On y ajoute   50 g.   —

L'alliage obtenu contient en tout   524 g.   —
Son poids total est de :

$$420\ g. + 230\ g. + 50\ g. = 700\ g.$$

Le titre de l'alliage sera donc :

$$\frac{524}{700} = 0,748.$$

2e série

On abaisse ou on élève le titre d'un alliage

a. — *En ajoutant du cuivre ou du métal fin.*

REMARQUE IMPORTANTE. — Dans tous les problèmes de

ce genre, le raisonnement repose sur *le poids du métal qui ne change pas.*

Problèmes-types

1136. 1° *Quel poids de cuivre faut-il ajouter à 10 pièces de 5ᶠ en argent pour qu'on en puisse faire de la monnaie divisionnaire ?*

L'argent est le métal dont le poids ne varie pas.

Les 10 pièces de 5ᶠ pèsent 25 g. × 10 = 250 g. Au titre de 0,9, elles contiennent :

$$250 \text{ g.} \times 0,9 = 225 \text{ g, d'argent}$$

qu'on retrouve intégralement dans le nouvel alliage. Ces 225 g. d'argent pur représentent les $\dfrac{835}{1.000}$ du poids total du nouvel alliage.

Si les $\dfrac{835}{1.000}$ du poids du nouvel alliage pèsent 225 g., l'alliage pèsera :

$$\frac{225 \text{ g.} \times 1.000}{835} = 269^g,46,$$

Il faut donc ajouter aux 250 g. que pèsent les 10 pièces un poids de cuivre égal à :

$$269^g,46 - 250 \text{ g.} = 19^g,46.$$

1137. 2° *Quel poids d'argent pur faut-il ajouter à 500 g. de monnaies divisionnaires pour en faire des pièces de 5ᶠ ?*

Le cuivre est le métal dont le poids ne changera pas.

Les monnaies divisionnaires contiennent 0,835 de métal fin et 0,165 de cuivre. Les 500 g. renferment donc :

$$500 \text{ g.} \times 0,165 = 82^g,5 \text{ de cuivre,}$$

qu'on retrouve intégralement dans l'alliage définitif où ce

poids est le $\frac{1}{10}$ du poids total. Le poids total de l'alliage final sera donc de :

$$82^g,5 \times 10 = 825 \text{ g.}$$

Il faut donc ajouter aux **500 g.** un poids d'argent pur égal à :

$$825 \text{ g.} - 500 \text{ g.} = 325 \text{ g.}$$

b. — On abaisse ou on élève le titre à l'aide d'un autre alliage.

1138. Quel poids d'un alliage d'or et de cuivre à 0,580 faut-il ajouter à 350 g. d'un alliage à 0,900 pour en abaisser le titre à 0,720 ?

1re *Solution.* — Les **350 g.** à **0,9** contiennent :

$$350 \text{ g.} \times 0,9 = 315 \text{ g. de métal fin.}$$

Ce même poids, dans l'alliage définitif, ne contiendra plus que :

$$350 \text{ g.} \times 0,72 = 252 \text{ g. de métal fin.}$$

c'est-à-dire qu'il aura perdu :

$$315 \text{ g.} - 252 \text{ g.} = 63 \text{ g. de métal fin.}$$

Or, à chaque gramme d'alliage à **0,580** passant à **0,720** il faut un excédent de :

$$0^g,720 - 0^g,580 = 0^g,14 \text{ de métal fin.}$$

Autant de fois $0^g,14$ de métal fin sont contenus dans les 63 g. en excédent, autant on devra prendre de fois 1 g. d'alliage à **0,580** ou :

$$63 : 0,14 = 450 \text{ g.}$$

2e *Solution :* **Application de la règle des mélanges.**

1 kg. d'alliage à **0,580** donne, pour passer à **0,720** un déficit de 720 g. — 580 g. = **140 g.** de métal fin.

1 kg. du 2e alliage passant de **0,9** à **0,720** donne un excès de **900** g, — **720** g. = **180** g. de métal fin.

Pour qu'il y ait compensation, il faut effectuer l'alliage définitif en prenant :

$$180 \text{ g. à } 0,580$$
et $$140 \text{ g. à } 0,900$$

Ou, en simplifiant :

$$9 \text{ kg. ou } 9 \text{ g. à } 0,580$$
et $$7 \text{ kg. ou } 7 \text{ g. à } 0,900$$

Une règle de trois donne alors la quantité de l'alliage à **0,580** qu'il faut ajouter à **350** g. de l'alliage à **0,900**.

$$\frac{350 \text{ g.} \times 9}{7} = 450 \text{ g.}$$

Disposition pratique :

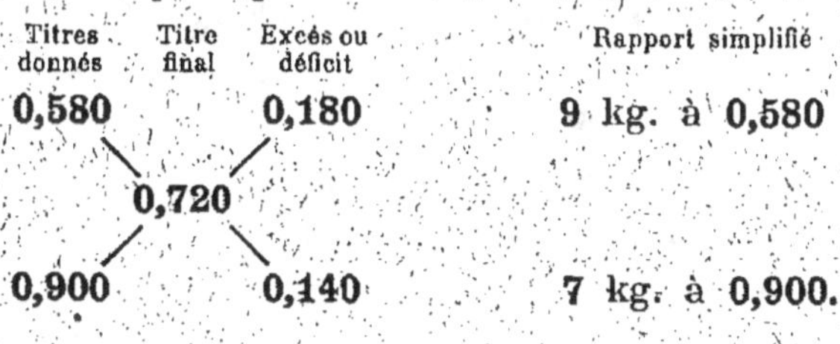

92e LEÇON

3e Série

Le problème de fausse supposition appliqué à l'alliage

1139. *Deux alliages sont au titre de 0,750 et 0,910. Combien faut-il prendre de chacun d'eux pour obtenir 500 g. d'alliage à 0,850 ?*

1re Solution raisonnée

Les **500 g.** d'alliage à **0,850** contiendront :

$$500 \text{ g.} \times 0,850 = 425 \text{ g. de m. f.}$$

Supposons qu'on ne prenne que de l'alliage à **0,750**. Les **500 g.** contiendraient :

$$500 \text{ g.} \times 0,750 = 375 \text{ g. de m. f.}$$

Soit, en moins :

$$425 \text{ g.} - 375 \text{ g.} = 50 \text{ g.}$$

On regagnera ces **50 g.** en prenant de l'alliage à **0,910.** Toutes les fois qu'on prend *un gramme d'alliage à* **0,910** à la place d'un gramme à **0,750**, on regagne :

$$0^g,910 - 0^g,750 = 0^g,16$$

et comme il faut regagner **50 g.** : autant de fois **0,16** sont contenus dans **50** *autant de fois il faudra prendre* **1** *gramme d'alliage à* **0,910**, ou :

$$50 : 0,16 = 312^g,50.$$

Le poids d'alliage à **0,750** sera de :

$$500 \text{ g.} - 312^g,5 = 187^g,50.$$

Réponses $\left\{ \begin{array}{l} \text{Il faut prendre } 312^g,50 \text{ à } 0,910 \\ \text{et} \qquad 187^g,50 \text{ à } 0,750. \end{array} \right.$

2e Solution : Règle des mélanges

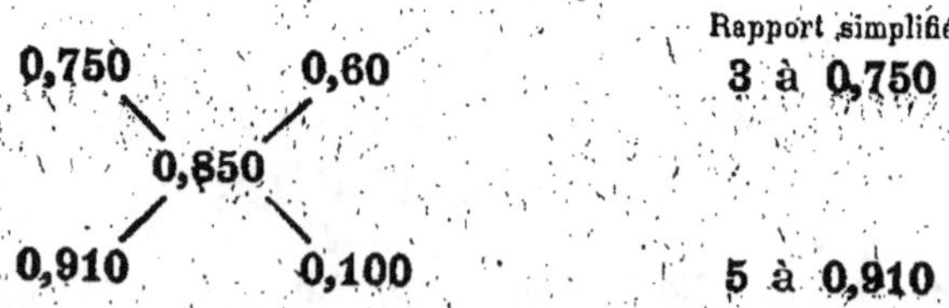

Il suffit de partager **500 g.** proportionnellement à **3** et à **5.**

Le poids de l'alliage à **0,750** est de :

$$\frac{500 \text{ g.} \times 3}{8} = 187^g,50.$$

Le poids de l'alliage à **0,910** est de :

$$\frac{500 \text{ g.} \times 5}{8} = 312^g,50.$$

Problèmes sur les alliages *(Recherche du titre)*

1140. On fond ensemble 240 g. d'alliage au titre 0,700 et 360 g. au titre 0,900. Quel est le titre de l'alliage résultant?

1141. On fond ensemble 430 g. d'un alliage au titre des monnaies d'or anglaises $\left(\frac{11}{12}\right)$ avec 800 g. d'un alliage au titre de monnaies d'or françaises (0,900). Quel est le titre de l'alliage obtenu?

1142. A 485 g. d'un alliage d'argent au titre 0,840 on ajoute dans le creuset 271 g. d'argent pur. Quel est le titre du lingot résultant?

1143. On jette dans un creuset 378 g. d'un alliage d'or au titre 0,920 et 75^g,6 de cuivre. Quel sera le titre de l'alliage obtenu?

1144. Quel serait le titre d'un lingot d'argent obtenu en faisant fondre 100 pièces de 5^f et 100^f en pièces de 2^f?

1145. On fond ensemble 36 pièces de 5^f et 650 g. d'un alliage à 0,745. Quel est le titre de l'alliage résultant?

1146. Quel est le titre de l'alliage qu'on obtiendra en fondant ensemble 65 pièces de 2^f et 100 g. d'argent pur.

1147. On fond ensemble 26 pièces de 5^f et 4 pièces de 1^f. Toutes ces pièces ayant perdu par l'usure $\frac{1}{16}$ de leur poids, quel sera le poids et le titre de l'alliage résultant de leur fusion?

1148. On fait fondre ensemble 540 g. d'un alliage d'argent à 0,925, 300 g. d'un alliage à 0,800 et 35 g. d'argent pur. Quel sera le titre de l'alliage résultant?

1149. On a fondu 230 g. d'un alliage d'or au titre standard $\left(\frac{11}{12}\right)$ avec un autre alliage et on a obtenu un lingot au titre de 0,900 pesant 370 g. Quel était le titre du 2e lingot employé?

1150. On a obtenu un alliage pesant 2^{kg},700 en fondant 2 lingots aux titres de 0,800 et 0,910, le poids du premier étant le triple de celui du deuxième. Quel est le titre de l'alliage résultant?

1151. On a fondu ensemble 3 lingots, dont les titres étaient 0,720, 0,800 et 0,850. Le premier pesait le triple du troisième et le deuxième pesait autant que les 2 autres réunis. Quel est le titre de l'alliage résultant de la fusion?

1152. On fond ensemble 15 g. $\frac{1}{4}$ d'argent pur et 3 g. $\frac{2}{5}$ de cuivre. Quel est le titre de l'alliage résultant?

1153. Un lingot d'argent de $2^{kg},5$ est au titre 0,950; un 2ᵉ lingot de $1^{kg},20$ est au titre $\frac{11}{12}$; un 3ᵉ de $0^{kg},900$ est au titre 0,835; enfin un 4ᵉ du poids de $2^{kg},100$ est au titre 0,700. Quel sera le titre de l'alliage obtenu en les fondant ensemble?

1154. On a 2 lingots d'argent; le premier au titre 0,850 pèse $4^{kg},5$; le deuxième au titre 0,750 pèse $3^{kg},6$. On fond les $\frac{4}{5}$ du premier avec les $\frac{2}{3}$ du 2ᵉ. Quel sera le titre de l'alliage résultant?

1155. Une personne a reçu $132^f,30$ d'un orfèvre pour un vase d'argent pesant 750 g. A quel titre était le vase? Le kilogramme d'argent pur vaut $220^f,56$.

1156. On fond ensemble 25 g. d'un alliage à 0,750 et 36 pièces de 5^f. Quel sera le titre du nouvel alliage obtenu?

Changement de titre

1157. Dans quelle proportion faut-il mélanger 2 lingots d'argent, l'un au titre de 0,950, l'autre au titre de 0,750, pour avoir un lingot propre à faire de la monnaie divisionnaire? Quel poids faut-il prendre de chaque lingot pour faire 1.750 g. d'alliage?

1158. Combien faut-il ajouter d'or pur à un lingot de 480 g. au titre de 0,840 pour en faire des pièces de 20^f? Combien pourra-t-on faire de pièces avec le nouveau lingot?

1159. Combien faut-il ajouter de cuivre à un lingot au titre de 0,920 et du poids de 1.840 g. pour en abaisser le titre à 0,900?

1160. On a un lingot au titre 0,825 et un autre à 0,960. 1° Dans quelle proportion faut-il les allier pour obtenir un alliage à 0,900; 2° quand on met $1^{kg},500$ du 2ᵉ lingot, combien mettra-t-on du 1ᵉʳ; 3° pour un alliage de 750 g. combien y aura-t-il de chaque lingot?

1161. Un lingot d'or au titre de 0,920 pèse 485 g. On demande: 1° le poids de l'or pur qu'il contient; 2° le poids et la valeur de l'or monnayé qu'on pourrait obtenir avec cet or pur.

1162. Un lingot d'argent de 840 g. est au titre de 0,950; un autre de 540 g. est au titre de 0,700; un 3ᵉ de 620 g. est au titre de 0,580. On les jette dans un creuset; on demande combien d'argent pur on devra ajouter pour que l'alliage résultant soit au titre de 0,800.

1163. On a 2 lingots d'argent : le 1ᵉʳ, au titre de 0,800, pèse 4ᵏᵍ,500 ; le 2ᵉ, au titre de 0,750, pèse 3ᵏᵍ,600. On fond les $\frac{4}{5}$ du 1ᵉʳ avec les $\frac{2}{3}$ du 2ᵉ. Combien faudra-t-il ajouter d'argent pour avoir un lingot à 0,835 et combien de pièces de 1ᶠ pourra-t-on fabriquer avec le nouveau lingot?

1164. La pièce allemande de 1 mark pèse 5ᵍ,555 et est au titre de 0,900. Combien peut-on faire de pièces françaises de 2ᶠ avec l'argent pur contenu dans 8.000 pièces de 1 mark? Quel est le poids du cuivre à ajouter pour faire le nouvel alliage?

1165. Un lingot d'argent est au titre de 0,720 ; on l'a fondu avec 368 pièces de 5ᶠ et on a obtenu un lingot au titre des monnaies divisionnaires en argent. Quel est le poids du 1ᵉʳ lingot et combien pourra-t-on faire de pièces de 0ᶠ,50 avec le lingot obtenu?

1166. Le souverain est une monnaie d'or anglaise du poids de 7ᵍ,988 et au titre standard $\left(\frac{11}{12}\right)$. Combien de cuivre faudra-t-il ajouter à 50 souverains pour faire des pièces françaises au titre 0,900? Combien de pièces de 20ᶠ pourra-t-on faire?

1167. Quel est le poids de l'argent pur contenu : 1º dans une somme de 48ᶠ,50 en pièces divisionnaires ; 2º dans un sac de pièces de 5ᶠ? (Un sac contient toujours 200 pièces.)

1168. La guinée anglaise est composée de 7ᵍ,988 d'un alliage d'or au titre $\frac{11}{12}$. Quel poids d'or pur contient-elle?

1169. Quel poids d'argent pur et quel poids de cuivre y a-t-il dans 520 g. d'un alliage au titre 0,750?

1170. Quels poids de cuivre faut-il ajouter à 112ᵍ,5 d'argent pur pour faire des pièces de 5ᶠ? Quelle sera la valeur de la somme ainsi formée?

1171. On veut fabriquer des pièces divisionnaires avec un lingot d'argent de 2ᵏᵍ,25 au titre 0,930. Combien devra-t-on y ajouter de cuivre et quelle somme obtiendra-t-on?

1172. On fond ensemble 26 pièces de 0ᶠ,50 et 4 pièces de 1ᶠ qui ont perdu par usure $\frac{1}{100}$ de leur poids. Quel sera le poids du nouvel alliage et sa valeur en monnaie divisionnaire?

1173. Quel bénéfice réalise l'État lorsqu'il transforme 1.000 pièces de 5ᶠ détériorées par l'usage en monnaie divisionnaire? La pièce usée a perdu $\frac{1}{200}$ de son poids ; et la fabrication des nouvelles pièces coûte 1ᶠ,50 par kilogramme de monnaie fabriquée?

1174. Quels poids de cuivre, d'étain et de zinc faut-il prendre pour obtenir 8ʹ,75 de monnaie de bronze?

1175. Quelle est la densité de l'alliage qui compose une pièce de 1ʹ en argent, sachant que la densité de l'argent pur est 10,5 et celle du cuivre 8,8?

PROBLÈMES DE RÉCAPITULATION

DE LA 4ᵉ PARTIE

1176. 3 personnes se sont associées pour une entreprise qui a donné comme bénéfice le $\frac{1}{5}$ du capital initial. La liquidation donne une somme de 121.000ʹ, capital et bénéfice réunis. Combien chacune doit-elle recevoir pour sa part dans cette somme, sachant que la 1ʳᵉ avait mis la moitié du capital primitif, la 2ᵉ les $\frac{2}{5}$ du reste et la 3ᵉ le reste?

1177. Un minerai de plomb traité dans une usine renferme 17 % de son poids de plomb. Le plomb ainsi retiré contient lui-même les $\frac{5}{1.000}$ de son poids d'argent. Quelle quantité de minerai a-t-on traitée pendant une année, sachant que l'usine a produit durant cette période 58ᵏᵍ,500 d'argent?

1178. Un capitaliste fait valoir ses fonds de la manière suivante : le $\frac{1}{4}$ en est placé à 5 % ; les $\frac{2}{3}$ du reste à 4,5 % et le reste, à 4 %, produit 780ʹ de revenu. Calculer la fortune et le revenu de ce capitaliste et le taux moyen auquel il a placé son argent.

1179. Un marchand achète 1.120 kg. de colza à 62ʹ l'hecto-litre, avec un escompte de 1,5 % à 60 jours. Il doit payer la traite le 15 novembre. Le 20 octobre, le vendeur porte la traite à la banque pour la négocier. 1° Quel est le montant de l'achat ; 2° quelle somme le banquier donne-t-il en échange de l'effet le 20 octobre, sachant qu'il l'escompte au taux de 4 %, et retient une commission de 1 /8 % et un change de place de 1 %? Le litre d'huile pèse 910 grammes.

1180. Une personne retire 52.000ʹ placés à 4 % et place cette somme de la façon suivante : le $\frac{1}{4}$ en rente 3 % au cours de 96ʹ, les $\frac{2}{5}$ du reste en obligations de 500ʹ 3,5 % au cours de 312ʹ, le reste enfin en actions de 500ᶠ, au cours de 468ᶠ qui donnent un dividende de 20ᶠ.

A-t-elle augmenté son revenu et de combien? Quel est le taux moyen de son deuxième placement?

1181. Un négociant a 150 kg. d'un café valant 10ᶠ,50 le kg.; il veut les mélanger avec 2 autres cafés pris en quantités égales valant respectivement 10ᶠ,40 et 9ᶠ,50 le kg., de manière à pouvoir vendre le mélange 11ᶠ en gagnant 10 % sur le prix de revient. Combien doit-il mettre de kilogrammes des deux dernières sortes de café?

1182. Un lingot d'argent au titre de 0,800 a été fondu avec 75 pièces de 5ᶠ usées et ayant perdu $\frac{1}{20}$ de leur poids. On a ainsi obtenu un alliage au titre des pièces divisionnaires. Quel était le poids : 1º du lingot primitif ; 2º du lingot obtenu? Combien de pièces de 1ᶠ peut-on faire avec ce dernier?

1183. On achète deux terrains de contenance inégale à 25ᶠ,50 l'are. Le 1ᵉʳ rapporte annuellement 8 % de son prix d'achat et le 2º 6 % de son prix d'achat. Quelle est la contenance de chacun d'eux, sachant qu'ils produisent l'un et l'autre 326ᶠ,40 de revenu annuel?

1184. Un boulanger achète de la farine de 2 qualités ; la première à 66ᶠ le quintal, la 2º à 76ᶠ le quintal. Dans quelle proportion doit-il les mélanger pour obtenir une farine qu'il pourra vendre 0ᶠ,90 le kg. en gagnant 0ᶠ,20 sur le prix de revient?

1185. Une personne a mis des fonds dans une entreprise et reçoit au bout de 5 ans 182.000ᶠ, capital et bénéfices réunis. Le bénéfice étant les 2/3 du capital, à quel taux a-t-elle placé son argent?

1186. Un marchand achète pour 2.647ᶠ de marchandises ; son créancier lui accorde 15 mois de crédit. Mais le négociant préfère s'acquitter de suite et paie 2.281ᶠ,975. Quel est le taux de l'escompte qu'il a obtenu?

1187. On fond ensemble 6 couverts d'argent du poids de 135 g. l'un et au titre de 0,950, 24 pièces de 5ᶠ et 100 pièces de 1ᶠ. On demande : 1º le titre de l'alliage obtenu ; 2º le poids de cuivre qu'il faut lui ajouter pour en ramener le titre à 0,900.

1188. Un négociant a acheté 360 hl. d'un vin à 81ᶠ l'hectolitre et 158 hl. d'un autre vin qui lui coûte 15 % plus cher que le premier. Il a revendu le tout à 111ᶠ,30 l'hl. Combien a-t-il gagné pour cent sur son prix d'achat?

1189. Une somme de 1.000ᶠ est composée de 260 pièces, les unes de 5ᶠ, les autres de 2ᶠ. On demande : 1º quel est le nombre des pièces de chaque espèce ; 2º quel est le poids d'argent pur contenu dans toutes ces pièces ; 3° quel serait le titre du lingot qu'on obtiendrait en les fondant toutes ensemble ; 4° quel poids d'argent pur il faudrait ajouter à ce lingot pour que le titre du nouvel alliage fût 0,900 ?

1190. Une personne meurt en laissant le $\frac{1}{3}$ de sa fortune à son frère, le $\frac{1}{4}$ à son cousin, le $\frac{1}{5}$ à un ami et le reste à un établissement de bienfaisance. Sachant que ce dernier retire annuellement 555^f,75 d'intérêt de sa part d'héritage à 4 3/4 % on demande le montant de l'héritage et la part attribuée à chaque héritier.

1191. 4 ouvriers ont terminé un ouvrage en 25 jours et ont reçu 1.855^f. L'un des ouvriers a manqué 7 jours et un autre 4 jours. Celui qui dirige le travail prélève 3^f par jour en sus de ce qui lui revient. Quelle somme chacun doit-il recevoir ?

1192. On mélange 60 l. de vin à 130^f l'hectolitre, 4^{hl}.$\frac{3}{4}$ à 160^f l'hectolitre et on ajoute 120 l. d'eau. Combien doit-on vendre le litre du mélange pour gagner 20 % ?

1193. Une personne laisse 8.000^f à 3 héritiers à la condition que leurs parts soient inversement proportionnelles à leurs âges. Quelle sera la part de chaque héritier, sachant qu'ils ont respectivement 8 ans, 12 ans et 16 ans ?

1194. 3 cultivateurs ont fait leur cidre en commun. Le premier a fourni 15 hl. $\frac{1}{2}$ de pommes ; le 2e en a fourni 13 hl. $\frac{3}{4}$ et le 3e 12 h. $\frac{1}{2}$. On a obtenu 11^{hl},69 de cidre dont le $\frac{1}{10}$ revient au fabricant. Quelle quantité chacun des co-participants recevra-t-il ?

1195. Un fermier a vendu, le 15 décembre, 175 sacs de blé pesant chacun 125 kg. au prix de 70^f,50 le quintal. On lui paie comptant la moitié de la somme due et on lui paiera l'autre moitié dans 6 mois avec le intérêts à 3,5 %. Calculer à combien s'élève a ce deuxième paiement ?

1196. On sait que, pour préparer 63 g. d'acide azotique (eau-forte), il faut prendre 101 g. de salpêtre. Calculer : 1° combien on peut préparer d'acide avec 500 g. de salpêtre ; 2° quel poids de salpêtre il faut prendre pour obtenir 123 g. d'acide.

1197. Un commerçant achète 3.600^f de marchandises, et on lui accorde un crédit de 6 mois. Après un mois, le commerçant demande à s'acquitter et il paie 3.540^f. A quel taux a-t-on calculé l'escompte qu'il a obtenu ?

1198. Partager 5.040^f entre 3 personnes de telle sorte que la 2e ait les $\frac{3}{4}$ de la part de la 1re et que la part de la 3e soit la moitié de la somme des parts de la 1re et de la 2e.

1199. Avant son entrée dans l'Union latine, la Grèce avait comme monnaie le drachme divisé en 100 lepta. La pièce de 5^f française valait 5 drachmes 58 lepta. Calculer en francs et centimes la valeur d'un drachme. Chercher en outre combien il fallait de drachmes et lepta pour faire une somme de 252^f.

1200. Un négociant a commandé à un fabricant 275 pièces de drap. En 28 jours, 64 pièces ont été terminées. Dans combien de jours le fabricant peut-il s'engager à livrer le reste?

1201. Pour préparer 5 l. d'encre on a fait bouillir 160 g. de noix de galle, 300 g. de sulfate de fer et 40 g. d'alun. Quel poids de chacune de ces substances faudra-t-il pour fabriquer 18 l. d'encre?

1202. Les actions de la Banque de Paris sont cotées 1.537^f et reçoivent un dividende de 60^f; celles de la banque indo-chinoise cotent 1.370^f et reçoivent un dividende de 47^f,50; quelles sont les plus avantageuses?

1203. On a 3 billets dont la valeur nominale est respectivement 500^f, 900^f et 600^f et aux échéances de 50 jours, 60 jours et 90 jours. On veut les remplacer par un billet unique de 2.000^f. Dans combien de jours faut-il en fixer l'échéance?

1204. On a placé 6.000^f partie à 4 %, et partie à 5 %. Le revenu annuel étant 264^f, on demande la somme placée à 5 % et la somme placée à 4 %?

CINQUIÈME PARTIE

Notions de Géométrie

93e LEÇON

Volume. — Un bloc de rocher, une brique, un bâton de craie, un grain de poussière occupent une certaine place dans l'espace.

On appelle **volume** *la portion de l'espace occupée par un corps.*

Surface. — Les faces d'une armoire, d'une pierre, d'un bâton de craie en limitent le volume.

On appelle **surface** *ce qui limite un volume.*

Ligne. — Les arêtes d'une règle, les bords d'une feuille de cahier, la circonférence d'un cercle sont les limites d'une surface.

On appelle **ligne** *ce qui limite une surface.*

Une ligne est droite, brisée ou courbe.

La **ligne droite** *est le plus court chemin d'un point à un autre.*

D'un point **A** à un autre point **B** on ne peut mener qu'une seule ligne droite.

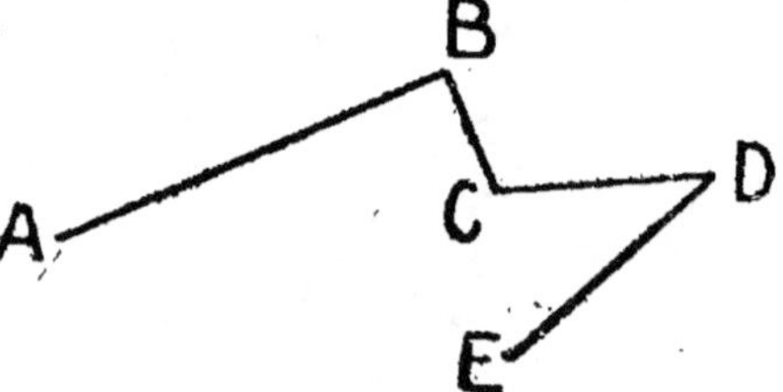

Une **ligne brisée** *est une ligne formée de plusieurs lignes droites.*

ABCDE est une ligne brisée.

Une **ligne courbe** *est une ligne qui ne présente pas de partie rectiligne.*

ABCD est une ligne courbe.

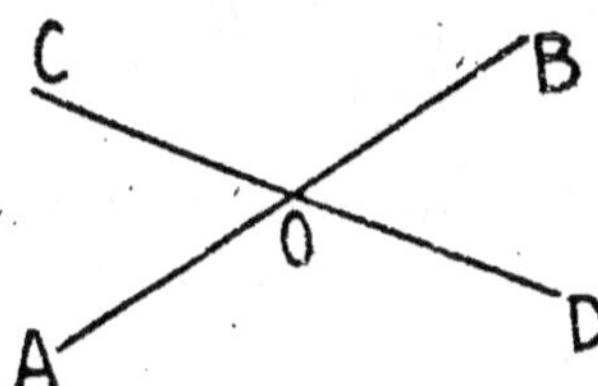

Point. — *Un* **point** *est l'intersection de deux lignes.*

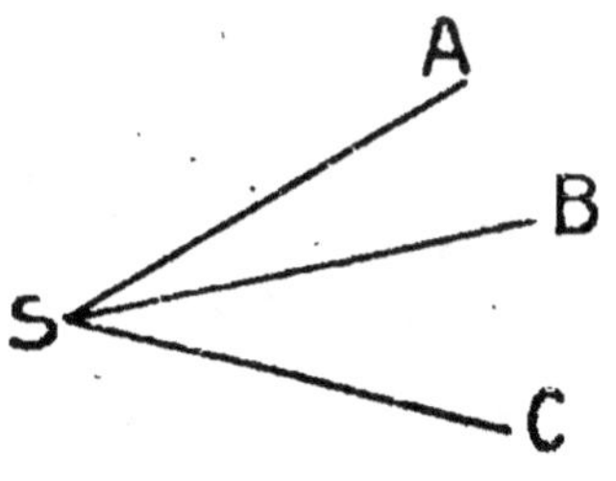

Exemple. — Les droites **AB** et **CD** se coupent au point **O**.

Le centre d'un carré, d'un rectangle, d'un cercle est un point.

ANGLE

Définition. — *Un* **angle** *est l'ouverture comprise entre deux droites qui se coupent et qui sont* limitées à leur rencontre.

Le point où les droites se coupent est le *sommet* de l'angle.

Deux angles sont **adjacents** *quand* ils ont même sommet et qu'ils sont situés de part et d'autre d'un côté commun.

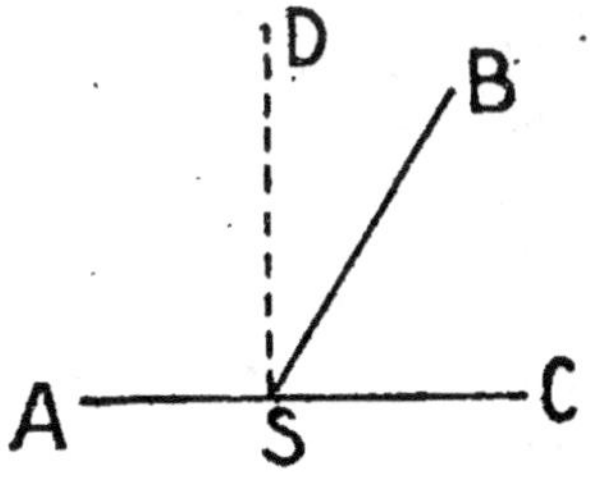

Angle.

Ainsi les angles **ASB** et **BSC,** qui ont même sommet **S**

Angles supplémentaires.

et qui sont situés de part et d'autre du côté commun **BS,** sont des angles *adjacents.*

Lorsqu'une droite **SD** forme avec une autre **AC** des *angles adjacents égaux*, on dit que la droite **SD** est **perpendiculaire** à la droite **AC**.

La droite **SB** formant avec **AC** des angles adjacents inégaux est **oblique** par rapport à **AC**.

On appelle angle **droit** *l'angle formé par la rencontre de deux droites perpendiculaires l'une à l'autre.*

Angle droit. Angle aigu. Angle obtus.

L'angle **aigu** est plus petit que l'angle droit. L'angle **obtus** est plus grand que l'angle droit.

Angle *a* plus grand que angle *b*.

{ la grandeur d'un angle dépend de l'ouverture d ses côtés et non de la longueur de ses côtés.

Si deux angles adjacents valent ensemble un droit, on dit que ces angles sont *complémentaires*.

Le *complément* d'un angle est ce qui lui manque pour valoir un droit. Ainsi, l'angle **ASB** est le complément de l'angle **BSC** et réciproquement.

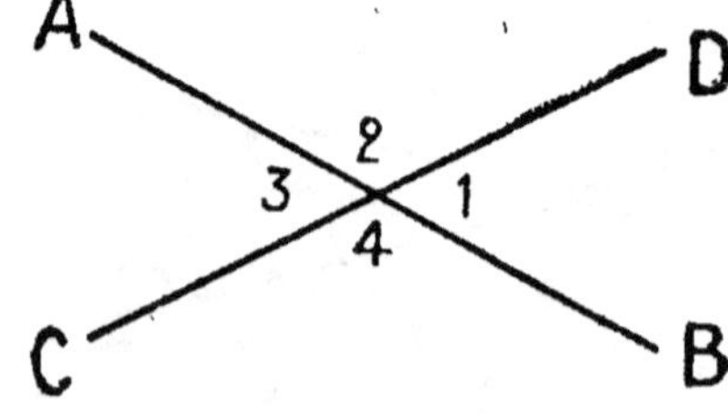
Angles complémentaires.

Si l'on prolonge deux droites au delà de leur point de rencontre, on forme 4 angles.

Les angles **1** et **3** sont dits *opposés par le sommet*, il en est de même des angles **2** et **4**.

Les angles opposés par le sommet sont égaux.

Les angles **1** et **2** valent ensemble deux droits, ils sont dits *angles supplémentaires*. Il en est de même des angles **2** et **3**; **3** et **4**; **1** et **4**.

94e LEÇON

Perpendiculaires et obliques

D'un point **O** on mène une perpendiculaire à **AB**, soit **OC**, et diverses obliques **OD**, **OE**, **OF**.

1° *D'un point pris hors d'une droite, on ne peut mener qu'une perpendiculaire à cette droite;*

2° *La perpendiculaire OC est plus courte que toute oblique issue du même point;*

3° Deux obliques également écartées du pied de la perpendiculaire sont égales. On a **DC** = **CE**, les deux obliques **OD** et **OE** sont égales;

4° Si deux obliques sont inégalement écartées du pied de la perpendiculaire, la plus longue est celle qui s'en écarte le plus.

On a : **CF** > **CD** donc **OF** > **OD**.

TRACÉ DES PERPENDICULAIRES

1° *Avec la règle et l'équerre.* — Pour tracer une perpendiculaire à une droite, il suffit d'appliquer une règle contre cette droite, puis le côté d'une équerre contre la règle et enfin de suivre l'autre côté de l'équerre avec un crayon.

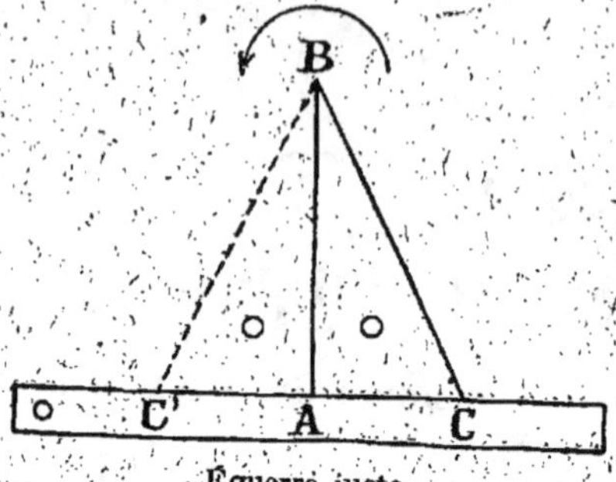

Équerre juste.

Vérification d'une équerre

Pour **vérifier** une équerre, on en applique le petit côté **AC** le long d'une règle bien droite, et on trace un trait au crayon le long de **AB**. Puis on retourne l'instrument de façon que le côté **AC** soit encore le long de la règle en **AC′**; si le côté **AB** de l'équerre coïncide encore avec le trait au crayon l'équerre est dite **juste**.

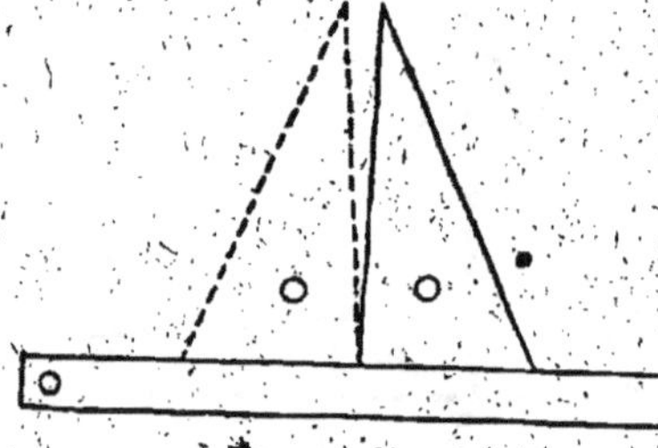

Équerre fausse.

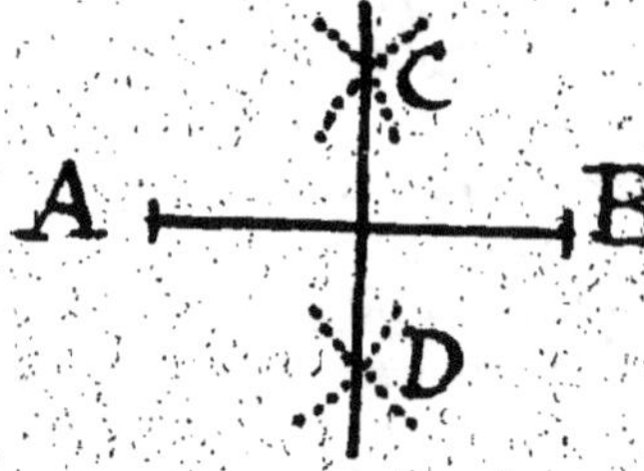

2° Avec le compas, a) *Au milieu d'une droite.*

Des extrémités **A** et **B** de la droite avec une ouverture de compas plus grande que la moitié de **AB**, on décrit, au-dessus et au-dessous de la droite, des arcs de cercle qui se coupent.

En joignant par une droite les points d'intersection **CD**, on obtient la perpendiculaire au milieu de **AB**.

Nota. — On procède donc ainsi pour partager une ligne en deux parties égales. Pour la partager en quatre parties égales, on procède comme précédemment sur chacune des moitiés obtenues.

b) *En un point donné d'une droite.* — On porte de part et d'autre du point donné **O** des longueurs égales **OA** et **OB**, et l'on élève la perpendiculaire au milieu de **AB**.

c) *Par un point pris hors d'une droite.* — Du point **O**
avec une ouverture de com-
pas quelconque, on coupe
la droite en **A** et en **B**.
On élève la perpendicu-
laire au milieu de **AB** : elle

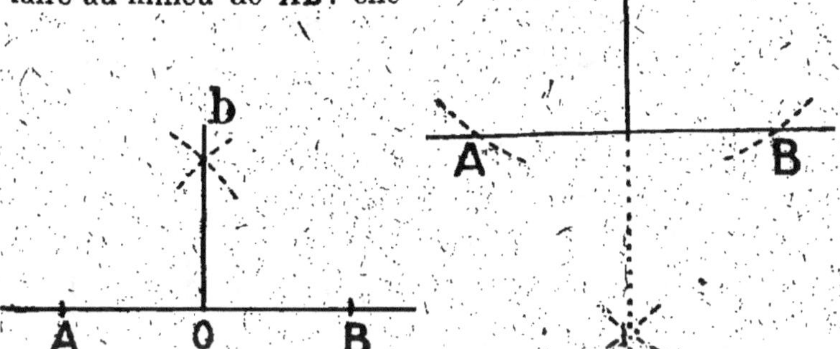

passé en **O**, ce point étant équidistant de **A** et de **B**.

95e LEÇON

Verticale — Horizontale — Parallèles

Définitions. — *Une droite est dite* **verticale** *quand elle suit la direction du fil à plomb.*

Exemples : une colonne, une cheminée, un poteau télégraphique, la tige qui soutient un appareil à gaz, etc.

La droite qui suit la direction d'une eau tranquille est **horizontale.**

Exemples : l'arête d'une étagère, d'une table rectangulaire, etc.

Des **parallèles** *sont des droites équidistantes.*

Exemples : les rails du chemin de fer, les barreaux d'une grille, les bords opposés d'une feuille de papier, etc.

TRACÉ DES PARALLÈLES

1º *Avec la règle et l'équerre.* — Lorsqu'on fait glisser l'équerre de façon qu'un de ses côtés **AD** reste toujours en contact avec une règle fixe, l'autre côté **AB** occupe différentes positions. On peut tracer un trait au crayon le long de ce côté **AB**, puis tracer un autre trait le long du même côté dans une 2e position **A'B'**.

Les deux traits **AB** et **A'B'** ainsi formés sont **parallèles**.

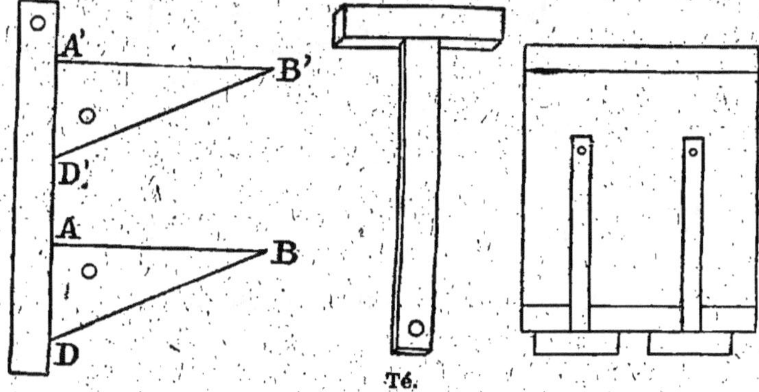

REMARQUE. — On peut également tracer des parallèles en déplaçant un instrument de dessin appelé **té** le long du côté d'une planchette à dessin.

On comprend facilement que **deux parallèles ainsi tracées sont partout à la même distance**.

2º *Avec le compas.* — *Mener une parallèle à* **AB**. — D'un point **C** pris sur **AB** avec une ouverture de compas quelconque, on trace un arc de cercle **FD**. De **D**, avec le même rayon, on décrit l'arc **CE**. Des points **C** et **D** on porte sur les deux arcs des longueurs égales **CE = DF**. On joint **EF**, on a la parallèle demandée.

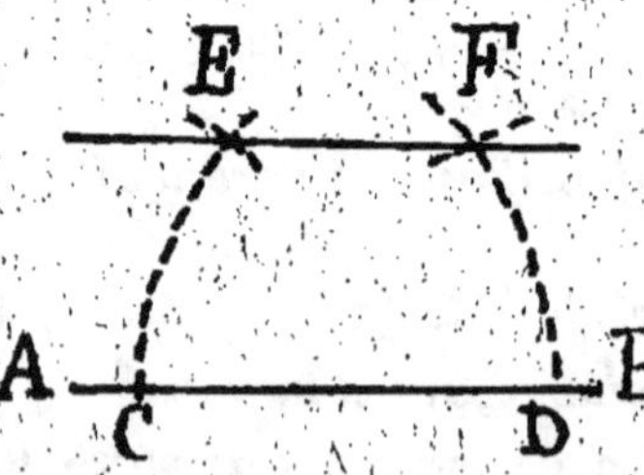

Nota. — 1° Si la parallèle doit passer par un point donné **E**. De ce point comme centre, on trace un arc qui coupe **AB** en **D**. De **D** on trace l'arc **EC**. On porte sur le 1er arc une longueur **DF** = **CE**. On joint **EF**.

2° Si la parallèle doit être à une distance donnée de la droite **AB**, on élève à cette droite deux perpendiculaires sur lesquelles on porte une longueur égale à la distance donnée. On joint les 2 points obtenus et on a la parallèle demandée.

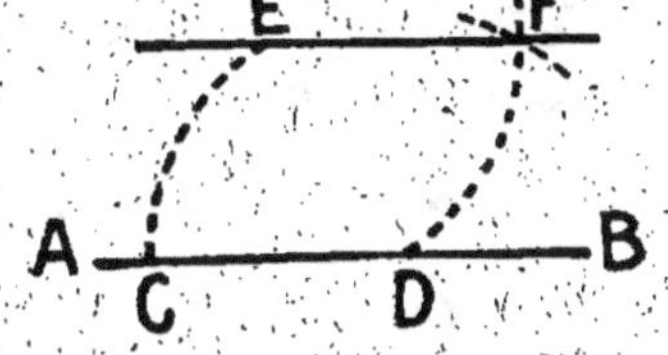

On peut aussi n'élever qu'une perpendiculaire sur laquelle on porte la longueur donnée et le problème revient au précédent : mener une parallèle à une droite par un point donné.

96e LEÇON

Surfaces géométriques

Un **polygone** est une figure plane limitée par une ligne brisée fermée; chaque portion de cette ligne brisée est un **côté** du polygone. Une ligne qui traverse le polygone d'un sommet à l'autre s'appelle **diagonale**.

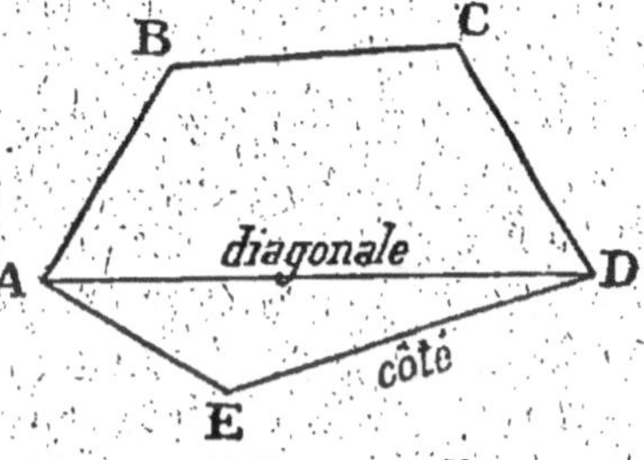

Un polygone s'appelle **triangle, quadrilatère, pentagone, hexagone, octogone, décagone**, selon qu'il a **3, 4, 5, 6, 8** ou **10** côtés.

Triangle scalène. 3 côtés inégaux.

TRIANGLE

Définition. — *Un triangle est une figure plane limitée par trois droites qui se coupent deux à deux.*

La **hauteur** d'un triangle est la perpendiculaire abaissée d'un sommet sur le côté opposé, qu'on appelle **base**; on trace la hauteur d'un triangle à l'aide de la règle et de l'équerre.

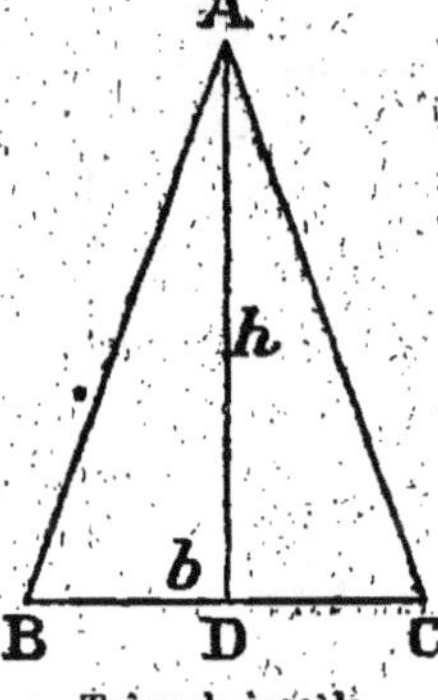

Triangle isocèle.
2 côtés égaux.

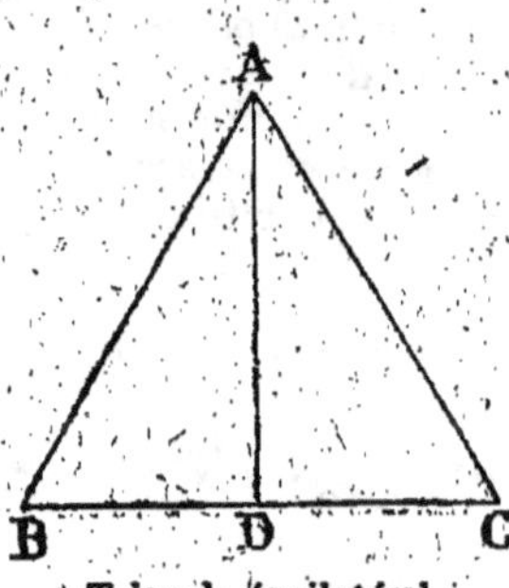

Triangle équilatéral.
3 côtés égaux.

Triangle rectangle.
1 angle droit.

Le triangle est dit **scalène** lorsqu'il a ses trois côtés inégaux; **isocèle**, s'il a deux côtés égaux; **équilatéral** quand ses trois côtés sont égaux; **rectangle**, si l'un de ses angles est droit; le côté opposé à l'angle droit s'appelle **hypoténuse**.

QUADRILATÈRES

Définition. — *Un* **quadrilatère** *est un polygone de 4 côtés.*

Les principaux quadrilatères sont : le **carré**, le **rectangle**, le **losange**, le **parallélogramme** et le **trapèze**.

Le **carré** *a quatre côtés égaux et quatre angles droits* : on peut construire un carré lorsqu'on connaît son côté. (Voir *Perpendiculaires* p. 341 et suivantes.)

Le **rectangle** *est un quadrilatère qui a quatre angles* *droits* et dont les côtés sont égaux deux à deux. On peut le construire connaissant ses deux dimensions : l'une qu'on appelle **base** (ou longueur) du rectangle ; l'autre **hauteur** (ou largeur) du rectangle.

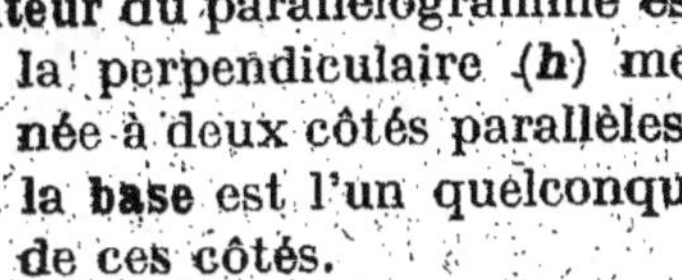

Le **parallélogramme** *est un quadrilatère qui a ses côtés parallèles deux à deux;* la **hauteur** du parallélogramme est la perpendiculaire (**h**) menée à deux côtés parallèles ; la **base** est l'un quelconque de ces côtés.

Les côtés du parallélogramme sont égaux deux à deux.

Le **losange** a quatre côtés égaux. En découpant un losange et en le pliant, on voit que ses diagonales sont perpendiculaires l'une à l'autre.

Le **trapèze** *est un quadrilatère qui n'a que deux de ses côtés parallèles ;* ces deux côtés (inégaux) sont les **bases**

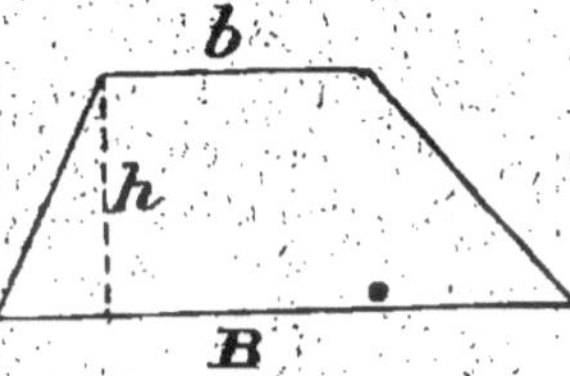

(**b**, **B**) du trapèze. La hauteur (**h**) du trapèze est la perpendiculaire menée aux bases parallèles.

97ᵉ LEÇON

La Circonférence

Définition. — *La circonférence est une ligne courbe fermée dont tous les points sont à égale distance d'un point intérieur appelé* **centre**.

Cette distance **OA** est le **rayon** de la circonférence.

On appelle **diamètre** une droite **AB** qui joint deux points de la circonférence en passant par le centre : un diamètre est le double d'un rayon. **AB = 2OA.**

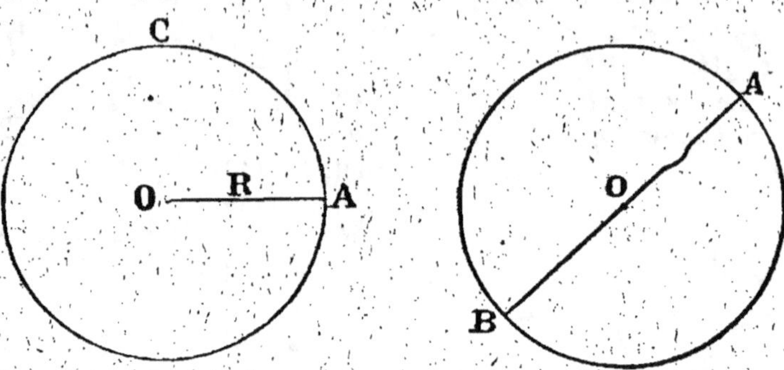

On appelle **arc** une portion quelconque de la circonférence.

La droite qui joint les extrémités d'un arc s'appelle **corde** ; on dit que la corde **sous-tend** l'arc. La corde **CE** sous-tend l'arc **CDE.**

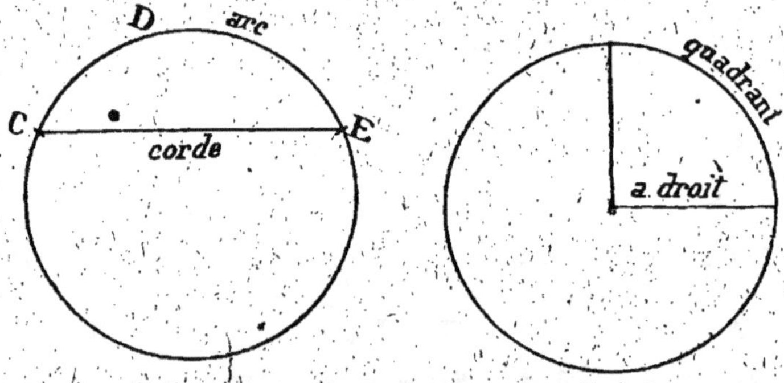

La circonférence a été divisée en quatre arcs égaux appelés **quadrants.**

Chaque quadrant a été divisé en **90** arcs d'un degré ;

chaque arc d'un degré en **60** arcs d'une minute ; chaque arc d'une minute en **60** arcs d'une seconde.

$$1° = 60'$$
$$1' = 60''$$

REMARQUE. — On a aussi divisé le quadrant en **100** grades, chaque arc de un grade en **100** minutes et chaque arc d'une minute en **100** secondes.

$$1 \text{ g.} = 100'$$
$$1' = 100''$$

Il existe une relation facile à saisir entre la division des angles et la division des arcs. Si nous plaçons au **centre** d'une circonférence le sommet d'un angle droit, nous verrons qu'à l'*angle* de **1°** correspond l'*arc* de **1°**, etc...

Dans un angle de **40° 15'** par exemple correspondra à un arc de **40° 15'** et inversement.

Le **rapporteur** est un cercle en bois, en cuivre ou en substance transparente qui sert à mesurer les angles. La demi-circonférence en est divisée en **180** arcs de **1°**, numérotés de **0 à 180**.

Pour **mesurer un angle,** on place d'abord le centre du rapporteur sur le sommet de l'angle ; on fait ensuite coïncider un des côtés avec la ligne **0—180°** ; on lit enfin le nombre de degrés correspondant à l'autre côté de l'angle.

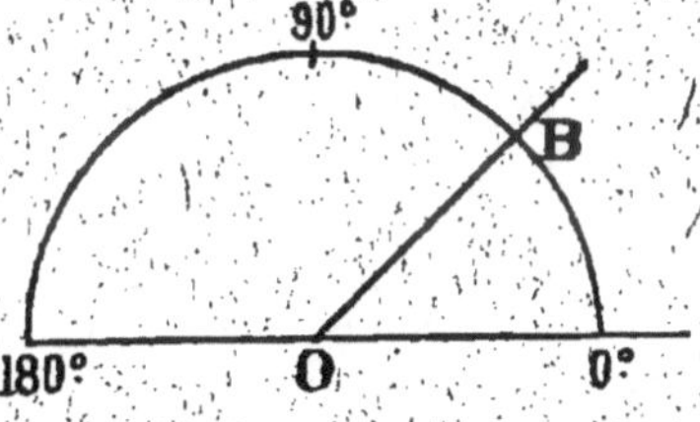

On remarquera que le rapporteur sert à mesurer un *arc*, mais d'après l'observation ci-dessus il sert à mesurer du même coup l'angle *au centre* correspondant.

LONGUEUR DE LA CIRCONFÉRENCE

La longueur d'une circonférence est égale à son diamètre multiplié par un nombre constant **3,1416** *que l'on désigne d'habitude par la lettre grecque* π.

On peut s'assurer de ce fait par **expérience**. On mesure, au moyen d'une corde, la circonférence d'une table ronde, et son diamètre ; en divisant le premier nombre par le second, on aura pour quotient **3,1416**, ce qui montre que la circonférence contient un peu plus de **3** fois la longueur de son diamètre.

On a donc en nommant **c** la circonférence :

$$c = d \times \pi \quad \text{ou} \quad 2r \times \pi \quad (\text{ou } 2\pi r).$$

La circonférence est le produit de 2 facteurs : le diamètre et le nombre π. On obtiendra donc le diamètre en divisant la circonférence par le nombre π.

$$d = \frac{c}{\pi}.$$

Le rayon étant la moitié du diamètre, s'obtient directement en divisant la circonférence par le double de π.

$$r = \frac{c}{2\pi}.$$

Connaissant la longueur d'une circonférence, on pourra obtenir la longueur de l'arc de **1°**, de **1′**, de **1″** dans cette circonférence :

$$\text{arc de } 1° = \frac{2\pi r}{360} = \frac{\pi r}{180},$$

et par suite la longueur d'un arc quelconque exprimé en degrés, minutes et secondes. Ainsi un arc de **56°** dans une circonférence de **10** m. de rayon aura pour longueur :

$$L = \frac{3,14 \times 10 \times 56}{180} = 9^{\text{m}},7.$$

Un raisonnement analogue donne la longueur d'un arc exprimé en grades, minutes et secondes : un arc de **64** grades dans une circonférence de **20** m. de rayon a pour longueur :

$$L = \frac{3,14 \times 20 \times 64}{200} = 19^{\text{m}},7$$

Nota. — En prenant **3,14** (au lieu de **3,1416**) comme valeur de π, on obtient des résultats d'une approximation très suffisante.

Exercices dessinés et écrits

1205. Tracer une droite de 18 mm. ; la doubler, la tripler, etc...

1206. Tracer une droite de 96 mm. ; la diviser en deux, en trois parties égales.

1207. Ajouter l'une à l'autre deux droites l'une de 98 mm. et l'autre de 59 mm. Vérifier le résultat.

1208. Retrancher la deuxième droite de la première. Vérifier.

1209. Tracer *à vue* un angle égal à la moitié, — aux $\frac{3}{4}$, — aux $\frac{3}{5}$, etc..., d'un angle droit. Vérifier à l'aide du rapporteur.

1210. Tracer à vue un angle de 45°, — de 36°, — de 80°, — de 60°... Vérifier à l'aide du rapporteur.

1211. Tracer à vue un angle égal aux $\frac{3}{2}$, aux $\frac{4}{3}$ ...d'un angle droit. Vérifier.

1212. Tracer à vue un angle égal à 120°, à 150°... Vérifier.

1213. Sur une circonférence, limiter à vue un arc égal aux $\frac{3}{8}$ — au $\frac{1}{3}$ de cette circonférence.

1214. Sur une circonférence, limiter à vue un arc de 45°, — de 120°.

1215. Un angle mesure 45°. Quelle est sa valeur en grades?

1216. Un angle mesure 130°. Quelle est sa valeur en grades?

1217. Tracer deux circonférences de même centre, l'une de 40 mm., l'autre de 28 mm. de rayon.

Problèmes

1218. Une courroie sans fin passe sur deux poulies de chacune 0ᵐ,35 de diamètre. La distance des centres est égale à 12 fois le rayon d'une poulie. On demande le prix de cette courroie à 3ᶠ,50 le mètre.

1219. Une table rectangulaire est terminée à ses deux extrémités par deux demi-cercles et mesure 3ᵐ,20 y compris la partie cintrée. Combien pourra-t-on, par défaut, y placer de convives, si l'on réserve 0ᵐ,60 à chacun d'eux, la largeur de la table étant de 0ᵐ,90?

1220. Une horloge mesure 0ᵐ,45 de diamètre. 1° Quelle distance mesurée sur le pourtour du cadran, y a-t-il entre midi et 5 heures?

2° Quel est l'angle formé par les deux aiguilles quand il est 5 heures?

1221. La grande aiguille d'une horloge mesure 19 cm. et la petite 16 cm. On demande combien la pointe de la grande aiguille a fait de chemin de plus que la petite en un jour de 24 heures.

1222. Les roues d'une bicyclette mesurent $0^m,72$ de diamètre. Le pédalier a 28 dents et le pignon d'arrière 9 dents. On demande combien un cycliste a donné de coups de pédale pour parcourir 25 km. et le temps employé pour parcourir cette distance, sachant qu'il donne 45 coups de pédale à la minute. Les coups de pédale se comptent sur un seul pied, pour une révolution complète de la pédale.

1223. Les grandes roues d'un chariot mesurent $0^m,80$ de rayon et les petites $0^m,45$. On demande l'excédent du nombre de tours des petites roues sur les grandes, après un parcours de 15 km.

1224. Les roues d'une voiture mesurent $1^m,7325$ et $2^m,3512$ de circonférence. On demande : 1° le rayon de chaque roue; 2° le chemin parcouru par la voiture quand les petites roues ont fait 2.000 tours de plus que les grandes.

1225. Lorsque 2 poulies sont actionnées par la même courroie de transmission, le nombre de tours par minute est inversement proportionnel au diamètre des roues. Une poulie de $0^m,45$ de diamètre faisant 80 tours par minute, combien de tours fera une poulie de $0^m,18$ actionnée par la même courroie ?

1226. Une poulie de $0^m,56$ de diamètre fait 120 tours par minute; quel diamètre faut-il donner à une poulie commandée par la même courroie pour qu'elle fasse 200 tours par minute ?

POLYGONES INSCRITS

On dit qu'un polygone est **régulier** lorsque ses côtés et ses angles sont égaux. Le carré et le triangle équilatéral sont des polygones réguliers.

Pour construire un polygone régulier, on divise une circonférence en parties égales et on joint les points de division.

Le polygone est alors dit **inscrit** dans la circonférence. Le rayon et le centre de cette circonférence sont appelés aussi rayon et centre du polygone.

On appelle **apothème** d'un polygone régulier la perpendiculaire menée du centre sur un côté. *Exemple :*

OH est l'apothème du polygone **ABCDEF**; on remarque que **H** est le milieu du côté **AB**, et que par suite il est

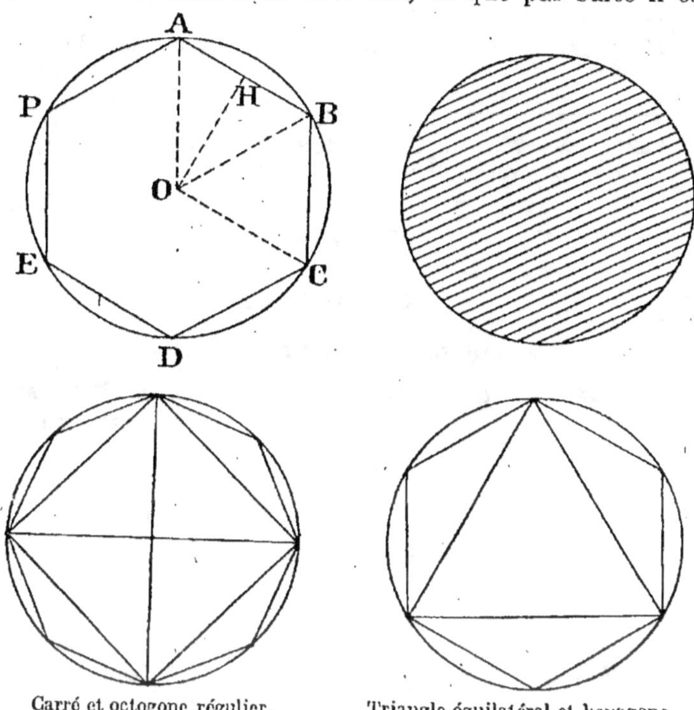

Carré et octogone régulier.

Triangle équilatéral et hexagone régulier.

facile de tracer l'apothème en joignant le centre au milieu du côté.

Exercices écrits

1227. Tracer un triangle et mener les 3 hauteurs en considérant successivement chacun des côtés comme base.

1228. Un carré a ses 4 côtés égaux, et par suite peut être considéré comme un losange; d'après cela, dire quelle est la propriété de ses diagonales; vérifier.

1229. Tracer un rectangle de 28 mm. de base et de 12 mm. de hauteur.

1230. Tracer un trapèze qui ait deux angles droits (trapèze rectangle).

1231. Tracer un trapèze dont les 2 côtés non parallèles soient égaux (trapèze isocèle).

1232. Quelle différence existe-t-il entre le contour d'un polygone et sa surface ?

1233. Quelle différence existe-t-il entre la circonférence et le cercle ?

1234. Tracer à vue un secteur de 90°, — de 135°, — de 50°, etc... Vérifier avec la rapporteur.

98ᵉ LEÇON

Surfaces

SURFACE D'UN RECTANGLE

La surface d'un rectangle s'obtient en multipliant la base par la hauteur.

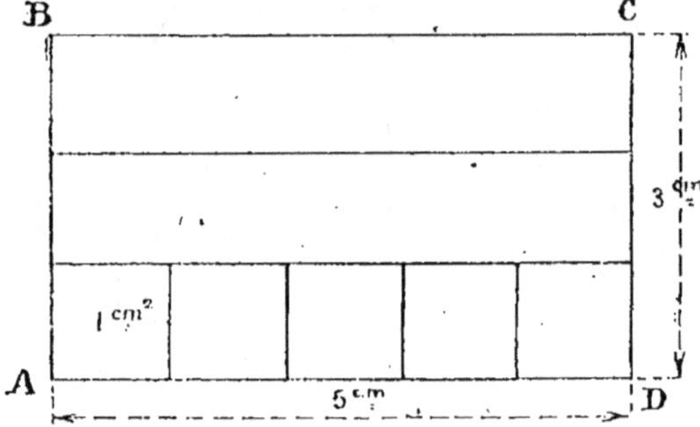

Soit le rectangle **ABCD** dont la base a 5 cm. et la hauteur 3 cm. Sur la base on peut poser 5 cm et cela forme une bande de 1 cm. de haut ; le rectangle contenant 3 bandes égales mesure :

$$5 \text{ cm}^2 \times 3 = 15 \text{ cm}^2.$$

REMARQUE. — Une négligence de langage fait dire habituellement :

$$5 \text{ cm} \times 3 \text{ cm} = 15 \text{ cm}^2 \text{ (}^1\text{)};$$

Nota. — Dans l'expression de la surface, il est préférable d'écrire : $1 \text{ cm}^2 \times 5 \times 3 = 15 \text{ cm}^2$

cette notation, absurde en théorie, n'a pas de grave inconvénient dans la pratique, si on a soin d'employer la même unité de mesure pour la base et la hauteur et **l'unité correspondante** de surface pour le produit ; sous cette réserve on peut écrire d'une façon générale :

$$S = b \times h.$$

La surface étant le produit de deux facteurs, on obtiendra l'un de ces facteurs en divisant le produit par le facteur connu :

Une dimension quelconque d'un rectangle, base ou hauteur, s'obtient **en divisant la surface par la dimension connue.**

$$b = \frac{S}{h} \qquad\qquad h = \frac{S}{b}.$$

SURFACE D'UN PARALLÉLOGRAMME

La surface d'un **parallélogramme** *s'obtient en multipliant la base par la hauteur.*

En découpant dans le parallélogramme **ABCD** le triangle rectangle **CED** et en le faisant glisser jusqu'en **BFA,** on formera un rectangle **FBCE** équivalent au parallélogramme, et

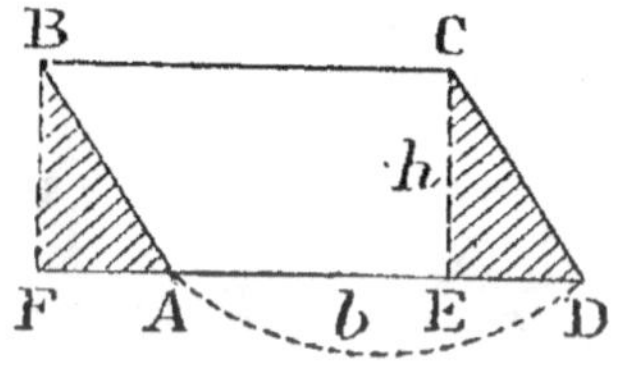

dont la base **FE** sera égale à la base **AD** de ce dernier.

La surface du rectangle étant égale à :

$$FE \times CE,$$

celle du parallélogramme vaut :

$$AD \times CE \text{ ou } b \times h.$$

D'où les formules corrélatives :

$$b = \frac{S}{h} \quad \text{et} \quad h = \frac{S}{B}.$$

SURFACE D'UN LOSANGE

La surface d'un losange s'obtient en faisant le demi-produit de ses diagonales.

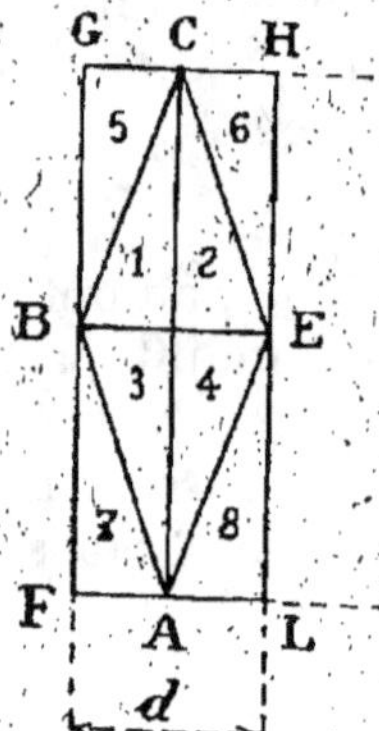

Le losange **ABCE** est la moitié du rectangle **FGHL** construit sur ses diagonales.

Si on découpe en effet les triangles rectangles **5, 6, 7** et **8**, on constate qu'ils s'appliquent exactement l'un sur l'autre et sur les triangles **1, 2, 3, 4.**

Donc le losange contient 4 triangles égaux et le rectangle contient 8 de ces mêmes triangles. La surface du losange est donc la moitié de celle du rectangle et s'écrit :

$$S = \frac{D \times d}{2}.$$

et inversement :

$$D = \frac{2S}{d} \quad \text{et} \quad d = \frac{2S}{D}.$$

99ᵉ LEÇON

Surface d'un carré

La surface d'un carré s'obtient en multipliant le côté par lui-même.

Un carré peut être en effet considéré comme un rectangle dont les deux dimensions ont même longueur :

$$S = c \times c \text{ ou } c^2.$$

Inversement, *le côté d'un carré s'obtient en extrayant la racine carrée de sa surface* :

$$c = \sqrt{S}.$$

QUELQUES REMARQUES SUR LE CARRÉ

I. — Soit le carré **ABCD**. Prolongeons les côtés **AB**
et **AD** d'une quantité égale
telle que **BG = AB** et **DE = AD**
et achevons le carré. Nous
constatons que le nouveau
carré **AGFE** est formé de
4 carrés égaux au premier.
Nous en concluons que *si
l'on double le côté d'un carré
la surface devient 4 fois plus
grande.*

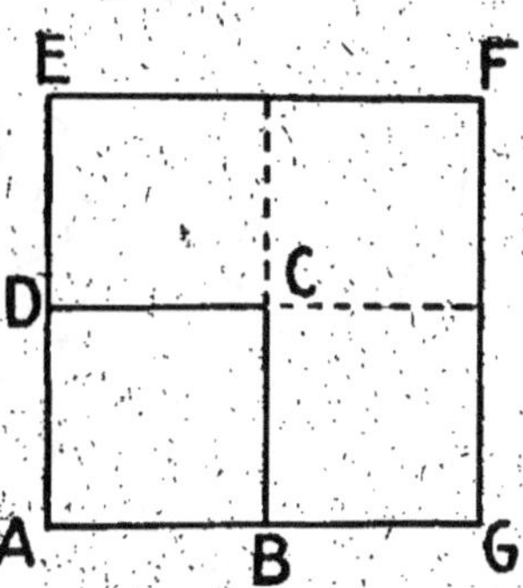

Si l'on avait triplé le côté,
la surface du nouveau carré aurait été 9 fois plus
grande, etc.

Conclusion : *Les surfaces de deux carrés sont proportionnelles aux carrés de leurs côtés.*

II. — Soit le carré **ABCD**, traçons **CF = DC** et
CE = BC. Joignons **DEFB**. Nous
constatons que le carré qui a
pour côté la diagonale du premier est formé de 4 triangles
égaux à chacun des 2 triangles
qui forment le premier.

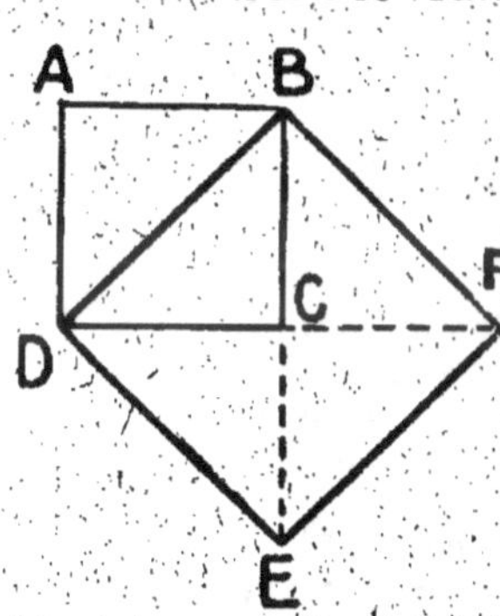

Conclusion : *Le carré construit
sur la diagonale d'un carré est
double du carré primitif.*

Donc, la surface d'un carré
dont on connaît la diagonale a
pour expression :

$$S = \frac{d^2}{2}.$$

Inversement :

$$d = \sqrt{2S}.$$

III. — La figure ci-contre montre que *la surface du carré construit sur la demi-diagonale d'un carré est égale à la moitié de celle du carré primitif.*

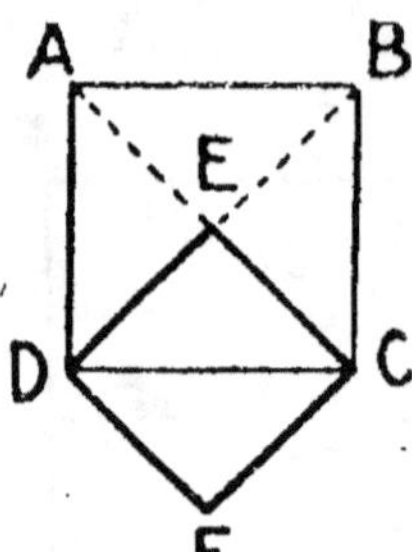

IV. — En appliquant la propriété du carré de l'hypoténuse, la diagonale d'un carré dont on connaît le côté C a pour expression :

$$d = \sqrt{2C^2} = C\sqrt{2}.$$

Or $\sqrt{2} = 1,414$. Donc *la diagonale d'un carré est égale au produit de son côté par* **1,414**.

Inversement, on a :

$$C = \frac{d}{1,414}$$

Problèmes sur l'aire du rectangle et du carré

1235. Un terrain carré mesure 68 m. de périmètre. On en a vendu les $\frac{4}{5}$ à raison de 15ᶠ l'are et le reste à 0ᶠ,18 le m². Sachant que l'on a ainsi réalisé un bénéfice de 10 % sur le prix d'achat, on demande combien ce terrain avait été acheté.

1236. On désire entourer un jardin carré de 207ᵃʳᵉˢ,36 d'une clôture qui revient à 2ᶠ,75 le mètre courant. Quel sera le prix de la clôture ?

1237. Un cultivateur a acheté au prix de 11.055ᶠ une pièce de terre de 1ʰᵃ,65ᵃ et de 110 m. de large ; la commune lui achète le terrain nécessaire à une route tracée en bordure de la longueur et de 8 m. de large à raison de 65ᶠ l'are. Il revend le reste à raison de 0ᶠ,80 le mètre carré. Combien a-t-il gagné sur son marché ?

1238. Dans une propriété rectangulaire de 120 m. sur 65 m. on trace 2 chemins de 3 m. de large, l'un parallèle à la longueur, l'autre à la largeur. Quelle est la surface cultivable de la propriété ?

1239. Dans une propriété rectangulaire de 58ᵐ,40 de long sur 28ᵐ,40 de large on a tracé un chemin de ronde de 2 m. de large qui en suit le contour à l'intérieur. Quelle est la surface restant à l'intérieur du chemin de ronde ?

1240. Dans une propriété rectangulaire de 28ᵐ,75 de long sur

18^m,25 de large on trace : 1° un chemin de ronde de 2 m. de large ; 2° une grande allée parallèle à la longueur de 2^m,5 de large ; 3° trois petites allées parallèles à la largeur de chacune 1^m,50 de large. Quelle est la surface cultivable de la propriété ?

1241. Le périmètre d'un rectangle est 280 m. ; la longueur a 15 m. de plus que la largeur. En déterminer : 1° la surface ; 2° le prix à raison de 1^f,45 le m².

1242. Le périmètre d'un rectangle est de 210 m. ; la largeur est les $\frac{3}{4}$ de la longueur. En déterminer : 1° la surface ; 2° le prix à raison de 0^f,55 le m².

1243. Dans un jardin rectangulaire de 4^a,64 on trace un chemin de 3 m. de large et dans toute la longueur du terrain. La surface cultivée est alors réduite à 3^a,77. Quelles sont les dimensions du jardin?

1244. Un champ de 2^{ha},16 ares d'une valeur de 48^f l'are a été échangé contre un pré de forme rectangulaire dont la longueur est 380 m. et estimé à 5.200^f l'ha. Calculer la largeur de ce pré.

1245. On veut échanger un terrain rectangulaire d'une valeur de 0^f,50 le mètre carré contre un terrain que l'on pourra détacher en forme de carré dans un champ estimé au même prix. Sachant que le terrain rectangulaire vaut 2.812^f,50, quel sera le côté du carré que l'on prendra en échange ?

1246. Quelle est la surface d'un champ rectangulaire dont la diagonale mesure 140 m. et la hauteur 84 m.?

1247. La surface comprise entre une maison carrée et les murs extérieurs d'une propriété est de 200 m². La distance qui sépare la maison de chacun des 4 murs est uniformément de 4 m. Quelle est la surface totale de la propriété ?

1248. Au centre d'un terrain carré clos de murs on a construit un pavillon également carré de 15 m. de côté. La surface non bâtie du terrain est de 216 m². On demande la distance comprise entre le pavillon et chacun des murs extérieurs.

1249. Pour faire une robe il faut 6^m,25 d'une étoffe ayant 1^m,20 de largeur. Mais on préfère prendre une étoffe ayant 1^m,10 de largeur. Combien faudra-t-il de mètres de la 2e étoffe?

1250. Pour faire une robe il faut 8 m. d'étoffe ayant 1^m,10 de largeur. Quelle sera la dépense si l'on prend une autre étoffe valant 1^f,75 le mètre et n'ayant que 0^m,70 de largeur ?

1251. Pour faire une robe il faudrait 7 m. d'une étoffe ayant 0^m,80 de largeur et valant 2^f,50 le mètre, ou bien une autre étoffe de même qualité ayant 1^m,20 de largeur et valant 3^f,50 le mètre. Quelle est l'étoffe la plus avantageuse et quelle économie réalisera-t-on en l'employant?

100e LEÇON

Surface du triangle

La surface d'un triangle est égale à la moitié du produit de sa base par sa hauteur.

En effet : tout triangle est **la moitié d'un rectangle** de même base et de même hauteur.

Soit le triangle **ABC** de hauteur **BD**. Par le sommet **B**, menons une parallèle à la base **AC** et des points **A** et **C** élevons des perpendiculaires qui rencontrent la parallèle en **E** et en **F**. Le rectangle **AEFC** a une surface double de celle du triangle **ABC**, car le triangle **AEB** est égal au triangle **ABD** et le triangle **CFB** est égal au triangle **CBD**. (Un très simple exercice

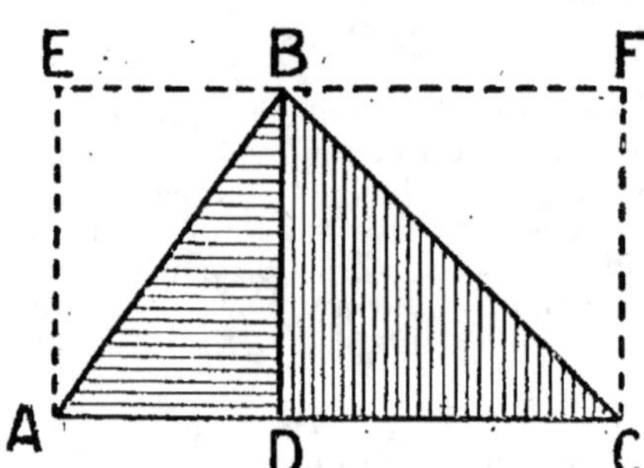

de pliage met cette propriété en évidence.) Le rectangle a pour surface **AC** $\times$ **BD**. Le triangle **ABC**, qui en est la moitié, a pour surface $\dfrac{\text{AC} \times \text{BD}}{2}$

Si l'on représente la base **AC** par b et la hauteur **BD** par h, on aura :

$$S = \frac{b \times h}{2}$$

On peut dire aussi que la *surface d'un* **triangle** *est égale au produit de sa base par sa demi-hauteur.*

Soit le triangle **ABC**. Par le milieu **E** de la hauteur **BH** on mène **FG** parallèle à la base **AC** et on découpe les triangles **BFE** et **BEG**, puis, on les fait tourner autour de **F** et de **G** comme pivots, de façon à les amener en **ADF** et **CGL**; le triangle se transforme en. un rectangle de même base et dont la hauteur est la moitié de la hauteur du triangle.

On aura donc :

$$S = AC \times EH$$
$$S = AC \times \frac{BH}{2} = b \times \frac{h}{2}.$$

Remarque. — On peut aussi écrire :

$$s = \frac{b}{2} \times h$$

d'où une troisième forme de l'énoncé :

La surface d'un triangle est égale au produit de sa demi-base par sa hauteur.

On prendra la forme la plus commode pour le calcul.

Inversement : *une dimension quelconque d'un triangle, base ou hauteur, s'obtient en divisant le double de sa surface par la dimension connue.*

En effet, en multipliant la surface par **2**, on obtient la surface du rectangle ayant même base et même hauteur que le triangle et le problème revient à trouver une dimension d'un rectangle connaissant sa surface :

$$h = \frac{2S}{b} \qquad b = \frac{2S}{h}.$$

SURFACE DU TRIANGLE ÉQUILATÉRAL EN FONCTION DU COTÉ

En appliquant les propriétés du carré de l'hypoténuse (page 183), la hauteur **BD** est égale à la racine carrée de $C^2 - \left(\dfrac{C}{2}\right)^2$.

$$BD = \sqrt{C^2 - \frac{C^2}{4}} = \sqrt{\frac{3C^2}{4}}.$$

Pour extraire la racine carrée d'une fraction, on extrait la racine carrée de ses deux termes. Donc :

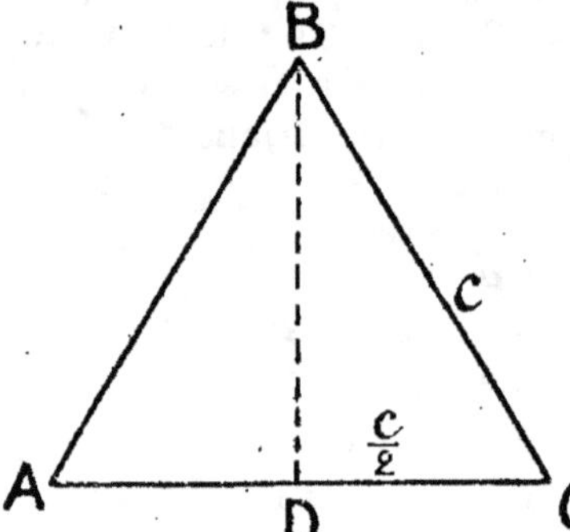

$$b = \sqrt{\frac{3C^2}{4}} = \frac{C\sqrt{3}}{2}.$$

Or, $\sqrt{3} = 1,732$. Donc $h = C \times 0,866$.

La surface du triangle équilatéral est égale à :

$$C \times \frac{C\sqrt{3}}{4} = \frac{C^2\sqrt{3}}{4}.$$

Or, $\sqrt{3} = 1,732$. Donc $S = C^2 \times 0,433$.

Application. — Trouver la surface d'un triangle équilatéral de 36 m. de côté.

I. — On peut déterminer la hauteur en appliquant la propriété du carré de l'hypoténuse.

$$h = \sqrt{36^2 - 18^2} = 31^m,17 \text{ par défaut,}$$

la surface égale $\dfrac{36 \times 31,17}{2} = 561^{m2},06.$

II. — En appliquant la formule $S = \dfrac{C^2\sqrt{3}}{4}$, on aurait :

$$S = \frac{36 \times 36 \times 1,732}{4} \text{ ou } 36 \times 36 \times 0,433 = 561^{m2},168.$$

101ᵉ LEÇON

Surface d'un trapèze

La surface d'un trapèze s'obtient en multipliant la demi-somme des bases par la hauteur.

Le trapèze **ABCD** étant donné, on joint le point **B**

au milieu **E** du côté **CD** ; on découpe le triangle **BCE** et
on le fait tourner de manière à l'amener en **EDF**. L'aire
du triangle **ABF**, et par suite celle du trapèze, vaut :

$$\frac{(AD + DF)}{2} \times BH.$$

ou

$$\frac{(AD + BC)}{2} \times BH.$$

ou enfin :

$$\frac{B + b}{2} \times h.$$

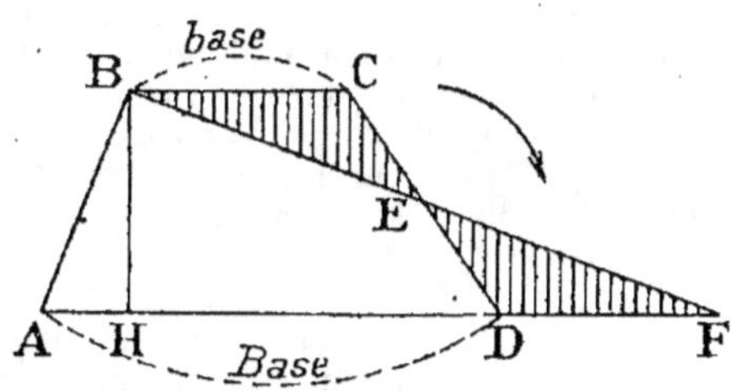

REMARQUE : La formule peut s'écrire :

$$\frac{(B + b) \times h}{2}$$

ou
$$(B + b) \times \frac{h}{2}.$$

Formules corrélatives. — La hauteur est égale à :

$$h = \frac{2S}{B + b}.$$

La grande base :

$$B = \frac{2S}{h} - b.$$

La petite base :

$$b = \frac{2S}{h} - B.$$

Problèmes sur l'aire du triangle, du trapèze, etc.

1252. Un champ a la forme d'un parallélogramme de 58ᵐ,25
de longueur et 49 m. de hauteur : quelle en est la surface? Quelle
est la hauteur d'un rectangle équivalent qui aurait 63ᵐ,50 de
base ?

1253. On a un dessin à l'échelle de $\frac{1}{100}$ qui représente un champ triangulaire ; la base et la hauteur du triangle mesurées sur le dessin ont respectivement 38 cm. et 275 mm. Quelle est la surface du terrain représenté par le dessin?

1254. On sait que, pour la fumure complémentaire d'un champ, il faut répandre par hectare 120 kg. de nitrate de soude valant 20ᶠ le quintal. La fumure d'un champ triangulaire ayant coûté 54ᶠ, et sa base mesurant 300 m., on demande quelle est sa hauteur ?

1255. On veut échanger un terrain triangulaire de 53ᵐ,75 de base et 18ᵐ,40 de haut contre un terrain de forme rectangulaire dont la largeur est fixée à 14ᵐ,40 et dont le mètre carré vaut le double du mètre carré du 1ᵉʳ terrain. Quelle longueur aura le 2ᵉ terrain?

1256. Que coûtera l'ensemencement d'un champ qui a la forme d'un trapèze dont les bases mesurent 45ᵐ,25 et 18ᵐ,40 et la hauteur 24 m., sachant que l'on répand sur 1 ha. 250 l. de grain coûtant 56ᶠ,25 l'hectolitre ?

1257. Un terrain à bâtir a la forme d'un trapèze ; les bases ont 58ᵐ,20 et 46ᵐ,75, la hauteur est 16ᵐ,40. On trace parallèlement à la hauteur et entre les 2 bases une avenue de 10 m. de large. Quelle est la surface restant à bâtir ?

1258. On a ensemencé en blé à raison de 170 l. par hectare un champ qui a la forme d'un trapèze dont les bases sont 27ᵐ,60 et 32ᵐ,40 et la hauteur 82ᵐ,57. La semence s'est multipliée 12 fois ; le grain récolté pèse 75 kg. par hectolitre et se vend 85ᶠ,50 le quintal. On récolte en outre par hectare 1.800 kg. de paille à 63ᶠ le quintal. Que vaut la récolte de ce champ?

1259. Une pièce de terre a la forme d'un trapèze ; ses bases sont 54 m. et 42 m. ; sa hauteur 28 m. Il a été acheté à 228ᶠ les 8ᵃ,86 ; les frais de vente s'élèvent à 11ᶠ,75 % du prix d'achat. On demande : 1° à combien revient ce terrain? 2° quelle serait la hauteur d'un triangle équivalent dont la base serait 40 m.?

1260. Un terrain qui a la forme d'un trapèze dont les bases sont 21ᵐ,50 et 18ᵐ,40 a été vendu 1.650ᶠ à raison de 528ᶠ l'are. Quelle en est la hauteur ?

1261. Un trapèze a une surface de 130 m²; sa petite base mesure 12ᵐ,40 ; sa hauteur 8ᵐ,20. Quelle en est la grande base ?

1262. La bordure d'un vitrail comprend 58 losanges dont les diagonales ont 18 et 12 cm. et 58 losanges dont les diagonales ont 15 et 8 cm. Quelle est la surface occupée par ces losanges et quel en est le prix à raison de 12ᶠ le décimètre carré ?

102e LEÇON

Surface d'un hexagone régulier

Un hexagone régulier est formé de **6** triangles équilatéraux égaux ayant pour côtés le côté de l'hexagone.

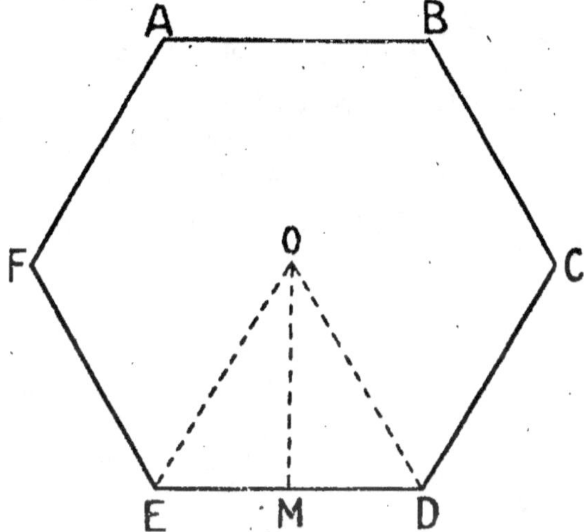

On a vu (page 362) que la surface d'un triangle équilatéral de côté **C** a pour formule :

$$S = \frac{C^2 \sqrt{3}}{4}.$$

La surface de l'hexagone est donc égale à **6** fois celle du triangle équilatéral de même côté :

$$S = \frac{6C^2 \sqrt{3}}{4} \quad \text{ou} \quad \frac{3C^2 \sqrt{3}}{2}.$$

Dans l'**hexagone inscrit**, le côté de l'hexagone est égal au rayon du cercle inscrit. La surface de l'hexagone inscrit dans un cercle de rayon r a donc pour formule :

$$S = \frac{3r^2 \sqrt{3}}{2}.$$

Exercice écrit

1263. — Trouver l'aire d'un hexagone régulier de 18cm de côté.

SURFACE D'UN POLYGONE RÉGULIER

L'aire d'un **polygone régulier** *est égale au produit de son périmètre par la moitié de son apothème.*

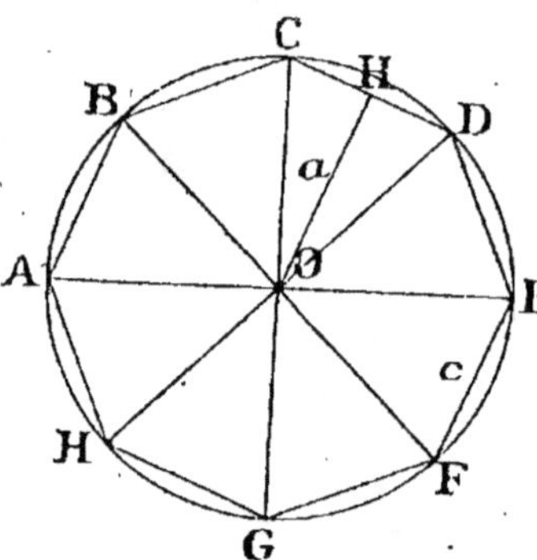

Un polygone régulier tel que celui qui est figuré ci-contre se décompose facilement en autant de triangles qu'il y a de côtés, et tous ces triangles sont égaux.

On obtiendra donc l'aire du polygone en multipliant l'aire d'un triangle par le nombre de côtés.

$$\text{Aire } \mathbf{OCD} = \mathbf{CD} \times \frac{\mathbf{OH}}{2}.$$

$$\text{Aire du polygone} = 8 \times \mathbf{CD} \times \frac{\mathbf{OH}}{2}.$$

Mais 8 fois **CD** donne le périmètre du polygone. Donc :

$$S = P \times \frac{\mathbf{OH}}{2}.$$

SURFACE DU CARRÉ INSCRIT

Surface du carré inscrit. — Le carré inscrit se compose de deux triangles **ABC** et **ACD** ayant pour base le diamètre $AC = 2r$ (r étant le rayon du cercle inscrit) et pour hauteur OB ou $OD = r$.

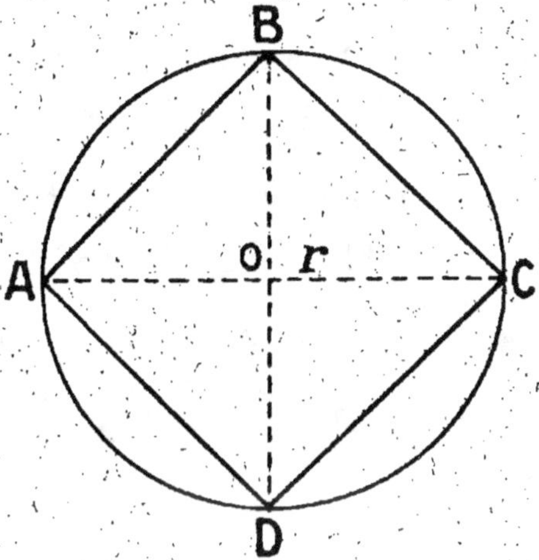

La surface d'un triangle égale :

$$\frac{2r^2}{2}.$$

La surface du carré est donc égale à $2r^2$.

La surface du carré inscrit dans un cercle dont on connaît le rayon est égale à deux fois le carré du rayon.

SURFACE D'UN POLYGONE QUELCONQUE

La surface d'un polygone quelconque s'obtient en le décomposant en triangles ou en trapèzes.

Le procédé le plus pratique pour atteindre ce but consiste à mener la plus grande diagonale du polygone et à abaisser des sommets des perpendiculaires à cette diagonale.

Le polygone ci-contre peut se décomposer de la façon suivante :

1° **Triangle ABF.** Base **AF**; hauteur **BF**.

$$\text{Aire } \frac{AF \times BF}{2} = \frac{5\,\text{m.} \times 12\,\text{m.}}{2} = 30^{\text{m2}},$$

2° **Trapèze BFGC.** Bases **BF** et **CG**; hauteur **FG**.

$$\text{Aire } \frac{(BF + CG) \times FG}{2} = \frac{(12\text{m.} + 14\text{m.}) \times 19^{\text{m}},6}{2} = 254^{\text{m2}},80$$

3° **Triangle CGD.** Base **GD**; hauteur **CG**.

$$\text{Aire } \frac{GD \times CG}{2} = \frac{6^{\text{m}},4 \times 14\,\text{m.}}{2} = 44^{\text{m2}},80$$

4° **Triangle ADE.** Base **AD**; hauteur **HE**.

$$\text{Aire } \frac{AD \times HE}{2} = \frac{31\,\text{m.} \times 7\,\text{m.}}{2} = 108^{\text{m2}},50$$

Au total. . . . . $438^{\text{m2}},10$

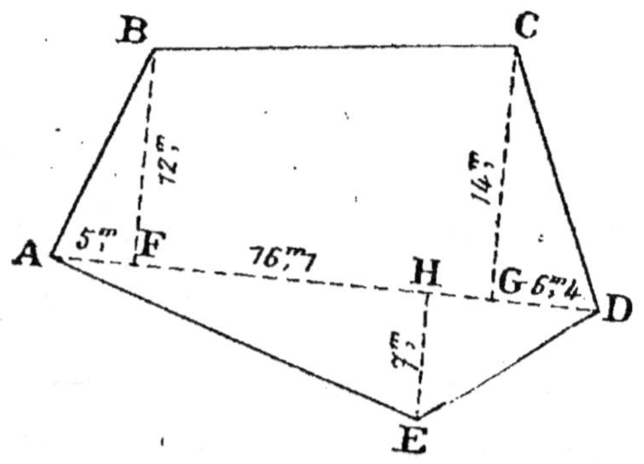

$$GH = 3^{\text{m}},5.$$

On voit qu'il suffit de mesurer chaque portion de la diagonale **AD** et les perpendiculaires menées à cette diagonale pour avoir tous les nombres nécessaires aux calculs.

103e LEÇON

Surface du cercle

Si on inscrit dans un cercle un polygone d'un très grand nombre de côtés, on remarque que le périmètre de ce polygone se confond sensiblement avec la circonférence, et son apothème avec le rayon. On conçoit donc que l'aire du cercle puisse être considérée comme l'aire d'un polygone régulier dont le périmètre serait la circonférence et dont l'apothème serait le rayon.

Par suite :

Surface du cercle = circonférence $\times \dfrac{\text{rayon}}{2}$.

Mais la longueur d'une circonférence s'obtient en multipliant le diamètre par π : $(c = 2\pi R)$.

En remplaçant la circonférence par sa valeur, on obtient :

Aire du cercle $= 2\pi R \times \dfrac{R}{2} = \pi R^2$.

d'où l'énoncé suivant :

La surface d'un cercle s'obtient en multipliant le carré du rayon par le nombre π.

$$S = \pi R^2.$$

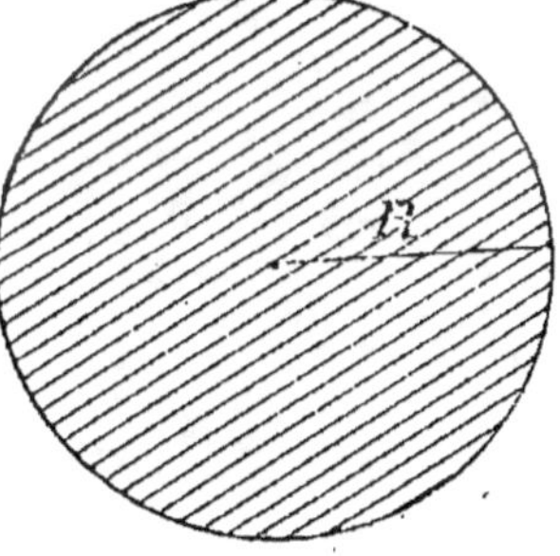

La surface étant le produit de 2 facteurs, on obtient l'un d'eux en divisant le produit par l'autre facteur.

$$R^2 = \frac{S}{\pi}.$$

On déduit de là :

$$R = \sqrt{\frac{S}{\pi}}.$$

On obtient donc le rayon d'un cercle en extrayant la racine carrée du quotient de la surface par π.

SURFACE D'UN SECTEUR

L'aire du cercle peut se diviser en **360** secteurs de **1°**; chacun de ces secteurs aura donc une surface égale au $\frac{1}{360}$ de la surface du cercle.

Un secteur circulaire d'un certain nombre de secteurs de **1** degré, **28** par exemple, se compose de **28** secteurs de **1°**.

Sa surface est donc les $\frac{28}{360}$ de celle du cercle. Donc :

La surface d'un secteur circulaire s'obtient en multipliant la surface du cercle par le nombre de degrés de l'arc du secteur et en divisant le produit par 360.

$$S = \frac{r^2 \times \pi \times n^b}{360}$$

De cette formule on dégage celle qui permet de trouver le rayon d'un secteur connaissant sa surface :

$$r = \sqrt{\frac{360 S}{\pi n^b}}.$$

104e LEÇON

Couronne circulaire

Définition. — *Une couronne circulaire est la surface comprise entre deux circonférences concentriques.*

Surface. — La surface de la couronne est égale à la différence entre la surface du grand cercle et la surface du petit cercle entre lesquels elle est comprise. On aurait donc :

$$S = \pi R^2 - \pi r^2.$$

On constate que dans cette formule π peut être mis en facteur commun et on a :

$$S = \pi \times (R^2 - r^2).$$

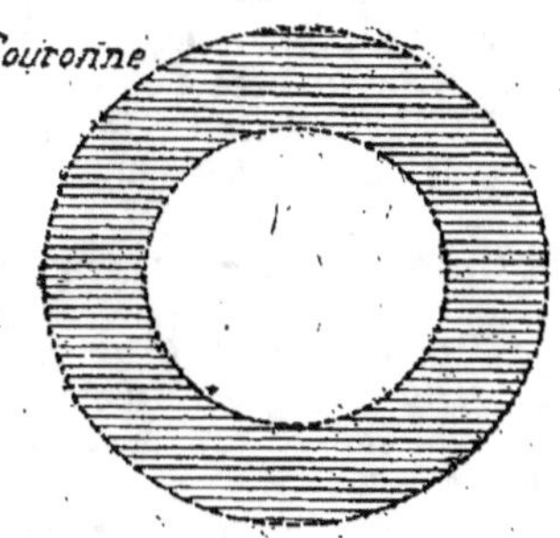

La surface d'une couronne circulaire s'obtient en multipliant par π la différence des carrés des rayons.

Mais nous avons vu (1re partie, page 60) qu'*une différence de carrés provient de la multiplication d'une somme par une différence.* On peut donc substituer à la différence des carrés le produit de la somme des rayons par leur différence, ce qui, dans bien des cas, abrège les calculs. La formule devient :

$$S = (R + r) \times (R - r) \times \pi.$$

REMARQUE. — La différence des rayons $R - r$ représente **la largeur de la couronne.** On peut donc dire que : *la surface de la couronne s'obtient en multipliant la somme des rayons par la largeur de la couronne et le produit obtenu par π.*

Exercices écrits

1264. Dessiner un cercle ; tracer 2 diamètres rectangulaires, compléter les quatre carrés qui ont pour côtés les rayons tracés ; voir sur cette figure que la surface du cercle est inférieure à 4 fois le carré du rayon.

1264 bis. Dessiner deux cercles concentriques et de rayons respectivement égaux à 6 cm. et 4 cm. Calculer la surface de la *couronne* obtenue.

1265. Calculer : 1° le rayon d'un cercle de 5 m² de surface. — 2° le diamètre d'un cercle de 80dm2,45 de surface.

1266. Calculer la surface : 1° d'un secteur de 1°, — 2° d'un secteur de 50° dans un cercle de 4 dm. de rayon.

1267. Calculer l'aire : 1° d'un secteur de 1', — 2° d'un secteur de 65', — 3° d'un secteur de 48° 15′ dans un cercle de 1 ^{m},50 de rayon.

1268. Calculer l'aire : 1° d'un secteur de 1^g; — 2° d'un secteur de 58^g ; 3° d'un secteur de 43^{g}40 dans un cercle de 8 m. de rayon.

1269. Calculer le rayon du cercle dans lequel le secteur de 60° a une surface de 53^{dm2},5625.

Problèmes sur l'aire du cercle, du secteur, etc.

1270. Dans une prairie rectangulaire de 38 ^{m},75 de long et de 14 ^{m},80 de large, on creuse un abreuvoir circulaire de 2 ^{m},5 de diamètre. Quelle est la surface : 1° de l'abreuvoir ; 2° du reste de la prairie ?

1271. On veut répandre sur une propriété de forme circulaire dont le rayon est de 96 m. un engrais qui coûte 12^f,50 le quintal et dont il est nécessaire de mettre 120 kg. à l'hectare. Que coûtera la fumure de ce champ ?

1272. Un terrain circulaire de 56 ^{m},50 de rayon a été payé à raison de 148^f l'are. On l'a entouré d'une clôture qui coûte 1^f,25 le mètre courant. Quel est le prix de revient de ce jardin?

1273. La pièce de 5 francs en argent a un diamètre de 37 mm. Quelle est sa surface ?

1274. Un bassin circulaire a une circonférence de 46 ^{m},35. Que coûtera le cimentage du fond de ce bassin à raison de 6^f,50 le mètre carré ?

1275. Une propriété a la forme d'un carré dont le périmètre est 68 m. On y creuse un bassin de 3 m. de diamètre entouré d'une allée de 1 m. de large. On demande : 1° la surface totale de la propriété ; 2° du bassin ; 3° de l'allée ; 4° la surface restant à cultiver ?

1276. Pour aveugler une ouverture circulaire dans une cloison, on a appliqué une feuille de carton carré de 15 cm. de côté : les quatre bords du carton passent à 1 cm. en dehors de la circonférence de l'ouverture. Trouver la surface : 1° du carton ; 2° de l'ouverture.

1277. Dans un morceau de velours circulaire de 0 ^{m},25 de rayon et valant 2^f le décimètre carré, on a détaché un secteur de 60°. Quelle est la surface de ce morceau et quel en est le prix ?

1278. Dans un vitrail il existe un cercle de 0 ^{m},50 de diamètre, dans lequel est inscrit un carré en verre blanc, alors que les segments qui restent sont en verre bleu à 0^f,10 le centimètre carré. Calculer : 1° la surface occupée par le verre bleu ; 2° son prix.

1279. On veut faire une piste circulaire dont le contour intérieur aura $\frac{2}{3}$ de kilomètre de longueur, et qui mesurera 10 m. de large. À l'extérieur de la piste, on veut encore ménager un promenoir circulaire de 6ᵐ,25 de large. Calculer : 1° la surface du cercle intérieur réservé à une pelouse de jeu ; 2° la surface de la piste ; 3° la surface du promenoir ; 4° la surface totale ; 5° le prix d'acquisition à raison de 11ᶠ,20 l'are.

1280. Une place circulaire mesure 36 m. de diamètre. Le centre est occupé par un bassin de 4ᵐ,50 de rayon. Quelle est la surface de la partie réservée à la circulation ?

1281. Autour d'un puits on cimente la terre sur une largeur de 1ᵐ,20. Quelle sera la dépense si le puits a un diamètre extérieur de 80 cm² et si le mètre carré est estimé 12ᶠ ?

1282. Une municipalité dispose de 27.000ᶠ pour faire construire une piste en ciment autour et en dehors d'un terrain de 120 m. de diamètre. Quelle pourra être la largeur de cette piste si le mètre carré revient à 12ᶠ.

1283. Même problème si la piste devait être établie à l'intérieur du terrain et si la municipalité ne disposait que de 20.000ᶠ.

Principales formules relatives aux surfaces

FIGURES GÉOMÉT.	SURFACES	FORMULES CORRÉLATIVES
Carré.............	ou $\dfrac{c^2}{\dfrac{d^2}{2}}$	$c = \sqrt{S}$ $d = \sqrt{2S}$
Rectangle et parallélogramme.	ou $\begin{array}{c} L \times l \\ b \times h \end{array}$	$L = \dfrac{S}{l}$; $l = \dfrac{S}{L}$
Losange.........	$\dfrac{D \times d}{2}$	$D = \dfrac{2S}{d}$; $d = \dfrac{2S}{D}$
Triangle.........	$\dfrac{b \times h}{2}$	$b = \dfrac{2S}{h}$; $h = \dfrac{2S}{b}$
Triangle équilatéral..........	$\dfrac{c^2\sqrt{3}}{4}$	$c = \sqrt{\dfrac{4S \div \sqrt{3}}{3}}$
Trapèze	$\dfrac{B + b}{2} \times h$	$h = \dfrac{2S}{B + b}$ $B = \dfrac{2S}{h} - b$; $b = \dfrac{2S}{h} - B$
Cercle.............	$r^2 \times \pi$	$r = \sqrt{\dfrac{S}{\pi}}$
Couronne.........	$(R^2 - r^2) \times \pi$ ou $(R + r)(R - r) \times \pi$	$R = \sqrt{\dfrac{S}{\pi} + r^2}$ $r = \sqrt{R^2 - \dfrac{S}{\pi}}$
Hexagone	$\dfrac{3c^2\sqrt{3}}{2}$	$c = \sqrt{\dfrac{2S\sqrt{3}}{3}}$

105e LEÇON

Notions d'arpentage

L'arpentage a pour objet la mesure de la surface d'un terrain.

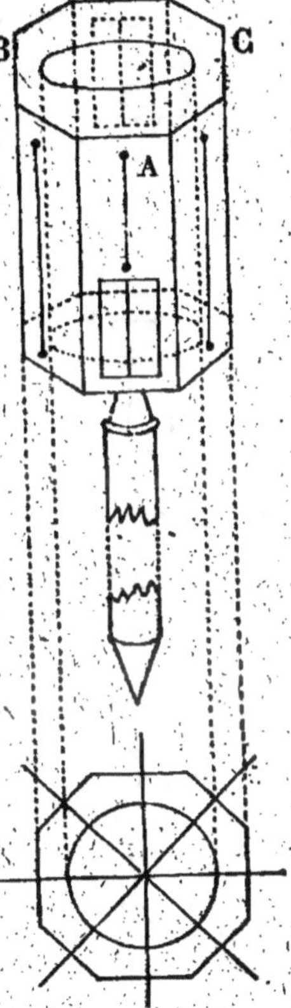

Équerre d'arpenteur
et son pied.

— Instruments em-ployés : les jalons, la chaîne d'arpenteur (ou le décamètre ruban), l'équerre d'arpenteur.

Les **jalons** sont des tiges de bois d'environ **1ᵐ,50** dont une extrémité, ter-minée en pointe et garnie de fer, peut s'enfoncer dans le sol et dont l'autre extrémité, fendue, peut recevoir un rectangle de papier ou voyant.

Jalon.

La **chaîne d'arpenteur** et le **déca-mètre ruban** ont été décrits (voir 49e leçon : mesures de longueur). On y joint un paquet de **10 fiches.** Une fiche est une tige droite de gros fil de fer d'environ **35** cm. de long terminée en pointe à un bout et recourbée en anneau à l'autre.

L'**équerre d'arpenteur** est une boîte creuse en cuivre jaune à huit faces en regard deux à deux, que l'on peut placer au moyen d'une douille sur un bâton ferré d'environ **1ᵐ,50** de longueur.

Deux faces en regard sont percées, l'une d'une fente étroite appelée **pinnule,** l'autre d'une ouverture rectangulaire large appelée **fenêtre,** et coupée verticalement par un fil tendu.

Une pinnule et un fil placé en face assurent la direction d'un rayon visuel.

Les ouvertures sont placées dans l'équerre, de façon que l'on ait deux lignes de visée perpendiculaires l'une à l'autre.

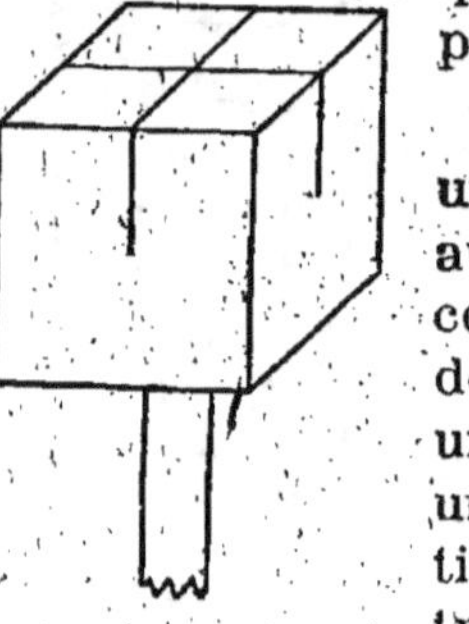

RemarQue. — On peut construire une équerre d'arpenteur bien simple au moyen d'un cube en bois ; on descend jusqu'à sa mi-hauteur deux traits de scie perpendiculaires, et on ménage un trou pour placer l'instrument sur un bâton ferré. Les 2 traits de scie tiennent lieu des pinnules et des fenêtres de l'équerre et assurent deux lignes de visée rectangulaires.

Opérations usuelles d'arpentage. — Elles exigent le concours de 2 personnes : un arpenteur et un aide-arpenteur.

1° *Jalonner une ligne droite.* — Deux jalons placés aux extrémités d'une ligne droite en déterminent la direction.

Mais, si la distance de ces jalons est très grande, il est

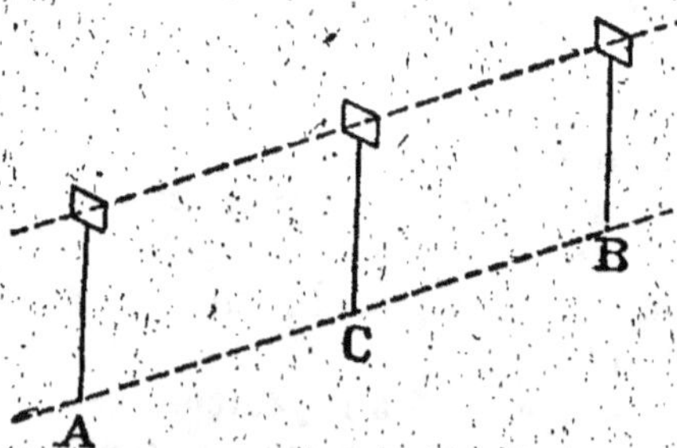

bon de faire placer quelques jalons intermédiaires. Pour cela on se place à quelques pas devant le jalon extrême **A,** et on envoie l'aide dans la direction de l'autre jalon **B;**

on lui indique par signes de se déplacer jusqu'au moment où le jalon **A** cache à la fois le jalon **C** et le jalon **B**. A ce moment, l'aide plante le jalon **C**; la ligne **ACB** est droite (bien planter verticalement les jalons).

2° *Mesurer une droite jalonnée.* — L'arpenteur envoie en avant l'aide tenant l'une des poignées de la chaîne et il l'arrête au moment où lui-même peut appliquer la poignée qu'il tient contre le jalon de départ. Après avoir assuré la direction, la chaîne est posée à terre bien tendue et l'aide enfonce une fiche en terre contre la poignée.

Les deux opérateurs reprennent alors la marche en avant jusqu'à ce que l'arpenteur arrive à hauteur de la fiche plantée par l'aide. La chaîne étant bien tendue, l'aide enfonce une deuxième fiche et l'arpenteur relève la première... On continue ainsi jusqu'à l'extrémité **B**, l'arpenteur relevant successivement les fiches laissées par le porte-chaîne. La longueur de la droite est égale à autant de fois **10** mètres que l'arpenteur a ramassé de fiches, plus les quelques mètres de la dernière opération.

Fiche.

REMARQUE. — On peut suppléer dans une certaine mesure à la chaîne d'arpenteur en mesurant **au pas.** Pour cela il faut d'abord **étalonner son pas** : on compte combien de pas il faut faire pour parcourir **100** mètres (entre deux poteaux hectométriques).

On peut ensuite mesurer une droite quelconque en la parcourant au pas, en comptant le nombre de pas, et en transformant ensuite ce nombre en mètres au moyen des données qu'on a obtenues dans l'opération ci-dessus.

3° *Mener une perpendiculaire à une droite jalonnée.* — Soit à élever une perpendiculaire au point **C** d'une droite jalonnée **AB**. On plante l'équerre d'arpenteur en

C ; on assure l'une des lignes de visée suivant **AB** ; puis
l'aide se plaçant à peu près dans la direction de l'autre
ligne de visée, on lui fait planter *après tâtonnements* un
jalon dans la direction exacte de cette ligne en **D**.

La droite **CD** est perpendiculaire à **AB**.

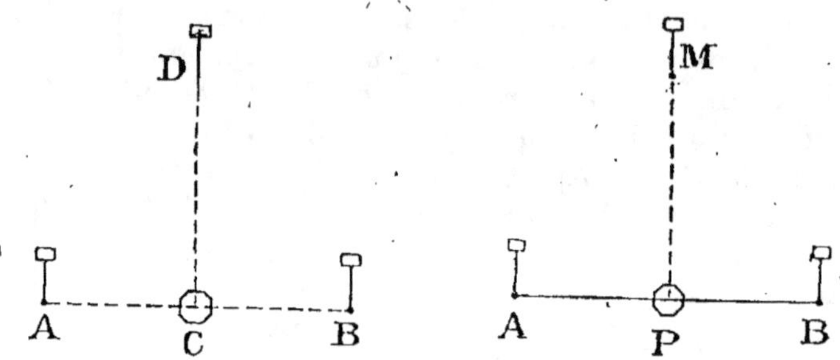

Soit encore à abaisser une perpendiculaire du point **M**
jalonné sur la droite **AB** également jalonnée. On cherche
par tâtonnements le point **P** tel que la première ligne
de visée étant dirigée suivant **AB**, l'autre ligne passe
par le point **M**. Quand on a trouvé ce point, ce qui demande plusieurs essais, la droite **MP** est perpendiculaire à **AB**.

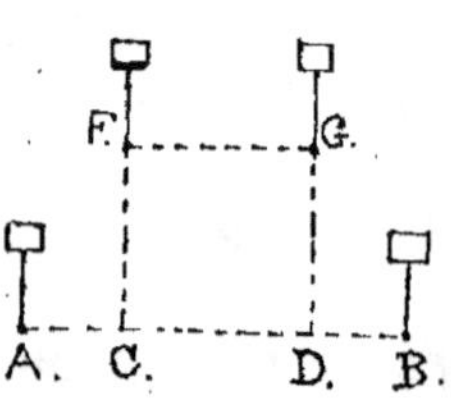

4° *Mener une parallèle à une droite
jalonnée.* — Soit à mener une parallèle à **AB**. Il suffit de mener à cette
droite deux perpendiculaires différentes en **C** et en **D**, et de les mesurer d'égale longueur **CF = DG**.

FG est alors parallèle à **AB**.

Calculs. — Les mesures nécessaires ayant été prises
sur le terrain, l'arpenteur les combine suivant les règles
de la géométrie pour trouver la surface demandée.

Cas d'un terrain où l'on ne peut pénétrer. — Lorsqu'on ne peut pénétrer dans un terrain (bois, marécage,

culture, etc...), on l'enveloppe d'un grand rectangle dont on peut calculer la surface.

On évalue ensuite les portions de terrain extérieures au terrain à mesurer. Il est évident qu'en les retranchant du rectangle on aura la surface cherchée.

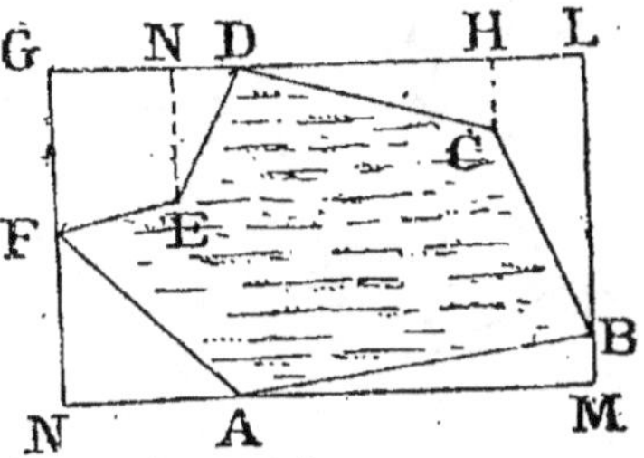

Ainsi la surface du marais **ABCDEF** est égale à l'aire du rectangle **GNML** diminuée :

1° Des triangles rectangles **NDE, DHC, BAM** et **ANF**;

2° Des trapèzes **GFED** et **HLBC**.

Exercices pratiques

1284. Jalonner une droite sur le terrain.

1285. Déterminer l'intersection de deux droites, jalonnées sur le terrain.

1286. Mesurer une droite jalonnée.

1287. Mener une perpendiculaire à une droite jalonnée par un point de cette droite.

1288. Mener une perpendiculaire à une droite jalonnée par un point situé hors de cette droite.

1289. Mesurer sur un terrain les longueurs nécessaires au calcul de sa surface; effectuer ensuite les calculs durant la classe.

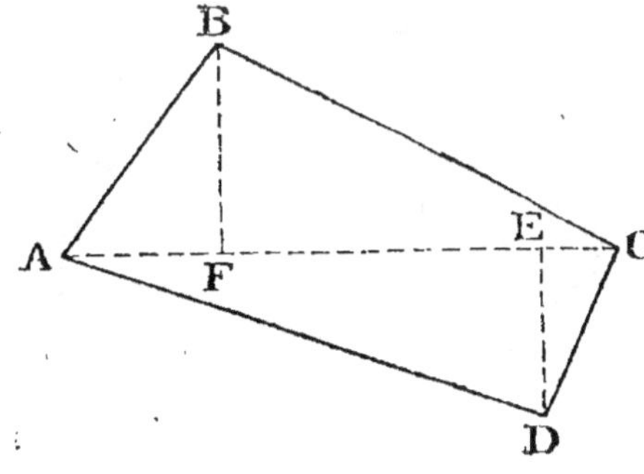

Exercices écrits

1290. Calculer l'aire du polygone ci-contre avec les données indiquées :

$$AC = 72^m,50;$$
$$BF = 30^m,40;$$
$$ED = 18^m,60.$$

1291. Calculer l'aire du polygóne ci-dessous avec les données indiquées :

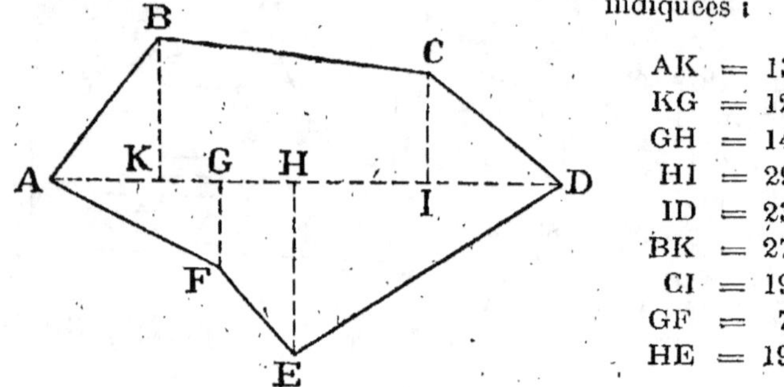

$$AK = 13^m,50$$
$$KG = 12^m,10$$
$$GH = 14^m,60$$
$$HI = 29^m,75$$
$$ID = 23^m,45$$
$$BK = 27^m,50$$
$$CI = 19^m,85$$
$$GF = 7^m,60$$
$$HE = 19^m,50$$

1292. Calculer l'aire du triangle inaccessible ci-contre au moyen des données indiquées :

$$BE = 33^m,80 ; \quad BD = 58^m,70 \quad EA = 43^m,50.$$

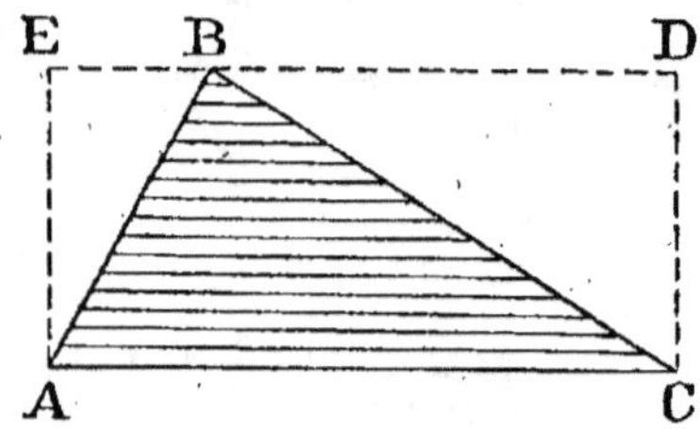

1293. Calculer au moyen des données indiquées ci-dessous l'aire du terrain dans lequel on ne peut pénétrer :

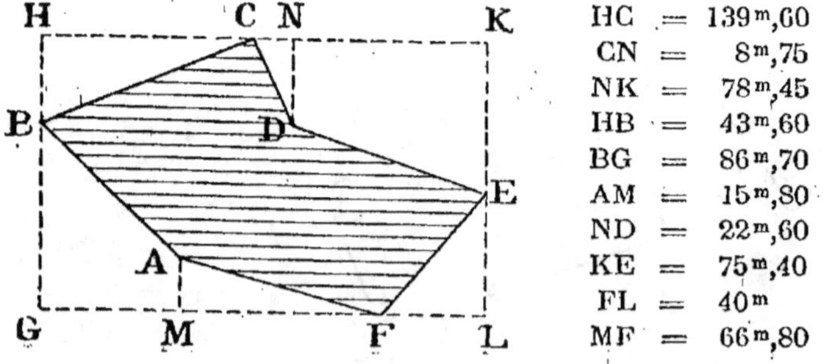

$$HC = 139^m,60$$
$$CN = 8^m,75$$
$$NK = 78^m,45$$
$$HB = 43^m,60$$
$$BG = 86^m,70$$
$$AM = 15^m,80$$
$$ND = 22^m,60$$
$$KE = 75^m,40$$
$$FL = 40^m$$
$$MF = 66^m,80$$

106e LEÇON

Les solides

LE CUBE

Définition. — Un **cube** est un solide dont les six faces sont des carrés égaux. *Exemple* : un dé à jouer.

Le côté d'une des faces s'appelle **arête** du cube.

Surface. — La surface d'un **cube** se compose de six carrés égaux ayant pour côté l'arête du cube.

$$s = a^2 \times 6 \text{ (ou } 6a^2).$$

Volume. — *Le volume d'un cube est égal au produit de trois facteurs égaux à son arête.*

Soit **a** l'arête d'un cube. On a :

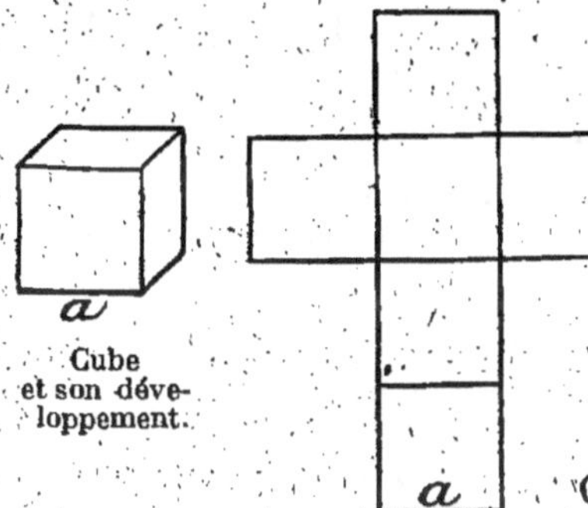

Cube et son développement.

$$V = a \times a \times a = a^3.$$

Exercices et problèmes sur le cube : Voir Nᵒˢ 1294 — 1295 — 1300 — 1306 — 1307 — 1330 — 1343 — 1366 — 1368.

LE PARALLÉLÉPIPÈDE

Définition. — On appelle **parallélépipède rectangle** un solide dont les six faces sont des rectangles. *Exemples* : un plumier à faces planes, une caisse d'emballage, une brique, une salle de classe...

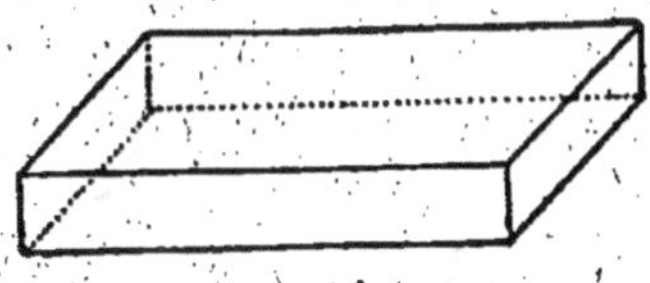

Les faces du parallélépipède rectangle sont **égales**

deux à deux : la face inférieure est égale à la face supérieure.

Un parallélépipède rectangle a trois dimensions : la **longueur**, la **largeur** (ou épaisseur) et la **hauteur** (ou profondeur).

Surface. — La surface totale d'un **parallélépipède** se compose de six rectangles égaux deux à deux :

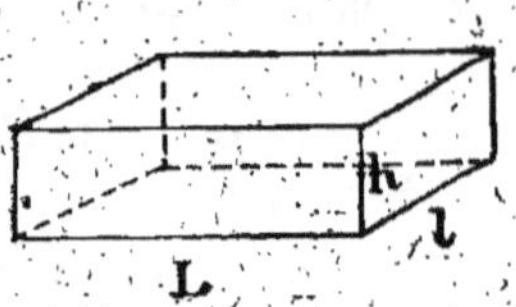

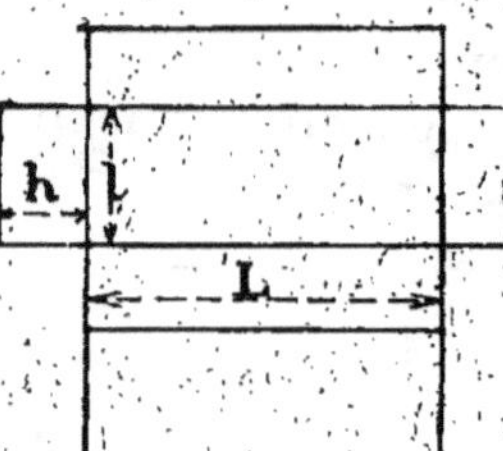

Deux ayant pour dimensions la longueur et la largeur du solide ;

Deux ayant pour dimensions la longueur et la hauteur du solide ;

Deux ayant pour dimensions la largeur et la hauteur du solide :

$$S = 2(L \times l + L \times h + l \times h).$$

Surface latérale. — S'il s'agit seulement de la surface latérale, c'est-à-dire des 4 murs d'une salle rectangulaire par exemple, on multiplie le périmètre (2 longueurs + 2 largeurs) par la hauteur.

On aura :

$$\text{S. lat.} = 2(L + l) \times h.$$

Exemple : *Quelle est la surface des 4 murs d'une salle de 8 m. de long, 6 m. de large et 4 m. de hauteur ?*

$$S = (8^m + 6^m) \times 2 \times 4 = 192^{m2}.$$

Volume. — Soit un parallélépipède de 4 m. de long, 2 de large et 3 de hauteur.

La base est un rectangle de :

$$1\ m^2 \times 4 \times 2 = 8\ m^2.$$

Si on pave la base en plaçant sur chaque mètre carré
1 mètre cube,
on obtiendra une
couche de 1 m.
de hauteur et
contenant 8 m³.
Comme on peut
faire 3 couches
semblables, le
volume sera :

8 m³ × 3 = 24 m³.

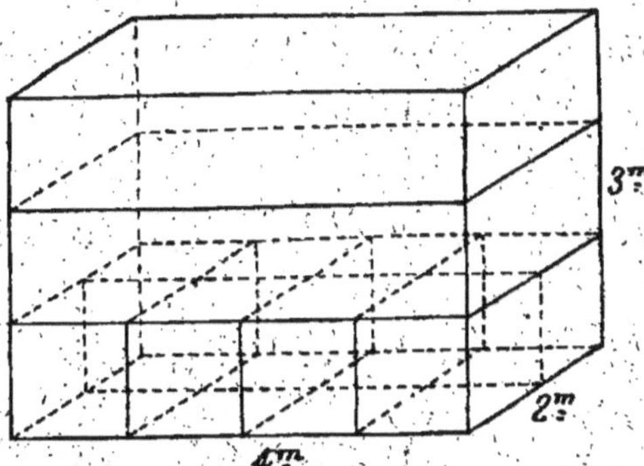

On écrit quelquefois, mais inexactement :

$$8 \text{ m}^3 \times 3 \text{ m.} = 24 \text{ m}^3.$$

ou $$4 \text{ m.} \times 2 \text{ m.} \times 3 \text{ m.} = 24 \text{ m}^3.$$

On doit éviter cette manière de faire et écrire ainsi
l'expression du volume :

$$1 \text{ m}^3 \times 4 \times 2 \times 3 = 24 \text{ m}^3$$

ou encore :

$$4 \text{ m}^3 \times 2 \times 3 = 24 \text{ m}^3.$$

*Le volume du parallélépipède est égal au produit de la
surface de sa base par sa hauteur.*

$$V = B \times h.$$

Ou bien :

*Le volume d'un parallélépipède est égal au produit de
ses trois dimensions.*

Ou $$V = L \times l \times h.$$

Le volume est un produit de trois facteurs. Par conséquent :

On calcule l'une des trois dimensions d'un parallélé-

pipède en divisant le volume par le produit des deux autres.

$$h = \frac{V}{L \times l} \; ; \qquad L = \frac{V}{h \times l} \; ; \qquad l = \frac{V}{h \times L}.$$

Exercices et problèmes sur le parallélipipède rectangle :
Nos 1296 — 1297 — 1299 — 1308 — 1309 — 1310 — 1318 — 1319 — 1320 — 1321 — 1322 — 1328 — 1329 — 1344 — 1345 — 1347 — 1349 — 1350 — 1351 — 1353 — 1354 — 1359 — 1367 — 1369.

107e LEÇON

Prisme droit

Un **prisme droit** est un solide dont deux faces opposées sont des polygones égaux (bases) et dont les autres faces sont des rectangles.

Voici un prisme

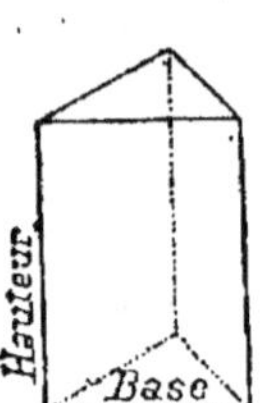

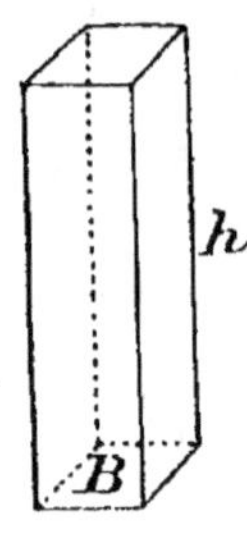

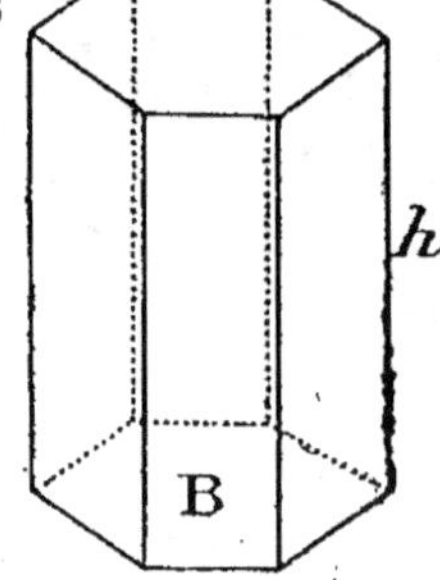

à base triangulaire, un prisme à base carrée et un prisme hexagonal.

La **hauteur** d'un prisme droit est la longueur d'une arête latérale : c'est la distance des deux bases.

La surface latérale d'un **prisme droit** à base régulière se compose d'une série de rectangles égaux.

Chacun d'eux a pour dimensions un côté du polygone de base et l'arête du prisme droit (égale à la hauteur).

$$S = 6c \times h.$$

6c représente le périmètre de base. Donc : l'aire laté-

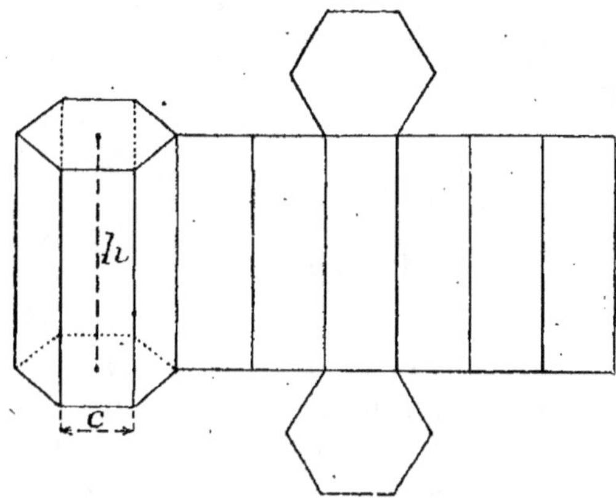

Prisme et son développement.

rale d'un prisme droit est égale au produit du périmètre de sa base par son arête.

La surface **totale** du prisme comprend :

1° Sa surface latérale ;

2° Les deux bases qui sont des polygones réguliers.

Le volume d'un prisme droit s'obtient en multipliant la surface de sa base par sa hauteur.

Ainsi, pour trouver le volume du prisme hexagonal régulier ci-contre, on cherchera la surface de sa base et on multipliera le résultat par la hauteur du prisme.

$$V = B \times h.$$

Problèmes

1293 bis. Un prisme a pour base un hexagone régulier de 6 cm. de côté et de 25 cm. de hauteur ; calculer : 1° sa surface latérale ; 2° sa surface totale ; 3° sa capacité exprimée en centilitres.

Voir Nos 1311 — 1331 — 1355.

108e LEÇON

Le Cylindre

Définition. — *On nomme cylindre un solide dont les bases sont deux cercles égaux et parallèles. Il est formé par la rotation d'un rectangle tournant autour d'un de ses côtés.*

Exemples : 1° un crayon non encore taillé ; 2° une pièce de cinq francs ; 3° un tuyau de cheminée en tôle.

La **hauteur** d'un cylindre est la distance des 2 bases.

Si on suppose une feuille de papier enroulée autour d'un cylindre et qu'on la **développe**, on obtient un rectangle dont la base est égale à la longueur de la circonférence de base du cylindre et dont la hauteur est la hauteur du cylindre.

Surface. — *La surface latérale du cylindre s'obtient en multipliant la longueur de la circonférence de base par la hauteur du cylindre.*

S. latérale = circ $\times$ h   ou   **2πRh.**

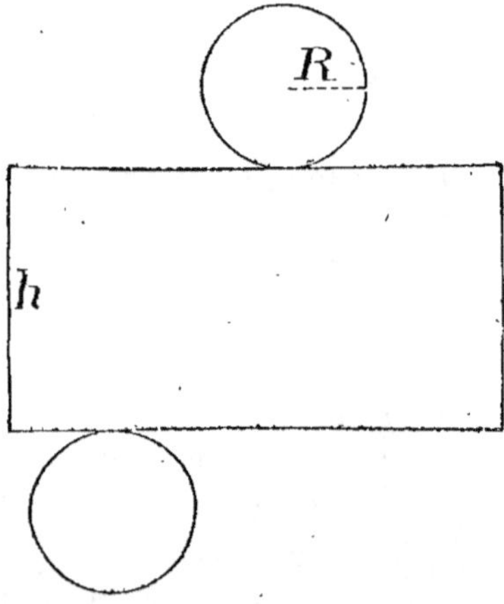

Cylindre et son développement.

La surface **totale** du cylindre comprend :

1° La surface latérale ;

2° Les 2 bases circulaires (2 fois πR^2).

$$S.\ \text{totale} = 2\pi R h + 2\pi R^2$$

ou, en simplifiant :

$$St = 2\pi R\,(R + h).$$

Volume. — *Le volume d'un cylindre est égal au produit de la surface du cercle de base multiplié par sa hauteur.*

Remarquons l'analogie qui existe entre cet énoncé et le précédent relatif au prisme. On conçoit que le cylindre peut se comparer à un prisme droit d'un nombre très grand de faces latérales :

$$V = B \times h$$
$$V = \pi R^2 h.$$

Inversement, connaissant le volume d'un cylindre et sa hauteur, on calcule la surface du cercle de base en **divisant le volume par la hauteur.**

$$\pi R^2 = \frac{V}{h}$$

et on peut déduire de là le rayon de base :

$$R = \sqrt{\frac{V}{\pi h}}.$$

Connaissant le volume et le rayon d'un cylindre, on a facilement la hauteur :

$$h = \frac{V}{\pi R^2}.$$

Exercices et problèmes sur le cylindre : voir Nos 1228 — 1301 — 1313 — 1314 — 1323 — 1325 — 1332 — 1333 — 1334 — 1360 — 1370 — 1371 — 1373.

109e LEÇON

Pyramide

Définition. — *Une* **pyramide** *est un solide qui a pour base un polygone quelconque et pour faces latérales des triangles qui se réunissent en un point appelé* **sommet** *de la pyramide.*

Surface. — La surface latérale d'une **pyramide** régulière se compose d'un certain nombre de triangles isocèles égaux. Chacun d'eux a pour base un côté du polygone de base et pour hauteur l'apothème de la pyramide :

$$\text{S. l.} = \frac{P \times a}{2}.$$

La surface latérale d'une pyramide régulière s'obtient en divisant par 2 le produit de son périmètre par son apothème.

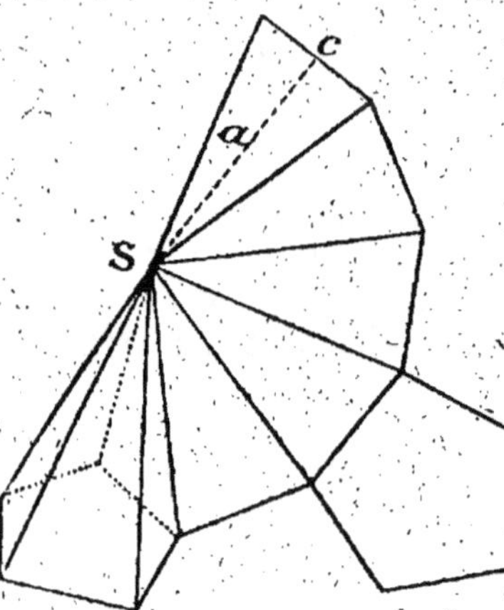

Pyramide et son développement.

La surface **totale** se compose :

1° De la surface latérale ;

2° De la surface de la base, qui est un polygone régulier.

Volume. — *Le volume d'une pyramide est égal au tiers du produit de sa base par sa hauteur :*

$$V = \frac{\text{S. de B} \times h}{3}.$$

On peut écrire aussi :

$$V = \text{S. de B} \times \frac{h}{3} \quad \text{ou} \quad V = \frac{\text{S. de B}}{3} \times h.$$

La hauteur de la pyramide s'obtient en divisant le triple du volume par la surface de base.

$$h = \frac{3V}{\text{S. de B}}.$$

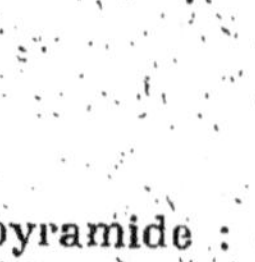

Exercices et problèmes sur la pyramide : voir Nos 1312 — 1324 — 1335 — 1352 — 1356 — 1357 — 1358.

110e LEÇON

Le Cône

Définition. — *On appelle cône un solide dont la base est un cercle et dont le sommet est sur une perpendiculaire élevée à la base en son centre : cette perpendiculaire s'appelle la* **hauteur** *du cône. Un cône est formé par la rotation d'un triangle rectangle tournant autour d'un des côtés de l'angle droit.*

Exemples : un pain de sucre, un cornet de bonbons.

L'*apothème* est la droite menée du sommet à un point de la circonférence de base.

Surface. — La surface latérale d'un **cône** peut se concevoir comme celle d'une pyramide ayant un nombre très grand de faces latérales. Son développement obtenu en déployant une feuille de papier adhérente au cône est un **secteur circulaire**.

La surface latérale d'un cône s'obtient en multipliant la circonférence de base par la moitié de l'apothème.

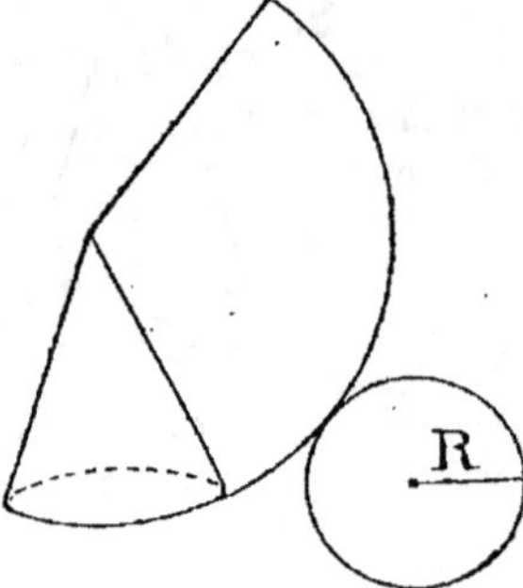
Cône et son développement.

Surface latérale

$$= \text{circ} \times \frac{a}{2} = 2\pi R \frac{a}{2} = \pi Ra.$$

La surface **totale** comprend :
1º la surface latérale ;
2º La base circulaire.

Surface totale $= \pi Ra + \pi R^2$

ou en simplifiant :

$$St = \pi R (R + a).$$

Connaissant le rayon et la hauteur du cône, la formule devient :

$$St = \pi . R \left(R + \sqrt{h^2 + R^2}\right).$$

Volume. — *Le volume d'un cône est égal au tiers du produit de la surface du cercle de base par la hauteur.*

$$V = \frac{S. \text{ de } B. \times h}{3} = \frac{\pi R^2 h}{3}.$$

On peut écrire aussi :

$$V = \pi R^2 \times \frac{h}{3}.$$

Remarquons l'analogie de ces deux derniers volumes, pyramide et cône. On conçoit en effet qu'un cône peut être considéré comme une pyramide ayant un très grand nombre de faces latérales.

Inversement, la hauteur du cône s'obtient en divisant le triple du volume par la surface de base :

$$h = \frac{3V}{\pi R^2}.$$

Le rayon a pour formule :

$$R = \sqrt{\frac{3V}{\pi \cdot h}}.$$

Exercices et problèmes sur le cône. Voir Nos 1303 ; 1304 ; 1315 ; 1316 1336 ; 1337 1338 ; 1339 ; 1361 ; 1362 ; 1363 ; 1372.

111e LEÇON

Sphère

Définition. — *Une* **sphère** *est un solide engendré par la rotation d'un demi-cercle tournant autour de son diamètre.*

Exemples : une bille de billard, la boule d'un jeu de quilles.

Tous les points de la surface d'une sphère sont à égale distance d'un point intérieur appelé centre.

Surface. — *La surface d'une sphère est égale à* **4 fois** *le produit du carré du rayon par le nombre* π.

$$S = 4\pi R^2.$$

Cette surface égale donc celle de quatre grands cercles ayant un rayon égal à celui de la sphère.

Volume. — Le volume d'une **sphère** s'obtient en **multipliant sa surface par le tiers du rayon** ou (ce qui revient au même) en *prenant les* $\frac{4}{3}$ *du produit de* π *par le cube du rayon.*

$$V = S \times \frac{R}{3}$$

d'où

$$V = 4 \times \pi \times R^2 \times \frac{R}{3}$$

et enfin

$$V = \frac{4}{3} \times \pi \times R^3 \quad \text{ou} \quad \frac{4\pi \cdot R^3}{3}.$$

Exercices et problèmes sur la sphère : Voir Nos 1305 ; 1317 ; 1326 ; 1327 ; 1340 ; 1364 ; 1365 ; 1375.

Principales formules relatives aux solides

Nota. — Le point placé entre les lettres remplace le signe $\times$.

SOLIDES	S. LATÉRALE s	S. TOTALE S	VOLUMES V
Cube............	$s = 4 \cdot c^2$	$S = 6 \cdot c^2$	$V = c^3$
Parallélépipède rectangle....	$s = 2 \cdot (L+l) \times h$	$S = s + 2 \cdot L \cdot l$	$V = L \cdot l \cdot h$
Prisme droit.	$s = P \times h$	$S = s + s$ des $2b$	$V = s$ de base $\times h$
Pyramide......	$s = \dfrac{\text{péri} \times \text{apo}}{2}$	$S = s + s$ de b	$V = s$ de base $\times \dfrac{h}{3}$
Cylindre......	$s = 2r\pi \cdot h$	$S = 2r \cdot \pi(r+h)$	$V = r^2 \cdot \pi \cdot h$
Cône.........	$s = r \cdot \pi \cdot apot$	$S = r \cdot \pi(r + a)$ ou $S = \pi r(r + \sqrt{h^2 + r^2})$	$V = r^2 \cdot \pi \cdot \dfrac{h}{3}$
Sphère........	»	$S = 4(r^2 \cdot \pi)$	$V = \dfrac{4r^3 \cdot \pi}{3}$
Tonneau......	»	»	$V = \pi \cdot L \left(\dfrac{2R+r}{3}\right)^2$

Exercices et Problèmes sur la surface des solides

I. — Exercices pratiques

1294. Construire le développement d'un cube de 3 cm. de côté : plier, coller ; calculer la surface de ce cube.

1295. Si on fait l'arête du cube égale au double, au triple... de 3 cm., que devient la surface du cube ? — Vérifier.

1296. Construire le développement d'un parallélépipède de 12 cm. de long, 6 de large et 4 de hauteur. Calculer la surface.

1297. Calculer la surface de votre plumier (ou à défaut d'une brique — d'un morceau de bois de forme parallélépipédique dont vous mesurez les dimensions).

1298. Construire le développement d'un cylindre en donnant R = 2 cm. ; h = 5 cm. Construire le cylindre. Calculer : 1° sa surface latérale ; — 2° sa surface totale.

II. — Exercices écrits

1299. Calculer la surface d'un parallélépipède dont les dimensions sont : 4 dm., 2 cm. et 15 mm.

1300. Calculer la surface d'un cube de $4^{dm},5$ d'arête.

1301. Calculer la surface latérale d'un cylindre dont le diamètre de base est 35 cm. et la hauteur 85 cm.

1302. Calculer la surface totale du même cylindre.

1303. Calculer la surface latérale d'un cône dont le rayon est 8 dm. et dont l'apothème a 95 cm.

1304. Calculer la surface totale du même cône.

1305. Calculer la surface d'une sphère de 48 cm. de diamètre.

III. — Problèmes

1306. On fait peindre extérieurement sur toutes les faces une caisse cubique munie d'un couvercle de $1^m,75$ d'arête. Le travail étant payé à $1^f,95$ le mètre carré, calculer la dépense.

1307. Un tailleur de pierres a taillé sur toutes les faces un bloc cubique de marbre de $0^m,60$ d'arête ; il a reçu pour ce travail $14^f,40$; combien a-t-il reçu par mètre carré ?

1308. Quelle est la surface totale d'une poutre équarrie de $4^m,80$ de long et dont les bouts sont des carrés de $0^m,27$ de côté ?

1309. Trouver la surface totale d'une brique de $0^m,22$ de long, $0^m,11$ de large et $0^m,09$ d'épaisseur.

1310. Un coffre a la forme d'un parallélépipède de $1^m,40$ de long, $0^m,80$ de large et $0^m,60$ de hauteur. Il reçoit extérieurement sur toutes ses faces, y compris le fond et le couvercle, 2 couches de peinture à 1^f,80 le mètre carré. Combien coûte ce travail ?

1311. Quelle est la surface latérale d'une borne routière qui a la forme d'un prisme droit ayant pour base un hexagone régulier de 15 centimètres de côté et pour hauteur 45 centimètres ?

1312. La toiture d'un clocher a la forme d'une pyramide à base carrée de 3 m. de côté ; l'apothème de cette pyramide est égale à 5 m. Combien faudra-t-il d'ardoises pour la couvrir, chaque ardoise couvrant utilement une surface de 1^{dm2},20 ?

1313. Calculer la surface à vernir d'un tuyau de poêle qui mesure 0^m,14 de diamètre et 3^m,50 de hauteur.

1314. On veut couvrir de velours un socle cylindrique en bois sur sa surface latérale et sur sa face supérieure. Quelle sera la surface de l'étoffe employée, le diamètre du socle étant 21 cm. et sa hauteur 1^m,15 ?

1315. Quelle surface de papier recouvrira entièrement un pain de sucre conique dont la base a 8 cm. de rayon et dont l'apothème mesure 0^m,60 ?

1316. Combien paiera-t-on pour la couverture en zinc d'un toit conique dont le diamètre de base a 3^m,60 et l'apothème 5^m,80 au prix de 12^f,50 le mètre carré ?

1317. Quelle est la surface d'une sphère de 40 cm. de diamètre ?

1318. Avec des rouleaux de papier de 6 m. de long et 65 cm. de large, on veut tapisser une salle de 5^m,20 de long, 4^m,60 de large et 3^m,15 de haut. Quelle sera la dépense occasionnée par ce travail, sachant que les ouvertures mesurent ensemble 6 m^2, que le rouleau coûte tout posé 3^f,80 ? (On achète un nombre entier de rouleaux.)

1319. Vous voulez recouvrir de papier doré toutes les faces d'une boîte de 30 cm. de long, 18 de large et dont la hauteur est les $\frac{2}{3}$ de la largeur. Combien vous faudra-t-il acheter de feuilles, si chacune d'elles a une surface de 1^{dm2},86 ?

1320. Dans une salle de 4^m,60 de long, 3^m,75 de large et 2^m,80 de haut, on a passé sur les 4 murs et le plafond 3 couches de peinture à raison de 1^f,80 pour une couche sur un mètre carré. Sachant que cette salle a une porte de 0^m,90 de large sur 1^m,95 de haut et une fenêtre de 0^m,85 de large sur 1^m,20 de haut, combien coûtera l'opération ?

1321. On veut peindre une pièce de 5^m,30 de long sur 4^m,2 de large et 3^m,45 de haut. La pièce comporte 2 fenêtres de 1^m,30 sur 2^m,10 et une porte en bois de 1^m,10 sur 2^m,50. Elle est entourée d'un soubassement qui passe au-dessous des fenêtres et qui a 80 cm. de haut. La peinture employée pour les murs vaut 1^f,50 le mètre carré, celle du plafond 2^f,10 ; celle du soubassement, du plancher et de la porte 2^f,40 ; on compte 3^f,75 pour la peinture de chaque fenêtre. Quelle sera la dépense totale ?

1322. Une cuisine a 4^m,50 de long sur 3^m,75 de large et 2^m,40 de haut ; on en recouvre les 4 murs de carreaux vernis ayant chacun 1$^{dm}\frac{1}{4}$ de côté. Quelle sera la dépense sachant : 1° que la cuisine a des ouvertures d'une surface totale de 4$^{m2}\frac{1}{2}$; 2° que le mille de carreaux coûte 195^f ; 3° que la pose revient à 5^f,25 par mètre carré ?

1323. On peint l'extérieur et l'intérieur d'une cuve cylindrique en tôle de 0^m,50 de rayon et 1^m,20 de hauteur. Quelle sera la dépense à raison de 2^f,55 le mètre carré ?

1324. On veut recouvrir de zinc la surface latérale et la base d'une pyramide régulière hexagonale dont le polygone de base a 0^m,50 de côté et l'apothème 0^m,65. Quelle sera la dépense si le mètre carré de zinc se paie 20^f,55 ?

1325. Combien paiera-t-on pour la couverture en zinc d'un toit conique dont le diamètre de base est 3^m,60 et l'apothème 5^m,80 à raison de 21^f,75 le mètre carré ?

1326. Quelle surface de chauffe offre une chaudière composée d'un cylindre de 0^m,45 de rayon, la hauteur plongée dans le foyer étant 0^m,20 ; le fond de la chaudière est constitué par une demi-sphère de même diamètre que ce cylindre ?

1327. Une niche est formée d'un demi-cylindre et de $\frac{1}{2}$ de sphère de même diamètre que le cylindre, soit 0^m,75. Quelle est sa surface totale intérieure, en y comprenant le $\frac{1}{2}$ cercle de base, si la hauteur du demi-cylindre est 1^m,25 ?

Exercices et Problèmes sur le volume des solides

I. — Exercices écrits

1328. Calculer le volume d'un parallélépipède dont la longueur a 5^m,75, la largeur le $\frac{1}{3}$ de la longueur et la hauteur le $\frac{1}{4}$ de la largeur.

1329. Calculer la hauteur d'un parallélépipède de 98 m³ sachant que le périmètre de sa base est 45 m. et que la longueur vaut 4 fois la largeur.

1330. Calculer le volume d'un cube de 5 cm. d'arête.

1331. Calculer le volume d'un prisme droit dont la base a $5^{dm2},80$ et la hauteur 49 cm.

1332. Calculer le volume d'un cylindre de 28 cm. de diamètre et 44 cm. de hauteur.

1333. Calculer la hauteur qu'il faut donner à un cylindre de $0^m,4$ de rayon pour que son volume soit $1\ m^3$.

1334. Calculer le diamètre qu'il faut donner à un cylindre de 50 cm. de haut pour que son volume soit 25 dm^3.

1335. Comparer le volume d'un cube et celui d'une pyramide de même base et de même hauteur. Prendre comme exemple 1 dm^3 et une pyramide de 1 dm^2 de base et de 1 dm. de haut.

1336. Comparer le volume d'un cylindre et celui d'un cône de même base et de même hauteur. Prendre comme exemple un cylindre et un cône dont le rayon de base sera 8 cm. et la hauteur 12 cm.

1337. Calculer le volume d'un cône de 58 cm. de diamètre et 42 cm. de hauteur.

1338. Calculer la hauteur d'un cône dont le rayon de base est $0^m,24$ et le volume $0^{m3},750$.

1339. Calculer le rayon de base d'un cône dont le volume est $1\ m^3$ et la hauteur $0^m,45$?

1340. Calculer le volume d'un ballon sphérique de 10 m. de diamètre.

II. — **Problèmes**

1341. Avec un tombereau on peut, en un jour de travail, charrier 12 m^3 de marne. Quelle serait la valeur de la marne transportée en 25 jours avec 9 tombereaux; le mètre cube de marne pèse 1.425 kg. et le quintal vaut $5^f,85$?

1342. Pour construire un mur de 480 m^3, on emploie des briques de 1.452 cm^3 (joints compris). Combien en faudra-t-il et quelle sera la dépense si le millier de briques posées revient à 96^f?

1343. Une caisse cubique en tôle de $0^m,875$ d'arête est remplie de coke valant 72^f le m^3. Quel est le volume de ce coke et son prix?

1344. Les dimensions d'une caisse rectangulaire sont $1^m,25$, $0^m,50$ et $0^m,95$. Elle est remplie de coke coûtant $8^f,25$ le quintal. Quel est : 1° le volume du coke; 2° son prix, l'hectolitre de coke pesant 65 kg?

1345. Une cour a $21^m,60$ de long et $15^m,50$ de large. On y répand une couche uniforme de sable de $3^{cm},5$ de haut. Combien de tombereaux de $0^{m3},900$ faudra-t-il amener et quel sera le prix du travail sachant que le mètre cube de sable coûte $8^f,40$, et qu'un ouvrier qui répand 12 tombereaux par jour est payé à raison de 14^f,40 la journée ?

1346. Le pluviomètre montre qu'il est tombé durant un jour 5 mm. $\frac{1}{2}$ d'eau. Calculer le nombre de mètres cubes d'eau tombés sur un km² de territoire.

1347. On veut construire un dortoir destiné à 15 élèves et 1 surveillant au-dessus d'un bâtiment rectangulaire de 18^m,5 sur 5^m,60. On estime que le mobilier occupera $\frac{1}{15}$ de l'espace libre. A quelle hauteur devra-t-on élever le plafond pour que chaque personne dispose de 20 m³ d'air ?

1348. Un bassin peut contenir plein 1^{m3} $\frac{3}{4}$. Il est rempli aux $\frac{4}{5}$. Combien pourra-t-on y puiser de seaux d'eau, chaque seau ayant un volume de 10^{dm3} $\frac{1}{3}$?

1349. Une grange a 8^m,25 de long, 6^m,10 de large et 3^m,5 de haut. L'épaisseur du mur est 0^m,32 et il est percé de 2 ouvertures de 4 m. de largeur sur toute la hauteur. Quelle est la valeur de ce mur à raison de 72^f le mètre cube de maçonnerie ?

1350. Un bureau de poste est installé dans une salle rectangulaire de 4^m,65 de largeur, 8^m,70 de longueur et 3^m,2 de hauteur. On y construit une cabine téléphonique dont la base est un carré de 1^m,10 de côté et la hauteur 2^m,50. Quel sera le volume d'air restant dans la pièce hors de la cabine ?

1351. Une barre de fer a pour base un carré de 40 mm. de côté et pour longueur 3 m. On l'étire en la faisant passer en dernier lieu dans un orifice carré de 24 mm. de côté. Quelle longueur aura la barre après cette opération ?

1352. Un pilier contient 7 pierres cubiques de 0^m,40 d'arête. Calculer le volume de ce pilier et son poids, un dm³ de pierre pesant 2^{kg},07.

1353. Une cuve rectangulaire de teinturerie, remplie aux $\frac{2}{3}$, contient 35^{m3},525. Quelle en est la profondeur, sachant qu'elle a 5^m,50 de long et 4^m,25 de large ?

1354. Une plaque rectangulaire en fonte pèse 245^{kg},28. Sa longueur est 0^m,80, sa largeur 0^m,60. Quelle en est l'épaisseur, le dm³ de fonte pesant 7^{kg},3 ?

1355. Une armoire construite dans l'angle d'une salle prend une longueur de 0^m,60 sur chacun des 2 murs rectangulaires où elle s'appuie. Elle s'élève d'autre part à une hauteur de 2^m,50. Quel est son volume ?

1356. Un mausolée a pour base un cube en briques de 1ᵐ,50 d'arête ; ce cube est surmonté d'une pyramide de même base et de 2ᵐ,60 de hauteur. Quel est le volume total du monument ?

1357. La grande-pyramide d'Égypte a pour base un carré de 237 m. de côté et une hauteur de 146 m. Calculer son volume.

1358. Quel est le volume et le prix de la maçonnerie nécessaire à l'érection d'une pyramide régulière à base carrée, la base devant avoir un côté de 0ᵐ,75 et le sommet de la pyramide devant atteindre 2ᵐ,25? Le mètre cube de maçonnerie revient à 84ᶠ.

1359. Une feuille de cuivre a 2ᵐ,40 de long, 6 dm. de large et 1ᵐᵐ,2 d'épaisseur. Quelle est sa valeur, le cuivre valant 555ᶠ les 100 kg. et pesant 8ᵏᵍ,8 par dm³ ?

1360. On veut creuser un puits cylindrique de 2ᵐ,20 de diamètre extérieur et de 9ᵐ,50 de profondeur. Quel est : 1° le volume de la terre à enlever ; 2° le volume intérieur du puits maçonné ; 3° le volume de la maçonnerie, l'épaisseur du mur étant 0ᵐ,35?

1361. Un verre conique à champagne a $5^{cm}\frac{1}{2}$ de diamètre et 11 cm. de profondeur. Quel est son volume en cm³? Combien pourra-t-on remplir de verres semblables avec une bouteille de 0ˡ,75 ?

1362. Une tour cylindrique de 2ᵐ,40 de diamètre et de 12 m. de hauteur est surmontée d'un toit conique de même diamètre et de 2ᵐ,40 de hauteur. Quel est le volume de l'ensemble ?

1363. Quel est le volume d'un pain de sucre conique de 0ᵐ,45 de haut et de 0ᵐ,20 de diamètre à la base ?

1364. Quel est le volume d'un ballon sphérique de 5 m. de diamètre ?

1365. Quel est le volume d'un bol hémisphérique dont le rayon a $7^{cm}\frac{1}{2}$?

1366. On verse dans une boîte cubique en tôle de 0ᵐ,35 d'arête 21 dm³ d'eau. A quelle hauteur s'élèvera le niveau ?

1367. Dans un bassin rectangulaire de 2ᵐ,75 sur 1ᵐ,20, on verse 1ᵐ³ d'eau. A quelle hauteur s'élèvera le niveau?

1368. Calculer le volume d'un cube dont la surface totale est 52ᵈᵐ²,74.

1369. On a creusé un bassin rectangulaire dont la longueur est triple de la largeur, dont le périmètre de base est 10ᵐ,40 et qui contient 7ᵐ³,605 d'eau. Quelle est sa profondeur ?

1370. Quelle profondeur faut-il donner à un bassin circulaire de 2 m. de rayon pour qu'il contienne 17 m³ d'eau lorsqu'il est rempli aux $\frac{4}{5}$?

1371. Une meule de grès de 0^m,80 de diamètre et 15 cm·
d'épaisseur est percée en son centre d'un trou carré de 5 cm. de
côté. Quel est le poids de cette meule si la pierre dont elle est
formée pèse 2^{kg},6 par décimètre cube ?

1372. Un vase conique a une ouverture d'un diamètre de
6 cm. et contient, lorsqu'il est plein aux $\frac{2}{3}$, 180 cm³ de liquide.
Quelle est sa profondeur ?

1373. La pièce de 5^f se compose d'un alliage dont 1 cm³ pèse
10^g,12 et elle a un diamètre de 37 mm. Quelle est son épaisseur ?

1374. Une boule sphérique creuse en fer a 40 cm. de diamètre
extérieur ; ses parois ont une épaisseur uniforme de 3^{cm},5. Quel
est son poids, le dm³ de fer pesant 7^{kg},7?

1375. Quel est le volume d'une chaudière en tôle composée
d'un cylindre de 65 cm. de rayon et de 1^m,20 de hauteur terminée
à la partie inférieure par une demi-sphère de même diamètre que
le cylindre ?

112ᵉ LEÇON

Notions sur le cubage et le jaugeage Tonnage des navires

**Cuber un arbre, une poutre, etc..., c'est en chercher
le volume.**

Lorsque le corps à cuber a un volume absolument
régulier, on applique les règles de la géométrie.

Mais les arbres abattus ou **bois en grume** et les arbres
équarris présentent souvent des irrégularités et on sim-
plifie les calculs de la
façon suivante :

1° Bois en grume.
— On considère l'arbre
abattu et dépouillé de
ses branches comme
équivalant à un cy-
lindre dont la base serait le **cercle moyen** et dont la
longueur serait celle de l'arbre.

Soit un arbre de **6 m.** de long, et dont la **circonférence** moyenne mesurée à l'aide d'un cordeau à égale distance des 2 extrémités est **942** mm. On calcule d'abord le **rayon** de cette circonférence moyenne en divisant sa longueur par **2π.**

$$\frac{942 \text{ mm.}}{6,28} = 150 \text{ mm. ou 15 cm.,}$$

puis la **surface** du cercle moyen :

$$s = \pi \times R^2 = 3,14 \times 15^2 = 706^{cm^2},50.$$

On **multiplie** enfin le cercle moyen par la longueur :

$$1 cm^2 \times 706,50 \times 600 = 423.900 \text{ cm}^3$$
$$\text{ou } 0^{m^3},423.900.$$

2° Bois équarri. — C'est la poutre obtenue lorsqu'on a abattu les faces de façon que les bases soient des carrés.

Les négociants en obtiennent le volume approximativement en le considérant comme **équivalent à un prisme à base carrée,** dont la base serait le **carré moyen** et dont la longueur serait celle de la poutre.

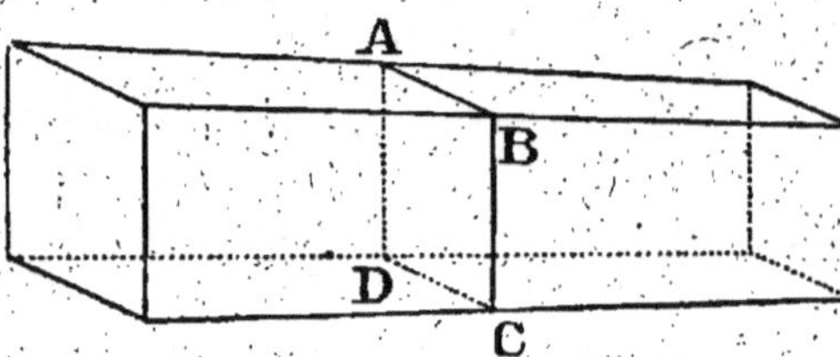

Soit l'équarri ci-contre de **8 m.** de long et dont le carré moyen **ABCD** mesuré à égale distance des bouts a un côté de **30 cm.**

La surface de ce carré est :

$$1 dm^2 \times 3 \times 3 = 9 \text{ dm}^2.$$

et le volume cherché :

$$1 dm^3 \times 9 \times 80 = 720 \text{ dm}^3.$$

Si la figure **ABCD** était un rectangle au lieu d'être un carré, on appliquerait la même règle, en multipliant l'aire du rectangle moyen par la longueur.

3° Jaugeage d'un tonneau. — Jauger un tonneau, c'est en calculer la capacité.

Pour obtenir le volume d'un tonneau, on mesurera le diamètre du bouge, le diamètre des fonds et la longueur intérieure [1]; puis on appliquera la formule suivante :

$$V = \pi \cdot L \cdot \left(\frac{2R + r}{3}\right)^2.$$

Exemple : Le tonneau représenté ci-contre a pour diamètre du bouge 85 cm., du fond 70 cm. et pour longueur intérieure 90 cm.

Appliquons la formule en prenant le dm. comme unité :

$$V = 3{,}1416 \times 9 \times \left(\frac{8{,}5 + 3{,}5}{3}\right)^2 = 450^{\text{dm}^3}{,}16.$$

Le fût contient **450** litres environ.

On utilise aussi la formule suivante dite de **l'octroi de Paris :**

$$V = \frac{\pi L}{4} \times [2r + 1{,}12\,(R - r)]^2.$$

Ces formules nécessitent d'assez longs calculs et présentent d'ailleurs des écarts assez considérables ; aussi, dans la pratique, se sert-on d'un instrument ou *jauge*, règle métallique, qui, plongée dans le tonneau par la bonde à égale distance des deux fonds, donne immédiatement par une simple lecture la contenance approximative du tonneau.

4° Navires. — La capacité intérieure des *navires* se mesure au moyen de règles compliquées et avec une unité appelée *tonneau de jauge*, égale à **100** pieds cubes

---

1. La longueur intérieure s'obtient approximativement en diminuant la longueur totale extérieure de la saillie des douves et de l'épaisseur des fonds, qu'on peut toujours évaluer 2 cm.

anglais ou 2ᵐ³,83 et adoptée officiellement en France par un décret de 1873.

Ainsi un navire de **1.000** tonneaux a une capacité intérieure de 2ᵐ³,83 × **1.000** = **2.830**ᵐ³.

On appelle *tonneau d'affrétement* un volume de **1**ᵐ³,**440** qui sert de base au calcul du *fret* (prix du transport des marchandises par eau).

Exercices écrits

1376. Calculer le volume d'un arbre abattu dont la circonférence moyenne mesure 0ᵐ,92 et la longueur 5ᵐ,75.

1377. Calculer le volume d'un arbre équarri dont le carré moyen a 0ᵐ,70 de périmètre et dont la longueur est 8ᵐ,40.

1378. Calculer le volume d'un arbre équarri dont le rectangle moyen a 32 cm. sur 44 et dont la longueur est 4ᵐ,85.

1379. Calculer le volume d'un tonneau, le diamètre du bouge étant 0ᵐ,92, celui du fond 0ᵐ,75 et la longueur intérieure 1ᵐ,15.

Problèmes de récapitulation sur la Géométrie

1380. Dans un terrain rectangulaire de 40 m. sur 10 m. on plante des betteraves en lignes parallèles à la longueur du terrain et espacées de 0ᵐ,40 ; les lignes extérieures sont à 0ᵐ,40 des bords du terrain. Dans chaque ligne les betteraves sont à 0ᵐ,50 les unes des autres, les premières étant à 0ᵐ,25 de la limite du champ. Combien plantera-t-on de betteraves dans ce champ ?

1381. Les haies vives non mitoyennes doivent être plantées à 0ᵐ,50 en dedans de la limite de la propriété. Quelle sera la longueur d'une haie vive non mitoyenne plantée autour d'un jardin rectangulaire de 150 m. sur 84 m.? On ménage une ouverture de 1ᵐ,20 de largeur pour l'entrée.

1382. Dans un triangle isocèle, l'angle au sommet vaut 36°56′40″. Calculer la valeur de chacun des 2 autres angles, qui sont égaux (la somme des angles d'un triangle vaut 180°).

1383. Un champ rectangulaire de 108 m. de long sur 48 de large doit être partagé entre 2 héritiers de façon que le premier ait 8 ares de plus que l'autre : où doit-on tracer la limite des deux parts parallèlement à la largeur ?

1384. Deux circonférences concentriques sont distantes de 3 m. On demande la longueur de la grande, sachant que la petite a 83 m.

1385. Une pelouse circulaire de 94^m,25 de contour est entourée d'une allée de 1^m,30 de large. On veut répandre sur l'allée une épaisseur de 0^m,05 de sable. Quel volume de sable faudra-t-il pour cela ?

1386. En faisant le tour d'une pelouse circulaire, on a compté 480 pas de 0^m,72. Quelle est la surface de la pelouse ?

1387. Un étang circulaire a 484^m,5 de contour. Quel rayon faudrait-il donner à un autre étang également circulaire pour que sa surface soit double de celle du premier ?

1388. Une porte à plein cintre a 2^m,70 de haut sur 1^m,20 de large. Quel prix paiera-t-on pour sa peinture sur les 2 faces à raison de 3^f,45 le mètre carré ?

1389. Calculer, à 275^f l'are, la valeur d'un terrain carré ayant le même périmètre qu'un rectangle de 188 m. de long sur 57^m,50 de large.

1390. Un jardin de forme carrée contient 16^a,4025 ; il est traversé par 2 chemins larges de 2^m,50 réunissant les milieux de 2 côtés opposés du terrain. Les carrés obtenus doivent être entourés de tous les côtés par un grillage coûtant 2^f,40 le mètre linéaire. Calculer : 1° la surface des chemins ; 2° la surface de chaque carré ; 3° le prix de chaque grillage de clôture ?

1391. Pour border un tapis rectangulaire dont la longueur a 0^m,75 de plus que la largeur, on a employé 24^m,50 de frange. Quelles sont les dimensions de ce tapis et combien faudra-t-il de mètres de toile de 0^m,90 de large pour doubler sa surface ?

1392. Pour recouvrir une table de 2^m,1 de long sur 1^m,4 de large, on achète une toile cirée qui retombera de 0^m,25 tout autour. La toile cirée étant vendue à 5^f,55 le mètre carré, quelle somme devra-t-on débourser ?

1393. Une pelouse de forme circulaire a un diamètre de 30^m,4 et elle est entourée d'un chemin circulaire de 2^m,75 de large. Calculer la surface : 1° de la pelouse ; 2° du chemin ?

1394. Dans une feuille de zinc on a tracé un cercle de 0^m,25 de rayon et on a découpé de ce cercle un secteur de 124°. Quelle est la surface de la partie découpée ?

1395. On a cimenté le rebord d'un puits dont le diamètre intérieur est 1^m,20 et le diamètre extérieur 1^m,50. Quelle est la surface à cimenter ?

1396. Combien faudra-t-il de rouleaux de papier de 6 m. de long et 0^m,65 de large pour tapisser les quatre murs d'une salle de 4^m,85 de long, 3^m,55 de large et 3^m,20 de haut? Les ouvertures sont évaluées au $\frac{1}{8}$ de la surface totale.

1397. Un jardin carré a 2.075 m² de surface. Si l'on diminue les côtés de 12 m., quelle sera la superficie du jardin ainsi diminué ?

1398. Un tas de bois fait avec des bûches de 60 cm. de long a $4^m,50$ de long et contient $4^s,05$. Quelle en est la hauteur ? Quel sera le prix des $\frac{3}{5}$ du tas à $25^f,20$ le stère ?

1399. Une citerne mesure $2^m,5$ de long, $2^m,75$ de large et 2 m. de profondeur. Combien pourra-t-elle contenir d'hectolitres d'eau ? Un maçon cimente les 4 parois latérales et le fond à raison de $3^f,75$ le mètre carré. Que lui est-il dû ?

1400. On veut enclore d'un mur de $1^m,40$ de haut sur $0^m,33$ d'épaisseur un terrain de forme rectangulaire dont la surface (intérieure aux murs de clôture) est de $5^a,7$ et dont la largeur est le $\frac{1}{3}$ de la longueur. Calculer le volume de la maçonnerie et son prix à 68^f le mètre cube ?

1401. Que coûtera la maçonnerie d'un puits cylindrique dont le diamètre extérieur est de $1^m,75$, et la profondeur $7^m,50$, sachant que l'épaisseur du mur doit être de 22 cm. et que le mètre cube de maçonnerie coûte 84^f ?

1402. Le diamètre des grandes roues d'une locomotive mesure $1^m,80$; ces roues font 142 tours par minute. Calculer le chemin parcouru par cette locomotive de 3 h. $\frac{1}{4}$ à 7 h. $\frac{1}{2}$. On déduira 30 m. pour les arrêts.

1403. Un propriétaire fait construire un mur autour d'une cour de $16^m,4$ de long et $15^m,6$ de large. Le mur doit avoir $3^m,15$ de haut et 40 cm. d'épaisseur ; il sera interrompu sur une longueur de $4^m,25$ pour une porte charretière. Quelle sera la dépense à raison de $72^f,50$ le mètre cube de maçonnerie ?

1404. Dans un bloc cubique de bois de 12 cm. d'arête, on creuse une cavité cubique de $5^{cm},5$ d'arête. Quelle est le volume du bois restant ? Le bloc évidé pesant 1.300^g, quelle est la densité de ce bois ?

1405. Dans un bloc cylindrique de pierre de 20 cm. de rayon et 43 cm. de haut, on creuse une cavité conique de 10 cm. de diamètre et de 17 cm. de profondeur. Quel est le volume du solide restant ? Calculer son poids, sachant que la densité de cette pierre est 2,2.

1406. Combien faudra-t-il de planches de 3 m. de long sur 15 cm. de large pour lambrisser jusqu'à une hauteur de $1^m,50$ les 4 murs d'une salle à manger qui a $3^m,75$ de longueur et $2^m,60$ de largeur ; une porte de $0^m,90$ de largeur interrompt seule le lambris. Quelle sera la dépense sachant que le mètre de planche se paie 3^f,20 ?

1407. On veut entourer une maison rectangulaire de 7^m,80 de façade et 15^m,60 de profondeur d'une grille placée à 5^m,40 de la maison dans tous les sens. Quelle sera la longueur de cette grille ? Quel en sera le prix à raison de 25^f,20 le mètre courant, sachant qu'on ménage une porte de 3^m,50 de large pour laquelle on paie séparément 135^f ?

1408. A côté d'un jardin carré ayant 12^a,35 de superficie se trouve un autre jardin carré 3 fois plus grand. Quel est le côté de ce deuxième jardin?

1409. Au centre d'une propriété carrée de 158^a,60 on veut établir un bassin circulaire de 10 m. de rayon. A quelle distance de chaque côté du carré passera la circonférence du bassin? Quelle sera la surface restant à cultiver ?

1410. Un bassin cylindrique en tôle de 1^m,5 de rayon et 2^m,8 de profondeur serait rempli en 2 h. 1/2 par un robinet et en 3 h. 1/4 par un autre robinet. En combien de temps sera-t-il rempli si on fait couler le premier pendant 1/2 heure, puis les deux ensemble?

1411. On veut recouvrir exactement une table circulaire de 1^m,15 de diamètre avec une toile cirée que l'on repliera de 2 cm. sur tout le contour. On achète pour cela 1^m,20 d'une toile cirée dont la largeur est 1^m,20. La toile cirée valant 7^f le mètre carré, quelle perte subit-on pour la partie non utilisée ?

1412. Une chaudière pour la fabrication du sucre est formée d'un cylindre ayant 1^m,40 de hauteur et 0^m,60 de rayon, et terminé à ses 2 extrémités par 2 hémisphères de même diamètre. Quel est le volume total de la chaudière? Combien d'hectolitres contient-elle lorsque la demi-sphère du fond et le cylindre sont seuls remplis?

1413. Un prisme droit en bois a 60 cm. de hauteur ; sa base est un carré de 2 dm. de côté. Quel est son volume et son poids, la densité de ce bois étant 0,920 ?

1414. Quelle est le poids d'une sphère creuse en fer dont le diamètre a 7 cm. $\frac{1}{2}$, l'épaisseur de la paroi étant 1 cm. $\frac{3}{4}$ et la densité du fer étant 7,7 ?

1415. Une citerne cylindrique a 1^m,10 de rayon et 1^m,95 de profondeur. Combien d'hectolitres d'eau contient-elle lorsqu'elle est remplie aux $\frac{3}{4}$? Que paiera-t-on pour le cimentage, à raison de 7^f le mètre carré ?

1416. Avec de la tôle pesant 60 g. le décimètre carré, on construit un vase cylindrique sans couvercle dont la hauteur est égale au diamètre de la base. Le poids total de la tôle employée est 635^g,85. 1° Trouvez la surface de cette tôle ; 2° Etablissez la formule qui exprime cette surface en fonction du rayon R ; 3° Quelle est la valeur de R en centimètres ? 4° Quelle est, exprimée en litres, la capacité du vase ? (Prendre $\pi = 3,14$.)

(Certificat d'Ét. complémentaires. Paris, 1924.)

113e LEÇON

Notions de dessin géométrique

But. — Le dessin géométrique a pour but la représentation au trait, sous différents aspects, d'un objet quelconque.

On y parvient avec le concours des instruments suivants : planche, règle, té, équerres, compas, etc...

Croquis coté. — Quand le dessin est exécuté à *main levée* et porte toutes les indications relatives aux dimensions de l'objet, on le nomme *croquis coté*.

Représentation des objets. — On représente généralement les objets sous trois aspects ou vues :

L'objet est figuré :

1° *Vu de haut* sur un plan horizontal ; on obtient ainsi la *projection horizontale* de l'objet qu'on nomme encore *vue en plan* ou *plan* ;

2° *Vu de face* sur un plan vertical, ce qui donne la *projection verticale* de l'objet appelée aussi *vue de face* ou *élévation* ;

3° *Vu de profil* sur un plan vertical perpendiculaire au précédent : on obtient alors la *vue de profil* ou *profil* de l'objet.

Pour rendre le dessin plus clair, on peut y joindre la

figure d'une *coupe* faite dans l'objet en un endroit choisi convenablement.

Ligne de terre. — Les plans de projection se coupent suivant une droite appelée *ligne de terre* LT (*fig.* 1 et 2).

Dans le dessin, ces plans sont rabattus sur la feuille même où l'on effectue les tracés. Le plan vertical est au-dessus de la ligne de terre ; le plan horizontal se trouve au-dessous (*fig.* 2).

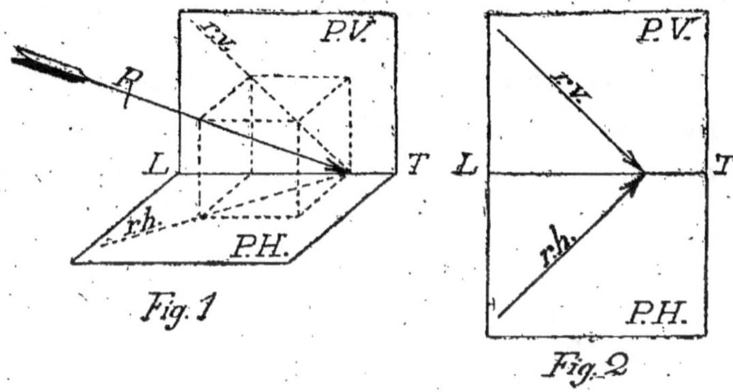

Veut-on rétablir ces plans dans leur position réelle ?

Pour y parvenir, il faut placer d'abord notre feuille horizontalement, puis la plier ensuite suivant la ligne de terre en redressant verticalement la partie située au-dessus de cette ligne.

Éclairement de l'objet. — On suppose toujours les objets éclairés par un rayon lumineux **R** dirigé suivant la diagonale issue du sommet antérieur gauche d'un cube qui repose sur le plan horizontal P. H. et qui a deux faces parallèles au plan vertical P. V., *r. v.* est la projection verticale de ce rayon, *r. h.* en est la projection horizontale (*fig.* 1 et 2).

LIGNES CONVENTIONNELLES

Traits fins — lignes ou arêtes de l'objet séparant deux faces éclairées.

Traits forts — lignes ou arêtes de l'objet séparant deux faces dont l'une au moins est dans l'ombre.

Traits interrompus - - - - - - lignes de construction, de rappel, de cotes, etc...

Traits pointillés .... parties cachées.

Hachures ///////////// surfaces coupées.

Échelle. — On appelle *échelle* le rapport qui existe entre les dimensions du dessin de l'objet et celles de l'objet lui-même.

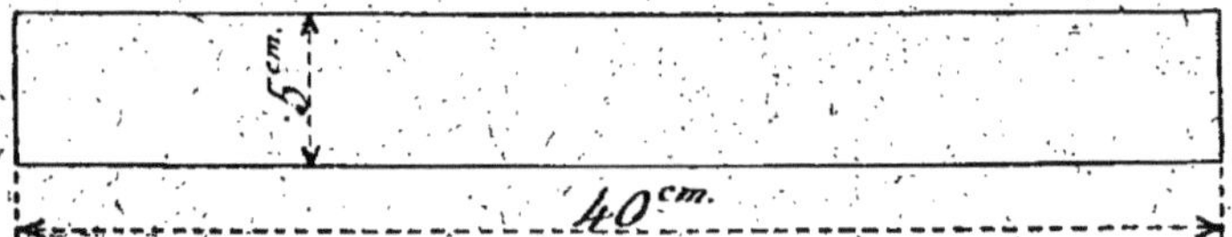

Ainsi un rectangle de **40** cm. de long sur **5** cm. de large, représenté par un rectangle de **8** cm. de long sur **1** cm. de large, est dessiné à l'échelle de $\dfrac{8}{40}$ ou $\dfrac{1}{5}$.

Nota. — Les exigences de la mise en pages nous obligent à placer ici cette planche qui devrait, logiquement, être étudiée **après les deux suivantes.**

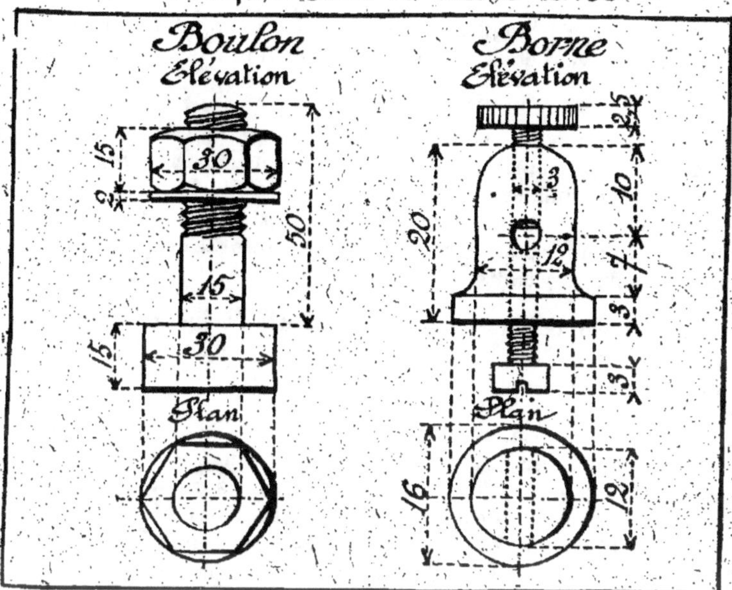

Chaque croquis est la représentation à main levée d'un objet à l'aide de deux vues : élévation et plan, telle qu'elle peut être donnée à un ouvrier en vue de l'exécution matérielle de cet objet. Cotons avec un soin tout spécial.

N'oublions pas que le croquis est fait sans instruments, qu'il manque donc de précision et que seules les cotes permettent à l'ouvrier une réalisation parfaite de la pièce représentée.

Boulon. — Le boulon est figuré avec son écrou à six pans et une rondelle sous l'écrou. La tête du boulon est ronde et de même diamètre que la rondelle, aussi ces deux parties sont-elles représentées en plan par le même cercle.

Borne serre-fil. — Les deux vis et le canal circulaire, invisibles de l'extérieur, sont représentés en points ronds dans le corps de la borne.

Remarques sur la Planche ci-contre

Certains objets simples : une règle, un crayon, une barre de fer, etc..., peuvent être représentés à l'aide d'une seule vue portant une coupe.

Règle et crayon. — Chaque objet étant figuré par un rectangle, la coupe seule peut déterminer la forme carrée de la règle ou la forme circulaire du crayon.

Il est d'usage de ne pas tracer en traits forts le contour apparent d'un corps rond, aussi le rectangle représentant le crayon ne comporte-t-il que des traits fins.

Fer à T et cornière. — Les deux dessins ne diffèrent que par leur coupe. Nous aurions pu remplacer chacune d'elles par une vue de profil détachée de l'élévation.

Le domino. — L'objet a été représenté à l'aide de 3 vues. Cotes et échelle ne figurent pas sur le dessin : elles deviennent indispensables si le dessin doit servir de guide à un ouvrier en vue de l'exécution de l'objet.

A titre d'exercice, dans le second dessin, le domino a été figuré placé sur le plan horizontal et incliné à 60° sur le plan vertical.

Exercices

1417. Déterminer l'échelle du dessin représentant le crayon.

1418. Les dessins du fer à **T** et la cornière sont à l'échelle $\frac{1}{2}$, déterminer la cote l.

1419. Représenter à l'échelle $\frac{1}{2}$ à l'aide d'une vue portant une coupe :

1° Une règle graduée de 30^{cm} ayant 35^{mm} de largeur totale et 10^{mm} de largeur de la partie graduée (ne porter que les divisions extrêmes).

2° Un double décimètre ayant 30^{mm} de largeur totale et 10^{mm} de largeur de chacune des 2 parties graduées.

3° Un bouchon cylindrique de 30^{mm} de longueur sur 20^{mm} de largeur.

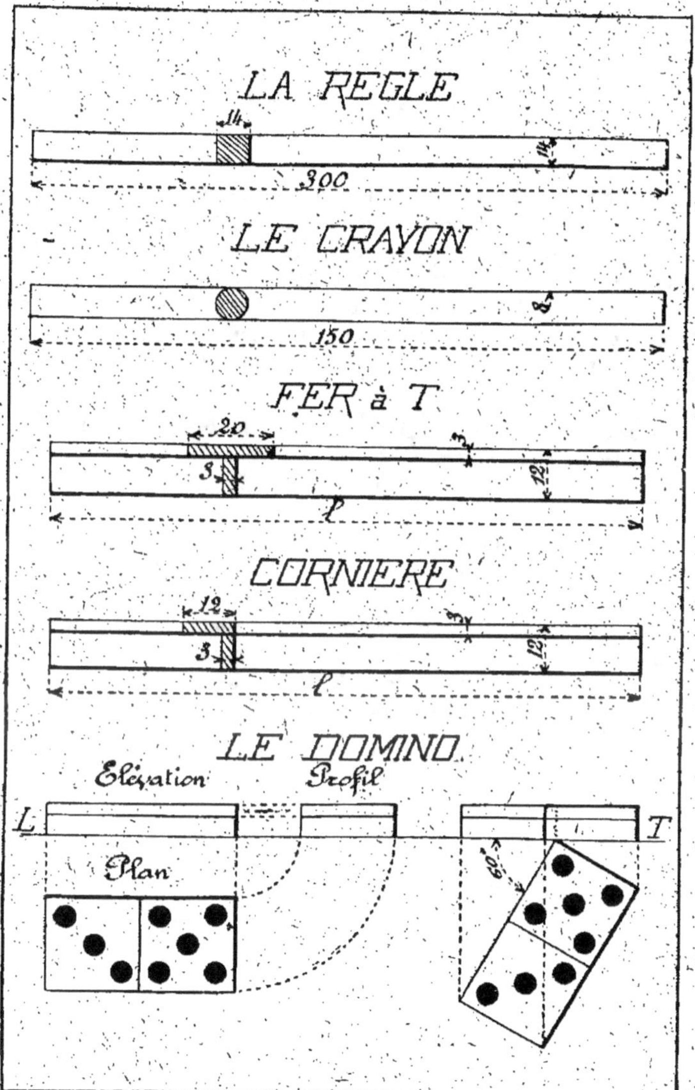
LA REGLE
14
300
LE CRAYON
8
150
FER à T
20
3
3
12
ℓ
CORNIERE
12
3
3
12
ℓ
LE DOMINO
Élévation
Profil
L
T
Plan
60

Remarques sur la Planche ci-contre

La boîte à sel. — C'est le dessin d'une boîte cubique, réalisée préalablement en carton par développement.

L'épaisseur du carton est négligée. Le couvercle est relevé : il fait un angle de 60° avec le plan horizontal.

Dans le deuxième dessin, effectué à titre d'exercice, la boîte repose toujours sur le plan horizontal, mais sa face latérale de gauche fait avec le plan vertical un angle de 30°.

La bobine. — Si nous faisons tourner la bobine autour de son axe vertical, sa représentation en élévation restera toujours la même, quelle que soit la position de l'objet. Il ne peut donc y avoir ici de *vue de profil* : il en est ainsi pour tous les corps cylindriques, coniques ou sphériques. La coupe placée à côté de l'élévation ajoute à la clarté du dessin : elle montre bien la partie pleine et le trou.

Dans l'élévation, le contour apparent de la bobine ne porte pas de traits de force. Il n'en est pas de même dans la coupe où les arêtes tracées en traits forts indiquent bien l'intersection d'une face éclairée avec une face dans l'ombre.

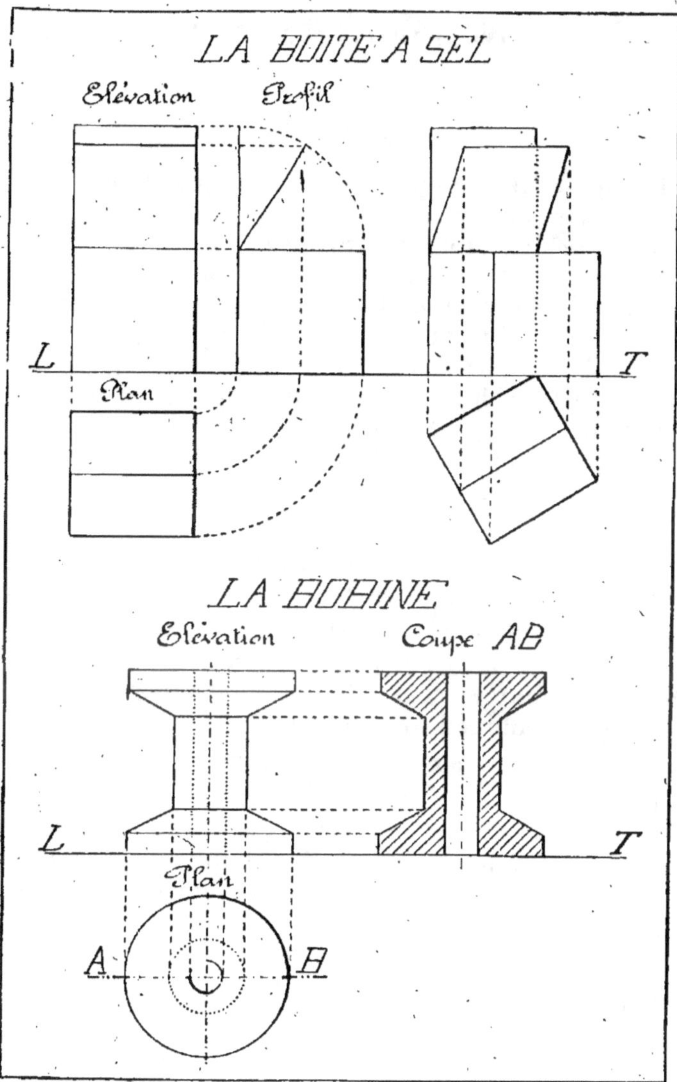

LA BOITE A SEL
Élévation
Profil
L
T
Plan
LA BOBINE
Élévation
Coupe AB
L
T
Plan
A
B

SIXIÈME PARTIE

Notions d'algèbre

114e LEÇON

L'emploi des formules est d'un usage courant en géométrie et en arithmétique.

Ainsi, par exemple, on exprime :

1° Par $P = (L + l) \times 2$, le périmètre P d'un rectangle dont on connaît la longueur L et la largeur l.

2° Par $C = \dfrac{36.000 \times I}{t \times n}$ la valeur du capital connaissant l'intérêt I, le taux t, le temps en jours n.

Les formules généralisent les problèmes. C'est ainsi que la première permet la recherche du périmètre d'un **rectangle quelconque** dont on connaît les deux dimensions.

Exemple. — *Quelle est la longueur de la clôture d'un terrain rectangulaire de* 80^m *de long sur* 50^m *de large.*

Il nous suffit dans la formule $P = (L + l) \times 2$ de remplacer les lettres L et l par leur valeur numérique correspondante 80^m et 50^m et d'effectuer ensuite les opérations indiquées pour avoir :

$$P = (80^m + 50^m) \times 2 = 130^m \times 2 = 260^m.$$

La clôture a donc 260^m de longueur.

La formule que nous venons d'utiliser a dû être préalablement établie. Pour cela il a fallu raisonner le problème de la recherche du périmètre du rectangle en **se servant de lettres au lieu de nombres.**

Il en a été de même pour l'expression générale de la valeur du capital $C = \dfrac{36.000 \times I}{t \times n}$ que nous donnons ci-dessus.

Proposons-nous de retrouver cette valeur.

Quel capital **C** faut-il placer pendant **n** jours pour avoir un intérêt égal à **I**.

t^f d'int. sont produits en 360 j. par un cap. de 100^f ;

1^f	—	sera	—	360	—	$\dfrac{100^f}{t}$;
I^f	—	seront	—	360	—	$\dfrac{100 \times I}{t}$;
I^f	—		—	1	—	$\dfrac{100 \times I \times 360}{t}$;
I^f	—		—	n	—	$\dfrac{100 \times I \times 360}{t \times n}$.

ou :

$$C = \frac{360 \times 100 \times I}{t \times n} = \frac{36.000 \times I}{t \times n}.$$

Il nous sera facile, si nous voulons calculer la valeur numérique d'un **capital quelconque**, de remplacer dans la formule $C = \dfrac{36.000 \times I}{t \times n}$ les lettres par les nombres correspondants donnés et d'effectuer les opérations indiquées. (Voir page 282.)

Expressions algébriques. — Les valeurs du périmètre et du capital sont des expressions algébriques.

Une expression algébrique est une quantité dans laquelle certaines valeurs numériques sont remplacées par des symboles. Ces symboles sont généralement des lettres.

Algèbre. — **L'algèbre est la science qui permet le calcul des expressions algébriques.**

Elle a pour but :

1° La généralisation des problèmes par la recherche et l'emploi de formules ;

2° La résolution plus aisée de questions qui seraient pénibles, voire impossibles par l'arithmétique.

Signes. — Les signes employés en algèbre ne diffèrent en rien des signes utilisés en arithmétique.

Cependant on se dispense de placer le signe $\times$ entre deux quantités à multiplier dont l'une est exprimée par des lettres. On le remplace parfois par un point.

Ainsi les expressions :

$$\mathbf{P} = (\mathbf{L} + l) \times 2 \qquad \text{et} \qquad \mathbf{C} = \frac{36.000 \times \mathbf{I}}{t \times n},$$

s'écriront plus simplement :

$$\mathbf{P} = 2(\mathbf{L} + l) \qquad \text{et} \qquad \mathbf{C} = \frac{36.000\mathbf{I}}{tn}.$$

Termes. — Une expression algébrique renferme autant de termes qu'elle contient de quantités précédées de l'un des signes + ou —.

Les termes précédés du signe + sont appelés **termes positifs** ; précédés du signe — ils sont nommés **termes négatifs.**

Le premier terme d'une expression n'est généralement pas précédé du signe + s'il est positif.

Exemples :

$3a + 7b - 4c$ renferme **3** termes dont : **2** positifs et **1** négatif.

$- 8x + 9ax - 2a - 4$ renferme **4** termes dont : **3** négatifs et **1** positif.

Monômes et polynômes. — Une expression formée d'un seul terme est un **monôme.** Lorsqu'elle contient plusieurs termes, c'est un **polynôme.**

Coefficient. — C'est la quantité numérique ou littérale, qui multiplie une autre.

Ainsi dans : $2a$, **2** est le coefficient de a ;

$5(b + c)$, **5** est le coefficient de $b + c$;

ax, a est le coefficient de x ;

$3xy$, **3** est le coefficient de xy.

Un coefficient peut être fractionnaire

Ex. : $\dfrac{2}{3}$ a, $8\dfrac{1}{2}$ xy.

Exposant. — C'est, comme en arithmétique, le petit nombre placé en haut et à droite d'une quantité pour indiquer combien de fois cette quantité a été prise comme facteur.

Ex. : $a^3 = a \times a \times a$
$(bx)^2 = bx \times bx.$

Remarque. — Un polynôme est ordonné par rapport aux puissances d'une lettre quand ses termes sont écrits de telle sorte que les exposants de cette lettre soient dans un ordre croissant ou décroissant.

Exemple :

Ordonnons le polynôme suivant par rapport aux puissances décroissantes de x ;

$$3ax - 2a^2x^4 + 7bx^2 - 8 + x^3.$$

Nous avons :

$$- 2a^2x^4 + x^3 + 7bx^2 + 3ax - 8.$$

Termes semblables. — On appelle ainsi des termes qui ne diffèrent que par leur coefficient ou par leur signe.

Ex. : $+ 2ab - 2ab - 18ab + \dfrac{3}{5} ab,$

$$- 7ax^2 + 9ax^2 - ax^2 - \dfrac{1}{3} ax^2.$$

Exercices

1420. A quel taux t a-t-il fallu placer un capital C pour obtenir en n jours un intérêt égal à I ?

1421. Quelle est la capacité d'un seau en forme de tronc de cône de 27^{cm} de hauteur H, sachant que le rayon d'ouverture R a 16^{cm} et le rayon du fond $r = 12^{cm}$? On se servira de la formule du tronc de cône?

$$V. = \frac{\pi H}{3} \times (R^2 + r^2 + Rr).$$

1422. Une auto et un cycliste vont à la rencontre l'un de l'autre. L'auto fait V km. à l'heure et le cycliste v km. à l'heure. La distance qui les sépare est D km. Au bout de combien de temps T se rencontreront-ils ?

1423. On donne pour le calcul du volume d'un tonneau les 2 formules suivantes :

$$V \;=\; \pi L \left(\frac{2R + r}{3} \right)^2$$

$$V \;=\; \pi L \left(\frac{5R^3 + 3r}{8} \right)^2$$

et dont les résultats sont un peu différents.

Calculez à l'aide de ces deux formules la capacité d'un tonneau dans lequel :

L, la longueur intérieure	$= 0^{m},80$
R, le rayon médian intérieur	$= 0^{m},30$
r, le rayon des fonds	$= 0^{m},25$

1424. Réduisez les fractions : $\dfrac{a}{b}$ et $\dfrac{c}{d}$ au même dénominateur.

1425. On exprime la surface de la couronne par les deux formules suivantes qui conduisent à des résultats identiques :

$$S \;=\; \pi \left(R^2 - r^2 \right)$$

$$S \;=\; \pi \left(R + r \right) \left(R - r \right).$$

Contrôlez l'identité des 2 résultats en donnant à R, rayon du grand cercle, la valeur $3^{m},50$, à r, rayon du petit cercle, la valeur $2^{m},80$, on prendra $\pi = \dfrac{22}{7}$.

115ᵉ LEÇON

Opérations algébriques

Ce sont les mêmes qu'en arithmétique.

ADDITION

(Voir les principes relatifs à l'addition, 9ᵉ leçon)

Règle. — Pour additionner des quantités algébriques, il faut :

1° *Les écrire à la suite les unes des autres ;*

2° *Réduire les termes semblables.*

1er *Exemple :*

Additionner.

$$8a + 9 \text{ et} - 7a + 3 \text{ et} + 5a - 9 \text{ et} - 2a - 5.$$

1° Nous écrivons les termes à la suite les uns des autres en groupant les termes semblables :

$$8a - 7a + 5a - 2a + 9 + 3 - 9 - 5.$$

2° Réduisons maintenant les termes semblables.

Pour cela nous allons assimiler les quantités positives à des bénéfices et les quantités négatives à des dettes.

Ainsi nous avons à opérer la réduction de $8a - 7a + 5a - 2a$.

Nous pouvons dire que :

Le bénéfice total est $8a + 5a = 13\,a$;

La perte totale est $7a + 2a = 9a$.

Le bénéfice $13a$ est supérieur de $13a - 9a = 4a$ à la perte $9a$.

En définitive nous avons un bénéfice de $4a$. Cette quantité est donc positive : soit $+ 4a$.

D'où la règle :

Pour réduire des termes semblables, il faut :

1° *D'une part, faire la somme des termes positifs ;*

2° *D'autre part, faire la somme des termes négatifs ;*

3° *Soustraire enfin la plus petite somme de la plus grande en donnant au résultat le signe de la plus grande.*

Ainsi la réduction des valeurs numériques nous donne :

(*Bénéfice*) : Somme des quantités positives $9 + 3 = 12$·

(*Perte*) : Somme des quantités négatives $9 + 5 = 14$·

Reste : $14 - 12 = 2.$

que nous assimilons à une perte, 2 est donc négatif, soit $- 2$.

Le résultat final de l'addition est donc : $4a - 2$.

REMARQUE. — Quand, dans la réduction des termes semblables, on trouve deux quantités de même coefficient mais de signes différents, on ne les fait pas entrer en compte : on se borne à les rayer.

Exemples :

Réduire les termes semblables suivants :

$$7x^2 - 3x^2 + 8x^2 - 4x^2.$$

Somme des quantités positives :

$$7x^2 + 8x^2 = 15x^2.$$

Sommes des quantités négatives :

$$3x^2 + 4x^2 = 7x^2.$$

Résultat :

$$15x^2 - 7x^2 = + 8x^2.$$

Quantité positive, car :

$$15x^2 > 7x^2.$$

Nous donnons ci-dessous : quelques exemples d'additions disposées comme on le fait en arithmétique.

$$
\begin{array}{r}
8a^2 + a - 9 \\
-2a^2 - 8a \\
\hline
6a^2 - 7a - 9
\end{array}
\qquad
\begin{array}{r}
5x^2 + 2x \\
-7x^2 + 4x + 8 \\
\hline
-2x^2 + 6x + 8
\end{array}
$$

$$
\begin{array}{r}
9a + 7b - 5 \\
8a - 4b + 2 \\
6b - 4 \\
\hline
17a + 9b - 7
\end{array}
\qquad
\begin{array}{r}
+ 4 \\
3y - 9 \\
+ 7y + 1 \\
\hline
10y - 4
\end{array}
$$

SOUSTRACTION

(Voir les principes relatifs à la soustraction, 9e leçon)

Règle. — Pour effectuer une soustraction algébrique, il faut :

1o *Écrire telle quelle la première expression ;*

2o *Écrire à la suite l'expression à soustraire* **après en avoir changé les signes ;**

3o *Réduire les termes semblables.*

On place généralement l'expression à soustraire entre parenthèses en la faisant précéder du signe —.

1er *Exemple*. — Soit à effectuer la soustraction :

$$8a + 3b - 4 - (2a - b - 6).$$

Après avoir changé les signes de l'expression entre parenthèses, écrivons-la à la suite de la première, nous avons :

$$8a + 3b - 4 - 2a + b + 6.$$

Réduisons les termes semblables, il nous reste :

$$6a + 4b + 2$$

qui est le résultat demandé. Donc :

$$8a + 3b - 4 - (2a - b - 6) = 6a + 4b + 2.$$

2e *Exemple* :

$$(7a - 2b) - [(3a - c) - (2b - 3c)].$$

Crochets et parenthèses nous indiquent qu'il faudra effectuer tout d'abord la soustraction indiquée entre crochets, puis soustraire ce résultat de la première expression entre parenthèses.

Effectuons donc l'opération entre crochets :

$$3a - c - 2b + 3c = 3a - 2b + 2c.$$

Résultat que nous retirons de $7a - 2b$ ou :

$$7a - 2b - 3a + 2b - 2c = 4a - 2c.$$

Donc :

$$(7a - 2b) - [(3a - c) - (2b - 3c)] = 4a - 2c.$$

3e *Exemple* :

$$(9a - 4c) - [3b - (4c - 5a + 3b)]$$

L'opération entre crochets donne :

$$3b - (4c - 5a + 3b) = 3b - 4c + 5a - 3b = - 4c + 5a.$$

Résultat que nous retirons de $9a - 4c$ ou :

$$9a - 4c + 4c - 5a = 9a - 5a = 4a.$$

Donc :

$$(9a - 4c) - [3b - (4c - 5a + 3b)] = 4a.$$

Exercices

Réduisez les termes semblables dans les expressions suivantes :

1426.
$$3a + 7b + 5a$$
$$7a + 8 + 9b + 5 + 6b + 4 + 4a$$
$$6x - 2y + 2y + 3x - 4$$
$$- 2ax - 9 + 3x + 4 - 2x + 7ax.$$

1427.
$$4a - 5b + 3c - 2b - c + a + 9b - 8a$$
$$10m + 11 - 5x - 12 - 4m - 3x - 1 + 9x - 7m$$
$$13x - 5y + 8z - 5x + 9y - 11z - 3x - 6y + z$$
$$- 28a + 29b + 10q - 46b + 18a - 37 - 10q - 160.$$

1428. $7,3a - 3,05b + 1,49b + 6,8c - 9,42c + 18,9a + 1,56b.$

Effectuez les additions suivantes :

1429.

$5a - 3b + 3c - d$	$7x - y + u - v$
$- 3a + b \quad\;\; + 7d$	$- 5x + 4y - 8u + 4v$
$2a - 5b - 8c + d$	$- 2x + 5y + 3u - 7v$
$- 3a + 4b + 7c - 9d$	$x - 8y + 4u - 4v$

1430.

$- 1,34m - 7,6n + 9,37p$	$41,6a - 43,1x + 37,8y$
$9,4m - 8,7n - 81,7p$	$- 40,1a - 5,3x + 0,09y$
$- 9,76m + 9,3n + 4,33p$	$- 2,5a + 1,9x - 4,19y$

Effectuez les opérations, indiquées entre parenthèses et entre crochets, puis donnez les résultats après avoir réduit les termes semblables :

1431.
$$7a - 9b + (a + b) =$$
$$15a - 7b - (7a - 5b) =$$
$$5a + (3a - 2b) + (a + 2b) =$$

1432.
$$(a + b - c) + (a - b + c) =$$
$$(a + b - c) - (a - b + c) =$$
$$(8x - 5) + (3x - 7) - (9x - 11) =$$

1433.
$$(7a - 3b) - (5a + 3b) - (a - 5b) =$$
$$12 - (5x - 6) + (3x + 1) - (x + 10) =$$
$$(6a - 3b + 7c) - (a - b + c) + (2a + b - 6c) =$$

1434.
$$8,3a - (3,7a - 2,37b) + (0,7a - 1,7b) - (3,2a + 4,7b) =$$
$$(8a + 3b) - [3b - (-7a + 4c - x)] =$$
$$(3x + 5y) - [(- 3y + 7x) - (-7y + 5x)] + (x - y) =$$

116e LEÇON

Multiplication

(Voir les principes relatifs à la multiplication, 15e leçon)

I. — Multiplication de deux monômes.

Pour multiplier un monôme par un autre on observe les règles suivantes :

1° *Le produit de deux termes de même signe est positif. Le produit de deux termes de signes contraires est négatif.*

Ainsi :

$$+ \times + \text{ donne } +$$
$$- \times - \text{ donne } +$$
$$+ \times - \text{ donne } -$$
$$- \times + \text{ donne } -$$

2° *Le coefficient d'un produit de deux termes est égal au produit des coefficients des facteurs.*

Exemple :

$$
\begin{array}{cccc}
+\,2ax & -\,7ab & +\dfrac{1}{2}a & -\,3xy \\
\times +\,3b & \times -\,8c & \times -\,6b & \times +\,9a \\
\hline
+\,6abx & +\,56abc & -\,3ab & -\,27axy
\end{array}
$$

3° *L'exposant d'un produit de deux puissances d'une même quantité est égal à la somme des exposants des deux facteurs* (Voir page 61).

Exemple :

$$
\begin{array}{cccc}
+\,8x^2 & -\,2a^3 & +\,5ax^2 & -\,8a^2xy^3 \\
+\,3x & -\,7a^5 & -\,2ax^3 & +\,3ax^4y^2 \\
\hline
+\,24x^3 & +\,14a^8 & -\,10a^2x^5 & -\,24a^3x^5y^5
\end{array}
$$

MULTIPLICATION D'UN POLYNOME PAR UN MONOME

Nous savons que pour multiplier une somme ou une différence par un nombre il faut multiplier chaque partie de la somme ou de la différence par ce nombre (Voir pages 57 à 59).

Il résulte de ce principe que :

Règle. — *Pour multiplier un polynôme par un monôme, il faut, en observant les règles de la multiplication des monômes, multiplier chacun des termes du polynôme par le monôme.*

Exemple :

$$(3a^3 - 5a^2b^3 + 7b^2)\, 2ab^2 = 6a^4b^2 - 10a^3b^5 + 14ab^4$$
$$(- 2a^2x^4 + 3ax^2 - 8)(- 4ax) = 8a^3x^5 - 12a^2x^3 + 32ax.$$

II. — Multiplication de deux polynômes.

Règle. — *Pour effectuer la multiplication de deux polynômes :*

1° On multiplie le polynôme multiplicande par chacun des termes du multiplicateur ;

2° On additionne les produits partiels obtenus ;

3° On opère ensuite la réduction des termes semblables.

Exemple :

$$
\begin{array}{ll}
\begin{aligned}
a^2 - 2ab &+ b^2 \\
a &+ b \\
\hline
a^3 - 2a^2b &+ ab^2 \\
+ a^2b &- 2ab^2 + b^3 \\
\hline
a^3 - a^2b &- ab^2 + b^3
\end{aligned}
&
\begin{aligned}
2x^2 + 2xy &- y^2 \\
4x &- 5y \\
\hline
8x^3 + 8x^2y &- 4xy^2 \\
- 10x^2y &- 10xy^2 + 5y^3 \\
\hline
8x^3 - 2x^2y &- 14xy^2 + 5y^3
\end{aligned}
\end{array}
$$

Nota. — Nous avons présenté les opérations sous cette forme. Elle facilite la réduction des termes semblables ; mais on peut écrire les produits partiels à la suite les uns des autres et réduire ensuite les termes semblables.

117e LEÇON

Division et fractions algébriques

Les règles de la division algébrique résultent de celles de la multiplication puisque : **le dividende d'une division est égal au produit du diviseur par le quotient.**

Ainsi, connaissant la règle des signes de la multiplication nous en déduisons que :

1° *Le quotient de deux termes de même signe est positif;*

2° *Le quotient de deux termes de signes contraires est négatif.*

$$+ : + \quad \text{donne} \quad +$$
$$- : - \quad \text{donne} \quad +$$
$$+ : - \quad \text{donne} \quad -$$
$$- : + \quad \text{donne} \quad -$$

DIVISION DE DEUX MONOMES

Tout quotient d'une division peut s'écrire sous forme de fraction ayant le dividende pour numérateur et le diviseur pour dénominateur.

Exemple :

$$3ab : 4a = \frac{3ab}{4a}.$$

Les fractions algébriques jouissent des mêmes propriétés que les fractions arithmétiques et peuvent être soumises aux mêmes opérations.

Si nous avons à effectuer la division suivante :

$$6a^2 : 3a$$

tout revient à simplifier la fraction $\frac{6a^2}{3a}$ qui représente le quotient. Or :

$$6a^2 = 6 \times a \times a$$

donc :

$$\frac{6a^2}{3a} = \frac{6 \times a \times a}{3 \times a}$$

fraction dont le numérateur et le dénominateur peuvent être divisés par 3 et par a ce qui donne enfin :

$$\frac{6a^2}{3a} = \frac{6 \times a \times a}{3a} = 2a.$$

Autre exemple : $8ab : 3c.$

Le résultat est la fraction irréductible $\dfrac{8ab}{3c}$.

A titre d'exemples, reprenons les produits trouvés dans le chapitre de la multiplication de deux monômes (page 423) et, tout en observant la règle des signes, divisons-les par l'un des deux facteurs : nous retrouvons l'autre :

$$\frac{+\,6abx}{+\,3b} = +\,2ax; \quad \frac{-\,3ab}{-\,6b} = +\,\frac{a}{2};$$
$$\frac{+\,56abc}{-\,7ab} = -\,8c; \quad \frac{-\,27axy}{+\,9a} = -\,3xy.$$

$$\frac{+\,24x^3}{+\,3x} = +\,8x^2; \quad \frac{-\,10a^2x^5}{-\,2ax^3} = +\,5ax^2;$$
$$\frac{+\,14a^8}{-\,7a^5} = -\,2a^3; \quad \frac{-\,24a^3x^5y^3}{+\,3ax^4y^2} = -\,8a^2xy^3.$$

Autres exemples :

$$\frac{+\,4ax^2}{-\,7a^2x} = -\,\frac{4x}{7a} \qquad \frac{-\,3ab^2c}{-\,2ac^3} = +\,\frac{3b^2}{2c^2}.$$

Opérations de fractions. — Exemples :

$$\frac{3a}{4} + \frac{2b}{5} = \frac{3a \times 5}{4 \times 5} + \frac{2b \times 4}{5 \times 4} = \frac{15a}{20} + \frac{8b}{20} = \frac{15a + 8b}{20},$$

$$\frac{2x}{a} - \frac{3y}{b} = \frac{2bx}{ab} - \frac{3ay}{ab} = \frac{2bx - 3ay}{ab}.$$

$$\frac{a}{b} \times \frac{c}{d} = \frac{ac}{bd}; \qquad \frac{2x}{5} \times \frac{3y}{7} = \frac{6xy}{35},$$

$$\frac{a}{b} : \frac{c}{d} = \frac{a \times d}{b \times c} = \frac{ad}{bc},$$

$$\frac{4ax}{9} : \frac{2a}{3} = \frac{4ax}{9} \times \frac{3}{2a} = \frac{4ax \times 3}{9 \times 2a} = \frac{2x}{3}.$$

DIVISION D'UN POLYNOME PAR UN MONOME

Règle. — *Pour diviser un polynôme par un monôme on divise chaque terme du polynôme par le monôme.*

Exemple :

$$(12ax^2 - 2bx + 6) : 3x.$$

Exprimons le quotient de chaque terme du dividende par $3x$ sous forme de fraction :

$$\frac{12ax^2}{3x} - \frac{2bx}{3x} + \frac{6}{3x};$$

cette expression est le quotient qui, après simplification des fractions, devient :

$$4ax - \frac{2b}{3} + \frac{2}{x}.$$

Donc :

$$(12ax^2 - 2bx + 6) : 3x = 4x - \frac{2b}{3} + \frac{2}{x}.$$

Les principes relatifs aux proportions arithmétiques s'appliquent aux proportions algébriques.

Exemple :

$$\frac{a}{b} = \frac{c}{d} \quad \text{d'où :} \quad a \times d = b \times c \quad \text{ou} \quad ad = bc,$$

$$\frac{2x}{7} = \frac{3y}{5} \quad \text{d'où :} \quad 5 \times 2x = 7 \times 3y \text{ ou } 10x = 21y.$$

MISE D'UN FACTEUR COMMUN EN ÉVIDENCE

Dans le polynôme :

$$3ax + 7ay - 2az.$$

Nous remarquons que chacun des termes renferme le facteur **a**.

Si nous divisons chaque terme par ce facteur commun **a**, nous pouvons écrire le polynôme sous la forme suivante :

$$a\,(3x + 7y - 2z).$$

Nous disons que nous avons mis **a** en évidence ou, en abrégé, **a** en facteur commun.

REMARQUE. — *Nous devons évidemment retrouver la première forme du polynôme en effectuant le produit de a par* $3x + 7y - 2z$ *; c'est-à-dire en développant le résultat obtenu.* C'est une vérification utile de la correction d'une mise en facteur commun.

Exemples :

1º Mettre **x** en facteur commun dans l'expression :

$$x^2 - ax + 3,$$
$$x^2 - ax + 3 = x\,(x - a) + 3.$$

2º Dans $ac - bx + a - x$ mettez **a** et **x** en facteurs communs.

Groupons les termes en **a**, puis ceux-ci en **x** :

$$ac - bx + a - x = ac + a - bx - x.$$

Mettons **a** en facteur dans $ac + a$:

$$ac + a = a\,(c + 1).$$

Mettons **x** en facteur dans $- bx - x$:

$$- bx - x = - x\,(b + 1).$$

En définitive :

$$ac - bx + a - x = a\,(c + 1) - x\,(b + 1).$$

Exercices sur la multiplication et la division

1435. (1) $(a + b)\,(x + y)$
(2) $(a + b)\,(x - y)$
(3) $(a - b)\,(x - y).$

1436. (1) $(4a + 5b - 7c)\,2x$
(2) $7x\,(3x + 4y - 6) - 4y\,(7x - 3y + 14) + 14\,(3x + 4y)$
(3) $3ab\,(a - c) - bc\,(2b - 3a) - b^2\,(3a - 2c) + 6ab^2.$

1437. (1) $(3a - 5)\,(3a + 5)$
(2) $(7x + 3y)\,(7x - 3y)$
(3) $(3x - 2)\,(2x + 3).$

1438. (1) $\left(\dfrac{a}{b}\right)\left(\dfrac{b}{c}\right)\left(\dfrac{c}{d}\right)$

(2) $(a + b)\left(\dfrac{1}{a} - \dfrac{1}{b}\right)$

(3) $(x - y)\left(\dfrac{1}{x} + \dfrac{1}{y}\right)$.

1439. (1) $(2x - 3)(3x + 7)(6x - 5)$

(2) $\left(\dfrac{a}{2} - \dfrac{2b}{3}\right)\left(\dfrac{2a}{3} + \dfrac{3b}{4}\right)$.

1440. (1) $(x + 1)^2$ (2) $(x - 1)^2$

(3) $(x + 1)^3$ (4) $(x - 1)^3$.

1441. (1) $(+ a):(+ b)$; (2) $(- a):(- b)$; (3) $(+ a):(- b)$

(4) $\dfrac{+ x}{- y}$ (5) $\dfrac{- x}{+ y}$ (6) $\dfrac{- y}{- y}$.

1442. (1) $(+ 6a):(- 3a)$ (2) $(- 12x):(- 4x)$

(3) $(- 9ab):(+ 2ab)$ (4) $7a(- 9b):(- 21a)$

(5) $(- 7x)(- 6y):14y$

1443. (1) $(5a - 5b):5$

(2) $(ax + bx):x$

(3) $(cy - cz):(- c)$.

1444. (1) $(3x^2 - 6):2x$

(2) $(6ax - 5bx + 3):3x$

(3) $(24ab - 21b^2 - 36):(- 3b)$.

1445. (1) $\dfrac{a + b}{3}:\dfrac{2}{a - b}$ (2) $\dfrac{4}{x - 4}:\dfrac{x + 4}{5}$

(3) $\dfrac{9x}{8}:\dfrac{15x}{4}$ (4) $\dfrac{5x + 3}{2}:\dfrac{10x + 6}{3}$.

1446. Transformez les expressions suivantes en produit de facteurs :

(1) $8a + 8b$ (2) $ax - bx$ (3) $5x - 5y$

(4) $12a - 18b$ (5) $ax - ay$ (6) $3x - 3$

(7) $4ax - 2bx$ (8) $ax + a$ (9) $ax - x$

(10) $a^2 + a$ (11) $x^2 - x$ (12) $x^2 - 4x - 3$

(13) $20ax - 35bx - 40x^2$ (14) $ac + ad - bc - bd$.

1447. Transformez les expressions suivantes en un produit de deux facteurs :

(1) $a^2 + 2ab + b^2$ (2) $x^2 - 2xy + y^2$

(3) $a^2 - 4a + 4$ (4) $x^2 + 2x + 1$

(5) $a^2 - b^2$ (6) $a^2 - 1$

(7) $36x^2 - 25y^2$ (8) $1 - x^2$.

118ᵉ LEÇON

Équations

Une équation est l'expression de l'égalité de quantités algébriques renfermant une ou plusieurs inconnues.

Exemple :

$$2x = 15 \qquad 3ax^2 + 7x = 19 \qquad 8x - 3y = 7.$$

Les deux premières équations renferment une inconnue : **x**.

La troisième en contient deux : **x** et **y**.

Le **premier membre** est la partie située à gauche du signe $=$.

Le **second membre** est à droite de ce signe.

Il résulte de l'égalité des deux membres qu'on peut, **sans changer la valeur des inconnues :**

1° *Ajouter ou retrancher des quantités égales à chacun des deux membres ;*

2° *Multiplier ou diviser chaque membre par une même quantité.*

Ainsi : l'équation **3x** $=$ **5x** — **9** pourrait s'écrire :

$$3x + 2 = 5x - 9 + 2,$$
$$3x - 4 = 5x - 9 - 4,$$
$$3x \times 2 = (5x - 9)\,2,$$
$$\frac{3x}{3} = \frac{5x - 9}{3}.$$

Des deux propriétés ci-dessus, nous pouvons déduire qu'on peut :

3° *Faire passer un terme d'un membre dans un autre en changeant le signe de ce terme ;*

4° *Changer le signe de tous les termes des deux membres d'une équation.*

Exemple :

Reprenons l'équation $3x = 5x - 9$ (1).

Retranchons $5x$ aux deux membres.

$$3x - 5x = 5x - 5x - 9,$$

ou :

(2)
$$3x - 5x = - 9,$$

ou :

(3)
$$- 2x = - 9.$$

La quantité $5x$ précédée du signe $+$ dans le second membre de l'équation (1) est maintenant précédée du signe $-$ dans le premier membre de (2).

Multiplions les deux membres de (3) par $- 1$, nous avons :

$$(- 2x) (- 1) = (- 9) (- 1)$$

(4)
$$2x = 9.$$

C'est l'équation (3) dans laquelle le signe de chaque terme est changé.

En résumé : $3x = 5x - 9$ peut s'écrire :

$$3x - 5x = - 9,$$
$$- 2x = - 9,$$
$$2x = 9.$$

Degré d'une équation. — Le degré d'une équation à une inconnue est donné par le plus haut exposant de l'inconnue. Ainsi :

$2x + 8 = 7$ est une équation du 1er degré ;

$4x^2 - 6x = 5$ est une équation du 2e degré.

RÉSOLUTION DES ÉQUATIONS DU 1er DEGRÉ
A UNE INCONNUE

Résoudre une telle équation c'est chercher la valeur de l'inconnue *qui satisfait l'égalité.*

Règle. — Pour résoudre une équation du 1er degré à une inconnue il faut, s'il y a lieu :

1° *Faire disparaître les dénominateurs et les parenthèses s'il y en a.*

2° *Grouper dans un même membre tous les termes contenant l'inconnue et dans l'autre tous les termes renfermant des valeurs numériques ou littérales connues;*

3° *Réduire les termes semblables;*

4° *Effectuer l'opération qui permet de trouver la valeur de l'inconnue.*

1er *Exemple.* — Soit à résoudre l'équation :

$$1 + 8x = 13 + 5x.$$

Faisons passer les termes en x dans le 1er membre et les termes connus dans le second :

$$8x - 5x = 13 - 1.$$

Réduisons les termes semblables :

$$3x = 12,$$

d'où :

$$x = \frac{12}{3} = 4.$$

4 est la valeur de x *qui satisfait l'égalité,* car en remplaçant x par 4 dans l'équation nous obtenons une *identité,* c'est-à-dire une égalité de deux termes identiques.

Remplaçons donc x par 4 dans l'équation (1) :

$$1 + (8 \times 4) = 13 + (5 \times 4),$$
$$1 + 32 = 13 + 20,$$
$$33 = 33.$$

2° *Exemple :*

Résoudre :

$$\frac{x}{5} + 8 = 13.$$

Chassons le dénominateur en multipliant les deux membres par 5.

$$x + (8 \times 5) = 13 \times 5,$$
$$x + 40 = 65.$$

D'où :

$$x = 65 - 40 = 25,$$
$$x = 25.$$

3e *Exemple* :

Résoudre :

$$\frac{10}{x} + \frac{4}{9} = \frac{9}{x} + \frac{1}{2}.$$

Prenons **18x** pour dénominateur commun. L'équation devient :

$$\frac{10 \times 18}{18x} + \frac{4 \times 2x}{18x} = \frac{9 \times 18}{18x} + \frac{1 \times 9x}{18x}.$$

Multiplions les termes des deux membres par **18x**, ce qui revient à supprimer le dénominateur commun **18x**,

$$(10 \times 18) + (4 \times 2x) = (9 \times 18) + (1 \times 9x)$$

En effectuant, on a :

$$180 + 8x = 162 + 9x.$$

D'où :

$$180 - 162 = 9x - 8x.$$
$$18 = x.$$

ou :

$$x = 18.$$

Exercices

Résoudre les équations suivantes :

1448. (1) $x + 8 = 9$ (2) $x - 5 = 8$
      (3) $7 - x = 4$ (4) $8 - x = -2.$

1449. (1) $7 - 3x + x = 4$ (2) $19 - 2x = 5x - 23$
      (3) $3x - 12 = 0$ (4) $-4x + 28 = 0.$

1450 (1) $x - 9 = 5(x - 5)$ (2) $10(x + 1) = 11x + 7$
      (3) $4(10 - 2x) - 3(x - 5) = 0$ (4) $(9 - 2x) - 5(2x - 9) = 0.$

1451. (1) $\dfrac{x}{7} = 4$ (2) $\dfrac{1}{2} x = 7$

      (3) $\dfrac{5}{x} = 9$ (4) $\dfrac{x}{5} + 8 = 13.$

1452. (1) $\dfrac{5}{6} = \dfrac{3}{4} : x$ (2) $\dfrac{1}{2} x + \dfrac{1}{3} x = 5$

      (3) $\dfrac{1}{x - 2} = \dfrac{1}{3(x + 8)}$ (4) $\dfrac{1}{3} x + \dfrac{1}{6} = \dfrac{1}{2} x.$

1453. (1) $\dfrac{2}{3}(7x - 10) - \dfrac{1}{2}(50 - x) = 20$

(2) $3x + \dfrac{2}{5}(x + 3) - \dfrac{1}{2}(11x - 37) = 5$

(3) $1 - 3\left(7\dfrac{1}{2} + x\right) + 7\left(\dfrac{2}{3}x - \dfrac{5}{2}\right) + \dfrac{8}{3}x = 0.$

1454. (1) $\dfrac{3}{x} + 7 = \dfrac{25}{x} - 4$

(2) $\dfrac{2}{x} + \dfrac{1}{2} = 3 - \dfrac{1}{x}.$

119ᵉ LEÇON

Problèmes à une inconnue

La résolution d'un problème à une inconnue comporte deux parties :

1° *La mise en équation ;*

2° *La résolution de l'équation trouvée.*

1° La mise en équation consiste à traduire l'énoncé du problème à l'aide de l'inconnue et des quantités littérales ou numériques données.

Exemple. — *Un marchand achète des oranges à raison de 0ᶠ,20 la pièce, mais 20 sont gâtées et invendables. Il vend celles qui lui restent à raison de 0ᶠ,30 la pièce et réalise ainsi un bénéfice de 48ᶠ.*

Combien avait-il acheté d'oranges ?

Solution

1° *Mise en équation.*

Appelons : **x** le nombre d'oranges achetées ;

x — 20 sera le nombre d'oranges vendues.

Nous allons écrire que le bénéfice 48ᶠ est égal à la différence entre la vente totale $0,3\ (x - 20)$ et l'achat total $0,2x$ ou :

$$0,3\ (x - 20) - 0,2x = 48.$$

2° Résolution de l'équation :

$$0,3\ (x - 20) - 0,2x = 48,$$

ou :

$$0,3x - (20 \times 0,3) - 0,2x = 48,$$
$$0,3x - 6 - 0,2x = 48,$$
$$0,3x - 0,2x = 48 + 6 = 54,$$
$$0,1x = 54,$$
$$x = \frac{54}{0,1} = 540.$$

Réponse : Le marchand avait acheté 540 oranges.

REMARQUE. — Un problème peut renfermer 2 inconnues et ne nécessiter que la recherche d'une seule inconnue. C'est qu'il est possible d'exprimer l'une des inconnues en fonction de l'autre.

Exemple. — *Une somme de 1.170^f se compose de 3 fois plus de billets de 20^f que de billets de 5^f. Quel est le nombre de billets de chaque sorte?*

1° Mise en équation.

Soit x le nombre de billets de 5^f, la quantité $3x$ représentera le nombre de billets de 20^f. L'équation est la suivante : $(20 \times 3x) + 5x = 1170$.

2° Résolvons-la.

$$(20 \times 3x) + 5x = 1.170,$$
$$60x + 5x = 1.170,$$
$$65x = 1.170,$$
$$x = \frac{1.170}{65} = 18.$$

Le nombre des billets de 20^f sera donc :

$$3x = 18 \times 3 = 54.$$

Réponse : La somme se compose de 18 billets de 5^f et de 54 billets de 20^f.

Problèmes à une inconnue

1455. J'ai dépensé les $\frac{3}{4}$ de la somme que je possédais plus 18^f. Il me reste encore 82^f. Quelle somme avais-je?

1456. Une somme de 665^f est composée d'un nombre égal de billets de 20^f, de 10^f et de 5^f. Combien y a-t-il de billets de chaque sorte ?

1457. A l'aide de la formule $\left(\dfrac{B + b}{2}\right) \times h = S$ qui représente la surface du trapèze en fonction de la grande base B, de la petite base b, de la hauteur h, établir les formules qui permettront de calculer B, puis b, puis h, à l'aide des autres quantités contenues dans la formule donnée ?

1458. Un enfant possède 3 fois $\frac{1}{2}$ plus de billes que son camarade. Combien chacun d'eux en a-t-il, sachant qu'ils ont ensemble 99 billes ?

1459. Pour 31^f,20 on a eu 3 fois plus de litres de vin que de litres de cidre. Sachant qu'un litre de vin vaut 1^f,50 et un litre de cidre 0^f,70, combien a-t-on eu de litres de chaque boisson ?

1460. Une fermière porte des œufs au marché, elle en vend, d'abord les 2/5, puis les 2/3 du reste. Il lui reste enfin 48 œufs. Combien avait-elle emporté d'œufs ?

1461. La clôture d'un champ rectangulaire a 238^m de long. Quelles sont les dimensions de ce champ sachant que la longueur a 15^m de plus que la largeur ?

1462. Un buffet, une table et 6 chaises valent 735^f, le buffet vaut autant que 4 tables et la table autant que 3 chaises. Quel est le prix de chacun des meubles ?

1463. Un père a 37 ans et son fils 11 ans. Dans combien d'années l'âge du père sera-t-il triple de celui du fils ?

1464. Un marchand a livré 25 litres de vin et 17 litres de bière pour la somme de 52^f,80. Quel est le prix d'un litre de vin et celui d'un litre de bière sachant que le second vaut les 3/5 du premier ?

1465. Un patron qui occupe 5 hommes, 3 femmes et 4 enfants leur donne 177^f,5 par jour, quel est le gain quotidien d'un homme, d'une femme et d'un enfant, sachant qu'un homme gagne 1 fois 1/2 plus qu'une femme et celle-ci 3 fois plus qu'un enfant ?

1466. 3 personnes ont à se partager une somme de 63.180^f, de telle sorte que la deuxième ait 2 fois plus que la première et la troisième 3 fois plus que la deuxième. Quelle est la part de chaque personne ?

1467. On a fourni 19 litres de lait pesant 19^{kg},51. Combien y a-t-il de litres d'eau sachant qu'un litre de lait pur pèse 1^{kg},030 ?

1468. 3 enfants ont ensemble 64 billes. Le deuxième possède les $\frac{5}{8}$ du premier et le troisième les $\frac{3}{5}$ du deuxième. Quelle est la part de chacun ?

1469. 3 personnes ont à se partager 7.200^f. La deuxième doit avoir 4 fois 1/2 plus que la premier et la troisième doit recevoir autant que les 2 autres à la fois plus 2.700^f. Que revient-il à chaque personne ?

1470. Une personne avait 144^f pour faire des achats. Si elle avait dépensé le double de ce qu'elle a dépensé réellement plus les 2/3 de ce qu'elle rapporté il ne lui resterait rien. Calculez sa dépense ?

1471. En augmentant de 3^m le côté d'une cour carrée, on augmente la surface de la cour de 80^{m2}. Quelle est la longueur du côté de la cour ?

1472. Une fermière porte au marché des œufs qu'elle voulait vendre 0^f,40 la pièce, elle casse 18 œufs. Elle porte alors le prix de ses œufs à 6^f la douzaine et gagne ainsi 4^f,50 de plus qu'elle comptait gagner à son départ. Combien avait-elle emporté d'œufs au marché ?

1473. Un capital de 1.600^f placé à un certain taux pendant 45 jours rapporte 7^f,875 de moins qu'un capital de 1.800^f placé au même taux pendant 75 jours. Quel est le taux du placement ?

1474. On ajoute 10^m à la longueur d'un terrain rectangulaire, et 5^m à sa largeur. La surface du terrain se trouve augmentée de 750^{m2}. Calculer les dimensions primitives du terrain sachant qu'elles sont dans le rapport de 3 à 2.

120ᵉ LEÇON

Résolution de deux équations
du 1ᵉʳ degré à deux inconnues

Soit à résoudre :

(1) $$3x - y = 3,$$

et,

(2) $$x - 2y = -4.$$

formant un système de 2 équations à 2 inconnues.

On emploie généralement l'une des deux méthodes suivantes :

I. — Méthode de substitution

Elle consiste à :

1° **Chercher la valeur de x en fonction de y à l'aide de l'équation (2)** ;

2° *Remplacer dans (1) cette inconnue par la valeur trouvée, puis résoudre (1) qui ne renferme plus qu'une inconnue ;*

3° *Remplacer y par sa valeur dans l'équation (2), et résoudre (2) qui ne renferme plus que l'inconnue x.*

1° Tirons la valeur de x dans (2) :

$$x = -4 + 2y.$$

2° Remplaçons x par cette valeur dans (1) :

$$3(-4 + 2y) - y = 3,$$
$$-12 + 6y - y = 3,$$
$$5y = 3 + 12 = 15,$$
$$y = \frac{15}{5} = 3.$$

3° Dans (1) remplaçons y par sa valeur :

$$3x - 3 = 3,$$
$$3x = 3 + 3 = 6,$$
$$x = \frac{6}{3} = 2.$$

Donc :

$$x = 2, \qquad \text{et} \qquad y = 3.$$

II. — Méthode de réduction au même coefficient

1° *On effectue les opérations nécessaires pour qu'une inconnue ait le même coefficient affecté de signes contraires dans les deux équations ;*

2° *On additionne les deux équations. Il ne reste qu'une inconnue dont on cherche la valeur ;*

3° *On reporte cette valeur dans l'une des équations pour obtenir la valeur de l'autre inconnue.*

Soit :

$$\text{(1)} \qquad 3x - y = 3,$$
$$\text{(2)} \qquad x - 2y = -4.$$

Multiplions (1) par -2 :

$$\text{(3)} \qquad -6x + 2y = -6.$$

Additionnons (3) et (2) :

$$-5x = -10,$$
$$5x = 10.$$

ou :

$$x = \frac{10}{5} = 2,$$

valeur que nous reportons dans (2) :

$$2 - 2y = -4,$$
$$-2y = -4 - 2 = -6,$$
$$2y = 6,$$
$$y = \frac{6}{2} = 3.$$

Exercices

Résoudre les équations suivantes :

1476. (1) $\begin{cases} x + y = 8 \\ x - y = 2 \end{cases}$ (2) $\begin{cases} 2x + 2y = 2 \\ 2x - y = -4 \end{cases}$

1477. (1) $\begin{cases} \dfrac{1}{x} + \dfrac{1}{y} = \dfrac{5}{6} \\[2mm] \dfrac{1}{x} - \dfrac{1}{y} = \dfrac{1}{6} \end{cases}$ (2) $\begin{cases} \dfrac{3}{x} + \dfrac{8}{y} = 3 \\[2mm] \dfrac{15}{x} - \dfrac{4}{y} = 4 \end{cases}$

1478. (1) $\begin{cases} 7x - 3y = 27 \\ 5x - 6y = 0 \end{cases}$ (2) $\begin{cases} 7x + 3y = 100 \\ 3x - y = 20 \end{cases}$

1479. (1) $\begin{cases} 3x + y = 73 \\ 2x - y = 32 \end{cases}$ (2) $\begin{cases} 4x + 3y = 97 \\ 7x + 3y = 127 \end{cases}$

1480. (1) $\begin{cases} 5x + 3y + 2 = 0 \\ 3x + 2y + 1 = 0 \end{cases}$ (2) $\begin{cases} 10x - y = 0 \\ 4x + 2y = 12 \end{cases}$

1481. (1) $\begin{cases} 2x + 2y = 8 \\ 3x + 16 = y \end{cases}$ (2) $\begin{cases} x = 3y - 19 \\ y = 3x - 23 \end{cases}$

1482. (1) $3x + 4y = 11$ (2) $2x + y = -4$
           $4x - 2y = 0$ $x - y = 1$

1483. (1) $\dfrac{x}{3} + \dfrac{y}{4} = 6$ (2) $\dfrac{3}{4}x - 2y = 1$

            $3x - 4y = 4$ $\dfrac{1}{3}x - y = 0$

1484. (1) $5(x+2)-3(y+1)=23$ (2) $3(2x-y)+4(x-2y)=87$
            $3(x-2)+5(y-1)=19$ $2(3x-y)-3(x-y)=82$

1485. (1) $N + n = S$ (2) $\dfrac{x-3}{y+2} = \dfrac{2}{3}$

            $N - n = D$ $\dfrac{x+1}{y-2} = \dfrac{3}{2}$

121e LEÇON

Problèmes du 1er degré à deux inconnues

Dans un problème à plusieurs inconnues, on doit établir autant d'équations qu'il y a d'inconnues.

Problème

On a acheté 120^m *de velours et* 140^m *de drap pour* 6.320^f. *Sachant que* 7^m *de velours valent autant que* 5^m *de drap, on demande la valeur d'un mètre de chaque étoffe ?*

Solution

L'énoncé de ce problème doit nous fournir deux équations car il y a deux inconnues :

x : le prix du mètre de velours ;
y : le prix du mètre de drap.

1re *Équation :*

(1) $120x + 140y = 6.320.$

2e *Équation :*

(2) $7x = 5y.$

Pour résoudre ces deux équations, employons la méthode de substitution.

De l'équation (2) tirons la valeur de **x** :

$$x = \frac{5y}{7}.$$

Portons cette valeur dans (1) :

$$\frac{120 \times 5y}{7} + 140y = 6.320.$$

Chassons le dénominateur en multipliant les deux membres par **7.**

$$600y + 980y = 44.240,$$

ou :

$$1.580y = 44.240,$$
$$y = \frac{44.240}{1.580} = 28.$$

Remplaçons **y** par sa valeur 28 dans l'équation (2) :

$$7x = 5 \times 28 = 140,$$
$$x = \frac{140}{7} = 20.$$

Réponse : — Le velours vaut **20**^{f} le mètre et le drap **28**^{f} le mètre.

Problèmes à deux inconnues

1486. Le quotient de la division d'un nombre par un autre est 5 avec un reste égal à 2.

Quels sont ces deux nombres, sachant que leur somme est 50 ?

1487. La somme des deux chiffres d'un nombre est 12. Le nombre diminue de 36 quand on intervertit les deux chiffres. Quel est le nombre ?

1488. On a vendu une première fois 6 kg. de café et 7 kg. de sucre pour 118^f, une seconde fois 5 kg. de café et 4 kg. de sucre ont été vendus 91^f. Quel est le prix d'un kilogramme de café et celui d'un kilogramme de sucre ?

1489. Si on augmente de 4 chaque facteur d'un produit, ce produit se trouve augmenté de 244. On demande quels sont ces facteurs si leur différence est 7 ?

1490. Deux caisses renferment ensemble 984 œufs. Si on en enlève 34 à la première et qu'on ajoute 78 à la seconde, les deux caisses renferment alors le même nombre. Combien y avait-il d'œufs dans chaque caisse ?

1491. Le produit de 2 nombres est 1.032. Il devient 1.200 quand on ajoute 7 au multiplicande. Quels sont les 2 nombres ?

1492. Les $\frac{3}{5}$ d'une somme valent autant que les $\frac{3}{4}$ d'une autre. Sachant que le total des 2 sommes est égal à 126^f, quelles sont ces deux sommes ?

1493. Un capital de 13.200^f placé pendant 60 jours à un certain taux rapporte autant d'intérêt qu'un capital de 7.200^f placé à un taux différent du 1er pendant 90 jours. Quels sont les 2 taux sachant que leur somme est 10 ?

1494. La somme de 2 nombres est 39 ; la différence de leurs carrés est 351. Quels sont ces 2 nombres ?

1495. Un capital placé à 3 0/0 pendant 150 jours produit autant d'intérêt qu'un capital placé à 4 0/0 pendant 1 an. Sachant que le total des 2 capitaux est de 100.800^f, quels sont ces 2 capitaux ?

1496. Deux sommes de même poids, l'une en argent, l'autre en or, ont été placées : la première à 6 0/0, la deuxième à 5 0/0. Quelles sont ces deux sommes sachant que le total de leurs intérêts annuels est 117^f,60.

1497. La différence des carrés de 2 nombres est 861. Quels sont ces 2 nombres sachant que leur différence est 7 ?

1498. Quelle est la fraction qui devient égale à 2 quand on ajoute 6 à son numérateur et égale à $\frac{1}{3}$ quand on ajoute 7 à son dénominateur ?

1499. Quelle est la fraction qui devient égale à 6 quand on multiplie son numérateur par $\frac{1}{16}$ et égale à 8 quand on multiplie son dénominateur par 12 ?

1500. Trouver le poids de 2 masses de fer, sachant que les $\frac{2}{5}$ de la première pèsent 96 kg. de moins que les $\frac{3}{4}$ de la deuxième et que les $\frac{5}{8}$ de la deuxième pèsent autant que les $\frac{4}{9}$ de la première ?

1501. On a mis le contenu d'un tonneau de 220 litres dans 276 bouteilles, renfermant les unes $\frac{5}{6}$ de litre, les autres $\frac{3}{4}$ de litre. Combien a-t-on employé de bouteilles de chaque sorte?

1502. La différence entre 2 nombres est 18 ; si on les augmente chacun de 4, le plus grand devient alors le quadruple du petit. Quels sont ces 2 nombres?

1503. Deux enfants ont des billes. Le premier dit au second : « Donne-moi deux de tes billes et j'en aurai autant que toi. » Le deuxième répond : « Donne-m'en une, alors j'en aurai 3 fois autant que toi. » Combien chaque enfant avait-il de billes ?

1504. Une personne possède une fortune égale à une fois $\frac{1}{2}$ celle d'une autre personne ; la première dépense les $\frac{3}{5}$ de la sienne et la deuxième les $\frac{2}{3}$ de la sienne ; il reste alors à la première 3.200^f de plus qu'à la deuxième. Quelle est la fortune de chaque personne ?

1505. Une pièce de drap a coûté 1.416^f, une autre vaut 1.170^f. La première contient 6 mètres de moins que la seconde, mais 1 m. de la deuxième ne vaut que les $\frac{3}{4}$ du prix du mètre de la première. Quelle est la longueur de chaque pièce et le prix du mètre de chaque espèce de drap?

Questions et Problèmes
proposés dans les Examens et Concours

Questions de théorie arithmétique

1506. Qu'appelle-t-on numération écrite ? Quelles conventions a-t-on faites pour écrire tous les nombres ? Pourquoi n'a-t-on inventé que 9 chiffres significatifs ? Si on avait pris le système de numération dont la base est 12, combien aurait-on dû inventer de chiffres ?

1507. Comment peut-on faire la preuve par 9 d'une addition ? Donnez un exemple. *(B. E., Aspirantes.)*

1508. Faire la théorie de la soustraction, en raisonnant successivement sur les 2 exemples suivants :

    a) 975 — 322 ;   *b*) 975 — 386.   *(Bourses, E. P. S.)*

1509. Que devient le reste d'une soustraction : 1° Quand on retranche le même nombre aux 2 termes ? 2° Quand on divise les 2 termes par un même nombre ? Explication à l'appui.

1510. En retranchant le nombre 2.792 du nombre 3.241 un enfant a négligé toutes les retenues. Dire à l'aide d'un raisonnement et sans faire l'opération exacte de combien le résultat trouvé diffère du résultat réel ?

1511. Sur quel principe s'appuie-t-on pour faire la soustraction dans le 2ᵉ cas ? Faire la soustraction suivante :

$$4.253.617 — 836.425.$$

Théorie de l'opération. De combien de manières peut-on faire la preuve de la soustraction ? Quel est le procédé le plus rationnel ?

1512. Énoncez et démontrez le principe sur lequel repose la théorie de la soustraction. Montrez-en l'application dans la soustraction suivante : 14 h. 7 m. 18 s. — 9 h. 34 m. 42 s.

1513. Expliquer la multiplication des nombres entiers en prenant pour exemple 857 × 493. Pourquoi commence-t-on l'opération pour chaque produit partiel par la droite du multiplicande. Montrer qu'il n'est pas absolument nécessaire de commencer par la droite du multiplicateur.

1514. Que devient le produit de 2 nombres quand on augmente d'une unité : 1° le multiplicande seulement ; 2° le multiplicateur seulement ; 3° le multiplicande et le multiplicateur.

1515. Que devient le produit d'une multiplication lorsqu'on rend le multiplicande et le multiplicateur 5 fois plus grands?
                                        (*Bourses, E. P. S.*)

1516. Le produit de 2 nombres est 240. Si l'on ajoute 3 au multiplicateur, le produit devient 276. Trouver ces 2 nombres. Justifier la manière d'opérer.   (*Bourses, E. P. S.*)

1517. En multipliant un nombre par 86 on l'augmente de 46.070. Quel est ce nombre?   (*B. E., Aspirantes.*)

1518. Démontrer que $9 \times 4 = 4 \times 9$. (*Bourses, E. P. S.*)

1519. Qu'appelle-t-on preuve d'une opération? Indiquez les différents procédés qui permettent de faire la preuve d'une multiplication et dire de quels théorèmes chacun d'eux est la conséquence.

1520. Donner la règle pour faire le produit de 2 nombres décimaux? Justifier la règle en prenant pour exemple: $5{,}875 \times 3{,}06$.
                                        (*Bourses, E. P. S.*)

1521. Multipliez $13{,}06$ par $2{,}7$ et expliquez l'opération.
                                        (*Bourses, E. P. S.*)

1522. Multiplier $(9 - 3)$ par 5. Indiquer les divers moyens de procéder et justifier les opérations.   (*Bourses, E. P. S.*)

1523. Démontrer que, pour multiplier une somme par une somme, on peut multiplier chaque partie du multiplicande par chaque partie du multiplicateur et ajouter les produits obtenus. Prendre comme exemple :

$$(10 + 7) \times (10 + 3).$$

Déduire de là un moyen rapide pour former de tête le produit de 2 nombres compris entre 10 et 20.

1524. Démontrer que le produit de la somme de 2 nombres par leur différence est égal à la différence des carrés de ces 2 nombres.

1525. Démontrez qu'on obtiendrait le résultat exact de la multiplication de 2 nombres entiers en multipliant le double, le triple, etc. du multiplicande par la $\frac{1}{2}$, le $\frac{1}{3}$, etc... du multiplicateur. Comme application de cette proposition, indiquez comment on peut effectuer mentalement les multiplications suivantes :

$$50 \times 12 ; \qquad 25 \times 12 ; \qquad 17 \times 12 ;$$

en remarquant que le double de 50 est 100, que le quadruple de 25 est 100 et que le triple de 17 est 51.

1526. Comment peut-on faire pour multiplier rapidement un nombre par 11, par 25. Pourquoi? Application. Multiplication rapide de 136 par 275 (on remarque que $275 = 25 \times 11$).

1527. Comment procédez-vous pour effectuer mentalement le calcul suivant : $125 \times 32 \times 0,25$. Justifiez votre manière d'opérer.

(Concours d'Admission à l'École Normale d'instituteurs.)

1528. Comment obtiendrez-vous mentalement la somme et la différence des 2 produits non effectués 613×35 et 613×15 ? Sur quels principes vous appuyez-vous ?

1529. Comment peut-on obtenir rapidement et sans calcul écrit le résultat de l'opération suivante :

$$(237 \times 748) + (251 \times 237) + 237.$$

1530. On appelle *lustre* une période de 5 années consécutives. Dire combien de lustres se sont écoulés depuis l'origine de l'ère chrétienne. Quel est le numéro du lustre dans lequel nous sommes actuellement ? Quel est la date du dernier jour de ce lustre ?

(Bourses, E. P. S.)

1531. Lorsque le quotient de 2 nombres est entier, si on divise le dividende par le quotient on retrouve le diviseur ; en est-il de même lorsqu'il y a un reste ? S'il n'en est pas toujours ainsi, dans quelles conditions retrouvera-t-on le diviseur ?

1532. Par quel nombre faut-il diviser 5.349 pour avoir 314 au quotient et 11 pour reste? Vérifier le résultat en faisant la division et faire la preuve par 9 de cette division.

1533. La somme de deux nombres est 144, en divisant le plus grand par le petit on obtient pour quotient 4 et pour reste 24. Quels sont ces nombres ?

1534. Trouver le plus grand nombre entier dont le produit par 45,75 est contenu dans 3.718,887.

1535. Énoncer les caractères de la divisibilité par 3 et 9 ?

1536. 1° Comment peut-on trouver le reste de la division d'un nombre par 4 sans effectuer l'opération? 2° En conclure la condition nécessaire et suffisante pour qu'un nombre soit divisible par 4.

1537. On donne le nombre 725,400 ; quels chiffres significatifs peut-on mettre à la place des 2 zéros pour former un nombre qui soit à la fois divisible par 4 et par 9 ?

1538. Quand un nombre est-il divisible par 2, 3, 4, 5, 6, 8, 9? Donnez un nombre d'au moins 4 chiffres divisible à la fois par 2, 3, 4, 5, 6, 8, 9.   *(Bourses, E. P. S.)*

1539. Démontrer que le reste de la division d'un nombre par 9 ne change pas quand on intervertit l'ordre des chiffres de ce nombre.

1540. Le P. G. C. D. de 2 nombres est 12. Quels sont ces

2 nombres, sachant que les quotients obtenus dans la recherche de ce P. G. C. D. sont 3, 2, 4 ?   (*Bourses, E. P. S.*)

1541. Expliquer comment on peut obtenir le P. G. C. D. par des divisions successives, en prenant pour exemple 372 et 48.

1542. Trouver le plus petit commun multiple des nombres 15, 28 et 72. Quels sont les usages du plus petit commun multiple ?

1543. Expliquez comment on peut trouver un nombre qui, divisé par 12, par 18, et par 45, donne toujours pour reste 11. Y a-t-il plusieurs nombres remplissant cette condition ?

1544. 1° Qu'est-ce qu'un nombre premier ? 2° Reconnaître si un nombre donné, 211 par exemple, est nombre premier. Énoncer la règle.

1545. Qu'appelle-t-on nombres premiers, nombres premiers entre eux ? Donner des exemples. Le nombre 137 est-il premier ou non ? Expliquer la réponse. Les nombres 137 et 152 sont-ils premiers entre eux ? Expliquer la réponse.

1546. Trouver 2 nombres entre lesquels la différence soit 20 et tels que le plus petit soit les $\frac{5}{9}$ du plus grand.

(Surnumérarial des postes.)

1547. Au double d'un nombre, on ajoute les $\frac{2}{3}$ plus les $\frac{3}{4}$ de ce nombre et le total dépasse de 5 unités deux centaines. Quel est ce nombre ?   (*Concours cantonal.*)

1548. Réduire 16 unités $+ \frac{17}{28}$ en une seule fraction. — Expliquer l'opération. L'expression obtenue est-elle simplifiable ou non ? Pourquoi ?   (*Bourses, E. P. S.*)

1549. Multiplier par 5 chacun des termes de l'expression fractionnaire $\frac{11}{8}$; dire si on a augmenté ou diminué la valeur de cette expression, de quelle quantité ? Pourquoi ? (*Bourses, E. P. S.*)

1550. Soit la fraction $\frac{4}{5}$. J'ajoute au numérateur de cette fraction le nombre 12 et au dénominateur le nombre 15 obtenus en multipliant les 2 termes de la fraction par 3. Démontrez que la fraction obtenue est égale à $\frac{4}{5}$.

1551. Quelles sont les fractions égales à $\frac{18}{63}$ et ayant des termes plus petits que cette fraction ? Indiquez la méthode que vous employez pour les trouver et justifiez-la.

1552. Trouver une fraction équivalente à la fraction $\frac{3}{7}$ et telle que la somme des termes soit égale à 80.

1553. Simplifier, autant que possible, l'expression fractionnaire $\frac{304 \times 72}{0,48 \times 50}$ et expliquer comment on s'y prend.

(*Bourses, E. P. S.*)

1554. Réduire à sa plus simple expression la fraction $\frac{32.988}{57.729}$. Énoncer les théorèmes sur lesquels il faut s'appuyer.

(*Bourses, E. P. S.*)

1555. Réduire à leur P. P. D. C. les fractions $\frac{3}{4}$, $\frac{10}{12}$, $\frac{12}{18}$ et expliquer la règle suivie.

(*Bourses, E. P. S.*)

1556. Qu'est-ce que réduire des fractions au même dénominateur ? Faire l'opération sur les fractions $\frac{3}{5}$, $\frac{7}{20}$, $\frac{4}{15}$. Y a-t-il plusieurs nombres pouvant servir de dénominateur commun à ces fractions ?

(*Bourses, E. P. S.*)

1557. Quelle est la plus grande des fractions $\frac{2}{3}$, $\frac{4}{5}$, $\frac{8}{11}$. Démontrez-le en les réduisant : 1° Au même dénominateur ; 2° au même numérateur. Additionnez-les. D'après cela, est-il plus avantageux de les réduire au même dénominateur ou au même numérateur ?

(*Bourses, E. P. S.*)

1558. Indiquer dans les 3 cas suivants la plus grande des deux fractions données ; on s'efforcera d'employer, pour chacun de ces cas, la méthode la plus simple et on énoncera la règle utilisée.

1er cas $\frac{7}{12}$ et $\frac{11}{18}$; 2e cas $\frac{2}{97}$ et $\frac{4}{191}$; 3e cas $\frac{319}{497}$ et $\frac{324}{502}$.

1559. On ajoute 2 aux deux termes de la fraction $\frac{3}{7}$. A-t-elle changé de valeur ? Si elle a varié, dire en quel sens et de quelle quantité. Donner les raisons.   (*Bourses, E. P. S.*)

1560. Démontrer que, si l'on retranche un même nombre des 2 termes d'une fraction, elle s'éloigne de l'unité. Application de la démonstration à l'exemple $\frac{5}{7}$ et à son inverse.

1561. Le total de 2 fractions dont l'une est 4 fois plus grande que l'autre est $\frac{220}{528}$. Trouver ces 2 fractions et les réduire à leur plus simple expression, si elles sont réductibles. On raisonnera les opérations.   (*Bourses, E. P. S.*)

1562. En expliquant l'opération, trouver la différence de 2 nombres fractionnaires 8 entiers $\frac{1}{2}$ et 5 entiers $\frac{3}{4}$.

(Bourses, E. P. S.)

1563. Multiplier les 2 termes de la fraction $\frac{2}{5}$ par 3 et, d'autre part, multiplier $\frac{2}{5}$ par 3. Qu'est devenue la fraction dans les 2 cas? Expliquer le résultat. *(Bourses, E. P. S.)*

1564. Le produit de 7 par $\frac{2}{5}$ est plus petit que 7. Montrez-le et expliquez pourquoi il en est ainsi. Le quotient de 7 par $\frac{2}{3}$ est plus grand que 7. Montrez-le et expliquez pourquoi il en est ainsi. Énoncez une règle générale. *(B. E. aspirantes.)*

1565. Expliquer la multiplication des fractions sur l'exemple $\frac{5}{6}$ multiplié par 3 et extraire les entiers du résultat.

(Bourses, E. P. S.)

1566. Expliquez la multiplication des fractions (théorie et règle pratique) sur l'exemple suivant $\left(5\frac{3}{4}\right)\left(1\frac{5}{7}\right)$. *(Bourses, E. P. S.)*

1567. Expliquez la multiplication de $\left(7+\frac{2}{5}\right)\times\frac{3}{4}$ et comparez le produit au multiplicande. *(Bourses, E. P. S.)*

1568. Démontrer que dans un produit de 2 nombres entiers, on peut intervertir l'ordre des facteurs sans changer la valeur du produit. En déduire que : $\frac{3}{5}$ et $\frac{2}{9}$ étant 2 fractions quelconques, il revient au même de prendre les $\frac{3}{5}$ de $\frac{2}{9}$ ou les $\frac{2}{9}$ de $\frac{3}{5}$.

1569. Comment divise-t-on une fraction par un nombre entier? Appliquez votre règle à la division de $\frac{9}{13}$ par 3.

(Concours d'admission à l'E. N. professionnelle.)

1570. Théorie de la division d'une fraction par une fraction. On raisonnera sur le problème suivant : $\frac{3}{4}$ de mètre de drap coûtent $\frac{5}{7}$ de franc. Combien coûte le mètre? *(Bourses, E. P. S.)*

1571. Pour diviser une fraction par une autre fraction, on peut quand les termes de la 1re sont des multiples des termes de la 2e, diviser numérateur par numérateur et dénominateur par dénominateur. Justifiez cette règle et appuyez votre raisonnement sur un exemple.

1572. Définir et calculer le quotient à $\dfrac{1}{100}$ près des nombres 26 et 7. Même question pour les nombres $\dfrac{11}{3}$ et 0,09.

1573. Trouver de tête l'intérêt de 1.510ᶠ à 3 % pendant 2 ans et expliquer votre manière de faire. (*Bourses, E. P. S.*)

Problèmes

1574. Je possédais un verger et un jardin mesurant ensemble 4 ha 520 ca. J'ai vendu le jardin qui a 1 ha. 80 ca. de plus que le verger. Le prix de cette vente placé à 4 % me donne un revenu de 759ᶠ. Je trouve aujourd'hui à vendre le verger à 0ᶠ,25 de plus par mètre carré. Sur le montant de cette seconde vente, je réserve 2.950ᶠ et j'achète, avec le reste, de la rente à 3 % au cours de 52ᶠ,25. Quel sera alors mon revenu total annuel?
(*B. E., Aspirantes.*)

1575. On achète une propriété au prix de 84.000ᶠ composée de champs, de prés et de bois. Les prés valent les $\dfrac{6}{11}$ de la valeur des champs et les bois les $\dfrac{2}{3}$ de ce que valent les prés ; les champs rapportent 3 %, les prés 4 % et les bois 2 %. On demande le revenu de la propriété et quel revenu on aurait en achetant de la rente 3 % à 53ᶠ,50 au lieu de la propriété? (*B. E., Aspirantes.*)

1576. Un courtier vend pour le compte d'un négociant 45 pièces de vin. Après avoir prélevé 8 % sur le prix de vente, le courtier remet au négociant 15.120ᶠ. Sachant que le négociant a fait un bénéfice net de 12 % sur le prix d'achat on demande : 1° Le prix d'achat d'une pièce de vin ; 2° la somme prélevée par le courtier sur le prix de vente total? (*Bourses, E. P. S.*)

1577. Un fermier achète, le 1ᵉʳ mars, un troupeau de 145 moutons. Il le fait garder par un berger auquel il donne 270ᶠ par mois. Le 1ᵉʳ novembre suivant, il paie son berger et vend son troupeau 21.920ᶠ. Sachant qu'il a gagné 2.535ᶠ à ce marché, on demande le prix d'achat d'un mouton. (*Bourses, Lycées et Collèges.*)

1578. Un négociant achète une pièce de drap ayant 135ᵐ,60 de longueur. Il en vend d'abord 79 m. à 25ᶠ,35 le mètre, puis 27ᵐ,35 à 27ᶠ le mètre et enfin le reste est vendu à raison de 38ᶠ,40 le mètre. Ce négociant réalise ainsi un bénéfice total de 304ᶠ,80. Combien avait-il payé le mètre de drap?
(*Bourses, Lycées et Collèges.*)

1579. Un négociant achète des marchandises. Le prix du transport est égal à 15 % du prix d'achat. Il doit payer aussi 300ᶠ de douane. Il est obligé de vendre ces marchandises avec une perte de 5 % sur le prix de revient ; mais s'il les avait vendues 394ᶠ,05 de plus il aurait gagné 1 % sur ce prix. Quel est le prix d'achat?
(B. E., Aspirantes.)

1580. Un marchand a acheté 18 pièces de vin de 220l. chacune à raison de 144ᶠ l'hectolitre, règlement à 90 jours. Ayant payé comptant, il a obtenu un escompte de 6 %. Le transport du vin lui coûte 7ᶠ,80 par hectolitre ; les droits divers, 26ᶠ,40 par pièce. On demande ce qu'il doit revendre la bouteille de 80 cl. pour gagner 25 % sur le prix de revient, sachant qu'il emploie des bouteilles valant 15ᶠ,50 le cent et des bouchons à 18ᶠ,60 le mille?
(C. E., Commerciales élémentaires.)

1581. On a acheté à 20ᶠ,25 le mètre, 729ᵐ,48 d'étoffe dont 47ᵐ,73 se sont trouvés endommagés. A quel prix a-t-on revendu les autres pour gagner 2.899ᶠ?   *(Bourses, Lycées et Collèges.)*

1582. Une marchande a acheté 340 m. de dentelle au prix de 7ᶠ,05 le mètre. Elle en revend 220 m. avec un bénéfice de 10 % sur le prix d'achat, mais elle est obligée de céder le reste à perte. La vente terminée, elle fait un bénéfice de 65ᶠ,10. On demande les divers prix de vente de la dentelle. Vérifier les résultats.
(B. E., Aspirantes.)

1583. Le café vert perd $\frac{1}{5}$ de son poids par la torréfaction. Un épicier achète 145 kg. de café vert à raison de 9ᶠ,60 le kilogramme et désire avoir comme bénéfice $\frac{1}{10}$ du prix d'achat. Combien devra-t-il vendre le kilogramme de café brûlé ?
(Bourses, Lycées et Collèges.)

1584. Un négociant achète 2.100 kg. de farine par sacs de 150 kg. à raison de 115ᶠ,20 le quintal métrique, sacs compris. Il paie comptant et on lui fait un escompte de 1ᶠ,50 %. Il vend les sacs vides 2ᶠ,40 le sac. Combien devra-t-il revendre cette farine, toile non comprise, pour gagner 16ᶠ par 100 kg. *(B. E., Aspirantes.]*

1585. Un pépiniériste a loué une pièce de terre au prix annuel de 120ᶠ. Il achète, pour la planter, un certain nombre d'arbres qui lui coûtent 0ᶠ,90 le pied. Les frais de culture lui reviennent par an à 0ᶠ,30 le pied péri ou non. Au bout de 3 ans la $\frac{1}{2}$ des arbres a péri et le pépiniériste vend le reste 2.100ᶠ, avec un bénéfice de 840ᶠ. On demande le nombre d'arbres plantés et le prix de vente de chaque arbre?   *(Bourses, E. P. S.)*

1586. Un négociant a acheté 15 pièces de toile de chacune 30 m. à raison de 7^f,50 le mètre. Il veut faire, en revendant le tout, un bénéfice de 20 % sur le prix d'achat. Il vend d'abord 250 m. à raison de 8^f,55 le mètre. Combien doit-il vendre le mètre du reste pour réaliser le bénéfice indiqué? (*Bourses, E. P. S.*)

1587. Une boîte de plumes qui en contient 12 douzaines coûte 2^f,25. On revend ces plumes à raison de 9 pour 0^f,30. Combien faut-il vendre de boîtes pour réaliser un bénéfice de 12^f,75?

(*Bourses, Lycées et Collèges.*)

1588. Une couturière achète 157^m,25 de soie à 20^f,25 le mètre. Elle en fait 12 robes qu'elle peut vendre 510^f la pièce. Si elle évalue à 12 % son bénéfice sur la soie, à combien estime-t-elle la façon d'une robe? (*Bourses, E. P. S.*)

1589. Une femme emploie de la laine qui lui coûte 18^f,90 le kilogramme et il lui faut 1 kg. de laine pour faire 9 bas. Elle met 16 jours pour faire 6 paires de bas et revend chaque paire 16^f,20. On demande combien elle gagne par jour? (*Bourses, E. P. S.*)

1590. Un marchand achète un tonneau d'huile d'olive de 240 l. à raison de 7^f le kilogramme. Il revend cette huile 7^f,20 le litre. Combien gagne-t-il sur le tout, sachant qu'il y a eu 6 l. de perte et que le décilitre de cette huile pèse 91^g,5?

(*Bourses, Lycées et Collèges.*)

1591. Un marchand a acheté 144 douzaines de couteaux qu'il a revendus au détail 8.872^f. S'il ne les eût revendus que 8.172^f, il eût gagné 12^f,50 % sur le prix d'achat. On demande : 1° Ce qu'il a acheté la douzaine de couteaux ; 2° combien il a gagné en les revendant? (*Bourses, E. P. S.*)

1592. On calcule que le cocon du ver à soie donne 84 % de déchet, 10 % de fil de soie grège et le reste de bourre. Le cocon pèse en moyenne 6 g. Calculer la somme que l'on retirera du traitement de 1.000 cocons, sachant que la soie grège se vend 180^f le kilogramme et la bourre 36^f le kilogramme.

1593. Un épicier achète 15 barriques d'huile d'olive de chacune 115 l. à 570^f l'hectolitre. Les frais accessoires s'élèvent à 2 1/2 %. L'épicier supporte un déchet de 1^f,5 par barrique. Il vend cette huile, dont le litre pèse 0^{kg},915, à 7^f,05 le kilogramme. Que gagne-t-il sur le tout et combien pour cent?

1594. On veut marner un champ de 3^{ha},87 de manière à introduire 20 % de calcaire dans la couche de terre arable qui a 15 cm. d'épaisseur. Quels poids faudra-t-il employer d'une marne qui contient 52 % de calcaire, et dont le décimètre cube pèse 1 kg. 900?

1595. Un quintal de houille fournit à la distillation 25 m^3 de gaz. Combien faut-il distiller de tonnes de houille pour alimenter pendant 1 an 12.500 becs de gaz qui restent allumés en moyenne 8 h. par nuit, chaque bec consommant 85 l. par heure?

1596. Le bois à brûler se vend indifféremment 65^f,25 le stère ou 17^f,40 le quintal. Quel est le poids moyen du stère de ce bois?

1597. Le minerai de fer vaut 18^f le wagonnet de 5 hl. rendu à l'usine. Il pèse 1.700 kg. par mètre cube et donne 45 % de son poids de fonte de fer. Il exige pour son traitement la moitié de son poids de coke valant 116^f la tonne et le $\frac{1}{10}$ de son poids d'un fondant valant 30^f la tonne. Quel est le prix de revient d'une tonne de fer sans compter aucun des autres frais que nécessite la fabrication?

1598. Un tailleur d'habits veut vendre un lot de gilets pour acheter un tonneau de vin. S'il les vend 14^f pièce il lui restera 76^f; mais s'il ne les vend que 10^f pièce, il lui manquera 20^f. Quel est le prix du tonneau de vin? *(Bourses, Lycées et Collèges.)*

1599. Un vigneron achète une maison qu'il veut payer avec sa récolte de l'année. S'il vend son vin 290^f la pièce, il paiera sa maison et il lui restera 1.600^f; mais s'il ne la vend que 240^f la pièce comme on propose de la lui payer, il lui manquera 700^f pour payer sa maison. On demande le nombre de pièces de vin et le prix de la maison. *(Bourses, E. P. S.)*

1600. Un vigneron achète une maison qu'il veut payer avec le prix de son vin. S'il vend l'hectolitre 114^f, il aura 504^f de trop; s'il ne le vend que 105^f, il lui manquera 450^f. Combien lui coûte la maison? Il la loue 135^f par trimestre. Mais ses dépenses annuelles sont évaluées : 1° pour les contributions et l'entretien à 3 % de la valeur de la maison ; 2° pour l'assurance, à 2^f,595 $^o/_{oo}$ de cette valeur ; à quel taux a-t-il placé son argent en faisant cette opération? *(Bourses, E. P. S.)*

1601. Un fermier consacre une partie de sa récolte de vin à l'achat d'un cheval. S'il ne vendait que 4 barriques de vin, il manquerait à la somme ainsi obtenue $\frac{1}{25}$ du prix du cheval. Il livre alors 5 barriques ; sur le produit de cette vente, il paie le cheval et il lui reste 575^f. Trouver le prix de vente de la barrique et la valeur du cheval. *(B. E., Aspirants.)*

1602. En revendant une pièce de drap à 30^f le mètre on gagnerait 112^f. En revendant seulement 26^f, on perdrait 24^f. Quelle est la longueur de la pièce? *(Bourses, Lycées et Collèges.)*

1603. En vendant son blé 57^f l'hectolitre, un fermier pourrait acheter un champ et il aurait 102^f de reste, mais en vendant ce blé 52^f,50 l'hectolitre, il lui faudrait emprunter 186^f pour faire cette acquisition. 1° Combien a-t-il de blé? 2° Quelle est la surface du champ sachant que la vente en est faite à raison de 788ᶠ l'hectare ? 3° Quelle est la longueur si la largeur est 150 m. sachant que ce champ est rectangulaire ?   (Bourses, E. P. S.)

1604. Une ouvrière veut couper des serviettes dans une pièce de toile ; si elle coupait chaque serviette de 72 cm. de long, elle ferait un certain nombre de serviettes et il lui resterait 56 cm. de toile. Si elle coupait 4 cm. de plus sur chaque serviette, elle ferait 2 serviettes de moins et il ne lui resterait rien. Trouver la longueur de la pièce de toile.   (B. E., Aspirants.)

1605. On veut couper des serviettes dans une pièce de toile. Si on donne 72 cm. de long, il reste un morceau de toile de 16 cm. de long, tandis que si on leur donne 4 cm. de plus, il ne reste rien, mais on obtient 3 serviettes de moins. 1° Nombre de serviettes de chaque cas ; 2° longueur de la pièce. (B. E., Aspirants.)

1606. Partager 285ᶠ entre 4 personnes de manière que la 2ᵉ ait 10ᶠ de plus que la 1ʳᵉ, la 3ᵉ 20ᶠ de plus que la 2ᵉ, et la 4ᵉ 15ᶠ de plus que la 3ᵉ ? (Admission aux Cours complém. de Paris.)

1607. J'avais 20ᶠ dans ma poche, j'achète 1 livre de 3ᶠ et 2 paires de gants dont l'une coûte 2ᶠ de plus que l'autre. Il me reste 9ᶠ. Dites le prix de chaque paire de gants ?
                    (Bourses, Lycées et Collèges.)

1608. On a acheté pour 169ᶠ,80 une pièce de calicot de 23ᵐ,20 et une pièce de toile de 42ᵐ,80. Sachant que le mètre de toile vaut 0ᶠ,75 de plus que le mètre de calicot, on demande le prix du mètre de calicot et du mètre de toile. (Bourses des Lycées et Collèges.)

1609. Un marchand achète à 17ᶠ,20 le mètre, 2 pièces d'étoffe de même qualité, mais ayant l'une 7 m. de plus que l'autre. Les 2 pièces ayant ensemble coûté 799ᶠ, quelle est la longueur de chacune ?   (Bourses, E. P. S.)

1610. Une propriété se compose d'un champ estimé 20ᶠ l'are, d'une vigne estimée 2.500ᶠ l'hectare et d'une maison. La valeur de la vigne est double de celle du champ et la valeur de la maison est supérieure de 3.600ᶠ à celle de la vigne. On sait d'ailleurs que la valeur totale de la propriété est de 24.900ᶠ. Quelle est la contenance du champ et celle de la vigne ? Vérification.
                    (Bourses, Lycées et Collèges.)

1611. Pierre, Paul et Henri ont à se partager 120 billes. Pierre et Paul doivent en avoir 70 à eux deux ; Paul et Henri en auront ensemble 86. Combien chacun aura-t-il de billes ?
                    (Bourses, Lycées et Collèges.)

1612. 3 sommes d'argent valent ensemble 32.000ᶠ. La différence entre la 1ʳᵉ et la 3ᵉ est de 12.000ᶠ et la 2ᵉ surpasse la 3ᵉ de 8.000ᶠ. Quelles sont ces 3 sommes ?
                    (Admission aux cours Complémentaires de Paris.)

1613. 2 personnes ont à elles deux 40ᶠ. Si la première avait 4ᶠ de plus et la seconde 1ᶠ de moins, elles auraient la même somme. Combien chacune a-t-elle?   (*Bourses, Lycées et Collèges.*)

1614. Un père, en mourant, laisse 15.200ᶠ à chacun de ses enfants ; l'un d'eux vient à mourir et sa part est divisée entre chacun des survivants. Sachant que chacun d'eux possède alors 19.000ᶠ trouver le bien du père et le nombre des enfants.
        (*Surnumérariat des postes.*)

1615. Un homme de peine peut traîner dans sa voiture à bras 6 petits tonneaux pleins de vin. Le poids d'un tonneau plein est 60 kg. Le fût vide pèse 12 kg. Combien pourrait-il en mettre dans sa voiture sans augmenter la charge si chaque tonneau n'était rempli qu'à moitié?   (*Bourses, Lycées et Collèges.*)

1616. Un fabricant a vendu une première fois 225 m. de toile et 240 m. de calicot pour 3.294ᶠ. Une seconde fois pour la même somme il a vendu 180 m. de toile et 375 m. de calicot de même qualité. Trouver le prix du mètre de toile et du mètre de calicot?
        (*B. E., Aspirantes.*)

1617. Une personne se propose d'assister 12 pauvres en donnant à chacun 4ᵐ,50 d'étoffe. Elle revient sur son projet en choisissant une autre étoffe qui coûte 2ᶠ de moins par mètre, ce qui lui permet d'assister 4 pauvres de plus, tout en donnant aux 16 personnes la même longueur d'étoffe, en dépensant la même somme. Prix du mètre de chaque étoffe. (*B. E., Aspirants.*)

1618. Un vigneron a employé 2 ouvriers pendant tout le mois de septembre et les a payés au même prix. A la fin du mois, il a donné à l'un 60 hl. de vin et 60ᶠ ; l'autre a reçu 2ʰˡ,5 de vin et 213ᶠ. Trouver le salaire journalier de ces ouvriers sachant qu'ils se sont reposés 4 jours pendant le mois.
        (*Bourses, Lycées et Collèges.*)

1619. La consommation journalière d'une famille était de 1ᵏᵍ,400 de viande et 4 kg. de pain. A un certain moment le prix du pain et celui de la viande se trouvent augmentés, celui du pain de 10 centimes le $\frac{1}{2}$ kilogramme, celui de la viande de 20 centimes le kilogramme, ce qui porte le prix du kg. de viande à 7ᶠ,20. La consommation du pain devant rester la même, on demande de combien devra être réduite celle de la viande pour que la dépense de chaque jour ne soit pas augmentée?
        (*Bourses, E. P. S.*)

1620. Une lingère et son apprentie confectionnent ensemble 5 douzaines de chemises à raison de 10ᶠ,50 l'une. Elles font 5 chemises en 4 jours. Sachant que le travail de l'apprentie est évalué les $\frac{2}{5}$ de celui de la maîtresse, on demande le gain total de chaque ouvrière et son gain par jour. — *(Bourses, E. P. S.)*

1621. On emploie, dans un atelier, 36 ouvriers, hommes, femmes et enfants. Le nombre des hommes est double de celui des femmes, et celui-ci est les $\frac{5}{3}$ du nombre des enfants. La journée d'un homme vaut 7ᶠ de plus que celle d'une femme et 13ᶠ de plus que celle d'un enfant. Le salaire total pour 6 journées de ces 36 ouvriers s'élevant à 3.000ᶠ, on demande : 1° le nombre des ouvriers de chaque catégorie; 2° le prix de la journée pour chaque sorte d'ouvriers. *(Admission à l'E. N. professionnelle.)*

1622. 24 kg. de sucre, 25 kg. de chocolat et 10ᵏᵍ,5 de thé ont coûté ensemble 768ᶠ,60. On demande de trouver le prix du kilogramme de chaque denrée en admettant que 2ᵏᵍ,25 de chocolat coûtent autant que 9 kg. de sucre et que 7 kg. de thé coûtent autant que 20 kg. de chocolat. *(B. E., Aspirantes.)*

1623. Un mercier achète 12ᵐ,45 de velours à 20ᶠ,70 le mètre et 8ᵐ,60 de taffetas. En échange, il rend au marchand un coupon de drap de 6ᵐ,85 valant 37ᶠ,50 le mètre, et ne redoit plus ainsi que les $\frac{2}{7}$ de son achat. Quel est le prix du mètre de ce taffetas?

(Bourses, Lycées et Collèges.)

1624. Un domestique a économisé en huit ans 3.200ᶠ. Les 3 premières années il a dépensé 900ᶠ par an, les 2 années suivantes 1.100ᶠ et chacune des années suivantes 100ᶠ de plus que la précédente. Quel était son traitement annuel?

(Bourses, E. P. S.)

1625. On a acheté 5 m. de drap et 4 m. de lainage pour 234ᶠ. Combien coûte le mètre de chaque étoffe sachant que 8 m. de lainage valent autant que 3 m. de drap?

(Bourses, Lycées et Collèges.)

1626. Une pièce de velours devait être vendue à 36ᶠ le mètre. Par suite d'un accident qui a défraîchi l'étoffe, les $\frac{2}{5}$ de la pièce ont dû être cédés à 24ᶠ le m. et le reste à 30ᶠ. Il en résulte une perte totale de 252ᶠ. Quelle était la longueur de cette pièce?

(C. E. complémentaires.)

1627. Une marchande qui veut réaliser un bénéfice de 18 % sur ses achats a des robes qui lui reviennent à 180ᶠ et à 225ᶠ la pièce; un client lui achète 23 robes pour 5.363ᶠ,10. Combien la marchande a-t-elle livré de robes de chaque sorte?

1628. Un négociant achète du drap qu'il compte revendre 37ᶠ,50 le mètre; il réaliserait ainsi un bénéfice de 1.242ᶠ sur son acquisition. Mais il ne revend son drap que 29ᶠ,25 le m. et perd 76ᶠ sur le tout. Combien a-t-il acheté de mètres de drap et combien a-t-il perdu % sur le prix d'achat? (*B. E.*, *Aspirantes.*)

1629. Une marchande portait au marché des œufs qu'elle se proposait de vendre 0ᶠ,32 la pièce. En route elle a cassé 9 de ces œufs et, pour faire la même recette, a vendu 0ᶠ,40 la pièce ceux qui lui restaient. Combien portait-elle d'œufs?

(Bourses, Lycées et Collèges.)

1630. Un marchand achète 7 pièces d'étoffes pour la somme de 3.341ᶠ,80.; il en revend la $\frac{1}{2}$ pour 2.102ᶠ,10 et gagne ainsi 3ᶠ,20 par mètre. Quelle était la longueur de chaque pièce?

(Bourses, Lycées et Collèges.)

1631. Un négociant achète deux étoffes différentes qui lui reviennent respectivement à 13ᶠ,80 le m. et à 16ᶠ,20 le m. Il revend 100 m. des deux étoffes pour le prix de 1.612ᶠ,80 ; il gagne ainsi les $\frac{5}{100}$ du prix d'achat des 100 m. On demande combien il a vendu de mètres de chaque sorte. (*C. E. complémentaires.*)

1632. Un marchand vend 10 kg. de sucre et 5 kg. de café, le tout pour 93ᶠ. Il vend 15 kg. de sucre et 7 kg. de café pour 133ᶠ,50. On demande le prix du kilogramme de sucre et le prix du kilogramme de café? (*Bourses du collège Chaptal.*)

1633. Un négociant achète des marchandises. Le prix du transport est égal à 15 % du prix d'achat. Il doit payer aussi 300ᶠ de droits de douane. Il est obligé de vendre ces marchandises avec une perte de 5 % sur le prix de revient, mais s'il les avait vendues 394ᶠ,05 de plus, il aurait gagné 1 % sur ce prix. Quel est le prix d'achat? (*B. E.*, *Aspirantes.*)

1634. Un marchand achète une pièce de drap à 32ᶠ le mètre. Il revend le quart à 38ᶠ,40 le mètre, puis les $\frac{2}{3}$ du reste à 36ᶠ,80 le mètre. Il lui reste 25 m. de drap, qu'il vend à 35ᶠ,20 le mètre. On demande le nombre de mètres que contenait la pièce et le bénéfice pour cent que le marchand a fait? (*B. E.*, *Aspirantes.*)

1635. Un marchand a vendu pour la somme de 958ᶠ,80 un lot de velours et de soie. Il réalise dans cette vente un bénéfice total de 106ᶠ,80. On demande le prix de revient du velours et celui de la soie sachant qu'il a ainsi gagné 15 % sur le prix de revient du velours et 10 % sur celui de la soie ? (*B. E.*, *Aspirants.*)

1636. Un négociant qui gagne 15 % sur sa marchandise vend du drap à 27ᶠ,60 le mètre et de la soie à 11ᶠ,50 le mètre. Il a vendu 3 fois plus de mètres de drap que de mètres de soie et son bénéfice total est de 295ᶠ,20. Combien a-t-il vendu de mètres de l'une et de l'autre étoffe ? *(Bourses, E. P. S.)*

1637. Une laitière voulant vérifier si le lait qu'on lui vend contient de l'eau, en achète 807 dl. ; elle le pèse et trouve que le poids est de 827 hg. Combien ce lait contient-il de litres d'eau sachant qu'un litre de lait pèse 1.030 g. *(B. E., Aspirantes.)*

1638. Un train (1ʳᵉˢ et 2ᵉˢ classes) portant 325 voyageurs a, pour une distance de 150 km., produit une recette de 10.980ᶠ. Combien contenait-il de voyageurs de chaque classe, étant donné que le prix du trajet kilométrique était de 0ᶠ,30 pour les places de 1ʳᵉ et de 0ᶠ,20 pour celles de 2ᵉ classe? *(B. E., Aspirants.)*

1639. Un cycliste part de Paris à 8 h. du matin et se dirige sur Orléans faisant 20 km. à l'heure. A 10 h. du matin, une automobile part du même point et s'engage sur la même route, faisant 40 km. à l'heure. On demande à quelle heure et à quelle distance de Paris l'automobile rejoindra le cycliste?

(Bourses, Lycées et Collèges.)

1640. Un train de chemin de fer se rend de Paris à Brest avec une vitesse de 30 km. à l'heure. Parvenu aux $\frac{2}{3}$ de sa course, le mécanicien augmente de 8 km. par heure la vitesse de sa locomotive. Sachant que le départ de Paris a eu lieu à 7ʰ,10 du matin que la distance de Paris à Brest est de 624 km. on demande quand le convoi arrivera à Brest ? *(Admission à l'E. N. professionnelle.)*

1641. Une personne se met en route à 6 h. du matin ; elle marche au pas de 5 km. à l'heure. Chaque fois qu'elle a parcouru 4 km. elle fait une halte de 10 minutes ; cependant, après avoir fait 12 km. elle se repose exceptionnellement une demi-heure. Sachant qu'elle arrive à destination à 11ʰ 40 minutes, on demande la longueur du chemin parcouru. Vérifiez le résultat.

(B. E., Aspirants.)

1642. Deux trains partent de 2 villes distantes de 820 km., ils vont dans le même sens : l'un à une vitesse de 60 km. à l'heure, l'autre à une vitesse de 40 km. Ce dernier ne part que 3ʰ $\frac{1}{2}$ après le premier, on demande à quelle distance de son point de départ il sera rejoint par l'autre et quel chemin chacun d'eux aura parcouru? *(B. E., Aspirants.)*

1643. Un bicycliste et un piéton parcourent une route rectiligne dans le sens *xy*. Le bicycliste part du point A en même temps que le piéton part du point B. La distance AB est égale à 40 km. La vitesse du cycliste vaut 5 fois celle du piéton. 1° Où sera le piéton lorsqu'il n'aura plus sur le bicycliste qu'une avance de 10 km.? 2° Déterminer la position du point P où le bicycliste atteindra le piéton ; 3° Où sera le piéton lorsqu'il aura sur le bicycliste un retard de 10 km. ? Vérifier les résultats ?

(B. E., Aspirantes.)

1644. Une personne peut disposer de 2^h 25 minutes pour faire une promenade. Elle part dans une voiture qui fait 12 km. à l'heure. A quelle distance du point de départ doit-elle quitter la voiture pour être de retour à l'heure fixée sachant qu'elle ne fait que 4 km. à l'heure en revenant à pied ?

(Bourses, Lycées et Collèges.)

1645. Un jardin et un pré ont été achetés pour un prix total de 4.900^f. Le jardin vaut les $\frac{5}{9}$ du pré. Dites la valeur du pré et du jardin.

(Bourses, Lycées et Collèges.)

1646. Les $\frac{3}{8}$ d'un poteau sont peints en blanc, les $\frac{3}{5}$ du reste sont peints en bleu et le nouveau reste, qui a $1^m,25$, est peint en rouge. Quelle est la longueur du poteau et celle de chacune des 2 premières parties ?

(Bourses, E. P. S.)

1647. Une modiste achète 3 rubans. Le premier a $2^m \frac{2}{3}$, le second $2^m \frac{5}{6}$ et le troisième $3^m \frac{7}{8}$. Elle paye à raison de $0^f,80$ le mètre et les revend avec un bénéfice égal au $\frac{1}{3}$ du prix d'achat. Quelle somme recevra-t-elle ?

(Bourses, Lycées et Collèges.)

1648. Dans une école, le nombre des élèves du cours supérieur et du cours moyen réunis n'est que les $\frac{3}{5}$ de celui des élèves du cours élémentaire lequel est 5 fois plus nombreux que le cours supérieur. Sachant que le cours moyen comprend 28 élèves de plus que le cours supérieur, on demande combien il y a d'élèves dans chacun des cours de cette école.

(Bourses, E. P. S.)

1649. Un commerçant est établi depuis 3 ans. Pendant la 1re année son capital s'est accru de ses $\frac{3}{7}$. Pendant la 2e année, il a diminué du huitième de ce qu'il était après la 1re année. Enfin le bénéfice réalisé pendant la 3e année a égalé le douzième du capital primitif. Sachant qu'au bout de 3 ans, l'avoir du commerçant s'est élevé à 224.000^f, on demande de calculer : 1° le capital primitif ; 2° le capital à la fin de la 1re et à la fin de la 2e année.

(Admission à l'E. N. professionnelle.)

1650. Un négociant vend les $\frac{2}{5}$ d'une pièce d'étoffe à un premier acheteur, puis le $\frac{1}{9}$ du reste à un deuxième acheteur. Un troisième en achète ensuite un nombre de mètres égal à la moitié de ce qu'a acheté le premier et il reste encore 25 m. Calculer : 1º la longueur totale de la pièce d'étoffe ; 2º le prix du mètre de cette étoffe, sachant que le deuxième acheteur a donné 86^f,25 de moins que le premier. *(Bourses, E. P. S.)*

1651. Un marchand achète un lot de moutons à trois prix. Il a payé $\frac{1}{3}$ à raison de 105^f par tête ; les $\frac{2}{5}$ à raison de 95^f et le reste à raison de 75^f. Il revend le tout pour la somme de 8.375^f et gagne ainsi $\frac{1}{5}$ du prix d'achat. De combien de moutons se composait le lot ? *(Bourses, E. P. S.)*

1652. La famille d'un officier composée du père, de la mère et de deux enfants, l'un de 12 ans et l'autre 5 ans, a payé 431^f,50 ses billets de chemin de fer de 1re classe pour un trajet de Paris à Lyon. Le père ne paie que $\frac{1}{4}$ de place et le plus jeune des enfants $\frac{1}{2}$ place. Sachant que le prix d'une place en 1re classe est de 0^f,3075 par kilomètre, on demande de calculer la distance de Paris à Lyon. *(Bourses du collège Chaptal.)*

1653. Une compagnie de tramways fait payer 0^f,40 en 1re classe, 0^f,30 en 2e classe. Elle transporte journellement 15.012 voyageurs de 1re classe et 45.072 de 2e. Si elle réduit les tarifs de 5 c. dans chaque classe, elle prévoit une augmentation de trafic de moitié en 1re classe, du quart en 2e. Y a-t-il avantage pour la compagnie à faire la modification de tarifs ? *(Admission à l'E. N. professionnelle.)*

1654. Lorsque le vin valait 96^f l'hectolitre, un ménage en consommait 6 hl. par an. Le prix du vin devenu les $\frac{5}{3}$ de ce qu'il était on a diminué la consommation. Malgré cela, la dépense annuelle s'est accrue de 120^f. De combien d'hectolitres a-t-on diminué la consommation ? *(Bourses, E. P. S.)*

1655. Une fontaine fournit 76 hl. d'eau en 4 h. ; une seconde fontaine donne 375 hl. en 15 h. Ces deux fontaines coulent ensemble dans un bassin d'une contenance de 576 hl. pendant qu'un robinet faisant écouler l'eau du bassin est ouvert. Si le bassin était plein, le robinet étant ouvert seul permettrait de le vider en 18 h. Le bassin étant vide, au bout de combien d'heures sera-t-il plein si on ouvre les 2 fontaines et le robinet ?

(Bourses, Lycées et Collèges.)

1656. Deux robinets peuvent verser de l'eau dans un bassin. Le 1er remplirait ce bassin en 50 h., le 2e le remplirait en 40 h. On laisse d'abord couler le 1er robinet seul pendant 15 h. puis le 2° seul pendant 16 h. On enlève ensuite 900 l. du bassin puis on ouvre les 2 robinets ensemble. On constate que le bassin achève de se remplir en 10 h. Quelle est la capacité de ce bassin? Vérification.   *(Bourses, Lycées et Collèges.)*

1657. Deux ouvrières doivent faire chacune une douzaine et demie de chemises. La première fait 6 chemises en 5 jours ; la seconde en fait 8 en 9 jours. Combien de jours la seconde doit-elle travailler de plus que la première ? *(Bourses, Lycées et Collèges.)*

1658. Pour bêcher un jardin de 360 m², un jardinier demande 45 h., un second 60 h. et un troisième 36 h. On les fait travailler tous les 3 ensemble. Au bout de combien d'heures auront-ils fini ce travail ?   *(Bourses, Lycées et Collèges.)*

1659. Un homme et son fils travaillent à un ouvrage qu'ils comptaient faire en 15 jours. Au bout de 12 jours le fils tombe malade. Combien de temps le père a-t-il dû mettre pour finir l'ouvrage ? On sait que le fils ne faisait que les $\frac{3}{4}$ du travail du père.

(Concours entre les C. S. de Paris.)

1660. Un ouvrier peut faire les $\frac{2}{3}$ d'un travail en 7 jours, en travaillant 5 h. par jour ; un deuxième en fait $\frac{3}{5}$ en 8 jours en travaillant 8 h. par jour. Combien, à moins d'une minute près, les 2 ouvriers travaillant ensemble mettraient-ils de temps pour faire l'ouvrage entier en travaillant 6 h. par jour ? *(Bourses, E. P. S.)*

1661. Une vis avance de $\frac{3}{10}$ de mm. en 7 tours ; combien fera-t-elle de tours pour avancer de 4$^{mm}\frac{1}{2}$?

(Admission à l'E. N. professionnelle.)

1662. Un particulier laisse à sa famille les $\frac{3}{4}$ de sa fortune ; il donne le $\frac{1}{7}$ aux pauvres et le $\frac{1}{3}$ du reste à un musée. La somme qui lui reste après avoir fait ces 3 dons est placée à intérêts simples au taux de 5 % pendant 4 ans 6 mois au profit d'une institution de bienfaisance. Au bout de ces 4 ans 6 mois cette institution reçoit une somme de 9.800ᶠ capital et intérêt réunis. On demande le chiffre : 1° de la fortune du défunt ; 2° de la part de la famille ; 3° de celle des pauvres ; 4° de celle du musée ?

(Admission à l'É. N. professionnelle.)

1663. Deux frères se partagent une somme de 5.225ᶠ,60. Le premier dépense les $\frac{2}{9}$ de sa part, le second perd le $\frac{1}{5}$ de la sienne, et ils ont alors la même somme. Quelles avaient été les 2 parts?

(B. E., Aspirants.)

1664. Une personne distribue à 3 œuvres respectivement $\frac{1}{4}$, $\frac{1}{7}$ et $\frac{2}{11}$ de sa fortune. Le reste, placé à 4,5 %, produit 1.179ᶠ au bout de l'année. On demande : 1° Quel est le montant de la donation faite à chaque œuvre ; 2° à combien se monte le reste de sa fortune ?

(B. E., Aspirantes.)

1665. Un héritage de 18.500ᶠ a été inégalement partagé entre 2 frères. Le 1ᵉʳ spécule à la Bourse et perd les $\frac{4}{5}$ de sa part, le 2ᵉ dissipe de son côté les $\frac{19}{22}$ de sa part. Sachant que les 2 frères ont alors la même somme, on demande quelles étaient les 2 parts.

(Bourses, E. P. S.)

1666. Une propriété est partagée en 3 lots. Le 1ᵉʳ lot, qui représente les $\frac{2}{5}$ de l'étendue de la propriété, a une superficie de 1ʰᵃ,4ᵃ24ᶜᵃ. Le 2° lot, dont la superficie est le $\frac{1}{4}$ du 3° lot, vaut 781ᶠ,80 : 1° Quelle est la contenance totale de la propriété ? 2° Combien vaut l'hectare de cette propriété? 3° Quelle est la superficie de chacun des deux derniers lots ?

(Bourses, Lycées et Collèges.)

1667. Un marchand vend une pièce de drap en 3 fois ; le premier coupon est les $\frac{2}{7}$ de la pièce ; le second est formé des $\frac{4}{5}$ du reste et le troisième qui a une longueur de 8 m. est vendu 154ᶠ. Dans chacune de ces ventes, le marchand réalise un bénéfice de 10 %. On demande : 1° combien de mètres contenait la pièce ; 2° le prix de vente total ; 3° le prix d'achat. *(B. E., Aspirantes.)*

1668. Un jardin rectangulaire de 95ᵐ,5 de long a été acheté 5.497ᶠ,80 à raison de 7.500ᶠ l'ha. On veut l'entourer d'une clôture. Quel sera le prix de cette clôture sachant qu'elle revient à 3ᶠ,75 le mètre linéaire ? *(Bourses, E. P. S.)*

1669. Une propriété de forme rectangulaire a 1.080 m. de périmètre et donne un revenu annuel de $1^f,60$ par are. Sa largeur égale le $\frac{1}{3}$ de sa longueur. Quelle est la valeur de la propriété sachant qu'elle rapporte 4 % ? *(Bourses, E. P. S.)*

1670. Un champ a la forme d'un rectangle ; le périmètre est égal à 780 m. Sa différence entre a base et la hauteur est 150 m. Quelle est la surface du champ? Ce champ a été acheté 10.000^f. On le revend à raison de 35^f l'are. Quel est le bénéfice total, le bénéfice % ? *(B. E., Aspirantes.)*

1671. Un verger de 82 m. de long ayant la forme d'un rectangle a été acheté pour $3.845^f,80$ raison de 7.000^f l'ha. On veut l'entourer d'une palissade. Quelle sera la dépense totale si la construction de cette palissade coûte 5^f par mètre linéaire ? *(Bourses, E. P. S.)*

1672. Pour border complètement un tapis rectangulaire dont la longueur a $0^m,75$ de plus que la argeur, on a employé $24^m,50$ de bordure. Quelles sont les dimensions de ce tapis et combien faut-il de mètres de toile de $0^m,90$ de largeur pour le doubler sur toute la surface ? *(Bourses, E. P. S.)*

1673. On veut border un tapis dont la largeur est les $\frac{3}{5}$ de la longueur avec une frange qui coûte $0^f,75$ le mètre. Le prix de la frange nécessaire est les $\frac{3}{20}$ du prix d'achat du tapis, la façon coûte 3^f, sachant que le tapis une fois bordé reviendrait à 72^f, on demande d'en calculer les dimensions ? *(Bourses, E. P. S.)*

1674. Une ouvrière doit border et doubler un tapis carré. Elle emploie pour la doublure un tissu coûtant $2^f,40$ le mètre courant en $0^m,50$ de large. Pour la bordure, qui doit avoir $0^m,20$ de large, il faut $1^{m2},44$ d'étoffe à 15^f le mètre carré. Le prix de la façon étant les $\frac{3}{10}$ du prix de ces deux étoffes, on demande quelle sera la dépense totale ? *(Bourses, E. P. S., Lyon.)*

1675. Un jardin rectangulaire a une largeur égale aux $\frac{3}{5}$ de sa longueur. On l'entoure d'une palissade qui revient à $634^f,8$, à raison de $6^f,90$ le mètre linéaire. On demande les deux dimensions et la superficie ? *(Bourses, E. P. S.)*

1676. Un tissu perd au lavage $\frac{1}{18}$ de sa longueur et $\frac{1}{11}$ de sa largeur. Quelle longueur de cette étoffe faut-il acheter pour obtenir, après le lavage, 221^{m2}? La largeur primitive de l'étoffe est $\frac{7}{8}$ de mètre. *(Bourses, Lycées et Collèges.)*

1677. La toile écrue perd au blanchissage, 15 % de sa longueur. Un marchand qui avait acheté 12 pièces de toile écrue les revend, après le blanchissage, au prix de 10^f,50 le mètre et retire du tout une somme de 2.677^f,50 y compris un bénéfice de 427^f,50. Quels étaient, à l'achat, la longueur de chaque pièce et le prix du mètre de toile écrue? *(Bourses, E. P. S.)*

1678. On fixe un tapis sur un mur à l'aide de clous et au moyen d'une bande qui le limite sur tout son contour. Cette bande coûte 0^f,80 le mètre. Ce tapis a la forme d'un rectangle dont la largeur est les $\frac{13}{17}$ de la longueur. La façon et la pose ont coûté les $\frac{5}{7}$ du prix de la bande qui est lui-même les $\frac{4}{27}$ du prix brut du tapis. Quelles sont les dimensions de ce tapis, sachant que tout posé il revient à 111^f,60. *(B. E., Aspirantes.)*

1679. Tout autour d'un champ rectangulaire dont la largeur et la longueur ont ensemble 160 m., on veut planter, à 5 m. en dedans du bord, des arbres espacés de 4 m.; la largeur du champ est les $\frac{7}{9}$ de la longueur. Trouver le nombre d'arbres que cette plantation exigera, et la superficie de la portion du champ comprise entre les rangées d'arbres et les bords extérieurs? *(B. E., Aspirantes.)*

1680. Un champ d'une superficie de 13^{ha},5^a produit du blé vendu à raison de 90^f le quintal métrique. Sachant qu'on a retiré de la vente de ce blé 16.812^f et qu'un hectolitre de blé pèse 76 kg. quelle est, en décalitres, la production par hectare? *(Bourses, Lycées et Collèges.)*

1681. Un propriétaire partage un terrain évalué à 12.060^f entre ses deux fils; il en donne $\frac{5}{8}$ à l'aîné et le restant au plus jeune. L'aîné vend les $\frac{3}{4}$ de sa part et le plus jeune les $\frac{2}{5}$. On demande: 1° Combien chacun a-t-il retiré de sa vente? 2° Quelle portion de terrain chacun possède-t-il encore? 3° Quelle est la superficie du terrain et quel a été le prix de vente du mètre carré sachant que s'ils vendaient tous deux ce qui leur reste à raison de 10^f le mètre carré, le plus jeune toucherait 1.100^f de plus que l'aîné? *(Admission à l'E. N. Vétérinaire.)*

1682. On a les $\frac{3}{4}$ d'une propriété pour 35.437^f,5 à raison de

3.780ᶠ l'hectare. Le reste a été vendu à un prix qui surpasse le premier de 0ᶠ,20 par mètre carré. Combien le vendeur a-t-il reçu en tout et quelle était la surface de la propriété ?

(*Bourses, E. P. S.*)

1683. On a vendu les $\frac{7}{12}$ d'une propriété à raison de 1.280ᶠ l'hectare. Sachant que la propriété tout entière avait été achetée 1.138ᶠ,25 l'hectare et que le bénéfice sur la vente a été de 2.407ᶠ,50, on demande quelle était l'étendue de cette propriété?

(*Bourses du collège Chaptal.*)

1684. Un propriétaire achète un terrain de 729 a. pour 27.000ᶠ. Il revend 2ʰᵃ,4725 à raison de 64ᶠ l'are. Combien doit-il vendre le mètre carré du reste pour gagner 4.240ᶠ sur le tout?

(*Bourses, Lycées et Collèges.*)

1685. Un cultivateur possède un champ de 2ʰᵃ,8ᵃ qui vaut 48ᶠ,75 l'are. Il l'échange contre une propriété composée d'une maison et d'un jardin de 60 dam². La maison vaut 4.500ᶠ. Combien vaut le mètre carré du jardin?

(*Bourses, Lycées et Collèges.*)

1686. Un propriétaire a acheté une pièce de terre à raison de 98ᶠ les 12 ca. ; il l'a revendue 111ᶠ,25 les 9 m² et gagne ainsi 2.125ᶠ. Calculez : 1° l'étendue du terrain ; 2° le prix de la 1ʳᵉ acquisition ; 3° le prix de la 2ᵉ. (*B. E., Aspirantes.*)

1687. Un champ rectangulaire long de 2ʰᵐ,8ᵐ, large de 18ᵈᵃᵐ,72 a été planté en pommes de terre. Au moment de la récolte le cultivateur, voulant se rendre compte de ce qu'a pu produire son champ, fait arracher une bande longue de 5ᵈᵃᵐ,8 et large de 2ᵐ,50. Il obtient ainsi 46ᵈᵃˡ,4 de pommes de terre. Quel pourra être le prix de la récolte entière si ces pommes de terre se vendent 19ᶠ,50 l'hectolitre ? (*Bourses, Lycées et Collèges.*)

1688. On a acheté un terrain de forme rectangulaire mesurant 3ʰᵐ,48 de long et 12ᵈᵃᵐ,5 de large à raison de 7.840ᶠ l'hectare. On l'a fait entourer d'un treillage qui vaut 0ᶠ,75 le mètre courant et on y fait planter 3 pommiers par are à raison de 1ᶠ,75 par pommier. Quand toutes ces dépenses sont payées, à combien revient le mètre carré du terrain? (*Bourses, Lycées et Collèges.*)

1689. Une chambre rectangulaire mesure 6 m. de long, 3ᵐ,60 de large et 3 m. de hauteur. On veut la tapisser avec des rouleaux de papier mesurant 0ᵐ,60 de large et 9 m. de long. Quel est le nombre de rouleaux nécessaire pour tapisser cette pièce ?

(*Bourses, E. P. S.*)

1690. Que paiera-t-on pour peindre le plafond et pour tapisser les 4 murs d'une salle qui a 6ᵐ,20 de long, 5ᵐ,40 de large et 3 m. de haut, sachant que le mètre carré de peinture est payé 3ᶠ,60, que le papier peint tout posé revient à 2ᶠ le mètre carré et que la bordure placée tout autour du plafond et le long de la plinthe du plancher vaut 0ᶠ,40 le mètre linéaire ?

(Admission aux cours complémentaires de Paris.)

1691. On veut tapisser une chambre de 8ᵐ,50 de long, 5ᵐ,50 de large et 3 m. de hauteur, avec des rouleaux de papier dont la surface est de 4 m². Quelle sera la dépense sachant que chaque rouleau coûte 5ᶠ ? On tiendra compte de la surface de 2 fenêtres de 2ᵐ,50 de haut sur 1ᵐ,50 de large et d'une porte de 2 m. de haut sur 1 m. de large. *(Bourses, E. P. S.)*

1692. Une personne a acheté une propriété qui lui revient à 1.178ᶠ,25 l'hectare. Elle en revend les $\frac{7}{12}$ à raison de 1.280ᶠ l'hectare et le reste à 1.125ᶠ l'hectare. Elle gagne ainsi 1.672ᶠ,50 sur ses déboursés. Trouver l'étendue de la propriété et le prix qu'elle en a retiré par la vente en deux lots. *(Bourses du collège Chaptal.)*

1693. Un champ ayant la forme d'un trapèze a pour bases 400 m. et 225 m. et pour hauteur 120 m. Quelle est la valeur de ce champ à raison de 4.000ᶠ par hectare ?

(Admission aux cours complémentaires de Paris.)

1694. Pour l'alignement d'une rue de Paris on a besoin d'une portion de terrain ayant la forme d'un trapèze dans lequel la somme des 2 bases et de la hauteur est 45ᵐ,50, la hauteur est le $\frac{1}{12}$ de la somme des bases. Ce terrain a été payé 25.725ᶠ, ce qui représente les $\frac{7}{10}$ du prix demandé par le propriétaire, à combien ce dernier estimait-il le mètre carré de son terrain ?

(B. E., Aspirantes.)

1695. En 9 jours 2 ouvriers ont moissonné un champ de blé qui a 2 hm. $\frac{1}{2}$ de long sur 7ᵈᵃᵐ,24 de large. Pour les payer on leur donne 16 doubles dal. de blé par hectare. Ce blé valant 59ᶠ,25 l'hectolitre. On demande combien chaque ouvrier a gagné par jour en moyenne ? *(Bourses, Lycées et Collèges.)*

1696. Sur les deux plus grands côtés d'un rectangle on décrit une demi-circonférence ; chacun d'eux est pris comme diamètre. La figure ainsi obtenue a une surface totale de 249ᶜᵐ²,7326 et dépasse de 132ᶜᵐ²,7326 celle du rectangle. Calculer les dimensions de ce rectangle. *(Admission aux cours complémentaires de Paris.)*

1697. Une propriété rectangulaire a 870 m. de long et 650 m. de large. Elle est traversée par 2 chemins parallèles aux côtés qui se croisent en angles droits au milieu de la propriété et qui ont l'un et l'autre 4 m. de largeur. Quelle est la surface cultivable de ce terrain et quelle en est la valeur à raison de 28ᶠ l'are de terre cultivable ?   (*Bourses, E. P. S.*)

1698. La surface latérale d'un cylindre droit a 1 m. de hauteur et est égale au cercle dont le rayon a 2 m. de longueur. Quel est le rayon de la base du cylindre ?   (*C. E. complémentaires.*)

1699. Un négociant achète 65ʰˡ,4 de vin à 106ᶠ,80 l'hectolitre, et 89ʰˡ,6 d'un autre vin à 174ᶠ,75 l'hectolitre. Il les mélange et revend le tout avec un bénéfice de 2.453ᶠ,34. Quel est le prix de vente d'un hectolitre, sachant que, pendant la vente, 2ʰˡ,35 ont été perdus ?   (*Bourses, Lycées et Collèges.*)

1700. Un cube dont la base est horizontale pèse, rempli de mercure, 13.590 g. On sait que le centimètre cube de mercure pèse 13ᵍ,59. On demande de combien baissera le niveau du mercure si l'on enlève 5.436 g. de mercure. On dira, en outre, combien il serait sorti de mercure si le niveau avait baissé de 7 cm.
                              (*B. E., Aspirants.*)

1701. On a une boîte cubique ouverte qui a extérieurement 5 cm. de côté. Les parois sont en fer et mesurent 0ᵐ,009 d'épaisseur. On l'emplit à moitié avec de l'eau et on achève de la remplir avec de l'huile. On demande le poids de cette boîte, sachant que la densité du fer est 7,8 et celle de l'huile 0,915 ?
                              (*B. E., Aspirantes.*)

1702. L'une des faces d'un cube a une surface de 841 cm². Quel est le volume de ce cube exprimé en décimètres cubes ?
                    (*Concours entre élèves des C. S., Paris.*)

1703. Un récipient à base carrée pèse vide 1ᵏᵍ,312 ; plein d'eau, il pèse 72ᵏᵍ,500. Sachant que ce récipient mesure 0ᵐ,52 de profondeur, déterminer la surface du carré de base ?
              (*Admissions aux cours complémentaires de Paris.*)

1704. Un vase cylindrique de 0ᵐ,75 de hauteur intérieure contient une certaine quantité d'eau. Si l'on enlevait les $\frac{3}{5}$ de cette eau, le liquide ne s'élèverait qu'aux $\frac{4}{15}$ de la hauteur du vase ; mais si au lieu de retirer de l'eau on en ajoutait 15ˡ,70, le niveau de l'eau atteindrait les $\frac{5}{6}$ de la hauteur. Trouver le diamètre et la capacité du vase, ainsi que la quantité d'eau qu'il contenait primitivement.   (*B. E., Aspirantes.*)

1705. Un marchand achète un tas de bois à brûler ayant 35ᵐ,8 de long, 1ᵐ,14 de large et 3ᵐ,50 de haut à raison de 22ᶠ,50 le stère. Un stère de ce bois pèse 6 quintaux $\frac{1}{2}$ et on a dû payer pour le transport et le sciage 6ʳ,75 par stère. Combien le marchand doit-il revendre la tonne métrique de ce bois pour gagner 826ʳ,65 sur le tout? *(Bourses, Lycées et Collèges.)*

1706. Un tas de bois a été vendu 957ʳ,60, la moitié à 28ʳ,40 le stère et l'autre moitié à 27ʳ,60 le stère. Quelle était la longueur des bûches sachant que le tas avait 24 m. de long et 1ᵐ,50 de haut? *(Bourses du collège Chaptal.)*

1707. On admet que la houille donne, à poids égal, deux fois autant de chaleur que le bois. La houille coûte 165ʳ les 1.000 kg.; le stère de bois, qui pèse 480 kg., coûte 40ʳ,95. Quel est le mode de chauffage le plus économique? *(Bourses Lycées et Collèges.)*

1708. On retire d'un fût les $\frac{2}{3}$ de sa contenance moins 30 litres. On retire une deuxième fois les $\frac{3}{5}$ du reste. Le fût contient encore 72 litres. Quelle est la capacité du fût? *(Admission à l'É. N. professionnelle.)*

1709. D'un vase rempli aux $\frac{3}{4}$ d'alcool, on retire 0ˡ,75 de ce liquide, on met alors le vase dans l'un des plateaux d'une balance et on lui fait équilibre en mettant dans l'autre plateau une somme de 340ʳ,50 en monnaie d'argent, le poids du vase vide est 25 dag. et le poids de l'alcool est les 0,82 du poids de l'eau sous le même volume. Quelle est la capacité du vase? *(B. E., Aspirants.)*

1710. D'un vase rempli d'alcool aux $\frac{5}{7}$ on retire 82 cl. de ce liquide. On le met ensuite dans l'un des plateaux d'une balance et on lui fait équilibre en mettant dans l'autre plateau une somme ainsi composée : 1° 465ʳ en or; 365ʳ,80 en argent; 3° 4ʳ,75 en monnaie de billon? On demande de déterminer la contenance du vase, sachant qu'il pèse 7ᵏᵍ,32 quand il est vide et que le poids de l'alcool est les $\frac{82}{100}$ de celui de l'eau? *(Bourses, E. P. S.)*

1711. Pour vider un tonneau de vin on emploiera des bouteilles de $\frac{7}{8}$ de litre. Si l'on employait des bouteilles de $\frac{4}{5}$ de litre, il en faudrait 24 de plus. Déterminer la contenance du tonneau en litres et le nombre nécessaire de bouteilles pour le vider. *(Bourses du collège Chaptal.)*

1712. L'huile contenue dans une barrique vaut 810ʳ. Si on en retire 75 l., le reste ne vaut plus que 540ʳ. Quelle est la contenance de la barrique? *(Bourses, Lycées et Collèges.)*

1713. On a acheté 150 hl. de blé pesant 80 kg. à 60^f l'hl. On revend : 1° $\frac{1}{4}$ de cette quantité de blé au prix coûtant ; 2° les $\frac{2}{3}$ du reste avec un bénéfice de 5 % ; 3° le dernier reste au prix total de 2.700^f. Calculer : 1° le prix du quintal métrique de blé dans la 3° vente ; 2° le produit de la vente totale du blé ; 3° la valeur % du bénéfice réalisé sur le prix d'achat.

(Bourses, E. P. S.)

1714. Une pièce de 228 litres coûte 289^f,50. On met ce vin dans des bouteilles de 0^l,75 et on vend le fût 19^f,50. Combien faut-il de bouteilles ? Le cent de bouteilles coûte 36^f, le cent de bouchons 2^f,25 et le travail de la mise en bouteilles 15^f. A combien revient la bouteille pleine, tous frais compris et quelle somme gagnerait-on en vendant chaque bouteille 2^f,10 ?

(B. E., Aspirantes.)

1715. On a versé dans un tonneau 1^{hl},2^l d'un vin à 127^f,50 l'hl. puis 5^{dal},2 du même vin. Le tonneau est alors rempli aux $\frac{7}{10}$ de la contenance. On demande quel serait le prix du vin qu'il contiendrait s'il était tout à fait plein ? *(Bourses du collège Chaptal.)*

1716. Un tonneau rempli de vin pèse 245^{kg},25. S'il était rempli d'huile il ne pèserait que 225 kg. Sachant qu'un litre de vin pèse 99 dag. et qu'un litre de cette huile pèse 9 hg., on demande : 1° la contenance d'un tonneau ; 2° son poids lorsqu'il est vide. *(Bourses, Lycées et Collèges.)*

1717. Un bassin circulaire a pour base un cercle de 7^m,854 de circonférence, la hauteur est triple du rayon. On ouvre 2 robinets : l'un donne 70 l. par minute, l'autre lui enlève 50 l. dans le même temps. Au bout de combien de temps le bassin sera-t-il plein ?

(Bourses, E. P. S.)

1718. La betterave donne en sucre 7 % environ de son poids ; un mètre carré de terrain produit approximativement 3^{kg},125 de betteraves et 100 kg. de betteraves valent 49^f,50. Quelle superficie faut-il ensemencer pour fournir des betteraves à une fabrique qui doit produire annuellement 87.500 kg. de sucre ? Quelle est la valeur totale de la betterave récoltée ? *(B. E., Aspirantes.)*

1719. Une ménagère achète pour en faire de la gelée 17^{kg},5 de groseilles à 0^f,45 le $\frac{1}{2}$ kg. Les groseilles lui donnent les $\frac{4}{7}$ de leur poids de jus. Elle ajoute à chaque kilogramme de jus 92 dag. de sucre valant 3^f,45 le kg. Le sirop ainsi obtenu perd $\frac{1}{8}$ de son poids par la cuisson. Combien cette ménagère pourra-t-elle

remplir de pots de 15 dag. et à combien reviendra le kilogramme
de gelée ? (B. E., Aspirantes.)

1720. Un hectolitre de blé pèse 76 kg. Le blé donne un poids
de farine égal aux 0,83 de son poids. D'autre part, avec 4 kg. de
farine on peut faire 5 kg. de pain. Trouver : 1° la valeur du pain
que l'on fabrique avec $6^{hl},5$ de blé, ce pain étant vendu à raison
de $1^f,20$ le kilogramme ; 2° quel est le bénéfice que réalise un
boulanger qui fabrique en moyenne 125 kg. de pain par jour et
qui paie le blé à raison de 63^f l'hectolitre ? Les frais de ce boulanger s'élèvent à $22^f,50$ par jour. (B. E., Aspirants.)

1721. Le poids du blé est à volume égal les 0,8 du poids de
l'eau distillée. Le blé réduit en farine perd les 0,16 de son poids,
tandis que la farine convertie en pain gagne en absorbant de l'eau
les 0,4 de son poids. On suppose enfin que 30 gerbes de blé fournissent 1 hl. de grain. Quel poids de pain peut-on fabriquer avec
le blé de 135 gerbes ? (Bourses, E. P. S.)

1722. Dans l'eau pure à 4° on fait dissoudre du sel. On obtient
une dissolution qui pèse 18 kg. et qui contient 8 % de son poids
de sel. On demande : 1° le volume de l'eau employée ; 2° combien
faut-il ajouter de litres d'eau à cette dissolution pour que $2^l\frac{1}{5}$ de
la dissolution nouvelle ne contiennent que 80 g. de sel.

(Bourses, E. P. S.)

1723. On dissout 12 g. de sel dans 110 cl. d'eau ; on enlève
alors 318 cm^3 du liquide et on le remplace par de l'eau pure ; on
fait la même opération une seconde fois. Combien restera-t-il
de sel dans le liquide ? (B. E. Aspirants.)

1724. On a une cuve à base rectangulaire dont a longueur est
$0^m,63$ et la largeur $0^m,51$. On y a mis de l'eau de mer que l'on
fait évaporer et dont on retire $4^{kg},600$ de sel marin. On sait que
1 kg. d'eau de mer contient 50 g. de sel et que la densité de l'eau
de mer est 1,025. On demande quel est le volume d'eau de mer
et quelle est la hauteur de cette eau dans la cuve ?

(Bourses, E. P. S.)

1725. On dit qu'un fusil de chasse est du calibre 12, 16 et 20
suivant qu'il faut 12, 16 ou 20 balles de même diamètre que son
canon pour peser une livre, c'est-à-dire 500 g. On demande
d'après cela le diamètre intérieur d'un canon calibre 16 sachant
que la densité du plomb égale 11,35 ? (C. E., complémentaires.)

1726. Un vase plein d'eau pèse $9^{kg},387$. Le poids du vase seul
est le $\frac{1}{8}$ de l'eau qu'il contient. Combien pèserait ce vase, si au
lieu d'être plein d'eau il était exactement rempli avec de l'huile
dont la densité serait 0,917 ? (B. E., Aspirantes.)

1727. Avec 25 kg. de lait on fait 2 kg. de beurre. Combien a-t-il fallu de litres de lait pour obtenir 154^{kg},8 de beurre si le litre de lait pèse 1^{kg},032 ?   (*Bourses du collège Chaptal.*)

1728. Une feuille de cuivre a 8^m,40 de long, 0^m,30 de large et 1^{mm},2 d'épaisseur. Quelle est sa valeur, le cuivre valant 185^f les 100 kg. ? (Densité du cuivre : 8,8.) On convertit cette feuille en un tube cylindrique dont on désire connaître la capacité en litres. La soudure a occasionné une perte de 4 mm. dans le sens de la largeur.   (*Bourses, E. P. S.*)

1729. Combien d'hectolitres d'olives sont nécessaires pour fabriquer 906 l. d'huile sachant que l'olive donne 12 % de son poids d'huile, que l'hectolitre d'huile d'olives pèse 45^{kg},3 et que 912 l. d'huile pèsent autant qu'un mètre cube d'eau pure ?   (*Bourses, E. P. S.*)

1730. Un vase contient 7^l,03 d'un liquide qui vaut 5^f,20 le kilogramme. Combien coûtera ce liquide sachant qu'il pèse 1 fois $\frac{1}{2}$ autant que l'eau ?   (*Surnumérarial des postes.*)

1731. Une personne a acheté 2 pièces d'étoffe mesurant chacune 25 m. Le prix du mètre de la 2e étoffe est les $\frac{2}{3}$ du prix du mètre de la 1re. Comme cette personne paie comptant, elle bénéficie d'une remise de 2 %. La somme, payée en pièces de 5^f, pèse 2.450 g. On demande le prix du mètre de chaque étoffe avant le remise.   (*B. E., Aspirants.*)

1732. On achète deux coupons d'étoffe de valeur différente, le prix d'un de ces coupons est les $\frac{2}{3}$ du prix de l'autre. Si l'on payait le plus cher en monnaie d'argent et l'autre en monnaie de bronze, le poids total de la somme serait égal au poids de 692$^{cm3}\frac{7}{9}$ d'huile dont la densité est 0,9. Calculer le prix de chaque coupon.   (*Bourses, E. P. S.*)

1733. Une personne, pour se libérer d'une dette, en paye $\frac{1}{3}$ avec du vin à 1^f,50 le litre, la moitié du reste en espèces d'argent et le restant en pièces d'or pesant ensemble 150 g. Combien devait cette personne et quelle quantité de vin a-t-elle fournie ?   (*B. E., Aspirantes.*)

1734. Une personne qui avait 38^f en monnaie de bronze et 762^f en monnaie d'argent échange le tout contre de la monnaie d'or. De quel poids s'est-elle déchargée ?   (*Concours entre les élèves des C. S. de Paris.*)

1735. On fond ensemble 100ᶠ en pièces d'argent de 5ᶠ, 100ᶠ en pièces de 1ᶠ, 100 g. d'argent pur et 30 g. de cuivre : 1° quel est le titre de l'alliage obtenu? 2° est-il inférieur ou supérieur au titre des pièces de 5ᶠ? 3° quel poids de métal argent ou cuivre faudrait-il ajouter à l'alliage ainsi formé pour faire un lingot au titre 0,9 et combien avec ce lingot pourrait-on fabriquer de pièces de 5ᶠ?

(B. E., Aspirantes.)

1736. J'ai dans ma bourse une certaine somme en pièces de 5ᶠ et une somme égale en pièces de 2ᶠ. Le nombre total des pièces étant de 21, dire combien il y a de pièces de chaque sorte ?

(Bourses, Lycées et Collèges.)

1737. Sachant que l'eau en se congelant augmente de $\frac{1}{15}$ de son volume, dites quel serait le volume de la glace, qui pèserait autant que 12.400ᶠ en or ?

(B. E., Aspirantes.)

1738. Un sac contient une somme en argent et une somme en bronze. La somme en bronze pèse le $\frac{1}{5}$ du poids total. Le sac plein pèse 390 g. ; vide il ne pèse que 1 hg. Quelle somme renferme-t-il ?

(Concours entre élèves des C. S., Paris.)

1739. En payant une certaine somme j'ai donné 180 g. d'or fin. Quel serait le poids d'argent fin que je donnerais en payant la même somme $\frac{1}{2}$ en pièces de 5ᶠ et $\frac{1}{2}$ en pièces de 2ᶠ?

(B. E., Aspirantes.)

1740. On fond du cuivre avec 400 pièces de 5ᶠ en argent pour fabriquer de la monnaie divisionnaire. Quelle quantité de cuivre faut-il ajouter pour opérer cette transformation? Combien pourra-t-on fabriquer de pièces de 1ᶠ avec le nouvel alliage ?

(B. E., Aspirantes.)

1741. Une lame d'or pur a 4 dm. de longueur, 3 cm. de largeur et $\frac{1}{2}$ mm. d'épaisseur. On la fond avec une quantité de cuivre convenable et on en fait un alliage au titre des monnaies d'or. Combien de pièces de 10ᶠ pourra-t-on fabriquer avec cet alliage? La densité de l'or est 19.

(B. E., Aspirantes.)

1742. Un vase étant plein d'eau, on lui fait équilibre avec 26 pièces de 5ᶠ, 3 pièces de 2ᶠ et 9 pièces de 0ᶠ,20; lorsqu'il est vide on lui fait équilibre avec 9 pièces de 5ᶠ, 3 de 0ᶠ,10 et 7 de 0ᶠ,01. On demande la contenance du vase en litres et cl.?

(Admission à l'E. N. professionnelle.)

1743. L'hôtel des monnaies reçoit pour 253.425ᶠ de pièces de 5ᶠ en argent et pour 152.620ᶠ de pièces divisionnaires également.

en argent, qu'il doit transformer en nouvelles pièces de $0^f,50$. En admettant que l'usure des pièces à refondre soit de $\frac{1}{50}$ du poids primitif, quelle quantité de cuivre devra-t-on ajouter pour obtenir le titre convenable ? En admettant, d'autre part, que les frais de fabrication soient de $1^f,50$ par kilogramme d'argent monnayé, l'État a-t-il perte ou gain à la transformation, à combien s'élève cette perte ou ce gain ? *(B. E., Aspirantes.)*

1744. Un vase vide pèse autant que l'or contenu dans une somme de 2.945^f en or ; rempli d'eau, il équilibre 1.840^f en monnaie d'argent. Quel est en cm^3 le volume de ce vase ? Si ce dernier était rempli d'huile dont la densité est 0,91, quel serait alors son poids ? *(Admission aux cours complémentaires de Paris.)*

1745. Un lingot d'argent pur pèse $3^{kg},702$; on veut le monnayer et en faire autant de pièces de 5^f que de pièces de 2^f. Calculer le poids du cuivre qu'il faudra ajouter à ce lingot et la valeur totale des pièces fabriquées. *(Bourses du collège J.-B. Say.)*

1746. On a une somme de 54^f en monnaie divisionnaire d'argent et en monnaie de bronze. Le poids total de cette somme est de 650 g. Combien renferme-t-elle de chaque espèce et quel est le poids de l'argent pur, de l'étain et du zinc ?

(B. E., Aspirants.)

1747. Une somme de 2.317^f se compose de poids égaux de monnaies d'or, d'argent et de bronze. On demande quelle somme représente chacune de ces 3 pièces de monnaie. Sachant que la partie qui est en monnaie d'argent est formée de pièces de 5^f, quelle quantité de cuivre faudrait-il ajouter pour obtenir un alliage d'argent au titre 0,835 ? *(B. E., Aspirants.)*

1748. Londres est situé par 2° 26′ de longitude O (méridien de Paris) ; Vienne, en Autriche, est situé par 14° 2′ longitude E. Quelle heure est-il à Londres quand il est 11 heures 25 minutes du matin à Vienne ? *(Concours entre élèves des C. S., Paris.)*

1749. 5 ouvriers feraient un travail en 14 jours. L'entrepreneur le confie à un seul ouvrier auquel il donne 25^f par jour. Quelle somme recevra l'ouvrier ? *(Bourses, Lycées et Collèges.)*

1750. Un navire a des vivres pour 60 j. ; il rencontre sur mer 30 naufragés qu'il recueille ; il ne lui reste plus alors que 50 j. de vivres. Combien avait-il d'hommes avant la rencontre ?

(Brevet des instituteurs de la flotte.)

1751. Pour faire des rideaux une personne achète $6^m,40$ d'une certaine étoffe ; elle achète aussi pour doubler les rideaux une autre étoffe de la même largeur que la première, mais dont la valeur n'est que les $\frac{9}{16}$ de celle de la première. Comme elle paie comptant, il lui est fait une remise de 12ᶠ,50 %, ce qui fait qu'elle ne donne au marchand que 166ᶠ,95. Quel est le prix marqué de chacune de ces deux étoffes ?   (*Bourses, E. P. S.*)

1752. Un agriculteur a du blé à vendre et on lui offre 85ᶠ,50 par quintal métrique. Ayant refusé cette offre, il ne peut se défaire de son blé que 5 mois plus tard à 79ᶠ,20 le quintal. A cette époque son blé a perdu 2 % de son poids par suite de la dessiccation. Combien l'agriculteur a-t-il perdu par quintal si on tient aussi compte de l'intérêt $4 \frac{1}{2}$ % par an ?   (*Bourses, E. P. S.*)

1753. Le foin perd par la fenaison 48 % de son poids et le foin sec subit, dans le grenier, une perte de 12 % du poids qu'il avait quand on l'a rentré. Un propriétaire pourrait vendre son foin sur pied à raison de 210ᶠ l'hectare ; il refuse cette proposition et ne vend son foin que 2 mois après la récolte à raison de 4ᶠ,50 les 50 kg. On demande combien il a perdu ou gagné à cette opération sachant que la prairie a produit 60 quintaux métriques de foin vert par ha., que la récolte pesait, quand on l'a remisée, 26,000 kg. et qu'enfin, s'il avait vendu son foin sur pied, il aurait pu placer à 6 % le prix de vente et les 165ᶠ de frais que la récolte lui a occasionnés ?   (*B. E., Aspirants.*)

1754. Un négociant met dans les affaires une certaine somme. Au bout de la première année il fait un bénéfice de 20 %. Ce bénéfice est ajouté au capital. La seconde année il y a une perte de 5 % sur les fonds employés pendant cette deuxième année. Le négociant se retire alors des affaires avec une somme de 34.576ᶠ,20. Combien avait-il au début ?   (*B. E., Aspirantes.*)

1755. Un capitaliste engage dans une entreprise une certaine somme. La première année, il perd 5 % de la somme engagée et la deuxième année 3 % de ce qui lui reste ; mais la troisième année il gagne 6 % de ce qui lui reste à la fin de la deuxième année. Sachant qu'il perd encore 1.392ᶠ,60, calculez le capital primitif.   (*B. E., Aspirantes.*)

1756. Les frais nécessaires pour extraire le cuivre contenu dans un quintal de minerai s'élèvent à 17ᶠ,25. On a acheté, à raison de 54ᶠ le quintal, une certaine quantité de minerai dont la teneur en cuivre est 12 %. Sachant que par les opérations d'extraction on perd 2 % de cuivre que contient le minerai, on demande à quel prix revient le quintal de minerai.

                    (*Admission à l'E. N. professionnelle.*)

1757. Un cultivateur achète à raison de 4.500ᶠ l'hectare un champ de forme rectangulaire ayant 160 m. de long sur 85ᵐ,40 de large. Il se propose de payer comptant la moitié de la dette qu'il a contractée et le reste dans 6 mois avec les intérêts à $4\frac{3}{4}$ %. On demande de trouver le montant de chaque versement.

(Admission à l'E. N. professionnelle.)

1758. Un enfant est héritier pour la moitié des $\frac{3}{4}$ dans la vente d'une pièce de terre et de sa récolte en blé. La pièce de terre de 4ʰᵃ,5ᵃ a été vendue 4.125ᶠ l'hectare. La vente du blé a produit 1.600ᶠ et celle de la paille 200ᶠ. Les frais de vente et de moisson se sont élevés à 250ᶠ. Le produit net a été placé à 3ᶠ,75 % au nom de l'enfant jusqu'à sa majorité qui arrivera 7 ans 6 mois après. Quelle somme, à cette époque, touchera l'enfant?

(Bourses, E. P. S.)

1759. Une personne possède 3.843ᶠ de revenu au taux de $3\frac{1}{2}$ %. Si le taux de l'intérêt est abaissé à 3 %, quelle somme devra-t-elle verser pour conserver le même revenu?

(B. E., Aspirants.)

1760. Un capital est divisé en trois parties telles que la seconde est les $\frac{5}{6}$ de la première et la troisième les $\frac{4}{5}$ de la seconde. On place la première à 3 %, la seconde à 4 % et la troisième à 5 %. On a alors un revenu annuel total de 2.900ᶠ. On demande de trouver le capital placé, ainsi que chacune des trois parts.

(B. E., Aspirantes.)

1761. Une personne dispose d'un certain capital qu'elle place à $4\frac{1}{2}$ %. Elle le retire au bout de 3 ans 8 mois, et avec le capital et les intérêts réunis, elle achète une propriété de 8ʰᵃ,7ᵃ à raison de 0ᶠ,32 le mètre carré. De quel capital dispose cette personne?

(B. E., Aspirants.)

1762. Un propriétaire vend un terrain dont le contour mesure 1.200 m. et dont la largeur est les $\frac{7}{8}$ de la longueur. Il emploie les $\frac{3}{5}$ de l'argent qu'il retire à payer une dette et place le reste à intérêts simples à 4 %. Au bout de 3 ans 9 mois, il reçut pour le capital et les intérêts réunis 10.304ᶠ. On demande le prix du mètre carré du terrain.

(B. E., Aspirants.)

1763. Un propriétaire achète à crédit à raison de 5.400ᶠ l'hectare, deux terrains dont le second a la moitié de la contenance du premier plus 3 ares. Au bout de 15 mois il paye, prix d'achat et intérêts à 4 % compris, 13.948ᶠ,20. On demande la surface des deux terrains.

(B. E., Aspirantes.)

1764. Une personne achète un terrain de 2^{hm},5 de long sur 12 dam. de large. Elle en revend le tiers à 2.500^f l'hectare, la moitié à 20^f l'are et le reste à 0^f,22 le mètre carré. Le bénéfice réalisé, augmenté de l'intérêt qu'il produit, étant placé à 6 % pendant un an et demi, donne une somme de 1.199^f. Combien cette personne a-t-elle acheté l'hectare du terrain ?

(B. E., Aspirantes.)

1765. Un cultivateur a vendu à raison de 3.750^f l'hectare, un champ qui a la forme d'un trapèze haut de 32 m. et dont la petite base est les $\frac{5}{9}$ de la grande. Il place le produit de la vente au taux de 5 %, ce qui lui donne 224^f,91 d'intérêts au bout de 9 mois. Quelles sont les 2 bases du trapèze ?

(Admission aux cours complémentaires de Paris.)

1766. Au bout de 5 mois de placement, un capital augmenté de ses intérêts est devenu 4.631^f,25. Si on l'avait laissé 10 mois de plus, la somme aurait atteint 4.773^f,75. Trouvez le capital et le taux.

(Bourses, E. P. S.)

1767. Un capital a été placé à un taux tel qu'après 9 mois le capital et les intérêts simples s'élevaient à 5.695^f,95 et après 2 ans $\frac{1}{2}$ à 6.153^f,15. Quel est le capital et à quel taux a-t-il été placé ?

(C. E. complémentaires.)

1768. Un capital augmenté de ses intérêts simples après 25 mois de placement est devenu 7.003^f,75, le même capital augmenté de ses intérêts pendant 30 mois au même taux devient 7.111^f,50. Calculer ce capital et le taux auquel il était placé.

(B. E., Aspirantes.)

1769. Un terrain rectangulaire a un périmètre de 1.530 m., sa largeur est les $\frac{4}{13}$ de sa longueur ; on le vend pour une certaine somme qui, placée à intérêts simples à 4 % pendant un an $\frac{1}{2}$ est devenu, capital et intérêts réunis, 16.742^f,79. Quel est le prix de l'are de ce terrain ? (Admission à l'E. N. professionnelle.)

1770. Un certain capital prêté à intérêt simple vaut au bout de 8 mois, capital et intérêts, 8.580^f ; ce même capital laissé 18 mois de plus entre les mains de l'emprunteur aurait produit 9.222^f,50, capital et intérêts compris. On demande le capital primitif et le taux.

(B. E., Aspirants.)

1771. Un propriétaire possède un terrain rectangulaire ayant 45^m,60 de long et 26^m,5 de large. Il le vend, emploie les $\frac{2}{3}$ de l'argent qu'il retire à payer une dette et place le reste à 4 %. Au bout d'un an, 3 mois, 10 jours il retire 6.350^f,50, capital et intérêts compris. On demande combien le propriétaire avait vendu le mètre carré de son terrain. On comptera l'année de 360 jours et les mois de 30 jours.   (*Bourses, E. P. S.*)

1772. Un propriétaire achète, à raison de 54.000^f l'hectare, 2 terrains dont le second a la moitié de la contenance du premier moins 3 a. Au bout de 15 mois il paie, prix d'achat et intérêts à 4 % compris, la somme de 139.482^f. On demande la surface de ces 2 terrains.   (*B. E., Aspirantes.*)

1773. Un particulier place une certaine somme à intérêts simples au taux 3 %. Après un an et 8 mois, il retire 8.820^f, capital et intérêts réunis. Avec cette somme il achète un terrain rectangulaire dont les $\frac{3}{9}$ valent 2^f,30 le mètre carré et le reste 180^f l'are. On demande : 1° la somme placée ; 2° la surface du terrain ; 3° sa largeur, sachant que sa longueur est de 140 m.   (*Bourses, E. P. S.*)

1774. Un négociant achète du café à raison de 396^f les 50 kg. Profitant d'une hausse, il le revend 1 mois $\frac{1}{2}$ après, à raison de 810^f le quintal métrique. A quel taux a-t-il placé son argent ?   (*B. E., Aspirantes.*)

1775. Une personne place le $\frac{1}{3}$ de sa fortune à 2,80 % et a ainsi un revenu annuel de 1.456^f. A quel taux doit-elle placer le reste pour avoir un revenu de 4.680^f ?   (*Bourses, E. P. S.*)

1776. 2 sommes, l'une de 4.800^f, l'autre de 5.400^f sont placées à intérêt simple, la 1re à 5 %, la 2e à 4 %. On demande dans combien de temps ces deux capitaux augmentés de leurs intérêts seront devenus égaux.   (*Bourses, E. P. S.*)

1777. Une personne place les $\frac{2}{5}$ de sa fortune à 3 % et le reste à 4 %. Le 2° placement lui rapporte 600^f de plus que le 1er. Quelle est sa fortune et quel est son revenu ?   (*B. E., Aspirantes.*)

1778. Une personne fait 2 parts de son capital : une est placée à 4 %, l'autre plus faible de 4.200^f est placée à 3 %. La différence des revenus annuels de ces 2 parts est de 368^f. Quel est le capital placé. Vérifier le résultat obtenu.   (*B. E., Aspirants.*)

1779. Un rentier possède une certaine fortune ; il en place la moitié chez un banquier à 4^f,25 % ; avec le $\frac{1}{3}$ il achète une maison ; avec le reste il achète 1.250^f de rente à 3 % au cours de 59^f,25. On demande : 1° la fortune de cette personne ; 2° le revenu de cette personne.   (*Bourses, E. P. S.*)

1780. Les $\frac{8}{15}$ d'un certain capital ont été employés à l'achat de rente française 3 % au cours de 57^f,60. Avec le reste de ce capital, on a acheté de la rente italienne 3 % au cours de 52^f. La différence entre les 2 intérêts est 135^f. Calculer le capital placé et son revenu annuel.   (*B. E. Aspirants.*)

1781. Une personne présente à un banquier, le 20 juillet, un billet payable le 25 août suivant et reçoit, déduction faite de l'escompte, une somme de 3.420^f,30. On demande quelle était la valeur portée sur le billet, le taux de l'escompte étant 6 % par an.
          (*B. E., Aspirantes.*)

1782. Une personne achète une maison et obtient de s'acquitter de la façon suivante : dans 8 mois elle fera un versement de 76.797^f comprenant la $\frac{1}{2}$ du prix d'achat et les intérêts du prix total calculés pour ces 8 mois à 4,5 %. Elle fera ensuite un 2e et dernier versement de 73.536^f,75 comprenant la 2e moitié du prix d'achat et ses intérêts à 4,5 % calculés depuis la date du 1er versement. Quel est le prix d'achat de la maison? Combien de temps après le 1er, le 2e versement sera-t-il fait ?   (*B. E. Aspirants.*)

1783. Un commerçant a souscrit 3 effets : le 1er de 3.600^f, payable dans 54 jours ; le 2e de 2.400^f, payable dans 45 j. ; le 3e de 900^f, payable dans 60 j. Il offre de les remplacer par 1 billet unique payable à 90 j., quelle est la valeur nominale de ce billet en tenant compte de l'escompte commercial à 4 %?
          (*Bourses du collège Chaptal.*)

1784. Une allocation annuelle de 600^f a été partagée entre 2 fonctionnaires dont l'un a travaillé pendant 2 mois $\frac{12}{30}$ et l'autre pendant le reste de l'année. Quelle a été la part de chacun? (*B. E., Aspirants.*)

1785. 2 associés ont une maison de commerce. Le 1er a apporté 25.000^f et le 2e 40.000^f ; 4 mois après, ils s'adjoignent un 3e associé qui, lui, verse une somme double de celle des 2 premiers. Au bout de l'année on se partage les bénéfices s'élevant net à 23.400^f. Le 1er associé prélève tout d'abord, en sa qualité de gérant de la maison de commerce, 12 % sur les bénéfices réalisés. Déterminer la part de chacun.   (*Bourses, E. P. S.*)

1786. On partage 42.000^f en 2 parties que l'on place à intérêts simples, la première à 3 % l'an, la deuxième à 2^f,50 %. Au bout de 15 mois, la somme des intérêts est de 1.387^f,50. Trouver les 2 parties du capital.   (*B. E., Aspirantes.*)

1787. Un commerçant A. entreprend une affaire avec un capital de 15.000^f. Au bout de 4 mois, il s'associe avec B. qui fait un apport de 25.000^f ; 3 mois plus tard, A. et B. prennent un nouvel associé, C. avec un capital de 50.000^f, mais ce dernier reprend 3 mois plus tard 25.000^f. Au bout de l'année l'affaire donne un bénéfice de 50.273^f. Quelle est la part qui revient à chacun?

(*B. E., Aspirants.*)

1788. Partager 27.000^f entre 3 personnes de manière que la part de la 2e soit les $\frac{2}{3}$ de la part de la 1re et que la part de la 3° soit égale à la moitié de la part des deux autres.

(*Bourses du collège Chaptal.*)

1789. Trois personnes se sont associées pour placer dans une entreprise une somme d'argent qui s'est augmentée du quart de sa valeur et est ainsi devenue 60.500^f. Trouver la part de chaque personne dans le bénéfice sachant que la 1re avait déposé les $\frac{3}{8}$ de la somme, la 2e les $\frac{2}{5}$ et la 3e le reste.

(*B. E., Aspirantes.*)

1790. Un entrepreneur qui a occupé 15 hommes, 18 femmes et 4 enfants leur paye une somme totale de 1.815^f,40. Combien reçoivent : chaque homme, chaque femme et chaque enfant sachant que la part d'une femme est les $\frac{6}{13}$ de celle d'un homme et celle d'un homme les $\frac{12}{5}$ de celle d'un enfant?

(*B. E., Aspirantes.*)

1791. Un marchand a reçu deux caisses contenant chacune 150 kg de thé ; il a payé pour le tout 14.400^f et l'une des caisses lui coûte 1.800^f de plus que l'autre. Le marchand veut faire un mélange de thé qui lui revienne à 4.500^f les 100 kg. Combien doit-il prendre de chaque espèce ?   (*B. E., Aspirantes.*)

1792. On prend 3 lingots formés d'un alliage d'argent et de cuivre dont les titres sont respectivement 0,95, 0,75, 0,50. Le poids du 1er et les $\frac{3}{4}$ de celui du 2e et le poids du 2e la $\frac{1}{2}$ de celui du 3e. Les 3 lingots fondus pèsent ensemble 3.810 g. On demande quel poids de cuivre ou quel poids d'argent pur il faut ajouter au lingot total pour obtenir un alliage pouvant servir à frapper des pièces de 1^f.   (*B. E., Aspirantes.*)

1793. On fond ensemble deux lingots d'or : le 1er, au titre de 0,800, pèse 3 kg. Le 2e au titre de 0,850 pèse 2 kg. On demande : 1° le titre du nouveau lingot ; 2° combien il faudra ajouter d'or pur pour que le nouveau lingot soit au titre 0,9.

(*B. E., Aspirantes.*)

1794. Une personne a fait 2 versements à la caisse d'épargne, le 1er de 200^f dans la 2e quinzaine d'avril 1923, le second le

25 août 1924. Le 31 décembre de cette dernière année, son livret a été arrêté à la somme de 462^f,62. Quel a été le montant du 2e versement sachant : 1° que la caisse d'épargne sert aux déposants un intérêt de 3 % à partir du 1er et du 16 du mois après chaque versement ; 2° que cet intérêt s'ajoute au capital à la fin de chaque année ? On considère le mois comme composé de 2 quinzaines.   (*B. E., Aspirantes.*)

1795. Un ouvrier a placé sur son livret de caisse d'épargne postale les sommes suivantes : 115^f le 29 juin, 40^f le 12 octobre, 80^f le 14 novembre et 50^f le 14 décembre 1923. Quelle somme totale figurera sur son livret à partir du 1er janvier 1924 ? On sait que l'intérêt est 3^f,50 % par an ou pour 24 quinzaines et que cet intérêt est compté à partir du 1er et du 16 de chaque mois.

        (*Admission aux cours complémentaires de Paris.*)

1796. Une chambre rectangulaire a 5^m,50 de longueur et sa largeur est les $\frac{4}{5}$ de la longueur. Le tapis qui couvre le plancher a coûté 275^f,80. On demande le prix du mètre carré de ce tapis.

        (*B. E., Aspirantes.*)

1797. Un cheval fait au galop 8^m,85 par seconde et au trot 2^m,16 par seconde ; il a parcouru en 13 minutes 40 secondes une distance de 3.945^m,45. Combien de temps a-t-il été au galop et combien au trot?   (*Bourses, E. P. S.*)

1798. Les $\frac{4}{7}$ d'un capital ont été employés à l'achat de rente française 3 % au cours de 54^f,20. Le reste a été placé à 6,50 %. Le revenu du 1er placement est supérieur de 71^f,55 à celui du second. Calculer le capital placé et le revenu total.

        (*Cert. d'Ét. complémentaires, Paris, 1924.*)

Épreuves complètes d'Arithmétique

données, dans les plus récents concours de *Bourses de Lycées et Collèges* ou d'*Enseignement primaire supérieur.*

1799. I. On a acheté un fût d'huile pesant 108^{kg},100. Le poids du fût vide est les $\frac{2}{45}$ du poids de l'huile. Quelle est la valeur de cette huile à raison de 6^f,20 le litre si la densité est 0,9 ?

1800. II. Un épicier reçoit 725 kg. de sucre cristallisé à 273^f les 100 kg. Il doit revendre ce sucre au prix de 2^f,25 les 750 g. Si les frais de transport, de camionnage et divers se sont élevés à 45^f,35 ; s'il y a eu dans la vente au détail 11,2 % de déchet sur le poids total ; si les sacs facturés à 60^f le tout n'ont pu être repris que pour la somme de 45^f, quel a été, à 1 centime près, le bénéfice % sur le prix de revient ?

1801. I. Deux bassins contiennent : l'un 339 litres et l'autre 87 litres d'eau. Chacun d'eux reçoit d'une source 6 litres d'eau par minute ; de sorte que la différence des quantités d'eau contenues dans les 2 bassins ne varie pas. Dans combien de minutes le contenu du 2e sera-t-il les $\frac{3}{7}$ du contenu du 1er ?

1802. II. En multipliant un certain nombre par $\frac{4}{7}$ on a obtenu un résultat qui est inférieur de 159 unités à ce nombre lui-même. Calculer ce nombre. Faire la vérification.

1803. I. Un tonneau de vin est rempli aux $\frac{4}{5}$. S'il n'était rempli qu'aux $\frac{3}{4}$, son contenu vaudrait 21^l,45 de moins. On demande : 1° La capacité du tonneau, le vin coûtant 1^f,95 le litre ; 2° le poids d'une somme d'argent représentant la valeur du vin contenu dans le tonneau ?

1804. II. Une cuve rectangulaire ayant 0^m,40 de long, 0^m,20 de large et 0^m,18 de haut est remplie d'eau jusqu'aux $\frac{9}{10}$ de la hauteur. On dépose, avec précaution, dans cette cuve de gros grains de plomb pesant 5 g. chacun. Sachant qu'un dm^3 de plomb pèse 11^{kg},300, on demande le nombre de grains de plomb qu'il faudra employer pour que le liquide déborde de la cuve ?

1805. I. Prouver que la différence de deux quantités ne change pas si l'on retranche la même quantité à chacune d'elles. Faire cette démonstration d'une manière concrète, c'est-à-dire en prenant pour quantités des longueurs, des poids, etc...

1806. II. Une personne a acheté 0^f,70 le litre 10 litres de lait, qui devrait peser, s'il était pur, 1^{kg},03 par litre. Or ces 10 litres pèsent 10^{kg},240 parce que le lait a été additionné d'eau. On demande d'évaluer en litres le volume de l'eau ajoutée et la somme que le fraudeur a reçue indûment ?

1807. I. Un restaurateur achète une pièce de vin de Bordeaux de 228 litres pour 960^f. Il en soutire la moitié dans des bouteilles de 7^{dl},5 et le reste dans des bouteilles de 37^{cl},5. On demande : 1° combien il lui faudra de bouteilles et de demi-bouteilles ; 2° à quel prix il devra vendre la bouteille de chaque sorte pour gagner en tout 256^f sur son achat?

1808. II. Trois héritiers doivent se partager la valeur d'une propriété de 108 ha, divisée en 2 parties dont les superficies sont proportionnelles aux nombres 5 et 7. La 1re partie est en prairie qui vaut 1.250ᶠ l'ha. ; la 2e est en vigne et vaut 12ᶠ l'a. L'un des héritiers prend le pré, le 2e prend la vigne et le 3e accepte d'être remboursé en argent par les 2 autres. Combien chacun des 2 premiers héritiers doit-il verser au 3e pour qu'ils aient des parts d'égale valeur.

1809. I. Pour faire 100 kg. de pâte, un boulanger ajoute à la farine 40 kg. d'eau et 750 g. de sel. La pâte perd à la cuisson 15 % de son poids. Combien faut-il de kilogrammes de farine pour faire 650 kg. de pain ?

1810. II. Deux terrains ont ensemble une surface de 34.800 m³. On vend de chacun d'eux une parcelle égale de 2.800 m². La surface du premier est alors triple de celle du second. Calculer la surface primitive de chaque terrain.

1811. I. Une marchandise a été revendue 735ᶠ. On réalise ainsi un bénéfice égal à 22,50 % du prix d'achat. Quel est ce prix d'achat ? Quelle modification la dépense subirait-elle si l'énoncé du problème restait le même avec cette seule différence que la somme de 735ᶠ serait remplacée par 2.205ᶠ ?

1812. II. Un vase cylindrique à base circulaire contient de l'eau qui occupe les $\frac{2}{3}$ de sa capacité. Le vase et l'eau qu'il contient pèsent alors ensemble 3.600 g. On ajoute de l'eau de manière à remplir exactement le vase. Le vase et l'eau pèsent ensemble 4.750 g. Quelle est la capacité du vase ? Quel est le poids du vase vide ? Quelle est, en millimètres, la hauteur du cylindre ? On sait que le rayon a 71 millimètres $(\pi = 3,14)$.

1813. I. Un fermier a 35.800 kg. de foin pour nourrir 37 vaches pendant 168 jours d'hiver. Après 42 jours, son bétail s'accroît de 3 vaches. Combien doit-il acheter de kg. de foin s'il ne veut pas diminuer la ration de foin ?

1814. II. Un cycliste a marché successivement pendant 5ʰ18ᵐ, 1ʰ23ᵐ et 2ʰ56ᵐ. Il a parcouru 82 km. Quelle est sa vitesse à la minute ?

1815. I. Dans un orage, il est tombé une pluie formant une couche de 1 cm $\frac{2}{5}$. Combien d'hl. d'eau a reçu une propriété de

852 m. de pourtour sachant que la longueur est le double de la largeur ?

1816. II. Un dirigeable ayant une vitesse de 120 km. à l'heure est parti de Paris pour Toulouse par Cahors à midi. Un second dirigeable est parti de Cahors pour Toulouse à $16^h.35^m$ avec une vitesse de 96 km. à l'heure. Calculez : 1° à quelle heure le 1er rejoindra le second ; 2° à quelle distance de Toulouse la rencontre aura lieu, sachant que la distance de Paris à Cahors est de 560 km et celle de Cahors à Toulouse 90 km.

1817. I. Un terrain est partagé en 3 parties : la première comprend les $\frac{2}{5}$ de la surface totale et la 2e est les $\frac{5}{13}$ de la 1re. La différence entre les 2 premières parties est de 800 m². Calculer : 1° la surface totale du terrain ; 2° sa valeur, sachant que la valeur de la 3e partie est inférieure de 65.160^f à la valeur totale.

1818. II. En multipliant un nombre par 15, on obtient le même résultat que si l'on augmentait directement ce nombre de 798 unités. Calculez ce nombre.

1819. I. Un marchand vend du bois de chauffage soit à raison de 31^f le stère, soit à raison de $7^f,50$ le quintal métrique. De quel côté est l'avantage pour l'acheteur si la densité du bois est 0,42 ?

1820. II. De deux villes situées sur le même méridien et à 270 km. l'une de l'autre, la 1re est à 2° 25, nord et l'autre vers le sud. A quel degré se trouve-t-elle ?

1821. I. Une mère achète deux pièces de toile de même qualité dont l'une a $7^m,80$ de plus que l'autre et qui coûtent ensemble $177^f,45$. Avec la plus petite, elle peut faire 5 chemises revenant chacune à $13^f,65$ pour le prix de la toile seulement. Calculer : 1° la longueur de chaque pièce ; 2° le prix du mètre de toile ; 3° combien on pourra faire de chemises avec la plus grande pièce ; 4° la longueur de toile nécessaire à la confection d'une chemise.

1822. II. Une personne perd d'abord la moitié de sa fortune, puis le $\frac{1}{3}$ de cette fortune. Il lui reste alors le neuvième de ce qu'elle a perdu, plus 28.000 francs. Quelle était la valeur de sa fortune ?

1823. I. Le contenu d'une pièce de vin a été mis dans des bouteilles de $\frac{3}{4}$ de litre. Si l'on s'était servi de bouteilles de $\frac{4}{5}$ de litre, on en aurait employé 20 de moins. Quelle est la capacité de la pièce ?

1824. II. Un propriétaire possède une prairie rectangulaire ayant 540 m. de périmètre et au centre de laquelle se trouve un abreuvoir circulaire ayant $8^m,75$ de diamètre. Quelle est la surface réellement réservée à la prairie ? On sait que la longueur dépasse la largeur de 35 m.

1825. I. Au moment de l'emprunt de la Défense nationale, une personne a vendu 35.000^f une maison qu'elle louait 2.300^f et pour laquelle elle déboursait, chaque année, 750^f, entretien et contributions. Elle a consacré ce capital à l'achat de rentes françaises 4 % au cours de $68^f,60$. De combien cette personne a-t-elle augmenté son revenu annuel ?

1826. II. En divisant un nombre par 175, on obtient pour reste 73. En le divisant par 177, on obtient le même quotient, mais le reste devient 11. Déterminez ce quotient et ce dividende ?

1827. I. Une équipe composée d'un contremaître et de 11 ouvriers a été employée pendant 34 jours à la réfection d'un immeuble. Le salaire journalier du contremaître surpasse de 6^f celui d'un ouvrier. Trouver le montant des salaires payés à l'équipe pour les 34 jours de travail, sachant que pour 15 journées du contremaître et 12 journées d'un ouvrier le montant des salaires s'élève à 576^f.

1828. II. Deux employés, dont les appointements sont différents, gagnent ensemble par an 10.400^f. Le premier dépense chaque année les $\frac{3}{4}$ de son traitement et le second les $\frac{2}{3}$ seulement. Sachant que leurs économies annuelles réunies sont de 3.000^f, trouver le traitement de chaque employé.

1829. I. Une famille qui consomme 2 kg. et demi de pain par jour a dépensé pour l'achat du pain 810^f en 360 j. Sachant que le prix du pain, qui était au début de $0^f,72$ le kg., a été porté successivement à $0^f,80$, puis à $0^f,98$ le kg., calculez le nombre de jours de vente du pain à chacun des prix précédents. On sait de plus que le nombre de jours de vente à $0^f,72$ est le $\frac{1}{3}$ du nombre de jours de vente à $0^f,80$.

1830. II. Une personne veut acheter une vigne et une prairie. Le capital dont elle dispose actuellement étant insuffisant, elle le place à 6 % afin d'obtenir en ajoutant les intérêts, la somme nécessaire pour réaliser l'achat. La vigne vaut les $\frac{9}{10}$ de ce capital et la prairie en vaut le $\frac{1}{8}$: 1° Pendant combien de mois au moins le capital doit-il être placé ? 2° calculez le capital sachant que, si la durée du placement était 7 mois, la personne aurait 1.000^f de trop ?

1831. I. Une ménagère achète, pour faire des confitures, 5^{kg},5 de groseilles à 0^f,40 le demi-kg. Le poids du jus obtenu est les $\frac{4}{5}$ du poids des groseilles. Ce jus est cuit avec un poids égal de sucre à 3^f le kg. Par la cuisson, le poids du mélange se réduit de $\frac{1}{5}$. Enfin, pour faire cette cuisson, la ménagère brûle 5 kg. de charbon à 18^f les 100 kg. On demande : 1° le prix de revient du kg. de confitures ; 2° le nombre de pots remplis sachant qu'un pot contient 3^{hg},52 de confitures.

1832. II. Pour acheter un cheval, un vigneron vend une partie de sa récolte de vin. S'il ne vend que 4 barriques de vin, il manquera à la somme ainsi obtenue $\frac{1}{25}$ du prix du cheval. Il vend alors 5 barriques sur le produit de cette vente, il paye le cheval et il lui reste 300^f. Trouvez le prix du cheval et le prix de vente d'une barrique de vin ?

1833. I. Une chambre a 5^m,40 de long sur 4^m,80 de large. On y fait poser un tapis qui couvre le parquet jusqu'à 0^m,45 des murs. Pour faire ce tapis, on a employé de l'étoffe de 1^m,30 de large à 8^f,90 le mètre, une doublure de 0^m,65 de large à 1^f,95 le mètre et une bordure valant 2^f,05 le mètre. On a payé au tapissier 12^f,45 de façon. A combien revient ce tapis ?

1834. II. Thomas et Lubin prennent à la même gare un billet de 3° classe pour la même destination. Avant de prendre le billet, Thomas possédait 10^f. Lubin 24^f,70. Après avoir pris le billet Lubin possède 3^f de plus que Thomas. Quel était le prix du billet ?

1835. I. Un are de terrain produit 89 kg. de foin sec. Ce foin est vendu 2^f,40 la botte de 5 kg. Calculer la valeur du foin produit par un champ rectangulaire de 178^m,6 de long sur 1^{dam},475 de large.

1836. II. Deux cultivateurs veulent faire transporter un même nombre de sacs de pommes de terre, le premier à 10 km, le second à 14 km. Dans ce but, ils louent une voiture à frais communs, et le voiturier réclame 14^f,40 pour le transport. Combien chaque cultivateur doit-il payer ?

1837. I. Sans faire une division, peut-on dire, à l'inspection du nombre 5.715, s'il est divisible par 45 et pourquoi ?

1838. II. Le plan cadastral d'une commune est à échelle $\dfrac{1}{1.200}$; on demande la valeur d'un champ figurant sur ce plan, et ayant la forme d'un rectangle de $0^m,135$ de longueur et de $0^m,06$ de largeur, à raison de 3.600^f l'hectare.

1839. I. Un jardin de 35 m. de côté a été payé 60^f l'are. On l'entoure ensuite d'un mur de $2^m,50$ de hauteur et de $0^m,50$ d'épaisseur. La dépense totale (achat et clôture) s'est élevée à $2.608^f,50$. On demande combien a coûté le mètre cube de maçonnerie ?

1840. II. Avec un bâton ayant les $\dfrac{2}{9}$ d'un décamètre, on a mesuré un terrain carré et on a trouvé que la longueur du bâton était comprise 31 fois $\dfrac{1}{2}$ dans le côté du terrain. Dites la surface ?

1841. I. Une fermière a 8 vaches qui lui donnent chacune 12 litres de lait par jour. On sait que 100 l. de lait fournissent $12^l,5$ de crème et que 4 l. de crème donnent 1 kg. de beurre. La fermière trouve à vendre son lait $0^f,60$ le litre et son beurre 15^f le kg. Quel est le mode le plus avantageux et de combien ?

1842. II. Une ouvrière a confectionné un costume en 12 jours ; mais, pour livrer ce travail à la date fixée, elle s'est adjoint une ouvrière pendant les 3 derniers jours. Elle a reçu pour cette confection 120^f. Que revient-il à chaque ouvrière ?

1843. I. Deux voyageurs, Paul et Pierre, prennent à la gare de Melun un billet (aller et retour) pour Paris. Paul possède $55^f,10$ et Pierre $30^f,75$. Quand ils ont payé le prix de leurs billets, la somme qui reste à Pierre n'est plus que la moitié de celle qui reste à Paul. Quel est le prix du billet ? Vérifier.

1844. II. Une tonne d'eau de mer abandonne par évaporation 32 kg. de sel impur ou sel gris. De ce dernier on extrait un poids de sel pur égal aux $\dfrac{4}{5}$ du poids du sel gris. Un litre d'eau de mer pèse 1.025 g. Combien faut-il faire évaporer de mètres cubes d'eau de mer pour obtenir 5 quintaux de sel pur ?

1845. I. Une personne a acheté 90 bons de 500^f qui lui rapportent intérêt à 5 % l'an. Le taux venant d'être réduit du $\dfrac{1}{10}$

de sa valeur, combien de bons de 500^f devra-t-elle acheter encore pour conserver le même revenu ?

1846. II. Un champ rectangulaire a pour dimensions 104^m,50 et 72^m,40. On trace sur tout le pourtour une allée de 5^m de large sur laquelle on répand une couche de gravier de 5^{cm} d'épaisseur. Trouver le volume du gravier nécessaire.

1847. I. On a partagé une certaine somme entre 3 personnes. La 1re en a eu les $\frac{2}{7}$; la 2e les $\frac{5}{6}$ du reste, et la 3e qui a eu le dernier reste reçoit 375^f. Quelle était la somme à partager et combien les 2 premières personnes ont-elles reçu ?

1848. II. Une personne a acheté 20 kg. de groseilles pour faire des confitures. On demande combien elle devra employer de sucre et combien elle obtiendra de kg. de confitures sachant : 1° qu'il faut 830 g. de sucre par litre de jus ; 2° que 7 kg. de groseilles rendent 5^l de jus ; 3° que 1^l de jus pèse 970 g. et perd $\frac{1}{8}$ de son poids à la cuisson.

1849. I. Multiplier 24,05 par 7,8. Dire comment vous placez la virgule au produit et pourquoi ?

1850. II. Un voyageur de commerce est payé à raison de 11^f,50 par jour de tournée, non compris un bénéfice de 2 % sur les commissions qu'il prend. Après 70 jours de voyage il se trouve avoir économisé 411^f. Sa dépense quotidienne s'élevant à 13^f,20, on demande de déterminer le chiffre des affaires qu'il a faites ?

1851. I. La somme de 2 nombres est 494. La division du plus grand par le plus petit donne 7 au quotient et 30 pour reste. Quels sont ces deux nombres ?

1852. II. Une lame d'or pur a 4^{dm} de longueur, 3^{cm} de largeur et $\frac{1}{2}$^{mm} d'épaisseur. On la fond avec la quantité de cuivre nécessaire pour en faire de la monnaie d'or. Combien de pièces de 10^f pourra-t-on fabriquer avec cet alliage ? On sait que la densité de l'or est 19.

1853. I. Deux personnes ont le même revenu. La 1re économise le $\frac{1}{5}$ de son revenu dans l'année ; la 2e dans le même temps dépense 800^f de plus que la 1re. Après 3 ans, la 2e a 852^f de dettes. Quel est le revenu de ces 2 personnes ?

1854. II. On multiplie une 1re fois un nombre par 18, puis une 2e fois on multiplie le même nombre par 23. La différence des 2 produits est 2.325. Quel est ce nombre ?

1855. I. Un agriculteur doit acheter un pré avec le produit de la vente d'un certain nombre de moutons. S'il vendait chaque mouton 155^f, il lui manquerait 830^f, et s'il vendait chaque mouton 160^f, il ne lui manquerait plus que 200^f. Combien cet agriculteur veut-il vendre de moutons ? Quelle est la valeur du pré ?

1856. II. D'un tonneau plein de vin, on retire d'abord les $\frac{3}{5}$ puis les $\frac{2}{3}$ du reste. Le tonneau contient encore 30^l de vin. Quelle est sa capacité ?

1857. I. Une montre avance de 6 minutes en 24 h. On l'a mise à l'heure à 7 h. du matin. Quelle heure est-il lorsqu'elle marque 5^h 2^m 30^s l'après-midi du même jour ?

1858. II. La surface d'un champ est de 8 ares. Ce champ a la forme d'un trapèze dont la hauteur mesure 20^m et dont la grande base a 30^m de plus que la petite base. Calculer les 2 bases ?

1859. I. Une ménagère voulant faire des confitures achète 15 kg. de groseilles à 0^f,65 le kg. Elle en retire les $\frac{2}{3}$ de leur poids de jus, auquel elle ajoute un égal poids de sucre à 2^f,20 le kg. Le sirop ainsi obtenu a perdu $\frac{1}{8}$ de son poids par la cuisson. Combien cette ménagère a-t-elle pu remplir de pots de 25 dag. et à combien lui est revenu le kg. de gelée, sachant qu'elle a dépensé 3^f,25 de charbon ?

1860. II. Pour peser un morceau de viande, vous remarquez que le boucher a mis dans le plateau de la balance les poids suivants : 1 kg., $\frac{1}{2}$ kg., 1 hg., $\frac{1}{2}$ hg., 1 double dag. et 1 dag. La viande contient $\frac{2}{7}$ de son poids d'os. Vous payez 11^f,70. A combien revient le kg. de viande désossée ?

1861. I. Une personne achète un tapis de forme rectangulaire dont la largeur est les $\frac{2}{3}$ de la longueur. Elle l'entoure d'une frange dont le prix total est les $\frac{2}{7}$ du prix d'achat du tapis et qui vaut 6ᶠ,75 le mètre. Sachant que le tapis terminé revient à 341ᶠ,04, on demande de calculer ses dimensions.

1862. II. Une pièce de vin de 228 litres coûte 325ᶠ. On met ce vin dans des bouteilles de 0ˡ,75. Combien faut-il de bouteilles ? Le cent de bouteilles coûte 30ᶠ, le cent de bouchons 5ᶠ,40, et le travail de mise en bouteilles 12ᶠ,50. Le fût compté 50ᶠ n'a pu être revendu que 45ᶠ. Combien doit-on vendre la bouteille pour faire un bénéfice de 8 % sur le prix de revient ?

(Bourses nationales d'Enseignement primaire supérieur, 1924.)

TABLE DES MATIÈRES

PREMIÈRE PARTIE

NUMÉRATION ET OPÉRATIONS

DEUXIÈME PARTIE

LES FRACTIONS ET LA RACINE CARRÉE

———

TROISIÈME PARTIE

SYSTÈME MÉTRIQUE ET APPLICATIONS : DENSITÉ, COURRIERS, ETC.

QUATRIÈME PARTIE

RAPPORTS. — PROPORTIONS. — RÈGLE DE TROIS ET APPLICATIONS

CINQUIÈME PARTIE

NOTIONS DE GÉOMÉTRIE

SIXIÈME PARTIE

NOTIONS D'ALGÈBRE

TOURS. — IMP. R. ET P. DESLIS. — 30-9-1925.